일반기계 ·
건설기계설비
기사 실기
기계설계 필답형

예문사

저자 약력

3역학 전문가
국내최초 SI 단위 교재 집필
기계공학석사
다솔유캠퍼스 기계분야 전문 강사

주요 저서

기계설계 「예문사」
기계설계·제도 「예문사」
기계설계·제도_최초 SI 단위 적용 「예문사
기계설계 필답형 실기 「예문사」
박성일 마스터의 기계 3역학 「예문사」
일반기계기사 필기 「예문사」
건설기계기사 필기 「예문사」

자격 사항

일반기계기사
건설기계기사
품질경영기사
품질경영산업기사
식스시그마그린벨트

대표 강좌

기계3역학
일반기계기사 필기
건설기계기사 필기
과년도 기출 문제풀이
기계설계 필답형

원리와 이해를 바탕으로 한
성공하는 공부습관

산업현장에서 설계능력을 갖춘 엔지니어의 기초는 이해를 바탕으로 한
전공지식의 적용과 활용에 있다고 생각합니다.

단순한 전공지식의 암기가 아니라 기계공학의 원리를 이해해서 설계에 녹여낼 수 있는 진정한 디자이너가 되는 것,
전공 실력을 베이스로 새로운 것을 창조할 수 있는 역량을 길러내는 것,
기계공학의 당당한 자부심을 실현시키기 위한 디딤돌이 되는 것을 목표로 이 책을 만들었습니다.

베르누이 방정식을 배웠으면 펌프와 진공청소기가 작동하는 원리를 설명할 수 있으며,
냉동사이클을 배웠으면 냉장고가 어떻게 냉장시스템을 유지하는지 설명할 수 있고,
보를 배웠으면 현수교와 다리들의 기본해석을 마음대로 할 수 있는 이런 능력을 가졌으면 하는 바램으로
정역학부터 미적분 유체역학, 열역학 재료역학을 기술하였습니다.

많은 그림과 선도들은 학생들의 입장에서 쉽게 접근할 수 있도록 적절한 색을 사용하여 이해하기 쉽도록 표현하였습니다.

마지막으로 기계동력학 분야에 많은 애정과 노고를 담아 주신 장완식 교수님께 감사드립니다.

반드시 이해 위주로 학습하시길 바랍니다.

작지만 여러분의 기계공학 분야에서의 큰 꿈을 이루는 보탬이 될 것입니다.

박 성 일

Creative Engineering Drawing
Dasol U-Campus Book

1996
전산응용기계설계제도

1998
제도박사 98 개발
기계도면 실기/실습

2001
전산응용기계제도 실기
전산응용기계제도기능사 필기
기계설계산업기사 필기

2007
KS규격집 기계설계
전산응용기계제도 실기 출제도면집

2008
전산응용기계제도 실기/실무
AutoCAD-2D 활용서

1996
다솔기계설계교육연구소

2000
㈜다솔리더테크
설계교육부설연구소 설립

2001
다솔유캠퍼스 오픈
국내 최초 기계설계제도
교육 사이트

2002
㈜다솔리더테크
신기술벤처기업 승인

2008
다솔유캠퍼스 통합

2010
자동차정비분야
강의 서비스 시작

2012
홈페이지 1차 개편

Since 1996
Dasol U-Campus

다솔유캠퍼스는 기계설계공학의 상향 평준화라는 한결같은 목표를 가지고 1996년 이래 교재 집필과 교육에 매진해 왔습니다.
앞으로도 여러분의 꿈을 실현하는 데 다솔유캠퍼스가 기회가 될 수 있도록 교육자로서 사명감을 가지고 더욱 노력하는 전문교육기업이 되겠습니다.

2017

CATIA-3D 실무 실습도면집
3D 실기 활용서 시리즈(신간)

2018

기계설계 필답형 실기
권사부의 인벤터-3D 실기

2019

박성일마스터의 기계 3역학
홍쌤의 솔리드웍스-3D 실기

2020

일반기계기사 필기
컴퓨터응용가공선반기능사
컴퓨터응용가공밀링기능사

2014

NX-3D 실기활용서
인벤터-3D 실기/실무
인벤터-3D 실기활용서
솔리드웍스-3D 실기/실무
솔리드웍스-3D 실기활용서
CATIA-3D 실기/실무

2015

CATIA-3D 실기활용서
기능경기대회 공개과제 도면집

011

산응용제도 실기/실무(신간)
S규격집 기계설계
S규격집 기계설계 실무(신간)

012

utoCAD-2D와 기계설계제도

013

TC 출제도면집

2016

오프라인
원데이클래스

2013

홈페이지 2차 개편

2017

오프라인
투데이클래스

2015

홈페이지 3차 개편
단체수강시스템 개발

2018

국내 최초 기술교육전문
동영상 자료실 「채널다솔」 오픈

2018 브랜드선호도 1위

2020

Live클래스
E-Book사이트(교사/교수용)

일반기계기사 · 건설기계설비기사
기계설계 필답형
합격 전략

시험 개요

출제방식
주관식
9~11문항

시험 시간
2시간

답안지 작성
단답형 또는 풀이과정을 포함한 정답을 검정펜으로 작성하여 제출

다음 **단계별로 공부** 해보자

3단계
과년도 기출문제를 풀면서 기계 요소의 문제 적응능력 향상

2단계
힘 해석을 바탕으로 한 기계 요소에 대한 해석 적용
동영상강의 + 교재

1단계
기계 요소에 대한 기초 지식과 정확한 역학적 이해
동영상강의 + 교재

학습 전략을 꼼꼼하게 세워 봅시다

출제빈도		
★★★	나사, 축, 기어, 베어링, 키, 공정도(건설기계설비기사)	
★★	벨트, 스프링, 리벳, 브레이크	
	용접, 로프	

전공자 전략

역학적 지식을 바탕으로 힘 해석에 초점을 맞추고 기계 요소들의 작동 원리와 해석 원리를 이해하는 부분으로 학습하면 쉽게 적용할 수 있다.

입문자(비전공자) 전략

단위와 기초, 힘 해석, 자유 물체도, 설계에 필요한 기본사항 부분들을 여러 번 반복하여 이해한 다음 기계 요소들에 하나하나 설계 지식을 적용하는 방향으로 학습한다.

일반기계 · 건설기계설비기사 실기 필답형 문제는 기계 요소의 전 분야에 골고루 출제되므로 전체적인 기계 요소들의 작동 원리와 설계 방법들을 이해한다면 어렵지 않게 80% 정도는 풀 수 있습니다. 출제가 많이 되지 않는 실험식이나 특별한 경험 식들을 외우기보다는 힘 해석을 바탕으로 기본적인 설계를 이해하는 방향으로 공부 방법을 정하고 출제 빈도를 고려하여 전략적으로 학습하기 바랍니다. 수험생 여러분, 반드시 기계 요소에 대한 이해를 바탕으로 공부하세요. 모두의 합격과 성공을 응원합니다.

아무리 기출을 봐도
막상 문제를 풀려고 하면
적용이 안되는 수험생

문제를 어떻게
접근해야 할지
막막한 수험생

개념 정리가
부족한 수험생

작업형이 자신 없고
필답형에서
승부를 걸어야 하는 수험생

"그렇다면 우리는 박성일 마스터의 수업을 추천합니다"

진짜 설계마스터님!
강의 최고다!

세상에 저는 기계설계전공 4학년이지만
기계부품설계 전공도 겨우겨우 들었었는데
모어원 어제 진정으로 이해하고 문제 적용이
가능해 졌어요.-제가 기출만 풀면서 공부해서 좀 뒤죽박죽이던
<u>개념 정리 문제 접근 방식 정리 빡개고 왔습니다.</u>
정말 개념 하루 만에 따닥!! 정리되고
<u>문제 접근 방식을 배우니까</u>
<u>진짜 성적확 오를 것 같은 확신 들었습니다.</u>

이수민

개념 정리가 필요하시다면
강력 추천합니다!

전체적으로 중요한 개념.공식들을 정리하고
그 중에서 가장 중요한 부분, 학생들이 어려워하는 부분들을
꼼꼼히 설명해주셔서 너무 좋았습니다.
오늘 수업을 듣고 나니 시험까지 남은 2주 동안
<u>어떻게 필답 공부를 마무리 해야할지</u>
<u>계획이 세워지는 것</u> 같아 너무 좋습니다.
시험 전에 전체적으로 개념.공식도 정리하고
시험에서 <u>중요한 개념들 파악하는 것이 필요하신</u>
<u>분들께 강력 추천합니다!!</u>
그리고 교재도 개념 설명이 그림과 함께
이해되기 쉽게 만들어져 있어서 너무 좋았습니다.

이수아

원데이 클래스가 길라잡이 역할을 하여
가뭄에 단비와 같았습니다.

20년 관록의 박성일 교수님의 노하우와
열정이 어우러져 원데이클래스가 진행되는
5시간 내내 학생들이 집중력을 잃지 않게 해주셨고,
또한 수업시간에 실제 기계 요소의 모형 등을
보여주시면서 실제 작동원리에 대한 자세한
설명도 곁들이신 점은 시험을 위한 공부를
하고 있는 것이 아니라 정말 기계요소 공부를
하고 있구나 하는 느낌을 받을 수 있었습니다.
마지막으로 기계요소과목을 암기 과목이 아닌
<u>학생들이 이해를 하게끔 설명하심으로서</u>
효율적인 공부방법 제시하셨습니다.

이관남

원리와 이해 위주의 강좌

더 디테일하게, 더 중요한 핵심만 뽑았다!

어떤 문제가 나오더라도
풀 수 있는 실력을 갖추는 것!

이해를 돕는 풍부한 이미지 자료

· 교재에 사용된 이미지를 활용하여 학습
  연계성을 두어 학습 효율을 높임

· 실물을 그대로 표현한 이미지는 명확한
  이해와 기억의 지속력을 높임

실물 기계부품의 활용

· 실제 기계 부품을 보여 줌으로 힘이
  작용하는 원리를 파악

· 수업의 집중도를 높여주며, 핵심을
  놓치지 않고 오랫동안 분명하게 기억

시험을 위한 핵심만

· 방대한 양의 이론에서 불필요한 부분은
  과감히 제거하고 핵심만

· 문제풀이까지 총 19강!
  버릴 건 버리고, 중요한 핵심만 살렸다!

이 책의
특징과 구성

+ 수험생들의 이해를 위해 입체적이고 실질적인 그림, 설계 원리와 이해를 기반으로 구성된 교재

+ 시험에 꼭 필요한 내용들로 완벽한 분석과 해석을 정리한 최고의 수험서

+ 논리적인 계산 과정 전개로 이해가 쉬운 기출문제 풀이

1. 레이디얼저널

1) 끝저널(End Journal)

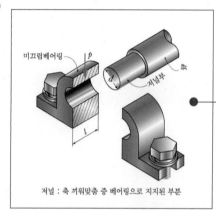

미끄럼베어링 p 저널부 축

저널 : 축 끼워맞춤 중 베어링으로 지지된 부분

기계 요소들의 작동 원리와 설계 원리를 이해할 수 있는 입체적인 그림으로 구성되어 쉽게 이해할 수 있습니다.

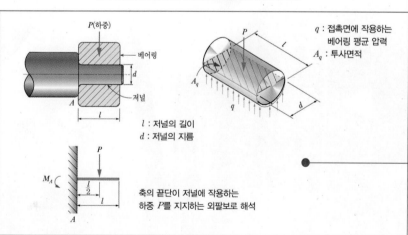

P(하중) 베어링 d 저널
A l

l : 저널의 길이
d : 저널의 지름

q : 접촉면에 작용하는 베어링 평균 압력
A_q : 투사면적

M_A P $\frac{l}{2}$ l A

축의 끝단이 저널에 작용하는 하중 P를 지지하는 외팔보로 해석

불필요한 이론은 과감히 제외하고 시험에 꼭 필요한 내용으로 구성하였습니다.

① 저널의 지름설계

허용굽힘응력을 σ_b, $M_{\max} = M_A = P \times \dfrac{l}{2} = q \cdot dl \times \dfrac{l}{2}$

⑤ 나사의 회전에 필요한 토크

1. 자리면 마찰을 무시(너트와 와셔의 마찰 무시)한 회전토크

1) 사각나사	$T = P \cdot \dfrac{d_e}{2} = Q\tan(\rho + \alpha) \cdot \dfrac{d_e}{2} = Q \cdot \dfrac{\mu \pi d_e + p}{\pi d_e - \mu p} \cdot \dfrac{d_e}{2}$	
2) 삼각나사	$T = P \cdot \dfrac{d_e}{2} = Q\tan(\rho' + \alpha) \cdot \dfrac{d_e}{2} = Q \cdot \dfrac{\mu' \pi d_e + p}{\pi d_e - \mu' p} \cdot \dfrac{d_e}{2}$	

외경 d_1

P : 회전력

2. 자리면 마찰을 고려(칼라자리부와 와셔의 평균지름이 주어질 경우)한 토크

1) 사각나사 $T = $ 나사의 회전토크(T_1) + 자리면 마찰토크(T_2)

$$= Q\tan(\rho + \alpha) \cdot \frac{d_e}{2} + \mu_m \cdot Q\frac{D_m}{2}$$

2) 삼각나사 $T = Q\tan(\rho' + \alpha) \cdot \dfrac{d_e}{2} + \mu_m \cdot Q\dfrac{D_m}{2}$

 참고

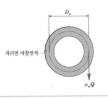

자리면 마찰면적

자리면

$\mu_m Q$

μ_m : 자리면 마찰계수
D_m : 자리면 마찰면적의 평균지름
Q : 축하중

---

② 굽힘모멘트(회전모멘트 T)에 의한 부가전단응력

굽힘모멘트에 의한 최대전단응력 τ_m 은 용접부 전체에 대한 도심 O에서 최대거리 R_{max} 가 되는 복단면 면상의 미소면적 d_A 에 생기며 그 크기는 복 단면의 극관성 모멘트를 I_P로 할 때 회전모멘트는

$$T = \int \tau \cdot r \, dA = \int \frac{\tau}{r} r^2 dA = \frac{\tau}{r} \int r^2 dA = \frac{\tau \cdot I_P}{r}$$

$$\therefore \tau_m = \frac{T \cdot r_{max}}{I_P} = \frac{P \cdot L \cdot r_{max}}{I_P} \left(r_{max} = \sqrt{\left(\frac{l}{2}\right)^2 + \left(\frac{b}{2}\right)^2} \right)$$

③ ①과 ②에 의한 최대합성전단응력

$$\tau = \sqrt{\tau_s{}^2 + \tau_m{}^2 + 2\tau_s \tau_m \cos\theta} \left(\cos\theta = \frac{\dfrac{l}{2}}{r_{max}} \right)$$

참고

A와 I_p값 (h : 용접부 필릿다리치수)

	용접형상	A	I_P
(1)		$2tl = 2 \times 0.707 \, hl$	$tl \dfrac{(3b^2 + l^2)}{6}$
(2)		$2tb = 2 \times 0.707 \, hb$	$b \cdot t \dfrac{(3l^2 + b^2)}{6}$
(3)		$2t(l+b)$ $= 2 \times 0.707 \, h(l+b)$	$t \dfrac{(l+b)^3}{6}$

설계 원리를 정확하게 분석하고 해석하는 과정을 보면서
반드시 이해를 바탕으로 공부하세요.

단원별 이론 및 문제 풀이 과정에 있는 참조 내용은
이해가 잘 되게 도와 줍니다.

≫ 문제 **01**

지름 80 mm의 두 축을 클램프 커플링으로 이음할 때 M20의 볼트 8개로 체결하였다. 축의 허용전단응력 $\tau = 2.5\ \text{N/mm}^2$이고, 마찰계수 $\mu = 0.2$이며 볼트의 골지름은 17.294 mm이고 마찰력으로만 동력을 전달한다고 할 때 다음을 구하여라.

(1) 전달토크 $T(\text{N} \cdot \text{mm})$
(2) 축을 죄는 힘 $W(\text{N})$
(3) 볼트에 생기는 인장응력 $\sigma_t\ (\text{N/mm}^2)$

해설

(1) $T = \tau \cdot Z_P = \tau \cdot \dfrac{\pi d^3}{16} = 2.5 \times \dfrac{\pi \times 80^3}{16} = 251{,}327.41\ \text{N} \cdot \text{mm}$

(2) $T = \mu \pi W \dfrac{d}{2}$ 에서 $W = \dfrac{2\,T}{\mu \pi d} = \dfrac{2 \times 251{,}327.41}{0.2 \times \pi \times 80} = 9{,}999.99\ \text{N}$

(3) $T = \mu \pi W \dfrac{d}{2} \left(W = z' \, Q,\ Q = \dfrac{\pi}{4} \delta_1^2 \cdot \sigma_t,\ z' = \dfrac{8}{2} = 4 \right)\ = \mu \pi \cdot z' \sigma_t \cdot \dfrac{\pi}{4} \delta_1^2 \cdot \dfrac{d}{2}$

$\therefore \sigma_t = \dfrac{8\,T}{\mu \pi z' \pi \delta_1^2 d} = \dfrac{8 \times 251{,}327.41}{0.2 \times \pi \times 4 \times \pi \times 17.294^2 \times 80} = 10.64\ \text{N/mm}^2$

논리적으로 하나하나 이해해 가면서
기계설계 문제를 해석해 갈 수 있도록
계산 과정이 정리되었습니다.

이 책의 차례 CONTENTS

CHAPTER 01 기계요소 설계

이·책의 차례 CONTENTS

이 책의 차례 CONTENTS

CHAPTER
02

과년도
기출문제

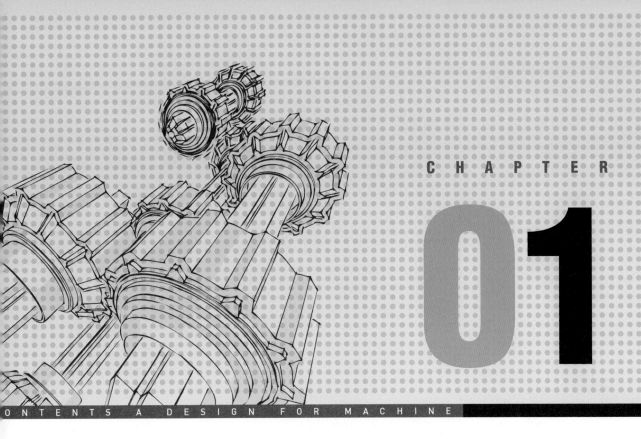

CHAPTER

01

ONTENTS A DESIGN FOR MACHINE

기계요소설계

01 기계요소설계의 개요

1 개요

기계설계는 기계공학의 전 영역에 걸친 넓은 분야의 모든 기계적 설계를 의미한다. 그 중에 기계를 구성하고 있는 모든 부품, 즉 기계요소(Machine Element)에 대해 다루는 것이 기계요소설계이다. 기계요소설계는 강도설계와 강성설계로 이루어진다.

> 강도설계 : 허용응력에 기초를 둔 설계
> 강성설계 : 허용변형에 기초를 둔 설계 ⎤ 두 가지 개념

허용응력은 안전상 허용할 수 있는 최대응력이므로 최대강도를 기준으로 설계하는 것이 강도설계임을 알 수 있으며, 탄성한도 영역 내에서 허용되는 변형을 기준으로 한 설계를 강성설계라 한다. Part I에서 다루는 기계요소를 대략 분류하면 다음과 같다.

1. 결합용 기계요소(체결용 기계요소)

1) 나사(볼트, 너트)
2) 키, 코터, 핀 ⎤ 조립과 분해를 필요로 하는 일시적 결합에 사용

3) 리벳
4) 용접 ⎤ 영구적 결합시 사용

2. 축계열 기계요소

1) 축
2) 축이음
3) 베어링

3. 전동 기계요소(동력 전달 기계요소)

1) 마찰차

2) 벨트

3) 체인

4) 기어

4. 운동조절용 기계요소

1) 브레이크

2) 스프링

3) 관성차

② 설계에서 필요한 기본사항

1. 힘 해석

힘이란 물체의 운동상태를 변화시키는 원인이 되는 것으로 정의되며($F = ma$), 유체에서는 시간에 대한 운동량의 변화율로도 정의된다. 기계요소설계에서는 **힘을 해석하는 것이 기본**이므로 매우 중요하다.

1) 힘을 두 가지의 관점으로 보면

① ┌ 표면력(접촉력) : 두 물체 사이의 직접적인 물리적 접촉에 의해 발생하는 힘

　　　　　　　　　(예 응력, 압력, 표면장력)

　└ 체적력(물체력) : 직접 접촉하지 않고 중력, 자력, 원심력과 같이 원격작용에 의해 발생하는 힘

② ┌ 집중력 : 한 점에 집중되는 힘

　└ 분포력 : 힘이 집중되지 않고 분포되는 힘

2) 분포력에 대해 자세히 살펴보면

① 선분포 : 힘이 선(길이)에 따라 분포(N/m, kgf/m)

⑩ 재료역학에서 등분포하중, 유체의 표면장력, 설계에서 마찰차의 선압

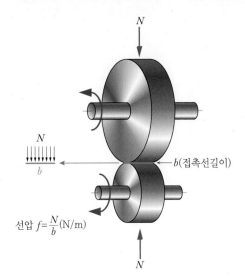

선압 $f = \dfrac{N}{b}$ (N/m)

마찰차의 접촉선길이 b에서 수직력 N을 나누어 받고 있다.

∴ 수직력 $N = f \cdot b$

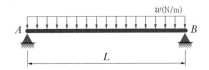

재료역학에서 균일분포하중 w (N/m)로 선분포의 힘이다.

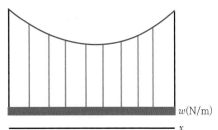

케이블은 수평선 x를 따라 균일하게 분포된 하중(단위 수평 길이당 하중 w)이 작용한다고 볼 수 있다.

② 면적분포 : 힘이 유한한 면적에 걸쳐 분포(N/m², kgf/cm²) 📵 응력, 압력

※ 특히 면적분포에서

- 인장(압축)응력 σ (N/cm²) $\qquad$ × $\boxed{\text{인장파괴면적 } A_{\sigma} \text{ (cm}^2)}$ = 하중 F (N)

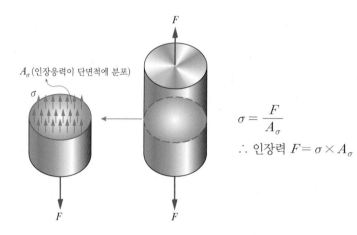

A_{σ} (인장응력이 단면적에 분포)

$$\sigma = \frac{F}{A_{\sigma}}$$

∴ 인장력 $F = \sigma \times A_{\sigma}$

- 전단응력 τ (N/cm²) $\qquad$ × $\boxed{\text{전단파괴면적 } A_{\tau} \text{ (cm}^2)}$ = 전단하중 P(N)

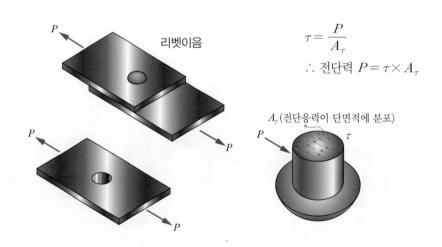

리벳이음

A_{τ} (전단응력이 단면적에 분포)

$$\tau = \frac{P}{A_{\tau}}$$

∴ 전단력 $P = \tau \times A_{\tau}$

- 면압 $q\,(\mathrm{N/cm^2})$ $\times$ 압축면적 $A_q\,(\mathrm{cm^2})$ $=$ 하중 $\mathrm{P(N)}$

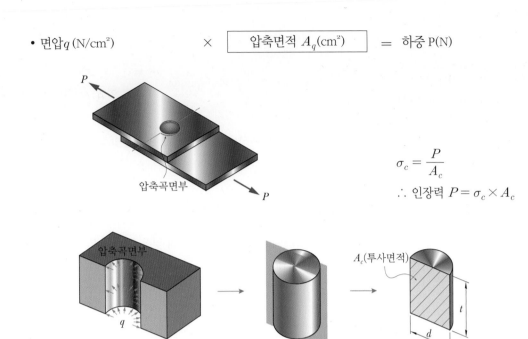

$$\sigma_c = \frac{P}{A_c}$$

$$\therefore \ \text{인장력} \ P = \sigma_c \times A_c$$

압축곡면부

A_c(투사면적)

t

d

※ 반원통의 곡면에 압축이 가해진다. ⇒ 압축곡면을 투사하여 A_c(투사면적)로 본다.

$$\sigma_c = \frac{P}{A_c} \qquad \therefore \ \text{압축력} \ P = \sigma_c \times A_c$$

③ 체적분포 : 힘이 물체의 체적 전체에 분포$(\mathrm{N/m^3, kgf/m^3})$

　　例 비중량 $\gamma = \rho \times g = \dfrac{\mathrm{kg}}{\mathrm{m^3}} \times \mathrm{m/s^2} = \dfrac{\mathrm{N}}{\mathrm{m^3}}$

분포력을 가지고 힘을 구하려면

선분포	$\times$	힘이 작용(분포)하는 길이	$=$	힘
$\dfrac{\mathrm{N}}{\mathrm{m}}$	$\times$	m	$=$	N
例 w (등분포하중)	$\times$	l	$=$	wl (전하중)

면적분포	$\times$	힘이 작용(분포)하는 면적	$=$	힘
$\dfrac{\mathrm{N}}{\mathrm{m^2}}$	$\times$	$\mathrm{m^2}$	$=$	N
例 σ (응력)	$\times$	A_σ	$=$	P (하중)
τ (전단응력)	$\times$	A_τ	$=$	P (하중)

체적분포	$\times$	힘이 작용(분포)하는 체적	$=$	힘
$\dfrac{N}{m^3}$	$\times$	m^3	$=$	N
예 γ (비중량)	$\times$	V	$=$	W(무게)

TIP 어떤 분포력이 주어졌을 때 분포영역(길이, 면적, 체적)을 찾는 데 초점을 맞추면 힘을 구하기가 편리하다.

2. 자유물체도(Free Body Diagram)

힘이 작용하는 물체를 주위와 분리하여 그 물체에 작용하는 힘을 그려 넣은 그림을 말하며 정역학적 평형상태 방정식($\sum F = 0$, $\sum M = 0$)을 만족하는 상태로 그려야 한다.

<F.B.D>

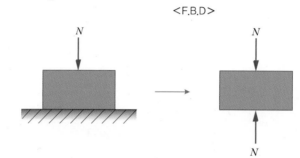

바닥에 작용하는 힘은 바닥을 제거했을 때 물체가 움직이고자 하는 방향과 반대 방향으로 그려준다.

<F.B.D>

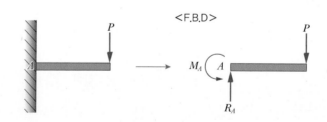

지지단 A 를 제거하면 보가 아래로 떨어지므로 반력 R_A 는 위의 방향으로 향하게 되고 또 하중 P 는 지지단 A 를 중심으로 보를 오른쪽으로 돌리려 하므로 반대 방향의 모멘트 M_A 가 발생하게 된다.

3. 일

1) 일

힘의 공간적 이동(변위)효과를 나타낸다.

$$일 = 힘(F) \times 거리(S)$$
$$1\,J = 1\,N \times 1\,m$$

$1\,kgf \cdot m = 1kgf \times 1m$

2) 모멘트(Moment)

물체를 회전시키려는 특성을 힘의 모멘트 M이라 하며 그 중에 축을 회전시키려는 힘의 모멘트를 토크 (Torque)라 한다.

$$모멘트(M) = 힘(F) \times 수직거리(d)$$
$$토크(T) = 회전력(P_e) \times 반경(r) = P_e \times \frac{d}{2}(지름)$$

3) 일의 원리

① 기계설계에 적용된 일의 원리 예

$$일의\ 양 = 힘 \times 거리 = ⓐ = ⓑ = ⓒ$$
$$300N \times 1m = 150N \times 2m = 200N \times 1.5m = 300N \cdot m = 300J$$

일의 양은 300J로 모두 같지만 빗면의 길이가 가장 큰 ⓑ에서 가장 작은 힘 150N으로 올라감을 알 수 있으며 이런 빗면의 원리를 이용해 빗면을 돌아 올라가는 기계요소 나사를 설계할 수 있다.

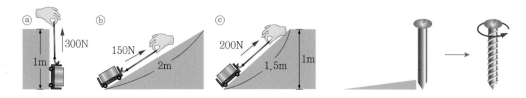

② 축에 작용하는 일의 원리

운전대를 작은 힘으로 돌리면 스티어링 축은 큰 힘으로 돌아간다.

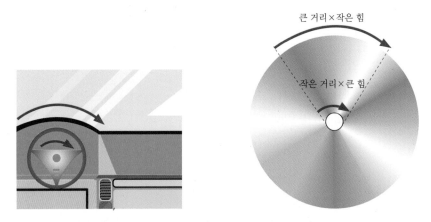

아래 그림에서 만약 손의 힘 $F_{조작력}$ $= 20\text{N}$, 볼트지름 20mm 라면, 스패너의 길이 L이 길수록 나사의 회전력 $F_{나사}$의 크기가 커져서 쉽게 볼트를 체결할 수 있다는 것을 알 수 있다.

$$T = F_{조작력} \times L = F_{나사} \times \frac{D}{2}$$

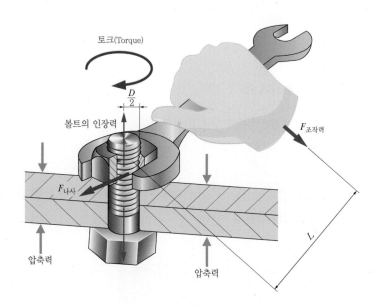

축 토크 T는 같다.(일의 원리)

기어의 토크=키의 전단력에 의한 전달토크

$$F_1 \times \frac{D_{기어}}{2} = F_2 \times \frac{D_{축}}{2} \ (F_2 = \tau_k \cdot A_\tau)$$

$D_{기어}$: 기어의 피치원 지름

$D_{축}$: 축지름

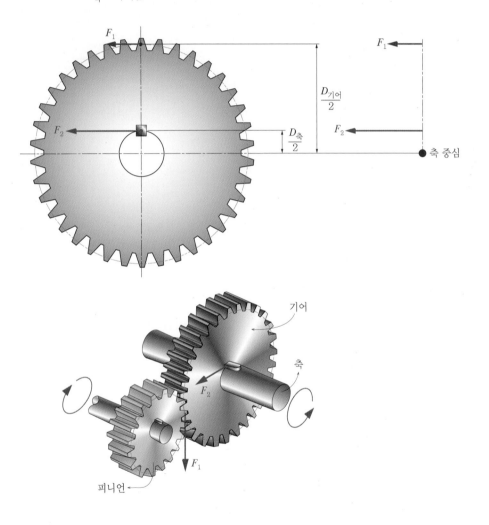

4. 동력

1) 동력(H)

시간당 발생시키는 일을 의미한다.

$$동력 = \frac{일}{시간}$$

$$= \frac{힘(F) \times 거리(S)}{시간(t)} \quad (\because 속도 = \frac{거리}{시간})$$

$$H = F(힘) \times V(속도) = F \times r \times \omega = T \times \omega$$

$$1W = 1N \cdot m/s \ (\text{SI 단위의 동력})$$

$$= 1 \ J/s = 1W(와트)$$

$$1PS = 75 \, kgf \cdot m/s$$

$$1kW = 102 \, kgf \cdot m/s \ (\text{공학 단위})$$

2) PS동력을 구하는 식

$$\frac{F \cdot V}{75}$$ 로 쓰는데 단위환산의 측면으로 설명해 보면

$$F \cdot V(kgf \cdot m/s) \times \frac{1ps}{75(kgf \cdot m/s)} = \frac{F \cdot V}{75} \Rightarrow PS \ 동력단위가 \ 나오게 \ 된다.$$

(실제 산업현장에서는 많이 사용하므로 알아두는 것이 좋다.)

5. 마찰(Friction)

마찰력이란 운동을 방해하려는 성질의 힘을 말한다.

마찰력을 최대로 이용하는 기계요소에는 브레이크, 마찰차, 클러치, 전동벨트 등이 있으며 마찰력을 최소로 줄여야 하는 기계요소에는 베어링, 치차, 동력전달나사 등이 있다.

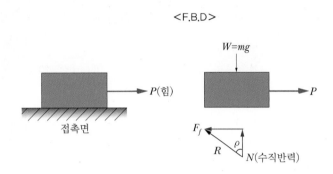

<F.B.D>

접촉면에 마찰력 F_f가 발생한다.

μ : 접촉면(정지) 마찰계수

ρ : 마찰각(마찰계수를 각으로 나타냄)

접촉면을 제거했을 때 물체가 움직이고자 하는 방향과 반대 방향으로 마찰력 F_f를 그린다.

$$F_f = \mu N \,(\text{최대정지마찰력}) \qquad (※ \text{마찰력은 수직력}(N)\text{만의 함수이다.})$$

$$\tan \rho = \frac{F_f}{N} = \frac{\mu N}{N} = \mu \text{ 에서 } \rho = \tan^{-1} \mu \text{ 로 구할 수 있다.}$$

다음 그림에서 알 수 있듯이 물체가 움직이기 시작하면 접촉면의 마찰력(동마찰력)은 감소하게 된다. 그러므로 기계요소설계에서는 항상 최대정지마찰력을 기준으로 설계한다.

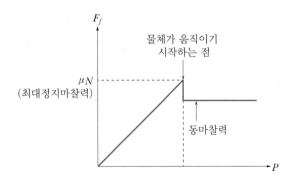

6. 파손

1) 파단의 형상

연강의 인장시험에서의 파단면은 옆의 그림과 같이 분리(인장) 파괴와 미끄럼 파괴를 혼합한 파단면들이 동시에 나타나는데 분리 파괴에는 최대주응력이, 미끄럼 파괴에는 최대전단응력 이 작용하고 있음을 보여준다. 재료가 취성일 때는 분리 파괴를, 연성일 때는 미끄럼 파괴를 일으킨다.

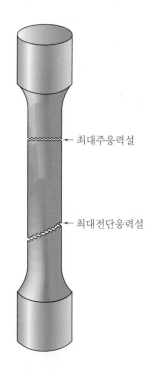

← 최대주응력설

← 최대전단응력설

2) 파손의 법칙

재료의 사용응력이 탄성한도를 넘으면 재료는 파손된다. 기계요소는 여러 하중이 가해지는 조합응력상태에서 자주 사용 되는데 이러한 경우의 파손은 최대주응력설, 최대전단응력설, 최대주스트레인설 등으로 설명되어진다. 일반적으로 주철과 같은 취성재료에는 최대주응력설을, 연강, 알루미늄 합금과 같 은 연성재료에는 최대전단응력설을 파손에 적용한다.

① 최대주응력설 : Rankine의 학설

취성재료의 분리 파손에 적용되며 최대주응력 σ_1 이 인장점·압축 탄성한도응력 σ_s 이상으로 되면 재료 는 파손된다는 설이다. 따라서 파손의 염려가 있는 부분의 주응력 σ_1 을 구해 허용응력을 넘지 않도록 설계해야 한다.

$$\sigma_1 \leqq 허용응력 \leqq \sigma_s$$

$$\sigma_1 = \sigma_{\max} = \frac{\sigma_x + \sigma_y}{2} + \sqrt{\left(\frac{\sigma_x - \sigma_y}{2}\right)^2 + \tau_{xy}^{\,2}}$$

예를 들면 축이 굽힘과 비틀림을 동시에 받는 경우의 주응력(σ_1)계산시 사용되어진다.

$$M_e = \frac{1}{2}(M + \sqrt{M^2 + T^2}\,)$$

상당굽힘모멘트(M_e)를 구한 다음 $M_e = \sigma_1 \cdot Z$에 의해 주응력(σ_1)을 구하게 된다.

② 최대전단응력설 : Coulomb Guest의 학설

연성재료의 미끄럼 파손에 적용되며 단순 인장에서 생기는 인장응력이 항복점 σ_s (또는 탄성한도)에 도달하였을 때의 최대전단응력을 τ_1 이라고 하면 τ_1 이 항복전단응력 τ_s 를 넘게 되면 재료는 파손한다는 설이다.

$$\tau_1 \leq \text{허용전단응력} \leq \tau_s$$

$$\tau_1 = \tau_{\max} = \sqrt{\left(\frac{\sigma_x - \sigma_y}{2}\right)^2 + \tau_{xy}^2}$$

예를 들면 축이 굽힘과 비틀림을 동시에 받을 경우, 최대전단응력(τ_1)을 계산할 경우 사용된다.

$$T_e = \sqrt{M^2 + T^2}$$

상당비틀림모멘트(T_e)를 구한 다음 $T_e = \tau_1 \cdot Z_p$ 에 의해 최대전단응력(τ_1)을 구할 수 있다.

③ 최대주스트레인설

재료 내의 임의의 한 점에서 일어나는 주스트레인의 값이 항복점의 변형률 ε_s 를 넘어서면 파손이 발생한다는 설이다. **분리 파손을 하는 취성재료에만 적용**된다.

7. 크리프(Creep)

기계를 구성하는 재료가 일정한 고온 하에서 오랜 시간에 걸쳐 일정한 하중을 받았을 경우, 재료 내부의 응력은 일정함에도 불구하고 재료의 변형률이 시간의 경과에 따라 증가하는 현상을 크리프(Creep)라 한다. 예를 들면 보일러관의 크리프는 기계의 성능 저하뿐만 아니라 손상의 원인도 된다.

8. 피로(Fatigue)

실제의 기계나 구조물들은 반복하중상태에 놓이는 경우가 많이 있는데, 이 경우 재료에 발생하는 응력이 탄성한도 영역 안에 있어도 하중의 반복작용에 의하여 재료가 점점 약해지며 파괴되는 현상을 피로 파괴라 한다. 설계상 충분히 주의해야 하는 이유는 반복하중에 계속 노출될 경우 재료의 정적강도보다 훨씬 낮은 응력으로도 파괴될 수 있기 때문이다.

9. 사용응력과 허용응력

기계나 구조물이 안전한 상태를 유지하며 제기능을 발휘하려면 설계할 때 실제의 사용상태를 정확히 파악하고 그 상태의 응력을 고려하여 절대적으로 안전한 상태에 놓이도록 사용재료와 그 치수를 결정해야 한다. 오랜 기간동안 실제상태에서 안전하게 작용하고 있는 응력을 사용응력(Working Stress)이라 하며, 이 사용응력을 정확하게 선정한다는 것은 거의 불가능하다. 따라서 탄성한도 영역 내의 안전상 허용할 수 있는 최대응력인 허용응력(Allowable Stress)을 사용응력이 넘지 않도록 설계해야 한다.

$$\text{사용응력}(\sigma_w) \leq \text{허용응력}(\sigma_a) \leq \text{탄성한도}$$

10. 안전율

하중의 종류와 사용조건에 따라 달라지는 기초강도 σ_s 와 허용응력 σ_a 와의 비를 안전율(Safety Factor)이라고 한다.

$$S = \frac{\text{기초강도}}{\text{허용응력}} = \frac{\sigma_s}{\sigma_a}$$

1) 기초강도

사용재료의 종류, 형상, 사용조건에 의하여 주로 항복강도, 인장강도(극한강도) 값이며 크리프 한도, 피로 한도, 좌굴강도 값이 되기도 한다. 안전율은 항상 1보다 크게 나오는데 설계시 안전율을 크게 하면 기계나 구조물의 안정성은 증가하나 경제성은 떨어진다. 왜냐하면 어떤 부재에 작용하는 하중이 정해져 있을 경우 안전율을 높이면 사용할 부재의 치수가 커지기 때문이다. 그러므로 실제하중의 작용조건, 상태(부식, 마모, 진동, 마찰, 정밀도, 수명) 등을 고려해서 적절한 안전율을 고려해주는 최적화(Optimization)설계를 해야 한다.

> **참고**
>
> $\sigma_a = \dfrac{\sigma_s}{s}$ $\rightarrow$ 재료의 극한강도(인장강도)는 재료마다 정해져 있다.
> $\qquad\qquad \rightarrow$ 안전율을 크게 하면
> $\qquad\qquad\qquad\qquad\downarrow$
> $\qquad\qquad$ 허용응력이 줄어든다.
> $\qquad\qquad\qquad\qquad\downarrow$
>
> 허용응력(σ_a)을 사용응력(σ_w)과 같게 설계한다. $\sigma_w = \dfrac{P}{A}$ 이므로, 따라서 재료에 작용하는 하중이 일정하다고 보면 재료의 면적을 크게 해야 한다.(물론 면적을 일정하게 설계하면 하중을 줄여야 할 것이다.)

11. 표준화

공업제품들의 품질, 형상, 치수, 검사 등에 일정한 표준을 정하여 제품 상호 간의 교환성을 높여 생산성의 향상, 생산의 합리화를 이루는 것을 표준화라 한다. 우리나라에서는 표준화를 위해 한국산업규격(KS : Korean Industrial Standard)이 있다. KS규격집 안에서 기계부문은 KS B로 분류되어 있으며 기계를 설계할 때 사용되는 요소(Element)는 KS표준규격집 안의 표준부품을 채택하여 설계해야 한다.

규격집 안의 표준부품을 기준으로 설계하지 않으면 제품의 호환성이 없으며 상품으로서의 가치도 잃게 된다. 사용되고 있는 기계설계도표편람은 실제 산업현장에서 쓰이는 경험식, 설계를 위한 각종 데이터 값, 계산도표 등이 내재되어 있으며 실무자들이 활용하는 서적이다.

12. 기타

이 책에서는 다음과 같은 용어들을 될 수 있는 한 일관되게 사용할 것이다.

- q $\rightarrow$ 면압
- A_τ $\rightarrow$ 전단응력이 발생하는 면적(전단파괴면적)
- A_q $\rightarrow$ 면압을 받는 면적
- D_m $\rightarrow$ 평균지름
- d_e $\rightarrow$ 유효지름
- T $\rightarrow$ 토크
- M $\rightarrow$ 모멘트
- H $\rightarrow$ 동력
- σ_c $\rightarrow$ 압축응력
- F $\rightarrow$ 조작력
- μ $\rightarrow$ 마찰계수
- N $\rightarrow$ 수직력(법선력)
- P_t $\rightarrow$ 축방향 하중(트러스트 하중)
- V $\rightarrow$ 원주속도

1) 실기시험에서 예전에는 힘의 단위를 kg, N 둘다 사용하였으나 최근 실기 시험에서는 SI 단위인 N을 주로 사용하고 있다. 그래서 응력도 파스칼 $Pa = \text{N}/\text{m}^2$을 주로 사용한다.

2) 설계문제에서 요구하는 단위를 잘 보고 문제를 풀어야 한다. 만약 답을 mm 단위로 요구하면 응력, 길이, 기타 계산식에서 쓰이는 값들을 모두 mm로 바꾸어 준 다음 계산을 수행하면 단위가 mm로 나오므로 단위 환산을 할 필요가 없다.(주의해야 한다.)

3) MKS 단위계(m, kg, sec)로 시험문제가 주어지면 응력이나 압력은 Pa (파스칼), 힘은 N, 동력은 W(와트)로 계산되므로 기본 수치들을 m 단위로 넣어 계산하면 편리하다.

참고

답안작성시 유의사항(실기시험에서 주어지는)

- 시험문제지의 이상 유무(문제지 총면수, 문제 번호 순서, 인쇄상태 등)를 확인한 후 답안을 작성하여야
  한다.

- 인적사항(수검번호, 성명 등)은 매 장마다 반드시 흑색 사인펜으로 기재하여야 한다.

- 답안은 연필류를 제외한 흑색 필기구로 작성하여야 하며, 기타의 필기구를 사용한 답항은 0점 처리된다.

- 답안을 정정할 때에는 반드시 정정부분을 두 줄로 긋고, 감독위원의 정정날인을 받아야 한다.

- 계산기 사용시 커버를 제거하고, 특정 공식이나 수식이 입력되는 계산기는 사전에 반드시 감독위원의 검사
  (입력소멸)를 받고 사용하여야 한다.

- 답안 내용은 간단, 명료하게 작성하여야 하며, 답란에 불필요한 낙서나 특이한 기록사항 등 부정의 목적이
  있었다고 판단될 경우에는 모든 득점이 0점으로 처리된다.(단, 계산연습이 필요한 경우는 주어진 계산연습
  란에 한함)

- 계산문제는 답란에 반드시 계산과정과 답을 기재하여야 하며, 계산식이 없는 답은 0점 처리된다.

- 계산과정에서 소수가 발생되면 문제의 요구사항에 따르고, 명시가 없으면 소수점 이하 셋째 자리에서 반올
  림하여 둘째 자리까지만 구하여 답하여야 한다.

- 문제의 요구사항에서 단위가 주어졌을 경우에는 계산식 및 답에서 생략되어도 되나, 기타의 경우 계산식
  및 답란에 단위를 기재하지 않을 경우에는 틀린 답으로 처리된다.

- 문제에서 요구한 가짓수(항수) 이상을 답란에 표기한 경우에는 답란 기재 순으로 요구한 가짓수(항수)만
  채점한다.

- 복합형으로 시행되는 종목의 전 과정(필답형, 작업형)에 응시하지 않은 경우 채점대상에서 제외시킨다.

---

4) 라디안 : 라디안(Radian)은 각도의 단위로서 원주상에서 반지름과 같은 길이의 호를 잘라내는 두 개의 반
지름 사이에 포함되는 평면각이다.

$$\text{rad} = \frac{1\,\text{m}\,(\text{호의 길이})}{1\,\text{m}\,(\text{반지름})} = 1\text{m/m} \;:\; \text{무차원이다.}$$

$$\pi\,\text{rad} = 180°,\; 60° \times \frac{\pi\,\text{rad}}{180°} = \frac{\pi}{3}\,\text{rad}$$

(예) 축의 비틀림각 $\theta = \dfrac{\tau \cdot \ell}{G \cdot Ip}$, 장력비 $e^{\mu\theta}$ 등의 θ각은 라디안이다.

5) 각속도(ω) : 축이 N rpm으로 회전할 때

$$\omega = 2\pi \times N \ (\text{rpm}) = 2\pi N \ \text{rad/min}$$

rpm : Revolutions Per Minute (분당 회전수)

원주속도와 각속도

$$\omega = \frac{2\pi N}{60} \ \text{rad/s} = s^{-1} \ (\text{rad : 무차원이므로})$$

6) 원주속도(V) : $V = r \cdot \omega$

$$= \frac{d}{2} \times \frac{2\pi N}{60}$$

$$= \frac{\pi \cdot d \cdot N}{60} \text{mm/s} \ \ (d\,(\text{지름})는 \ \text{mm 단위})$$

$$V = \frac{\pi d N}{60 \times 1,000} \ \text{m/s} \ \ (\text{단위환산})$$

$$V = \frac{\pi d N}{60,000} \ \text{m/s} \ \ (\text{여기서}, \ d\,(\text{지름})는 \ \text{mm 단위})$$

1 나사의 개요

나사는 기계부품을 죄거나 위치의 조정, 힘을 전달하는 용도로 쓰이며 둥근봉의 바깥에 나사산이 있는 것을 수나사, 원통 내면에 나사산을 만드는 것을 암나사라 한다.

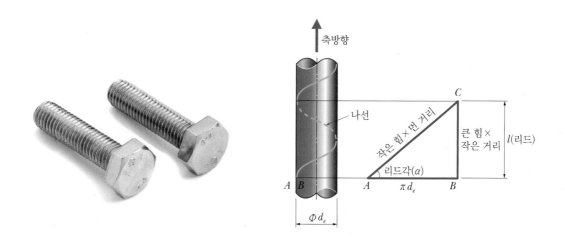

위 그림에서 지름이 d_e 인 둥근봉의 둘레에 밑변의 길이가 πd_e 가 되는 직각삼각형 ABC를 감으면 빗변 AC는 나선을 그리게 된다. 이 나선에 삼각형, 사각형, 사다리꼴 단면을 갖는 띠를 감으면 나사가 생긴다. 나사에는 일의 원리가 적용되는데, 빗변 $\overline{AC}$ 와 높이 $\overline{BC}$ 를 올라가는 일의 양은 같으므로 나사를 돌리게 되면 나사는 작은 힘으로 나선(빗면)을 따라 돌아 올라가며 작은 거리(높이)를 큰 힘으로 나아가게 된다. 즉, 나사는 축 방향으로 큰 힘을 가하는 기계요소이며 쐐기와 같은 역할을 한다. 삼각나사는 마찰면적을 크게 하여 축 방향으로 강한 체결력을 갖게 한다.

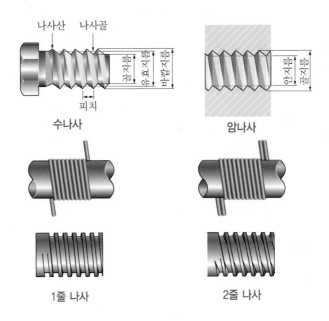

1줄 나사   2줄 나사

1) 호칭지름

나사의 바깥지름(d_2)이다.

2) 유효지름(d_e)

나사산의 형태가 사각나사일 때는 평균지름$\left(\dfrac{d_1 + d_2}{2}\right)$이지만 다른 나사에서는 그렇지 않다. 나사에 대한

하중계산, 토크계산, 리드각을 구할 때의 기초가 되는 지름으로 매우 중요하다.

3) 1줄 나사 · 2줄 나사

한 줄의 나선으로 이루어진 나사를 1줄 나사, 두 줄의 나선을 감아올린 나사를 2줄 나사, n 개의 나선이면 n 줄 나사이다.

4) 피치(p)

나사산과 나사산 사이의 거리(Pitch) 또는 골과 골 사이의 거리

5) 리드(l)

나사를 1회전시켰을 때 축 방향으로 나아가는 거리(Lead), 1줄 나사는 1피치(p)만큼 리드하며 n 줄 나사이면 리드 $l = np$ 이다.

6) 리드각(a)

위 그림에서 나사가 1회전시 나아가는 리드에 의해 생성되는 각

$$\tan \alpha = \frac{l}{\pi d_e} = \frac{np}{\pi d_e}$$

7) 나사산의 높이(h)

$$h = \frac{d_2 - d_1}{2}$$

> **참고**
>
> 나사의 호칭지름에서 호칭이란 KS규격집에서 기계요소를 찾을 때 기준이 되는 기본값이며 기계요소(부품)를 구입할 때도 호칭을 사용하게 된다. 나사의 호칭을 찾으면 나사에 대한 자료값(d_1, d_e, d_2 , 피치 등)을 볼 수 있다.

❷ 나사의 표시방법

1. 피치를 mm로 표시하는 경우(미터계)

M : 미터 보통나사
5 : 외경이 5mm(외경＝나사의 호칭지름)
0.8 : 피치가 0.8mm(생략 가능)

⑩ TM 10

TM : 30°사다리꼴나사
10 : 외경 10mm

2. 피치를 1inch에 대한 나사산 수로 표시하는 경우(인치계)

| 나사의 호칭지름 | – | 나사산 수 | 나사의 종류를 표시하는 기호 |

예 1/2 — 13 UNC

1/2 : 인치계 나사이므로 나사의 외경 $\frac{1}{2}$ inch이다. mm로 환산하면 1inch

$$= 25.4\text{mm}$$이므로 $\frac{1}{2}$ inch $\times \frac{25.4\text{mm}}{1\text{inch}} = 12.7\text{mm}$이다.

13 : 1inch 안에 나사산 수가 13개이므로 피치 $p = \frac{25.4\text{ mm}}{13} = 1.9538\text{mm}$이다.

UNC : 유니파이 보통나사

위의 내용들은 KS규격집 KS B 0201과 KS B 0203에서 확인할 수 있다.

❸ 나사의 종류와 나사산의 각도

나사의 명칭	종 류	나사의 기호	나사산의 각도(β)	호칭지름 단위	용 도
미터나사	미터 보통나사	M	60°	미터계	체결용
	미터 가는나사				
유니파이나사	유니파이 보통나사	UNC	60°	인치계	
	유니파이 가는나사	UNF			
관용나사	관용 평행나사	PS	55°		
	관용 테이퍼나사	PT			
사각나사			0°		운동용
사다리꼴나사	29°사다리꼴나사	TW	29°	인치계	
	30°사다리꼴나사	TM	30°	미터계	

※ 표 이외에도 여러 가지 나사가 있다. 나사의 기호와 나사산의 각도는 암기해야 한다.
   (상당마찰계수계산에 쓰이므로)

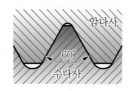
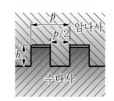

❹ 나사의 역학

1. 사각나사

나사산의 단면이 직사각형일 때 사각나사라 하며, 이 나사는 기계부품에서 축 방향 하중을 크게 받는 운동용 나사로 적합하여 나사잭(Jack), 나사프레스 등에 사용된다. 트러스트 하중을 전달하는 전동효율은 좋으나 제작이 어려워 사다리꼴나사로 대체하는 수가 많다.

1) 나사를 죌 때

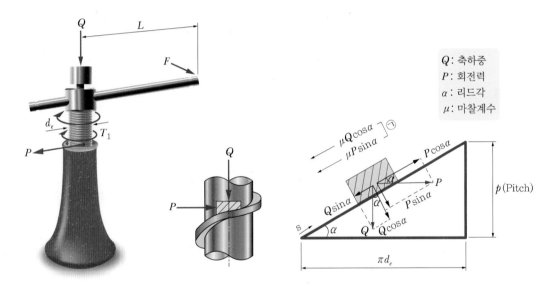

Q : 축하중
P : 회전력
α : 리드각
μ : 마찰계수

P라는 회전력이 작용하면 축하중 Q가 경사면을 따라 s 방향으로 이동한다.

s 방향의 힘의 합이 0일 때 움직이기 시작하므로 $\sum F_s = 0$ 이다. 마찰력은 앞에서 다루었듯이 경사면의 수직력과 연관되며 움직이려는 방향과 반대 방향으로 위 ㉠에 표시하였다.

$\sum F_s = 0$: s 방향 힘의 성분들의 합은 0이다. 이 방향(→)이 양(+)방향이다.

$$P\cos\alpha - Q\sin\alpha - \mu Q\cos\alpha - \mu P\sin\alpha = 0$$

$$P(\cos\alpha - \mu\sin\alpha) = Q(\mu\cos\alpha + \sin\alpha)$$

$$P = Q\frac{\mu\cos\alpha + \sin\alpha}{\cos\alpha - \mu\sin\alpha} \ (\text{분모, 분자를 } \cos\alpha \text{로 나눈다.})$$

$$\quad = Q\frac{\mu + \tan\alpha}{1 - \mu\tan\alpha} \ (\mu = \tan\rho \text{ 를 대입, } \rho \text{ : 마찰각})$$

$$= Q\frac{\tan\rho+\tan\alpha}{1-\tan\rho\cdot\tan\alpha}\left(\tan(\alpha+\beta)=\frac{\tan\alpha+\tan\beta}{1-\tan\alpha\cdot\tan\beta}\right) \text{ 공식을 적용}$$

∴ 회전력　$P=Q\tan(\rho+\alpha)$

마찰각 $\tan\rho=\mu$, 리드각 $\tan\alpha=\dfrac{p}{\pi d_e}$ 를 대입

$$P=Q\frac{\mu+\dfrac{p}{\pi d_e}}{1-\mu\dfrac{p}{\pi d_e}}$$

$$\therefore P=Q\frac{\mu\pi d_e+p}{\pi d_e-\mu p}$$

2) 나사를 풀 때

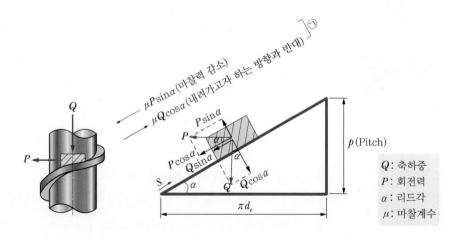

$$\sum F_s=0$$

$$-P\cos\alpha-Q\sin\alpha+\mu Q\cos\alpha-\mu P\sin\alpha=0$$

$$P(\cos\alpha+\mu\sin\alpha)=Q(\mu\cos\alpha-\sin\alpha)$$

$$P=Q\frac{\mu\cos\alpha-\sin\alpha}{\cos\alpha+\mu\sin\alpha}\quad(\cos\alpha\text{로 나눈다.})$$

$$= Q\frac{\mu - \tan\alpha}{1 + \mu\tan\alpha} \quad (\mu = \tan\rho \text{ 대입})$$

$$= Q\frac{\tan\rho - \tan\alpha}{1 + \tan\rho\cdot\tan\alpha} \left(\tan(\alpha - \beta) = \frac{\tan\alpha - \tan\beta}{1 + \tan\alpha\cdot\tan\beta}\right)$$

$$\therefore \ P = Q\tan(\rho - \alpha)$$

3) 나사의 자립조건

나사가 스스로 풀리지 않는 조건이므로 나사를 풀 때 힘이 들게 되면 나사의 자립조건을 만족하게 된다. 체결용 나사에만 적용된다.

나사를 풀 때 회전력 : $P = Q\tan(\rho - \alpha)$ 에서

$\rho > \alpha$ 일 때 P는 양의 값이 되므로 나사를 풀 때 힘이 든다.

$\rho = \alpha$ 일 때 $P = 0$ 이다.

$\rho < \alpha$ 일 때 P는 음의 값이 되므로 힘을 주지 않아도 스스로 풀리게 된다.

자립조건 $\rho \geqq \alpha$: 마찰각이 리드각보다 커야 한다.

4) 사각나사의 효율(η)

$$\eta = \frac{\text{마찰이 없는 경우의 회전력}}{\text{마찰이 있는 경우의 회전력}} = \frac{Q\tan\alpha}{Q\tan(\rho + \alpha)} = \frac{\tan\alpha}{\tan(\rho + \alpha)}$$

(마찰이 없을 경우 마찰각이 존재하지 않는다.)

$$= \frac{\text{나사의 출력일}}{\text{나사의 입력일(토크)}} = \frac{Qp}{2\pi T}$$

→ 나사에 토크 T를 가해 한바퀴(2π) 돌리면 축하중 Q를 피치 p 만큼 올릴 수 있다.

운동용 나사에는 이송이 잘 되어야 하므로 효율이 좋은 편이 유리하고 삼각나사에서는 체결용이므로 효율을 낮게 하여 잘 풀리지 않는 것이 필요하다.

2. 삼각나사

사각나사를 제외한 나사들은 나사산의 각(β)을 가지고 있는데 이러한 나사들을 삼각나사라 한다. 체결용 (결합용)으로 쓰인다.

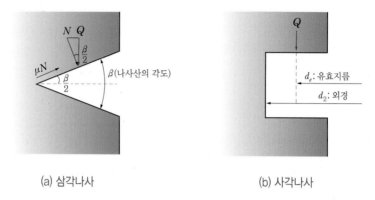

(a) 삼각나사　　　　　　　　　　(b) 사각나사

위 그림에서 비교해보면 사각나사에서는 축 방향 하중 Q가 수직력이 되지만, 삼각나사에서는 축 방향 하중 Q와 나사면에 작용하는 수직력 N과의 관계가 그림과 같이 나타난다.

$$N\cos\frac{\beta}{2} = Q \rightarrow N = \frac{Q}{\cos\dfrac{\beta}{2}}$$

$$\text{마찰력은 } \mu N = \mu\frac{Q}{\cos\dfrac{\beta}{2}} = \frac{\mu}{\cos\dfrac{\beta}{2}}Q = \mu'Q$$

μ' : 상당마찰계수
β : 나사산의 각도

$$\mu' = \frac{\mu}{\cos\dfrac{\beta}{2}}$$

$$\tan\rho' = \mu' = \frac{\mu}{\cos\dfrac{\beta}{2}}$$

삼각나사를 계산할 때는 사각나사의 계산식에서

$$\begin{array}{l} \rho \ 대신 \rightarrow \rho' \\ \mu \ 대신 \rightarrow \mu' \end{array}$$
를 대입하여 계산해야 한다.

삼각나사를 죌 때의 회전력

$$P = Q\tan(\rho' + \alpha)$$

$$= Q\frac{\mu'\pi d_e + p}{\pi d_e - \mu'p}$$

삼각나사를 풀 때의 회전력

$$P = Q\tan(\rho' - \alpha)$$

삼각나사의 효율 $\eta = \dfrac{\tan\alpha}{\tan(\rho' + \alpha)}$

5 나사의 회전에 필요한 토크

1. 자리면 마찰을 무시(너트와 와셔의 마찰 무시)한 회전토크

1) 사각나사 $\quad T = P \cdot \dfrac{d_e}{2} = Q\tan(\rho + \alpha) \cdot \dfrac{d_e}{2} = Q \cdot \dfrac{\mu\pi d_e + p}{\pi d_e - \mu p} \cdot \dfrac{d_e}{2}$

2) 삼각나사 $\quad T = P \cdot \dfrac{d_e}{2} = Q\tan(\rho' + \alpha) \cdot \dfrac{d_e}{2} = Q \cdot \dfrac{\mu'\pi d_e + p}{\pi d_e - \mu'p} \cdot \dfrac{d_e}{2}$

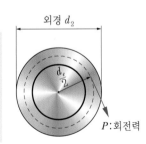

외경 d_2

$\dfrac{d_e}{2}$

P:회전력

2. 자리면 마찰을 고려(칼라자리부와 와셔의 평균지름이 주어질 경우)한 토크

1) 사각나사 $T = $ 나사의 회전토크(T_1) + 자리면 마찰토크(T_2)

$$= Q\tan(\rho+\alpha)\cdot\frac{d_e}{2} + \mu_m\cdot Q\frac{D_m}{2}$$

2) 삼각나사 $T = Q\tan(\rho'+\alpha)\cdot\frac{d_e}{2} + \mu_m\cdot Q\frac{D_m}{2}$

참고

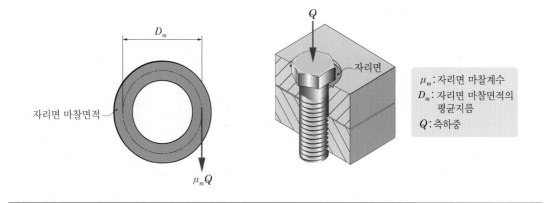

μ_m : 자리면 마찰계수
D_m : 자리면 마찰면적의 평균지름
Q : 축하중

자리면 마찰토크(T_2) = 마찰력 $\times \dfrac{D_m}{2}$

$$T_2 = \mu_m\, Q \times \frac{D_m}{2}$$

3. 볼트와 너트의 풀림 방지법

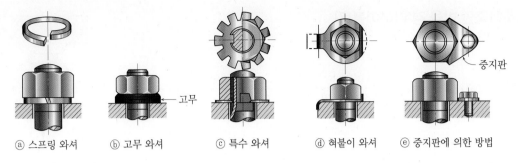

ⓐ 스프링 와셔　　ⓑ 고무 와셔　　ⓒ 특수 와셔　　ⓓ 혀붙이 와셔　　ⓔ 중지판에 의한 방법

고무

중지판

(1) 와셔에 의한 방법

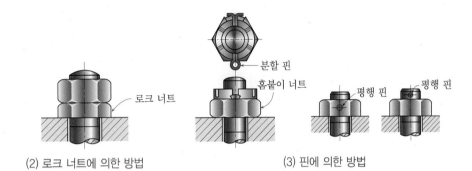

로크 너트

분할 핀

홈붙이 너트

평행 핀

평행 핀

(2) 로크 너트에 의한 방법　　　　　　(3) 핀에 의한 방법

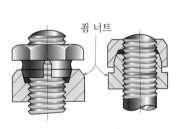

죔 너트

(4) 자동 죔 너트에 의한 방법

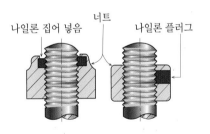

나일론 집어 넣음　　너트　　나일론 플러그

(5) 플라스틱 플러그에 의한 방법

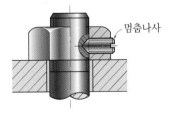

멈춤나사

(6) 멈춤나사에 의한 방법

스프링

(7) 스프링 너트에 의한 방법

6 나사의 설계

1. 축하중만 받을 경우(아이볼트)

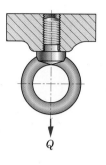

인장(압축)응력 $\sigma = \dfrac{Q(\text{축하중})}{A\,(\text{인장파괴면적})} = \dfrac{Q}{\dfrac{\pi}{4}\,d_1{}^2\,(\text{골지름 파괴})}$

골지름 $d_1 = \sqrt{\dfrac{4\,Q}{\pi\,\sigma}}$ ($d_1 = 0.8\,d_2$ 를 대입하면) 외경 $d_2 = \sqrt{\dfrac{2\,Q}{\sigma}}$

2. 면압강도에서 나사산수와 너트 높이 설계

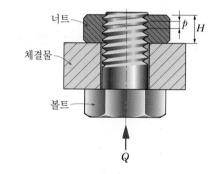

$q = \dfrac{Q(\text{축하중})}{A_q\,(\text{면압을 받는 면적 : 나사산 면})} = \dfrac{Q}{\dfrac{\pi(d_2{}^2 - d_1{}^2)}{4}\cdot z}$

$= \dfrac{Q}{\pi\,d_e \cdot h \cdot z}\left(h = \dfrac{d_2 - d_1}{2},\, d_e = \dfrac{d_2 + d_1}{2}\right)$

1) 나사산 수 $z = \dfrac{Q}{\pi\,d_e \cdot h \cdot q}$

2) 너트(암나사) 높이 $H =$ 나사산 수(z)×피치(p)×나사의 줄수(n)

$H = z \cdot p$ (보통 1줄 나사이므로)

3. 비틀림전단견지의 설계

전단응력 $\tau = \dfrac{T}{Z_p} = \dfrac{T}{\dfrac{\pi d_1{}^3}{16}}$ ($T = \tau \cdot Z_p$ 에서)

4. 축 방향 하중과 비틀림을 동시에 받을 때 조합응력(앞의 1, 3에서 계산한 응력 대입)

재료역학의 평면응력상태인 모어의 응력원

$$\left(\sigma_{\max} = \frac{\sigma_x + \sigma_y}{2} + \sqrt{\left(\frac{\sigma_x - \sigma_y}{2} \right)^2 + \tau_{xy}{}^2} \right)$$ 으로부터 최대주응력설에 의한 최대응력

$$(\sigma_x = \sigma, \sigma_y = 0, \tau_{xy} = \tau \text{를 대입})$$

$$\sigma_{\max} = \frac{\sigma}{2} + \frac{1}{2} \sqrt{\sigma^2 + 4\tau^2}$$

최대전단응력설에 의한 최대전단응력 $\tau_{\max} = \dfrac{1}{2} \sqrt{\sigma^2 + 4\tau^2}$

≫ 문제 01

바깥지름 30mm, 유효지름 27.72mm, 피치 3.5mm인 미터나사에서 효율을 구하여라.(단, 마찰계수는 0.15, 나사산 각도는 60°이다.)

해설

M30 나사이며 나사산의 각도 $\beta = 60°$이다.

리드각 $\tan\alpha = \dfrac{p}{\pi d_e}$ 에서 $\alpha = \tan^{-1}\dfrac{p}{\pi d_e} = \tan^{-1}\dfrac{3.5}{\pi \times 27.72} = 2.30°$

삼각나사이므로 상당마찰계수$(\mu') = \dfrac{\mu}{\cos\dfrac{\beta}{2}} = \dfrac{0.15}{\cos\dfrac{60}{2}} = 0.173$

$\tan\rho' = \mu'$에서 $\rho' = \tan^{-1}\mu' = \tan^{-1}0.173 = 9.82°$

나사의 효율$(\eta) = \dfrac{\tan\alpha}{\tan(\rho'+\alpha)} = \dfrac{\tan 2.30°}{\tan(9.82°+2.30°)} = 0.187 = 18.7\%$

>> 문제 **02**

3ton의 파일(Pile)을 뽑아 올리는 나사잭(Jack)을 설계하려고 한다. 나사의 리드각(α)이 15°이고, 마찰각(ρ)이 10°일 때 소요되는 회전력과 나사의 효율(%)을 구하시오.

해설

나사잭은 운동용 나사인 사각나사로 되어 있다.

회전력 $P = Q\tan(\rho + \alpha) = 3,000 \times \tan(10° + 15°) = 1,398.92 \text{kgf}$

효율 $\eta = \dfrac{\tan\alpha}{\tan(\rho + \alpha)} = \dfrac{\tan15°}{\tan(10° + 15°)} = 0.5746 = 57.46\%$

>> 문제 **03**

결합용인 두 개의 미터나사 A, B가 있다. 나사 A(유효지름 4.5mm, 피치 0.8mm), 나사 B(유효지름 7.0mm, 피치 1.0mm) 중 결합용 나사로 더 적합한 나사는 어느 것인가? 각각의 효율을 구하고, 선정사유를 간단히 기술하여라.(단, 나사부의 마찰계수는 두 나사가 동일하며 $\mu = 0.1$이다.)

해설

미터나사이므로 $\beta = 60°$이다.

(1) A나사 : 리드각 $\alpha = \tan^{-1}\dfrac{0.8}{\pi \times 4.5} = 3.24°$

마찰각 $\rho' = \tan^{-1}\dfrac{0.1}{\cos\dfrac{60}{2}} = 6.587°$

$\eta_A = \dfrac{\tan\alpha}{\tan(\rho' + \alpha)} = \dfrac{\tan3.24°}{\tan(6.587° + 3.24°)} = 0.3268 = 32.68\%$

(2) B나사 : 리드각 $\alpha = \tan^{-1}\dfrac{1.0}{\pi \times 7.0} = 2.60°$

마찰각 $\rho' = \tan^{-1}\dfrac{0.1}{\cos30} = 6.587°$

$\eta_B = \dfrac{\tan\alpha}{\tan(\rho' + \alpha)} = \dfrac{\tan2.6}{\tan(2.6 + 6.587)} = 0.2807 = 28.07\%$

$\eta_A > \eta_B$이므로 B를 선택해야 되는데 그 이유는 결합용 나사는 두 부품을 체결하여 반영구적 결합이 목적이므로 마찰이 커야 한다.

≫ 문제 **04**

그림과 같은 볼트의 체결에서 $Q = 2kN$, $L = 250mm$, M24인 보통나사의 $d_2 = 22.05mm$, $p = 2.89mm$, $\mu = 0.2$일 때

(1) 리드각은?

(2) 체결하는데 필요한 비틀림모멘트 T_1은?

(3) 너트 자리면의 비틀림모멘트 T_2는? (단, $\mu_m = \mu$, 너트 자리면의 평균지름은 30mm이다.)

(4) 스패너를 돌리는 데 필요한 힘 P는?

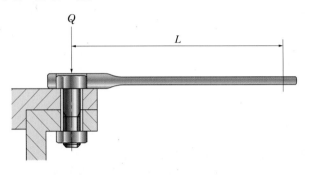

해설

KS규격집에서는 유효직경 d_e 를 d_2로 표현하고 있다. M24 : 미터나사이며 외경이 24mm이다.

$\beta = 60°$

(1) $\alpha = \tan^{-1} \dfrac{p}{\pi d_e} = \tan^{-1} \dfrac{2.89}{\pi \times 22.05} = 2.39°$

(2) $\mu' = \dfrac{\mu}{\cos \dfrac{\beta}{2}} = \dfrac{0.2}{\cos 30°} = 0.231$

$\rho' = \tan^{-1} \mu' = 13.0°$

$\therefore \; T_1 = Q \cdot \tan(\rho' + \alpha) \cdot \dfrac{d_e}{2}$

$= 2,000 \times \tan(13° + 2.39°) \times \dfrac{22.05}{2} = 6,069.44 \, N \cdot mm$

(3) $T_2 = \mu_m \cdot Q \cdot \dfrac{D_m}{2} = 0.2 \times 2,000 \times \dfrac{30}{2} = 6,000 N \cdot mm$

(4) 스패너를 돌리는 토크 $T = P \cdot L = T_1 + T_2$ (일의 원리적용)

$P = \dfrac{T_1 + T_2}{L} = \dfrac{6,069.44 + 6,000}{250} = 48.278 N$

> 문제 **05**

그림과 같이 아이볼트가 500N의 인장하중을 받는다. 볼트의 허용인장응력은 5N/mm²이고, 너트 부분의
허용압축응력은 1N/mm²일 때 미터나사 볼트의 바깥지름 $d$mm와 너트 부분의 유효 높이 H는 몇 mm인가?
(단, 바깥지름(d)은 아래 표에서 선정하고, 나사산의 수는 정수를 취한다.)

구 분	M10	M12	M16	M20	M24
안지름	8.376	10.106	13.835	17.294	20.752
피치	1.5	1.75	2	2.5	3

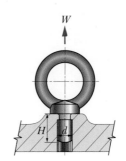

해설

(1) 골지름 $d_1 = \sqrt{\dfrac{4Q}{\pi\sigma_t}} = \sqrt{\dfrac{4\times500}{\pi\times5}} = 11.28\text{mm}$

주어진 KS규격표에서 계산으로 구한 안지름 11.28mm보다 큰 값(13.835)을 갖는 볼트를 선택해야 안전하므로
M16나사를 선정한다.(KS B 0201에서 확인할 수 있다.)

∴ 바깥지름(호칭지름) $= d = 16\text{mm}$

나사산 수 $z = \dfrac{4Q}{\pi(d^2-d_1{}^2)q} = \dfrac{4\times500}{\pi(16^2-13.835^2)\times1} = 9.86 = 10$

(2) 너트 높이 $H =$ 나사산 수(z)×피치(p) $= 10\times2 = 20\text{mm}$

≫ 문제 06

바깥지름 36mm, 골지름 32mm, 피치 4mm인 한 줄 4각나사의 연강제 나사봉을 갖는 나사잭으로 2kN의 하중을 올리려고 한다. 다음을 설계하시오.

(1) 나사봉을 돌리는 레버끝에 작용하는 힘을 20N, 나사산의 마찰계수를 0.1이라 하면 레버의 유효길이는 얼마 이상이면 되는가?

(2) 나사산의 허용면압이 200N/cm²라면 너트의 높이(cm)는 얼마인가?

해설

(1) $d_e = \dfrac{d_1 + d_2}{2} = \dfrac{32 + 36}{2} = 34\text{mm}$

$\alpha = \tan^{-1}\dfrac{p}{\pi d_e} = \tan^{-1}\dfrac{4}{\pi \times 34} = 2.14°$

$\rho = \tan^{-1}0.1 = 5.71°$

$T = F \cdot L = Q\tan(\rho + \alpha) \times \dfrac{d_e}{2}$

$\quad = 2,000 \times \tan(5.71 + 2.14) \times \dfrac{34}{2} = 4,687.65\text{N} \cdot \text{mm}$

$\therefore L = \dfrac{T}{F} = \dfrac{4,687.65}{20} = 234.38\text{mm}$

(2) $q = 200\text{N/cm}^2 = 2\text{N/mm}^2$

$q = \dfrac{4Q}{\pi(d_2{}^2 - d_1{}^2)z}$

$\therefore z = \dfrac{4Q}{q\pi(d_2{}^2 - d_1{}^2)} = \dfrac{4 \times 2,000}{2 \times \pi \times (36^2 - 32^2)} = 4.681$

$H = z \cdot p = 4.681 \times 4 = 18.72\text{mm} = 1.872\text{cm}$

>> 문제 **07**

그림과 같은 압력 용기의 뚜껑을 6개의 볼트로 죌 때 너트의 높이(mm)를 구하시오.(단, 전압력은 9,000N, 허용접촉면 압력은 2N/mm², 볼트의 바깥지름은 20mm, 골지름은 17.29mm, 피치는 2.5mm, 나사산 수는 3이다.)

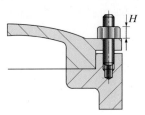

해설

6개의 볼트로 죄므로 볼트 한 개당 받는 하중 $Q = \dfrac{9,000}{6} = 1,500\text{N}$

$$z = \frac{4Q}{\pi (d_2{}^2 - d_1{}^2)\, q}$$

$$H = z \cdot p = \frac{4Qp}{\pi (d_2{}^2 - d_1{}^2)\, q} = \frac{4 \times 1,500 \times 2.5}{\pi (20^2 - 17.29^2) \times 2} = 23.62\text{mm}$$

>> 문제 **08**

그림과 같이 바깥지름 52mm, 유효지름 48mm, 피치 8.47mm인 29° 사다리꼴 한 줄 나사의 나사잭(Jack)에서 하중 W=6kN을 0.5 m/min의 속도로 올리고자 한다. 다음을 구하시오.

(1) 하중을 들어올리는 데 필요한 토크 : T(N · mm) (단, 나사부의 유효마찰계수 $\mu' = 0.155$, 칼라부의 마찰계수 $\mu = 0.01$, 칼라부의 평균지름 $d_m = 60$mm)

(2) 잭의 효율 : η

(3) 소요동력 : H(kW)

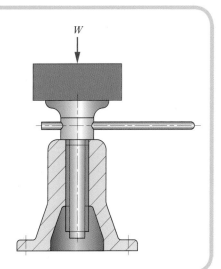

해설

나사산 각도가 $29°$, 사다리꼴 나사는 TW이며 만약 상당(유효)마찰계수가 주어지지 않았다면

$\mu' = \dfrac{\mu}{\cos \dfrac{\beta}{2}} = \dfrac{\mu}{\cos 14.5°}$ 로 계산해야 할 것이다.

$\mu',\ p,\ d_e$ 가 모두 주어져 있으므로 리드각과 마찰각을 구할 필요가 없다.

(1) $\quad T = T_1 + T_2 = Q \cdot \dfrac{\mu' \pi d_e + p}{\pi d_e - \mu' p} \cdot \dfrac{d_e}{2} + \mu \cdot Q \cdot \dfrac{d_m}{2}$

$\qquad = 6{,}000 \times \dfrac{0.155 \times \pi \times 48 + 8.47}{\pi \times 48 - 0.155 \times 8.47} \times \dfrac{48}{2} + 0.01 \times 6{,}000 \times \dfrac{60}{2}$

$\qquad = 32{,}475.32 \mathrm{N \cdot mm}$

(2) $\quad \eta = \dfrac{Q \cdot p}{2 \pi T} = \dfrac{6{,}000 \times 8.47}{2 \times \pi \times 32{,}475.32} = 0.249 = 24.9\ \%$

(3) $\quad V = 0.5\,\mathrm{m/min} = 0.00833\,\mathrm{m/s},\ \eta : \text{잭의 효율}$

$\qquad H = \dfrac{QV}{1{,}000\,\eta} = \dfrac{6{,}000 \times 0.00833}{1{,}000 \times 0.249} = 0.201\mathrm{kW}$

>> 문제 09

그림과 같이 베어링 지지대가 3개의 연강제 볼트(바깥지름 22mm, σ_t =6N/mm²)에 의해 벽에 부착되어 있을 때, 그 안전하중(N)을 구하라.(단, 볼트에 작용하는 전단력은 일단 무시하여 구하라.) 다음에 전단력을 고려하여 볼트에 생기는 응력(N/mm²)을 구하고, 그 안전도를 검토하라. 재료는 SM15C로 한다.(단, σ_s = 24N/mm², 골지름 d_1 =18.7mm)

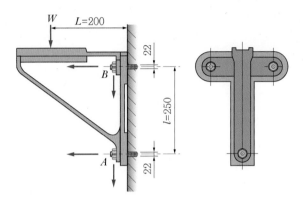

해설

나사 1개에 걸리는 인장력

$$Q = \sigma_t \cdot \frac{\pi d_1^2}{4} = 6 \times \frac{\pi \times 18.7^2}{4} = 1,647.88\text{N}$$

(1) 안전하중 W, 정역학적 평형상태방정식을 이용하면 A 지점의 모멘트 합은 0이다.

$\sum M_A = 0$, ↺로 잡고 B지점의 볼트 2개

$-W \cdot L + 2Ql = 0$

$\therefore W = \dfrac{2Ql}{L} = \dfrac{2 \times 1,647.88 \times 250}{200} = 4,119.7\text{N}$

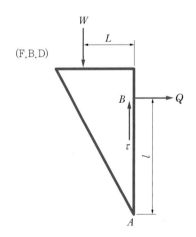

(2) 볼트에 생기는 조합응력

나사 1개에 걸리는 전단응력

$$\tau = \frac{\dfrac{W}{3}}{\dfrac{\pi d_1^2}{4}} = \frac{4 \times 4,119.7}{3 \times \pi \times 18.7^2} = 5.0\text{N/mm}^2$$

연강은 미끄럼 파손이 일어나므로 최대전단응력설을 따르면 최대전단응력은

$$\tau_{\max} = \frac{1}{2}\sqrt{\sigma_t^2 + 4\tau^2} = \frac{1}{2}\sqrt{6^2 + 4 \times 5^2} = 5.83\text{N/mm}^2$$

(3) 안전도

보통 전단항복응력은 인장항복강도 σ_s 의 $\dfrac{1}{2}$ 이다.

$\tau_s = \dfrac{1}{2}\sigma_s = 12\text{N/mm}^2$

최대전단응력($\tau_{\max}$) < 항복전단(τ_s), 즉 5.83 < 12이므로 안전하다.

안전율$= \dfrac{\tau_s}{\tau_{\max}} = \dfrac{12}{5.83} = 2.06$이다.

참고

최대주응력설에 의한 최대주응력 $\sigma_{\max} = \dfrac{1}{2}\sigma_t + \dfrac{1}{2}\sqrt{\sigma_t^{\,2} + 4\tau^2}$

≫ 문제 **10**

다음의 도면은 나사잭의 개략도이다. 최대하중 $W=$ 5kN으로 최대양정 $H=$ 200mm인 경우 다음 문제에서 요구하는 식과 답을 쓰시오.

30°사다리꼴 나사의 기본 치수(단위 : mm)

호칭	피치 (p)	바깥지름 (d_2)	유효지름 (d_e)	골지름 (d_1)
TM 36	6	36	33.0	29.5
TM 40	6	40	37.0	33.5
TM 45	8	45	41.0	36.5
TM 50	8	50	46.0	41.5
TM 55	8	55	51.0	46.5

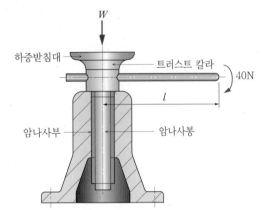

(1) 압축강도에 의하여 수나사의 지름을 계산하여 나사의 호칭을 결정하여라.(단, 허용압축응력은 $\sigma_c =$ 500 N/cm²이다.)

(2) 하중(W)을 올리는데 필요한 모멘트를 구하여라.(단, 나사의 마찰계수 $\mu =$ 0.1, 하중받침대와 트러스트 칼라 사이의 마찰계수 $\mu_m =$ 0.01이고, 트러스트 칼라의 평균지름 $d_m =$ 60mm, 나사는 사다리꼴나사로 간주하고 계산하여라.)

(3) (1)에서 결정한 나사에 생기는 합성응력(최대전단응력)을 구하여라.

(4) 하중받침대와 마찰을 고려하고 나사의 효율을 구하여라.(단, 나사는 사다리꼴나사로 계산하여라.)

(5) 암나사부의 길이를 결정하여라.(단, 나사산의 허용접촉압력 $q=$ 150N/cm²이다.)

(6) 나사를 돌리는 핸들의 길이를 결정하여라.(단, 핸들의 허용굽힘응력 $\sigma =$ 1,400N/cm²이다.)

해설

(1) $W=Q$, 골지름 $d_1 = \sqrt{\dfrac{4\,Q}{\sigma_c \pi}} = \sqrt{\dfrac{4 \times 5,000}{\pi \times 5}} = 35.68\,mm$, 표에서 골지름이 35.68 mm 보다 큰 골지름을 가진 나사로 설계해야만이 안전하므로 TM45를 선정해야 한다. (1)번 문제 이후에서는 TM45의 값들을 가지고 계산해야 한다.

(2) TM나사이므로 나사산의 각도 $\beta =$ 30°이다.

$$\mu' = \frac{\mu}{\cos \dfrac{\beta}{2}} = \frac{0.1}{\cos 15°} = 0.1035$$

$$\rho' = \tan^{-1}\mu' = \tan^{-1}0.1035 = 5.91°$$

$$\alpha = \tan^{-1} = \frac{p}{\pi d_e} = \tan^{-1}\frac{8}{\pi \times 41} = 3.55°$$

$W = Q$이므로

$$T = T_1 + T_2 = Q\tan(\rho' + \alpha)\frac{d_e}{2} + \mu_m Q\frac{d_m}{2}$$

$$= 5,000 \times \tan(5.91 + 3.55) \times \frac{41}{2} + 0.01 \times 5,000 \times \frac{60}{2}$$

$$= 18,579.06 \, \text{N} \cdot \text{mm}$$

(3) $\sigma = \dfrac{4Q}{\pi d_1^2} = \dfrac{4 \times 5,000}{\pi \times 36.5^2} = 4.78\,\text{N/mm}^2$(사용응력)

$$T = Q\frac{d_e}{2}\tan(\rho' + \alpha) = 5,000 \times \frac{41}{2} \times \tan(5.91 + 3.55) = 17,079.06\,\text{N} \cdot \text{mm}$$

$$\tau = \frac{16T}{\pi d_1^3} = \frac{16 \times 17,079.06}{\pi \times 36.5^3} = 1.79\,\text{N/mm}^2$$

최대전단응력설에 의해

$$\tau_{\max} = \frac{1}{2}\sqrt{\sigma^2 + 4\tau^2} = \frac{1}{2}\sqrt{4.78^2 + 4 \times 1.79^2} = 2.99\,\text{N/mm}^2$$

(4) 하중받침대와 마찰을 고려한 효율이므로

$$\eta = \frac{Q \cdot p}{2\pi T} = \frac{5,000 \times 8}{2\pi \times 18,579.06} = 0.3427 = 34.27\%$$

(5) $q = 150\,\text{N/cm}^2 = 1.5\,\text{N/mm}^2$(수나사의 외경=암나사 내경)

$$z = \frac{4Q}{\pi(d_2^2 - d_1^2)q} = \frac{4 \times 5,000}{\pi \times (45^2 - 36.5^2) \times 1.5} = 6.13$$

$$h = z \cdot p = 6.13 \times 8 = 49.04\,\text{mm}$$

(6) 일의 원리 적용(조작력 F가 핸들에 작용하여 한 일은 나사부 토크와 자리면 마찰토크를 발생)

$$T = F \cdot l = T_1 + T_2$$

$$\therefore l = \frac{T}{F} = \frac{T_1 + T_2}{F} = \frac{18,579.06}{40} = 464.48\,\text{mm}$$

>> 문제 **11**

그림과 같이 두께가 15mm, 높이는 200mm, 길이가 550mm인 직사각형 강이 250mm의 L형 강에 4개의 볼트로써 외팔보 형태로 고정되어 있다. 여기에 16kN의 외력이 작용할 때 다음을 구하시오.

(1) 각 볼트에 생기는 전단력 : F(kN)

(2) 볼트의 최대전단응력 : $\tau_{\max}$(MPa)

(3) 최대지압응력(Bearing Stress) : σ_c(MPa)

(4) 이 외팔보에 발생하는 최대굽힘응력(Critical Bending Stress) : σ_b(MPa)

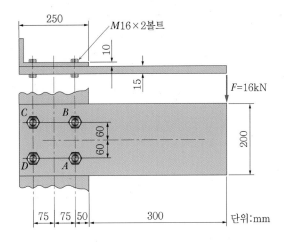

해설

(1) 각 볼트에 생기는 전단력

$r = \sqrt{75^2 + 60^2} = 96.05\text{mm}$

① 직접전단에 의한 순수전단력(하중 F를 4개의 볼트가 견디므로)

$$Q = \frac{F}{4} = \frac{16}{4} = 4\,\text{kN}$$

② 굽힘모멘트에 의한 부가전단력(모멘트 $F \cdot L$에 저항하기 위해 각 볼트에 반력 P가 형성)

$$F \times l = 4Pr \qquad \therefore \ P = \frac{Fl}{4r} = \frac{16 \times 425}{4 \times 96.05} = 17.7\,\text{kN}$$

㉠ A볼트에 생기는 전단력 F_A

(자유물체도) F.B.D

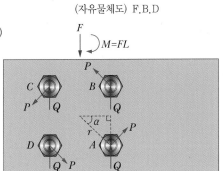

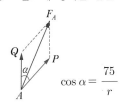

$\cos \alpha = \dfrac{75}{r}$

(두 힘 a, b가 θ각을 이룰 때 합력 $= \sqrt{a^2 + b^2 + 2ab\cos\theta}$ 를 적용)

$F_A = Q$ 와 P의 합력이므로

$$F_A = \sqrt{Q^2 + P^2 + 2\,QP\cos\alpha} = \sqrt{4^2 + 17.7^2 + 2\times4\times17.7\times\dfrac{75}{96.05}}$$

$$= 20.97\,\text{kN}$$

ㄴ B볼트 : B볼트도 Q와 P가 이루는 각이 α이므로 $F_B = F_A = 20.97\,\text{kN}$

ㄷ C볼트에 생기는 전단력 F_C

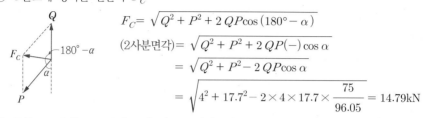

$$F_C = \sqrt{Q^2 + P^2 + 2\,QP\cos(180° - \alpha)}$$

$$(\text{2사분면각}) = \sqrt{Q^2 + P^2 + 2\,QP(-)\cos\alpha}$$

$$= \sqrt{Q^2 + P^2 - 2\,QP\cos\alpha}$$

$$= \sqrt{4^2 + 17.7^2 - 2\times4\times17.7\times\dfrac{75}{96.05}} = 14.79\,\text{kN}$$

ㄹ D볼트 : D볼트도 Q와 P가 이루는 각이 $180° - \alpha$ 이므로 $F_D = F_C = 14.79\,\text{kN}$

(2) 볼트의 최대전단응력

$$\tau_{\max} = \frac{F_A}{A} = \frac{F_B}{A} = \frac{20.97}{\dfrac{\pi}{4}\times16^2} = 0.10429\,\text{kN/mm}^2 = 104.29\,\text{MPa}$$

(3) 최대지압응력=볼트의 압괴응력

$$\sigma_c = \frac{F_A}{d\cdot t\,(\text{투사면적})} = \frac{20.97}{16\times15}$$

$$= 0.087375\,\text{kN/mm}^2 = 87.375\,\text{MPa}$$

투사면적

(4) 최대굽힘응력 A−B단면에 최대굽힘모멘트가 작용

$M = F\times350 = \sigma_b\cdot Z$에서

여기서, 극단면계수 $Z = \dfrac{I}{e} = \dfrac{8,261,760}{100} = 82,617.6$

$$I = \frac{15\times200^3}{12} - \left(\frac{15\times16^3}{12} + 15\times16\times60^2\right)\times2$$

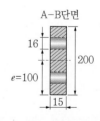

A−B단면

↑   ↑

(전면적)   (☐의 도심축에 대한 I를 구해 평행축 정리×2개 면적)

$$\therefore \sigma_b = \frac{F\times350}{Z} = \frac{16\times350}{82,617.6} = 0.06778\,\text{kN/mm}^2 = 67.78\,\text{MPa}$$

≫ 문제 **12**

그림과 같이 탄성체인 볼트, 너트, 와셔, 평판 I, 평판 II가 체결되어 있다. 와셔, 평판 I 및 평판 II는 동일 재질로서 이들 피결체의 스프링 상수는 K_m이고, 볼트의 스프링 상수는 K_b이며, $K_m = 8K_b$이다. 볼트의 초기 체결력이 500N, 두 평판 사이에 걸리는 외부하중이 P=900N일 때, 다음에 답하시오.

(1) 볼트에 걸리는 인장력 F_b[N]를 구하시오.

(2) 볼트의 단면에서의 허용응력이 $\sigma_a = 7$ N/mm²일 때, 볼트의 최소골지름 $d$mm를 설계하시오.

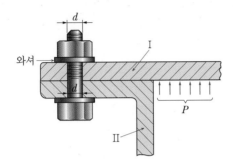

해설

(1) 볼트의 초기체결력(인장력) : Q

체결시 볼트의 신장량 : δ_b, 체결시 압축부 수축량 : δ_m

두 평판 사이에 작용하는 외부하중 : P

$P = P_1 + P_2$(여기서, P_1=볼트에 부가되는 힘, P_2=피결체에서 제거되는 힘)

$P = K \cdot \delta$에서 $P_1 = K_b \cdot \delta_b$, $P_2 = K_m \cdot \delta_m$

$P = K_b \cdot \delta_b + K_m \cdot \delta_m (\delta = \delta_b = \delta_m)$

$P = (K_b + K_m)\delta$

$\therefore \delta = \dfrac{P}{K_b + K_m}$

$\therefore P_1 = K_b \cdot \delta = P \cdot \dfrac{K_b}{K_b + K_m}$

$\therefore$ 볼트에 걸리는 인장력 $F_b = Q + P \cdot \dfrac{K_b}{K_b + K_m} = 500 + 900\left(\dfrac{K_b}{K_m + K_b}\right) = 500 + 900\left(\dfrac{K_b}{8K_b + K_b}\right)$

$= 500 + 900 \times \dfrac{1}{9} = 600\text{N}$

(2) $\sigma_a = \dfrac{F_b}{A} = \dfrac{4F_B}{\pi d_1^2}$

$\therefore d = \sqrt{\dfrac{4F_b}{\pi \sigma_a}} = \sqrt{\dfrac{4 \times 600}{\pi \times 7}} = 10.45\text{mm}$

03 키, 스플라인, 핀, 코터

1 키(Key)

키(Key)는 회전축에 끼워질 기어, 풀리 등의 기계부품을 고정하여 회전력을 전달하는 기계요소이다. 키의 종류에는 안장 키, 평 키, 묻힘 키, 접선 키, 미끄럼 키가 있으며 묻힘 키의 호칭치수는 폭×높이×길이= $b \times h \times l$ 로 나타낸다.

(a) 안장 키 (b) 납작 키 (c) 묻힘 키 (d) 접선 키 (e) 스플라인

(f) 세레이션 (g) 원뿔 키 (h) 반달 키 (i) 둥근 키 (j) 미끄럼 키

위의 그림에서 키를 끼워 축을 돌리면 (①, ②, ③순서) 축과 보스가 회전하게 된다.

축이 회전할 때 키가 하중을 견디어 내지 못하면 A_τ (전단파괴면적)와 같이 파괴되며, 또 회전할 때 키가 받는 압축면적은 A_c 이다.

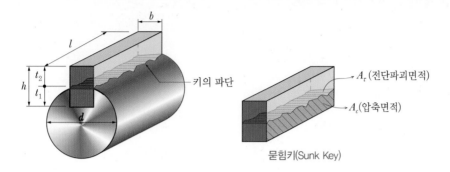

묻힘키(Sunk Key)

1. 축의 전달토크(Torque)

$$T = \frac{H}{\omega} = P(회전력) \times \frac{d}{2}(반경)$$

$$= \tau_s \cdot Z_p = \tau_s \times \frac{\pi d^3}{16} \ (\tau_s : 축의 전단응력)$$

$$= 71,6200 \frac{H_{PS}}{N} \leftarrow (동력이 PS 단위일 때)$$

$$= 97,4000 \frac{H_{kW}}{N} \leftarrow (동력이 kW 단위일 때)$$

축을 설계할 때도 전달토크식을 기준으로 풀게 되므로 매우 중요하다.

참고

[SI 단위]

$$H(동력) = T(토크) \times \omega(각속도)$$
$$= N \cdot m \times rad/s$$
$$= N \cdot m/s$$
$$= J/s$$
$$= W$$

동력이 $H(kW)$ 로 주어질 때

여기서 $T(토크) = \dfrac{H(kW)}{\omega} = \dfrac{H \times 1,000\,W}{\dfrac{2\pi N}{60}} \Rightarrow \dfrac{N \cdot m/s}{rad/s} = N \cdot m$

[공학단위]

$$H(동력) = T(토크) \times \omega(각속도)$$
$$kgf \cdot m/s = kgf \cdot m \times rad/s$$

$$H_{PS} \times \frac{75\,kgf \cdot m/s}{1PS} = T \cdot \frac{2\pi N}{60}\,rad/s\,(rad : 무차원)$$

(75 대신 102를 넣으면 H_{kW} 가 된다.)

$$\therefore\ T = H_{PS} \times \frac{60 \times 75}{2\pi} \cdot \frac{H}{N} = 716.2\,\frac{H}{N}\,kgf \cdot m$$

$$T = 716,200\,\frac{H}{N}\,kgf \cdot mm\,(설계는 mm단위를 사용)$$

$$T = 974,000\,\frac{H}{N}\,kgf \cdot mm\,(102를 넣고 계산한 식)$$

2. 키의 전단 토크(전단의 견지)

토크 = 키의 전단력 × 반경

= 키의 전단응력 × 전단파괴면적 × 반경

$$T = \tau_k \times A_\tau \times \frac{d}{2}$$

$$= \tau_k \times b \times l \times \frac{d}{2}$$

$$\therefore \tau_k = \frac{2T}{b \cdot l \cdot d}$$

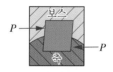

키의 전단 토크

3. 키의 면압토크(면압의 견지)

토크 = 압축력 × 반경

= 압축응력 × 압축면적 × 반경

$$T = \sigma_c \times A_c \times \frac{d}{2}$$

$$= \sigma_c \times \frac{h}{2} \times l \times \frac{d}{2}$$

$$\therefore \sigma_c = \frac{4T}{h \cdot l \cdot d}$$

여기서, $\sigma_c = q$ (면압)

키의 면압토크

4. 축지름설계

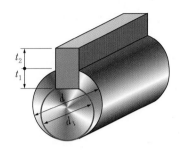

$$T = \tau_s \cdot Z_p \ \text{에서} \ \tau_s = \frac{16\,T}{\pi\,d_1^3} \quad \therefore d_1 = \sqrt[3]{\frac{16\,T}{\pi\,\tau_s}}$$

키홈을 고려한 실제 축의 직경 $d = d_1 + t_1$ (KS규격표에서)으로 설계해야 하며 또 경험식에 의해

$d = \dfrac{d_1}{0.75}$ 으로도 설계할 수 있다.

5. 키의 길이 설계

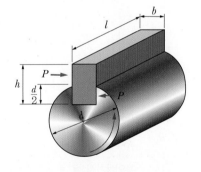

키의 강도계산

1) 전단의 견지 → 앞페이지 2에서 $l = \dfrac{2\,T}{b \cdot d \cdot \tau_k}$

2) 면압의 견지 → 앞페이지 3에서 $l = \dfrac{4\,T}{h \cdot d \cdot \sigma_c}$

> **┃참고**
>
> 경험식에 의한 키의 길이 설계는 $l = 1.2\,d \sim 1.5\,d$ 로 설계하기도 한다.
>
> ※ 위 1), 2)를 비교하여 둘 중 큰 키의 길이로 설계해야 안전하게 동력을 전달할 수 있다.

② 스플라인(Spline)

스플라인은 키와 같이 동력전달을 하기 위하여 축과 구멍을 결합시키는 데에 사용되는 것으로서, 축에 직접 여러 개의 키에 상당하는 이가 절삭되어 있으므로 키보다 훨씬 강한 토크를 전달할 수 있으며 주로 공작기계, 자동차 등의 속도변환 기어축으로 사용된다.

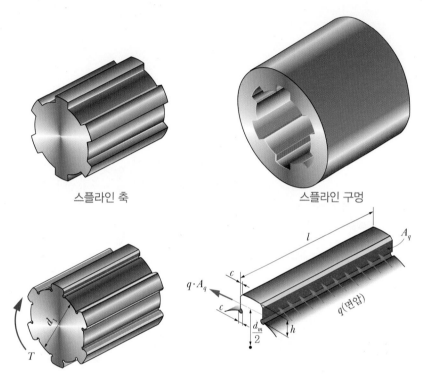

스플라인 축   스플라인 구멍

스플라인은 위의 그림에서 보듯이 스플라인 이에 면압을 가하여 토크를 전달하고 있다.

토크 ＝면압×이 하나의 면압면적×잇수×평균반경

$$T= q\times A_q \times z \times \frac{D_m}{2} \qquad \left(D_m = \frac{d_1+d_2}{2}, h=\frac{d_2-d_1}{2}\right)$$

$$T= q\times (h-2c)\times l \times z \times \frac{D_m}{2}$$

c : 모떼기(Chamfer)

여기에서 스플라인이 토크를 전달할 때 이의 접촉효율(η)을 고려해야 하며 참고로 실제 이의 접촉 효율은 75%, 정밀한 가공에서는 90% 정도 된다.

$$\therefore \ T = \eta \times q \times (h - 2c) \times l \times z \times \frac{D_m}{2}$$

3 핀

핀은 키의 대용, 부품 고정의 목적으로 사용한다. 상대적인 각 운동을 할 수 있다.

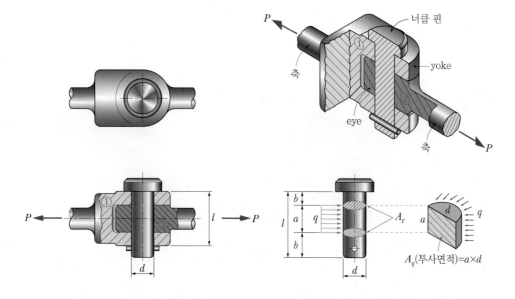

①, ②를 결합한 다음에 하중 P를 가하면 핀이 A_τ와 같이 전단되거나 A_q와 같이 면압을 받게 된다.

1. 핀의 전단응력

$$P = \tau \cdot A_\tau = \tau \times \frac{\pi d^2}{4} \times 2 \quad \therefore \tau = \frac{2P}{\pi d^2}$$

2. 로드부의 면압($q = \sigma_c$)

$$q = \frac{P}{a \times d} \ (m \ : \ \text{포아송의 수}, \ m = \ 1 \sim 1.5, \ \text{보통} \ m = \ 1.5, \ a = \ md \ )$$

$$q = \frac{P}{md^2} \qquad\qquad \therefore d = \sqrt{\frac{P}{mq}}$$

3. 굽힘응력

8장 베어링의 중간저널에 가면 $M_{\max}$ 값에 대한 해석을 볼 수 있다.

$$M_{\max} = \frac{P \cdot L}{8} = \sigma_b \cdot Z = \sigma_b \cdot \frac{\pi d^3}{32}$$

4 코터(Cotter)

키는 축의 회전력을 전달하는 곳에 사용되므로 주로 전단력을 받게 되나 코터는 축 방향으로 인장 또는 압축을 받는 봉을 연결하는데 사용되므로 인장력 또는 압축력을 주로 받게 된다.

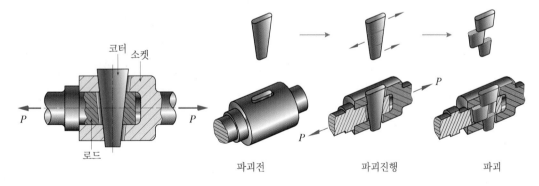

각 설계시 파괴면적과 압축면적을 찾으면서 설계하는 것이 중요하다.

1. 코터의 전단

$$P = \tau \cdot A_\tau = \tau \cdot b \cdot t \cdot 2 \quad (b : \text{코터의 폭}, \ t : \text{두께})$$

$$\therefore \ \tau = \frac{P}{2\,b\,t}$$

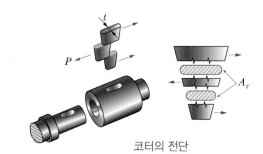

코터의 전단

2. 소켓의 인장

$$P = \sigma \cdot A_s \ (A_s \ : \ \text{소켓의 인장파괴면적})$$

$$= \sigma \cdot \left\{ \frac{\pi}{4} (d_2{}^2 - d_1{}^2) - (d_2 - d_1)\,t \right\}$$

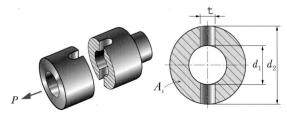

소켓의 인장

3. 로드의 인장

$$P = \sigma \cdot A_r \ (A_r \ : \ \text{로드의 인장파괴면적})$$

$$= \sigma \cdot \left(\frac{\pi}{4} d_1{}^2 - d_1 t \right)$$

로드의 인장

4. 소켓구멍의 압축

$$P = \sigma_c \cdot A_{sc} \ (A_{sc} \ : \ \text{소켓의 압축면적})$$

$$= \sigma_c \cdot (d_2 - d_1)\,t$$

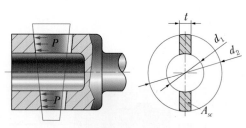

소켓 구멍의 압축

5. 로드구멍의 압축

$$P = \sigma_c \cdot A_{rc} \ (A_{rc} \ : \ \text{로드의 압축면적})$$

$$= \sigma_c \cdot d_1 \cdot t$$

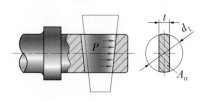

로드 구멍의 압축

≫ 문제 **01**

100rpm으로 10kW를 전달하는 지름 65mm의 종동축에 사용할 성크키의 폭 18mm, 높이 12mm일 때 필요한 길이는 몇 mm인가?(단, 키의 허용전단응력 $\tau_a = 3{,}000\,\text{N/cm}^2$만을 고려하여 설계한다.)

해설

성크키＝묻힘키

$$T = \frac{H}{\omega} = \frac{H}{\dfrac{2\pi N}{60}} = \frac{10 \times 1{,}000}{\dfrac{2\pi \times 100}{60}} = 954.92966\,\text{N} \cdot \text{m} = 954{,}929.66\,\text{N} \cdot \text{mm}$$

$$= \tau_k \times A_\tau \times \frac{d}{2} = \tau_k \cdot b \cdot l\frac{d}{2}$$

$$(\tau_k = \tau_a = 3{,}000\,\text{N/cm}^2 = 30\,\text{N/mm}^2)$$

전단견지 : $l = \dfrac{2\,T}{\tau_k b d} = \dfrac{2 \times 954{,}929.66}{30 \times 18 \times 65} = 54.41\text{mm}$

≫ 문제 **02**

축지름 50mm의 전동축이 200rpm으로 12kW를 전달시킬 때 이 키에 생기는 면압력은 몇 N/mm²인가?
(단, 키의 크기는 b×h×l＝8×10×70mm)

$$T = \frac{H}{\omega} = \frac{12 \times 1,000}{\frac{2\pi \times 200}{60}} = 572.957795\text{N} \cdot \text{m} = 572,957.8\text{N} \cdot \text{mm}$$

$$= \sigma_c \cdot A_c \frac{d}{2} = \sigma_c \times l \times \frac{h}{2} \times \frac{d}{2}$$

$$\therefore \ \sigma_c = \frac{4\,T}{h\,d\,l} = \frac{4 \times 572,957.8}{10 \times 50 \times 70} = 65.48\text{N/mm}^2$$

≫ 문제 **03**

그림과 같은 풀리에 작용하는 묻힘키의 길이를 구하시오.(단, b×h＝16×10이고, 키의 허용전단응력 $\tau_a =$ 5.5MPa이다.)

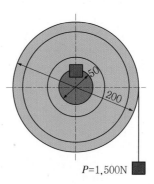

$P=1,500$N

해설

$D = 200,\ d = 50,\ \tau_k = 5.5\text{MPa} = 5.5 \times 10^6 \text{N/m}^2 = 5.5\text{N/mm}^2$

일의 원리에 의해 $T = P \times \frac{D}{2} = \tau_k \times A_\tau \times \frac{d}{2}\ (\tau_k = \tau_a) = \tau_k \times b \times l \times \frac{d}{2}$

$$\therefore \ l = \frac{P \cdot D}{\tau_k \cdot b \cdot d} = \frac{1,500 \times 200}{5.5 \times 16 \times 50} = 68.18\text{mm}$$

≫ 문제 **04**

2.2kW, 1,800rpm을 전달하는 전동축의 지름은 키홈을 고려하여 결정하고, 또 이 축에 끼울 묻힘키의 치수(나비, 높이 및 길이)를 결정하되 정답 단위는 mm로 구하여라.(단, 축의 허용전단응력 : 18N/mm², 키의 전단응력 : 10N/mm²이다.)

축의 지름(KS B 0406)

(단위 : mm)

……, 4, 5, 6, 7, 8, 9, 10, 11, 12, 14, 16, 18, 19, 20, 22, 24, 25, 28, 30, 32, 35, 38, 40, 42, 45, 48, 50, 55, 56, 60, 63, 65, ……

묻힘키의 치수(KS B 1311)

키 치수 나비×높이($b \times h$)		r_1	r_2	적용하는 축지름 (d)
4	4	2.5	1.5	10 초과, 13 이하
5	5	3	2	13 초과, 20 이하
7	7	4	3	20 초과, 30 이하
10	8	4.5	3.5	30 초과, 40 이하
12	8	4.5	3.5	40 초과, 50 이하

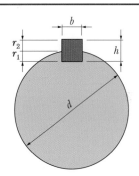

해설

(1) $T = \dfrac{H}{\omega} = \dfrac{2.2 \times 1,000}{\dfrac{2\pi \times 1,800}{60}} = 11.67136\text{N} \cdot \text{m} = 11,671.36\text{N} \cdot \text{mm} = \tau_s \cdot Z_p = \tau_s \cdot \dfrac{\pi d_1^{\ 3}}{16}$

$\therefore d_1 = \sqrt[3]{\dfrac{16\,T}{\pi \tau_s}} = \sqrt[3]{\dfrac{16 \times 11,671.36}{\pi \times 18}} = 14.89\text{mm}$

실제 축지름 $d = d_1 + r_1 = 14.89 + 3$(위 [표]에서) $= 17.89\text{mm}$

표에서 준 표준 축지름에서 17.89보다 큰 값인 18mm를 선택해야 한다.

$\therefore d = 18\text{mm}$

(2) 키의 치수($b \times h \times l$)

$d = 18\text{mm}$이므로 표에서 13 초과, 20 이하값을 적용 $b \times h = 5 \times 5$로 선택

전단견지에 의한 키의 길이 $l = \dfrac{2\,T}{\tau_k \cdot b \cdot d} = \dfrac{2 \times 11,671.36}{10 \times 5 \times 18} = 25.94\text{mm}$

$\therefore l = 26\text{mm}$

$\therefore$ 호칭 $b \times h \times l = 5 \times 5 \times 26\text{mm}$

≫ 문제 **05**

그림과 같은 스플라인축에 있어서 전달동력(kW)을 구하시오.(단, 회전수 $N=1,023$ rpm, 허용면압력 $p_w=10\mathrm{N}/\mathrm{mm}^2$, 보스의 길이 $l=100$mm, 잇수 $z=6$, $d_2=50$mm, $d_1=46$mm, 모따기 $c=0.4$mm, 이 높이 $h=2$mm, 이 나비 $b=9$mm, 접촉효율 $\eta=0.75$이다.)

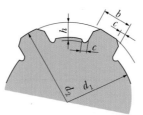

해설

$$T=\eta\times q\times A_q\times z\times\frac{D_m}{2}\,(q=p_w)$$

$$=\eta\times q\times(h-2c)\times l\times z\times\frac{D_m}{2}\left(\text{여기서 } D_m=\frac{d_1+d_2}{2}\right)$$

$$=0.75\times10\times(2-2\times0.4)\times100\times6\times\frac{48}{2}$$

$$=129,600\mathrm{N}\cdot\mathrm{mm}=129.6\mathrm{N}\cdot\mathrm{m}$$

$$H=T\cdot\omega=T\cdot\frac{2\pi N}{60}=129.6\times\frac{2\pi\times1023}{60}=13,883.83\mathrm{W}=13.88\mathrm{kW}$$

≫ 문제 **06**

잇수 10개, 호칭지름 72mm의 스플라인축이 1초당 3회전하고 있다. 이 측면 허용면압이 $q=20$ N/mm²이고, 보스 길이가 200mm일 때 스플라인이 전달할 수 있는 동력(kW)은 얼마인가? 또 묻힘키(20×13×150mm)로 고정된 키를 통하여 스플라인으로부터 받은 동력을 전달할 때 키에 생기는 전단응력(N/cm²)과 압축응력(N/cm²)은 얼마인가?(단, 스플라인 바깥지름 78mm, 접촉효율 0.6, 묻힘키 설치부 지름은 72mm이고, 축에 묻히는 묻힘키 높이는 묻힘키 높이의 $\dfrac{1}{2}$이다.)

해설

(1) $T = \eta \cdot q \cdot (h - 2c) \cdot l \cdot z \cdot \dfrac{D_m}{2} \left(h = \dfrac{d_2 - d_1}{2}, \; c = 0 \right)$

$\qquad = 0.6 \times 20 \times 3 \times 200 \times 10 \times \dfrac{75}{2} = 2{,}700{,}000 \text{N} \cdot \text{mm} = 2{,}700 \text{N} \cdot \text{m}$

$\quad H = T \cdot w = T \cdot \dfrac{2\pi N}{60} = 2{,}700 \times \dfrac{2\pi \times 180}{60} = 50{,}893.8 \text{W} = 50.89 \text{kW}$

$\quad (N : \text{rpm } 3\text{rev/sec} \rightarrow 180\text{rev/min})$

(2) $T = \tau_k \cdot A_\tau \cdot \dfrac{d_1}{2} = \tau_k \cdot b \cdot l \, \dfrac{d_1}{2} \; (b \times h \times l = 20 \times 13 \times 150)$

$\quad \therefore \; \tau_k = \dfrac{2T}{b \cdot l \cdot d_1} = \dfrac{2 \times 2{,}700 \times 10^3}{20 \times 150 \times 72} = 25 \text{ N/mm}^2 = 2{,}500 \text{ N/cm}^2$

$\quad T = \sigma_c \cdot A_c \cdot \dfrac{d_1}{2} = \sigma_c \cdot \dfrac{h}{2} \cdot l \cdot \dfrac{d_1}{2}$

$\quad \therefore \; \sigma_c = \dfrac{4T}{h \cdot l \cdot d_1} = \dfrac{4 \times 2{,}700 \times 10^3}{13 \times 150 \times 72} = 76.92308 \text{ N/mm}^2 = 7{,}692.31 \text{ N/cm}^2$

≫ 문제 07

너클핀 조인트에서 축 방향 하중 10kN를 받는 핀의 지름 d를 설계하여라.(단, 로드부 접촉 길이 a = 1.5d로 하고 재료의 허용전단응력을 300N/cm², 허용면압력을 200N/cm²로 한다.)

해설

전단의 견지와 면압의 견지로 강도설계를 한 다음 핀지름을 구해 큰 값을 선택한다.

(1) 전단견지 : $P = \tau \cdot A_\tau = \tau \times \dfrac{\pi d^2}{4} \times 2 \quad (\tau = 3\,\mathrm{N/mm^2})$

$$\therefore\ d = \sqrt{\frac{2P}{\pi\tau}} = \sqrt{\frac{2 \times 10{,}000}{\pi \times 3}} = 46.07\,\mathrm{mm}$$

(2) 면압견지 : $P = q \cdot A_q = q \cdot a \cdot d$

$P = q \cdot 1.5 \cdot d^2 \quad (q = 2\,\mathrm{N/mm^2})$

$$\therefore\ d = \sqrt{\frac{P}{1.5q}} = \sqrt{\frac{10{,}000}{1.5 \times 2}} = 57.74\,\mathrm{mm}$$

$\therefore\ d = 57.74\,\mathrm{mm}$ 로 설계해야 안전하다.

참고

핀지름 설계를 두 가지의 관점에서 한 다음 큰 값을 채택하는 이유를 생각해 보자. 만약 작은 값으로 핀직경을 설계하게 되면 핀은 전단력에 대해서는 견디지만 압축력에는 견디지 못하므로 파괴된다. 그러므로 두 가지 중 큰 직경으로 설계해야 안전하다.

≫ **문제 08**

코터 이음에서 축 방향으로 인장력이 4kN 작용할 때 코터의 전단응력, 소켓의 인장응력(MPa), 로드부의 압축응력(MPa)을 구하시오.(단, 로드의 지름 d_1 = 80mm, 소켓의 지름 d_2 = 110mm, 코터의 폭 b = 100mm, 두께 t = 20mm이다.)

해설

(1) 코터의 전단응력

$$\tau = \frac{P}{2bt} = \frac{4,000}{2 \times 100 \times 20} = 1.0 \text{N/mm}^2$$

(2) 소켓의 인장응력

$$\sigma = \frac{P}{\left\{ \frac{\pi}{4}(d_2{}^2 - d_1{}^2) - (d_2 - d_1)t \right\}}$$

$$= \frac{4,000}{\left\{ \frac{\pi}{4}(110^2 - 80^2) - (110 - 80)20 \right\}} = 1.03 \text{ N/mm}^2$$

$$= 1.03 \times 10^6 \text{N/m}^2 = 1.03 \text{MPa}$$

(3) 로드부의 압축응력

$$\sigma_c = \frac{P}{d_1 \cdot t} = \frac{4,000}{80 \times 20} = 2.5 \text{N/mm}^2 = 2.5 \text{MPa}$$

04 리벳

리벳조인트는 강판을 포개서 영구적으로 결합하는 것으로 구조가 간단하고 응용 범위가 넓어서 철골구조, 교량 등에 사용되며 죄는 힘이 크므로 기밀을 요하는 압력용기, 보일러 등에 사용된다.

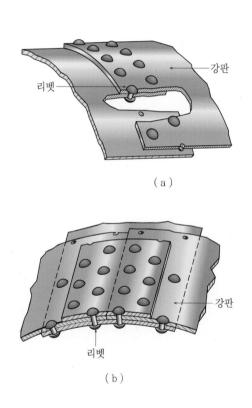

(a)

(b)

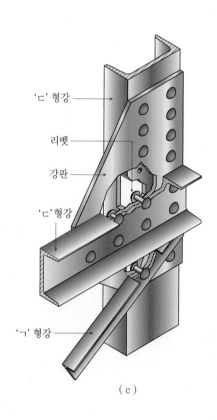

(c)

리벳 이음

1 리벳이음 개요와 이음 종류

종줄수(n) → 문제에서 주어지는 줄수는 종줄수이다.

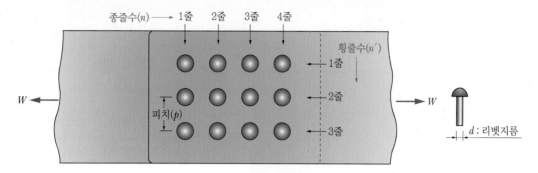

※ 리벳설계는 1피치에 대하여 해석해 나간다.(1피치(p)에 대한 해석으로 리벳 전체를 해석할 수 있다.)

1. 겹치기이음

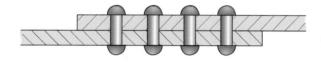

2. 맞대기이음

1) 한쪽 덮개판 맞대기이음

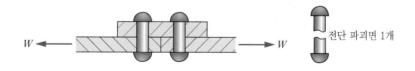

2) 양쪽 덮개판 맞대기이음

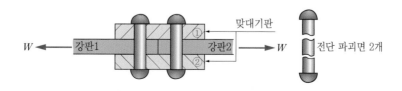

❷ 리벳이음의 강도계산

1. 리벳의 전단

1피치 내에 걸리는 전단하중 W_1

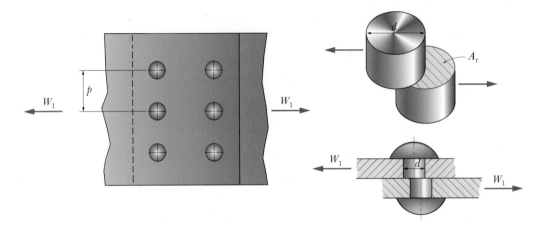

$$W_1 = \tau \cdot A_\tau \ (A_\tau : \text{1피치 내에 리벳 전단면})$$

$$W_1 = \tau \times \frac{\pi}{4} d^2 \times n \qquad (n \text{줄 리벳일 경우})$$

n : 리벳의 종줄수＝1피치 내의 리벳의 개수

양쪽 덮개판이음일 경우에는 전단 파괴면이 2개이므로 n 대신 $2n$ 을 대입해야 하는데 안전을 고려하여 n 에 $1.8n$ 을 대입하여 계산한다.

2. 리벳구멍 사이에서 강판의 인장

1피치 내에 걸리는 강판의 인장하중 W_2

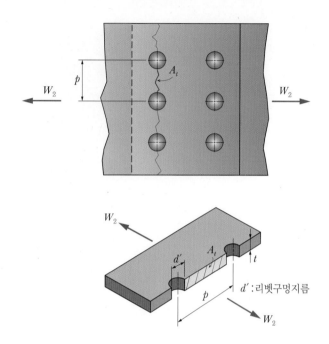

$W_2 = \sigma_t \cdot A_t$ (A_t : 1피치 내의 강판의 인장파괴면적)

$W_2 = \sigma_t (p - d')t$ (d'가 주어지지 않으면 $d' = d$ 로 해석)

3. 리벳구멍의 압축

1피치 내에 걸리는 리벳구멍의 압축하중 W_3

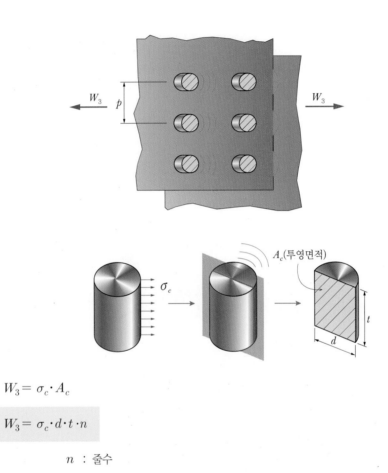

$$W_3 = \sigma_c \cdot A_c$$

$$W_3 = \sigma_c \cdot d \cdot t \cdot n$$

n : 줄수

위 1, 2, 3에서 구한 하중들이 모두 같은 값을 갖도록 각 부의 치수를 결정하는 설계가 가장 이상적이다.

4. 리벳의 피치설계

앞 1과 2에서 구한 $\boxed{W_1 = W_2}$ 같게 설계하면

$$\tau \cdot \frac{\pi}{4} d^2 \times n = \sigma_t (p - d') t$$

n : n줄 리벳이음

$n =$ 1일 때 : 1줄 리벳이음

$$(p - d') = \frac{\tau \pi d^2}{\sigma_t t \, 4} \times n$$

$$\therefore p = \frac{\tau \cdot \pi \cdot d^2}{4 \cdot \sigma_t \cdot t} n + d'$$

5. 리벳의 지름설계

앞 1과 3에서 구한 $\boxed{W_1 = W_3}$ 같게 설계하면

$$\tau \cdot \frac{\pi}{4} d^2 \times n = \sigma_c \cdot d \cdot t \cdot n \quad (n줄 \ 리벳이음)$$

$$\therefore d = \frac{4 \, \sigma_c \cdot t}{\tau \cdot \pi}$$

3 효 율

1. 강판의 효율(η_t)

리벳구멍이 전혀 없는 강판(Unriveted Plate)의 강도에 대한 리벳 구멍이 있는 강판의 강도와의 비(Ratio)를 강판의 효율이라 한다.

$$\eta_t = \frac{1\text{피치 내의 구멍이 있는 강판의 인장력}}{1\text{피치 내의 구멍이 없는 강판의 인장력}} = \frac{\sigma_t \cdot (p - d')t}{\sigma_t \cdot p \cdot t}$$

구멍없는 강판의 파괴면적 $= p \cdot t$

$$\eta_t = 1 - \frac{d'}{p}$$

TIP 피치가 주어지지 않으면 $\eta_t = \dfrac{\text{구멍이 있는 강판의 인장력(전체하중)}}{\text{구멍이 없는 강판의 인장력(전체하중)}}$ 으로 해석해도 된다.

2. 리벳의 효율(η_R)

$$\eta_R = \frac{1\text{피치 내의 리벳의 전단력}}{1\text{피치 내의 구멍이 없는 강판의 인장력}} = \frac{\tau \cdot \frac{\pi}{4}d^2 \times n}{\sigma_t \cdot p \cdot t} \quad (n\text{줄 리벳이음})$$

$$\eta_R = \frac{\tau \pi d^2 n}{4 \sigma_t \cdot p \cdot t}$$

η_t 와 η_R 중에서 낮은 효율로서 리벳이음의 강도를 결정하며 실제에서는 리벳의 전단강도(τ)는 강판의 인장 강도(σ)의 85%로 본다.

4 보일러용 리벳조인트

재료역학에서 내압을 받는 얇은 용기는 원주 방향 응력 $\sigma_h = \dfrac{p \cdot D}{2t}$ 를 기준으로 설계했는데 설계에서는 재료의 인장강도를 σ_t , 안전율을 S, 판두께를 t 로 하면

$$\sigma_h = \frac{\sigma_t}{S} = \frac{p \cdot D}{2t} \qquad \therefore t = \frac{pDS}{2\sigma_t}$$

또 압력용기를 리벳조인트하게 되면 이 부분에서 인장강도가 약해지고, 따라서 리벳조인트 효율을 η 라 하면 파괴강도는 $\eta\sigma_t$ 로 되며 부식에 의해 관두께가 감소하는 것을 보충하기 위해 부식 여유도 고려하여 두께 t 를 결정해야 한다.

$$t = \frac{pDS}{2\eta\sigma_t} + C(\text{부식여유})$$

5 굽힘 모멘트 및 전단력을 받는 리벳조인트(편심하중)

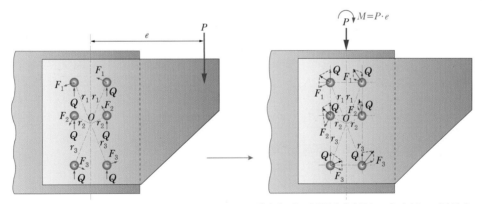

부가력 F_i는 리벳중심에서 긋는 r_i와 직각으로 작용한다.

하중(P)이 편심(e)되어 작용하면 리벳에는 ① 하중에 의한 직접 전단력$\left(Q = \dfrac{P}{Z}\right)$과 ② 굽힘모멘트 ($M = P \cdot e$)에 의한 전단력($F_i$)이 가중된다.

굽힘 모멘트에 의한 부가전단력은 리벳군의 중심에서 리벳까지의 거리에 비례하므로 ①과 ②에 의한 합력 R의 크기도 달라진다. 그러므로 각 리벳에 걸리는 합력 R 중에 최대값인 $R_{\max}$ 이 리벳의 허용강도 이하가

되도록 설계해야 한다.($R_{\max}$를 기준으로 설계)

앞의 그림에서

1. 직접전단력

하중 P를 Z개의 리벳이 나누어 받는다.

$$Q = \frac{P}{Z}$$

2. 굽힘모멘트에 의한 부가전단력

$$\sum M_o = 0 \text{ 에서 } P\cdot e - Z_1 F_1 r_1 - Z_2 F_2 r_2 - Z_3 F_3 r_3 = 0$$

Z_1 : r_1 거리에 있는 리벳수
Z_2 : r_2 거리에 있는 리벳수
Z_3 : r_3 거리에 있는 리벳수

F_i는 리벳군의 중심에서 리벳까지의 거리에 비례하므로 $F_i = K r_i$

$$\therefore F_1 = K r_1,\ F_2 = K r_2,\ F_3 = K r_3 \quad (K\ :\ \text{비례상수})$$

정리하면

$$P\cdot e = Z_1 F_1 r_1 + Z_2 F_2 r_2 + Z_3 F_3 r_3$$
$$= Z_1 K r_1{}^2 + Z_2 K r_2{}^2 + Z_3 K r_3{}^2$$
$$= K(Z_1 r_1{}^2 + Z_2 r_2{}^2 + Z_3 r_3{}^2)$$

$$\therefore K = \frac{P\cdot e}{Z_1 r_1{}^2 + Z_2 r_2{}^2 + Z_3 r_3{}^2}$$

> **참고**
>
> **리벳군의 중심 O구하기**
>
>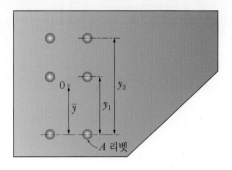

도심을 구하는 것과 같으며 리벳의 면적을 1로 본다.

$\bar{x}$ 는 좌우대칭이므로 가운데 있으며 주로 $\bar{y}$ 를 구한다.

$$\bar{y} = \frac{\sum A_i y_i}{\sum A_i} = \frac{y_1 거리의\ 리벳수 \times y_1 + y_2 거리의\ 리벳수 \times y_2}{전 체\ 리벳수} = \frac{2 \times y_1 + 2 \times y_2}{6}$$

3. 합력(R)

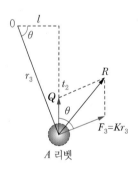

그림에서 A 리벳의 합력 R을 구해보면

> 두 힘 $a,\ b$ 가 θ 각을 이룰 때 합력
> $$R = \sqrt{a^2 + b^2 + 2ab\cos\theta} \quad 적용$$

$$R = \sqrt{Q^2 + F_3{}^2 + 2QF_3\cos\theta} \qquad \left(\cos\theta = \frac{l}{r_3}\right)$$

※ 두 힘이 이루는 각(θ)에 따라 합력이 달라지므로 각각의 리벳에 대해 힘이 이루는 각을 따져서 합력을 구해야 한다.

≫ 문제 01

그림과 같은 1줄 겹치기 리벳이음에서 강판의 두께 20mm, 리벳지름이 22mm, 리벳구멍지름이 22.1mm, 피치 80mm, 1피치 내의 하중이 1,5kN일 때 다음을 구하라.

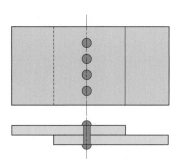

(1) 리벳의 전단응력(MPa)
(2) 강판의 인장응력(MPa)
(3) 강판효율

해설

(1) $\tau = \dfrac{W}{A_\tau} = \dfrac{W}{\dfrac{\pi}{4}d^2 \cdot n} = \dfrac{1,500 \times 4}{\pi \times 22^2 \times 1} = 3.95 \text{N/mm}^2 = 3.95 \text{MPa}$

($n = 1$: 1줄 겹치기이음)

(2) $\sigma_a = \dfrac{W}{A_\sigma} = \dfrac{W}{(p-d')t} = \dfrac{1,500}{(80-22.1)\,20} = 1.30 \text{N/mm}^2 = 1.30 \text{MPa}$

(3) $\eta_t = 1 - \dfrac{d'}{p} = 1 - \dfrac{22.1}{80} = 0.7238 = 72.38\%$

>> 문제 **02**

두께 11mm의 강판을 2줄 지그재그형 겹치기 리벳이음으로 하려고 한다. 강판의 인장응력이 34N/mm², 리벳과 강판의 압축응력이 34N/mm², 리벳의 전단응력은 27N/mm²일 때 다음을 구하라.

(1) 리벳의 직경 mm
(2) 강판의 효율 %

해설

(1) 2줄 겹치기이음이므로 $n = 2$

$$\tau \cdot \frac{\pi d^2}{4} \cdot n = \sigma_c \cdot d \cdot t \cdot n$$

$$\therefore d = \frac{4\sigma_c \cdot t}{\tau \cdot \pi} = \frac{4 \times 34 \times 11}{27 \times \pi} = 17.64\text{mm}$$

(2) $d' = d$로 한다.

$$\sigma_t (p - d)t = \tau \cdot \frac{\pi d^2}{4} \cdot n$$

$$\therefore p = d + \frac{\tau \cdot \pi \cdot d^2 \cdot n}{4\sigma_t \cdot t} = 17.64 + \frac{27 \times \pi \times 17.64^2 \times 2}{4 \times 34 \times 11} = 52.93\text{mm}$$

$$\eta_t = 1 - \frac{d'}{p} = 1 - \frac{d}{p} \ (d' = d \text{로 본다.}) = 1 - \frac{17.64}{52.93} = 0.6667 = 66.67\%$$

≫ 문제 03

강판의 두께 20mm, 리벳의 지름 20.5mm의 2줄 겹치기 이음에서 1피치의 하중이 2kN일 때 다음을 구하시오.

(1) 피치는?(단, 판효율은 60%이다.)
(2) 인장응력은?
(3) 리벳효율은?(단, σ_t=500N/cm², τ=350N/cm²이다.)

해설

(1) $\eta = 1 - \dfrac{d'}{p} = 1 - \dfrac{d}{p}$

$p = \dfrac{d}{1-\eta} = \dfrac{20.5}{1-0.6} = 51.25 \text{mm}$

(2) $\sigma_t = \dfrac{P}{(p-d)\,t} = \dfrac{2,000}{(51.25-20.5)\times 20} = 3.25 \text{N/mm}^2$

(3) τ=3.5N/mm², σ_t=5N/mm², n=2

$\eta_R = \dfrac{\dfrac{1}{4}\pi d^2 \cdot \tau \cdot n}{p \cdot t \cdot \sigma_t} = \dfrac{\pi \times 20.5^2 \times 3.5 \times 2}{4 \times 51.25 \times 20 \times 5} = 0.4508 = 45.08\%$

≫ 문제 **04**

그림과 같은 구조용 리벳이음에서 필요한 리벳의 지름은?(단, 리벳 재료의 허용전단응력은 5N/mm², 피치 $p=30$mm, 하중 $P=1.2$kN, $l=150$mm이다.)

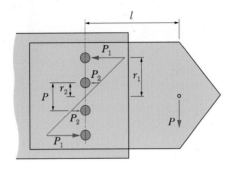

해설

(1) 직접전단력

$$Q= \frac{P}{Z} = \frac{1,200}{4} = 300\text{N}$$

(2) 굽힘모멘트에 의한 부가전단력

그림에서 $P_1= Kr_1$, $P_2= Kr_2$, $r_1= 15+p= 45$, $r_2= \frac{p}{2} = 15$

비례계수 $K= \dfrac{P \cdot l}{Z_1 r_1{}^2 + Z_2 r_2{}^2} = \dfrac{1,200 \times 150}{2 \times 45^2 + 2 \times 15^2} = 40$

$\therefore P_1 = 40 \times 45 = 1,800\text{N}$, $P_2 = 40 \times 15 = 600\text{N}$

$R_{\max} = \sqrt{300^2 + 1,800^2} = 1,824.83\text{N}$

$R_{\max} = \tau \cdot \dfrac{\pi}{4} d^2$

$\therefore d= \sqrt{\dfrac{4 R_{\max}}{\pi \tau}} = \sqrt{\dfrac{4 \times 1,824.83}{\pi \times 5}} = 21.56\text{mm}$

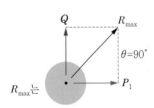

≫ 문제 **05**

그림과 같은 리벳이음에서 편심하중 $W = 2,500N$를 받을 때 다음을 구하시오.

(1) 하중 W에 의하여 리벳에 작용하는 직접전단하중
    : $Q(N)$
(2) 모멘트에 의하여 리벳에 작용하는 전단하중
    : $F(N)$
(3) 리벳에 작용하는 최대합(合) 전단하중
    : $R_{max}(N)$
(4) 리벳의 허용전단응력이 $\tau_a = 6$ N/mm²일 때
    리벳의 지름 : $d(mm)$

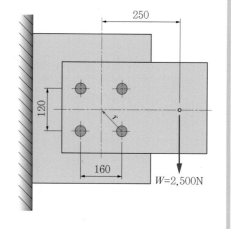

해설

(1) 직접전단하중 $Q = \dfrac{W}{Z} = \dfrac{2,500}{4} = 625N$

(2) F는 r에 비례하는데, r이 일정하므로 $F = Kr$로 모두 일정(즉, $F_1 = F_2 = F_3 = F_4$)

$$W \times 250 = K(Zr^2) \quad (r = \sqrt{60^2 + 80^2} = 100) = K(4r^2)$$

$$\therefore K = \frac{2,500 \times 250}{4 \times 100^2} = 15.625$$

$$\therefore F = K \cdot r = 15.625 \times 100 = 1,562.5 \text{ N}$$

(3) 리벳에 작용하는 최대전단하중 R_{max}

$$R_{max} = \sqrt{Q^2 + F^2 + 2QF\cos\theta}, \quad \cos\theta \text{가 가장 큰 값을 가질 때 } R_{max} \text{이므로}$$

$$\cos\theta = \frac{80}{r} = \frac{80}{100} = 0.8$$

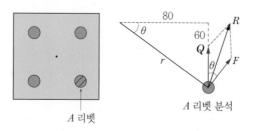

A 리벳

A 리벳 분석

$$\therefore R_{max} = \sqrt{625^2 + 1,562.5^2 + 2 \times 625 \times 1,562.5 \times 0.8} = 2,096.31N$$

(4) $R_{max} = \tau_a \dfrac{\pi}{4} d^2$ (A리벳에는 전단하중 R_{max} 가 작용하므로)

$$\therefore \; d = \sqrt{\dfrac{4\,R_{max}}{\pi \tau_a}} = \sqrt{\dfrac{4 \times 2,096.31}{\pi \times 6}} = 21.09 \text{mm}$$

참고

만약 위의 문제에서 리벳의 배열이 다음과 같이 되어 있다면

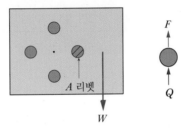

Q와 F를 구했을 때 A리벳에서는 Q와 F가 이루는 θ 가 $0°$이므로 $R_{max} = Q + F$로 구할 수 있다.

≫ 문제 06

직경 500mm, 압력 12N/cm²의 보일러에 리벳이음을 하고자 한다. 다음을 구하시오.(단, 강판의 인장강도 σ_t＝35N/mm², 안전율 S＝5이다.)

(1) 강판의 두께 t는 몇 mm인가?(단, 리벳이음의 효율을 η＝0.6이라 가정하고, 부식 여유 C＝1mm를 준다.)

(2) 리벳의 지름 d와 피치 p를 아래 표에서 결정하시오.

(3) 강판의 효율(η_t)을 구하시오.(단, 양쪽 덮개판 2줄 리벳 맞대기이음으로 한다.)

보일러용 양쪽 덮개판 맞대기이음의 표준치수 (단위 : mm)

리벳지름	판두께 t	피치 p
13	7~9	64
16	10~12	75
19	13~15	85
22	16~18	96

해설

(1) $\sigma_a = \dfrac{\sigma_t}{S} = \dfrac{\text{인장강도(극한강도)}}{\text{안전율}} = \dfrac{35}{5} = 7\text{N/mm}^2$

$t = \dfrac{PD}{2\sigma_a \cdot \eta} + C = \dfrac{0.12 \times 500}{2 \times 7 \times 0.6} + 1 = 8.14\text{mm}$ (압력 P＝12N/cm²＝0.12N/mm²)

(2) 판두께가 8.14mm이므로 표에서 d＝13mm, p＝64mm이다.

(3) $\eta_t = 1 - \dfrac{d'}{p} = 1 - \dfrac{d}{p} = 1 - \dfrac{13}{64} = 0.7969 = 79.69\%$

>> 문제 07

그림과 같은 4.5kN의 편심하중을 받는 리벳이음에서 리벳에 생기는 최대전단응력(MPa)을 구하여라.(단, 리벳의 지름은 19mm이다.)

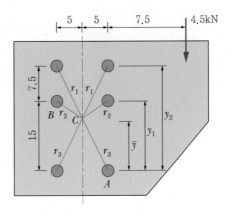

해설

(1) 리벳 1개에 걸리는 직접전단력

$$Q = \frac{4,500}{Z} = \frac{4,500}{6} = 750\text{N}$$

(2) 굽힘모멘트에 의한 부가전단력

리벳이 대칭이 아니므로 전체 리벳군의 중심 C를 구하면

$$\bar{y} = \frac{y_1 \text{거리의 리벳수} \times y_1 + y_2 \text{거리의 리벳수} \times y_2}{\text{전체 리벳수}}$$

$$= \frac{2 \times y_1 + 2 \times y_2}{6} = \frac{2 \times 22.5 + 2 \times 15}{6} = 12.5\text{mm}$$

$M_c = 0$ 에서

$$4,500 \times 12.5 = Z_1 F_1 r_1 + Z_2 F_2 r_2 + Z_3 F_3 r_3 \,(F_1 = K r_1,\ F_2 = K r_2,\ F_3 = K r_3 \text{ 대입})$$

$$56,250 = Z_1 K r_1{}^2 + Z_2 K r_2{}^2 + Z_3 K r_3{}^2 = K(Z_1 r_1{}^2 + Z_2 r_2{}^2 + Z_3 r_3{}^2)$$

$$\therefore K = \frac{56,250}{Z_1 r_1{}^2 + Z_2 r_2{}^2 + Z_3 r_3{}^2} = \frac{56,250}{2 \times 125 + 2 \times 31.25 + 2 \times 181.25} = 83.33$$

$$F_1 = 83.33 \times \sqrt{125} = 931.66\text{N}$$

$$F_2 = 83.33 \times \sqrt{31.25} = 465.83\text{N}$$

$$F_3 = 83.33 \times \sqrt{181.25} = 1121.86\text{N}$$

$$\begin{bmatrix} r_1{}^2 = 5^2 + 10^2 \\ r_2{}^2 = 5^2 + 2.5^2 \\ r_3{}^2 = 5^2 + 12.5^2 \end{bmatrix}$$

(1), (2)에 의해 Q와 F_3가 작용하는 리벳 A에서 최대합력이 나온다.

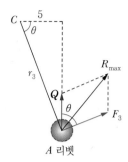

A 리벳

$$\therefore R_{\max} = \sqrt{Q^2 + F_3^{\,2} + 2\,QF_3\cos\theta} \qquad \left(\cos\theta = \frac{5}{r^3} = \frac{5}{\sqrt{181.25}} = 0.37\right)$$

$$= \sqrt{750^2 + 1{,}121.86^2 + 2\times 750 \times 1{,}121.86 \times 0.37} = 1{,}563.23\text{N}$$

$$\therefore \tau = \frac{R_{\max}}{\dfrac{\pi}{4}\,d^2} = \frac{4\times 1{,}563.23}{\pi \times 19^2} = 5.51\text{N/mm}^2 = 5.51\text{MPa}$$

참고

B 리벳에 걸리는 합력 R을 구해보면 F_2와 Q가 이루는 사이각 : $180° - \theta$

F_2와 Q가 이루는 사이각 : $180° - \theta$

$$\cos\theta = \frac{5}{r_2} = \frac{5}{\sqrt{31.25}} = 0.89$$

$$R = \sqrt{Q^2 + F_2^{\,2} + 2\,QF_2\cos(180° - \theta)}$$

$$= \sqrt{Q^2 + F_2^{\,2} + 2\,QF_2(-)\cos\theta}$$

$$= \sqrt{750^2 + 465.83^2 - 2\times 750 \times 465.83 \times 0.89} = 397.01\text{N}$$

두 힘이 이루는 각을 따져가며 다른 리벳들도 한 번씩 구해보기 바란다.

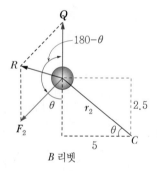

B 리벳

05 용접

용접은 두 개의 금속을 용융온도 이상으로 가열하여 접합시키는 영구적 결합법이며 보일러, 용기, 구조물, 선박, 기계부품의 결합에 널리 사용되고 있다.

🔟 용접이음의 종류와 강도설계

1. 맞대기용접

용접조인트의 강도는 용착금속의 볼록한 부분을 고려하지 않고, 안전축(h)으로 취하여 계산한다.

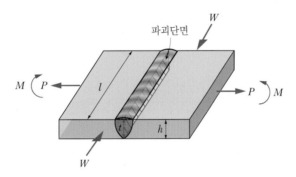

1) 인장응력 : $\sigma_t = \dfrac{\text{인장하중}}{\text{인장파괴면적}} = \dfrac{P}{A_\sigma} = \dfrac{P}{t \cdot l}$ $(\because h = t)$

2) 전단응력 : $\tau = \dfrac{\text{전단하중}}{\text{전단파괴면적}} = \dfrac{W}{A_\tau} = \dfrac{W}{t \cdot l}$

3) 굽힘응력 : $\sigma_b = \dfrac{M}{Z} = \dfrac{M}{\dfrac{lt^2}{6}} = \dfrac{6M}{lt^2}$ $\left(Z = \dfrac{I}{e} = \dfrac{\dfrac{lt^3}{12}}{\dfrac{t}{2}} = \dfrac{lt^2}{6} \right)$

2. 겹치기용접(필릿용접)

1) 전면 필릿용접

파괴면적 : $t \cdot l$ (목두께를 기준으로 설계 : 목에서 파괴)

f : 필릿(Fillet)다리의 길이

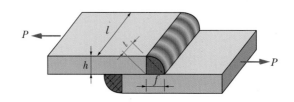

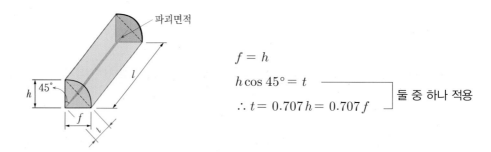

$$f = h$$

$$h\cos 45° = t$$

$$\therefore t = 0.707\,h = 0.707\,f$$

둘 중 하나 적용

인장응력 $\sigma = \dfrac{P}{2\,t\,l} = \dfrac{P}{2h\cos 45° \times l} = \dfrac{P}{2 \times 0.707 \times h \times l}$ (2 : 파괴단면 개수)

2) 측면 필릿용접

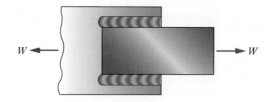

$$\tau = \dfrac{W}{2 \cdot t \cdot l} = \dfrac{W}{2 \times h\cos 45° \times l} = \dfrac{W}{2 \times 0.707h \times l}$$

3) T형 필릿용접

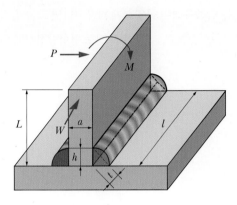

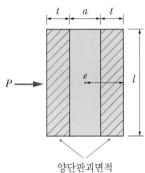

양단판괴면적

$$\left(\begin{array}{c}\downarrow \\ \Box \\ b\end{array} h \Rightarrow \quad I= \frac{b\,h^3}{12} \ \text{공식 적용}\right)$$

e : 도심으로부터 최외단까지의 거리

① 전단응력 $\tau= \dfrac{W}{2\cdot t\cdot l}= \dfrac{W}{2\times 0.707\,h\,l}$

② 굽힘응력 $\sigma_b= \dfrac{1.414\,M}{l\cdot a\cdot h}$ $(Z \fallingdotseq 0.707\,l\cdot a\cdot h$ 일 때$)$

$$M= \sigma_b\cdot Z= \sigma_b\cdot \frac{I}{e}= P\cdot L$$

③ 빗금친 단면의 $I= \dfrac{l(a+2t)^3}{12}- \dfrac{l\,a^3}{12} = \dfrac{l\left\{(a+2t)^3- a^3\right\}}{12}$

$$e= \frac{a}{2}+ t= \frac{a+2t}{2}$$

$$\therefore\ Z= \frac{l\left\{(a+2t)^3- a^3\right\}}{6(a+2t)} \ \text{로 구한다.}$$

4) 비대칭단면을 갖는 필릿용접

비대칭단면을 갖는 부분의 용접조인트에 인장응력 또는 압축응력이 균일하게 작용한다면 그들 합력은 단면의 도심을 통과한다. 고로 길이, 방향, 필릿용접에 작용하는 하중(P_1, P_2)은 모멘트 평형방정식에 의해 결정된다.

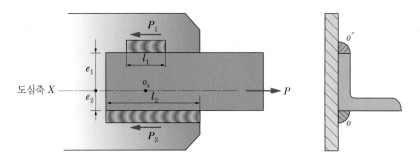

그림에서 O점에 대한 모멘트 $\sum M_O = 0$ 이므로

$$Pe_2 = P_1(e_1 + e_2) \qquad \therefore P_1 = \frac{e_2}{e_1 + e_2} \cdot P$$

$\sum M_{O}{'} = 0$ 에서

$$Pe_1 = P_2(e_1 + e_2) \qquad \therefore P_2 = \frac{e_1}{e_1 + e_2} \cdot P$$

P가 작용하는 도심축(X)에 대한 모멘트 $\sum M_{O_x} = 0$

$P_1 = \tau \cdot l_1 \cdot t, P_2 = \tau \cdot l_2 \cdot t$ 를 적용 $- P_1 e_1 + P_2 e_2 = 0$

$$-\tau \cdot l_1 \cdot t \cdot e_1 + \tau \cdot l_2 \cdot t \cdot e_2 = 0$$

$$\therefore l_1 e_1 = l_2 e_2$$

용접조인트의 전 길이를 $l = l_1 + l_2$ 라 할 때 $l = l_1 + \dfrac{e_1}{e_2} l_1 = \dfrac{(e_2 + e_1)}{e_2} l_1$

용접조인트 길이설계 $\therefore l_1 = \dfrac{e_2}{e_1 + e_2} l \qquad \therefore l_2 = \dfrac{e_1}{e_1 + e_2} l$

5) 원통형 필릿용접

비틀림토크 T가 작용할 때

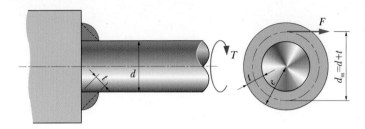

토크 T에 의해 생기는 전단응력 τ가 목두께 단면에 균일하게 분포한다고 가정할 때 토크식을 기준으로 해석하면

① $T = \tau \cdot \pi \cdot d_m \cdot t \times \dfrac{d_m}{2} =$ 전단응력 $\times$ 전단파괴면적 $\times$ 반경 $= \tau \cdot \pi \cdot t \cdot \dfrac{d_m{}^2}{2}$

② $T = \tau \cdot Z_p = \tau \cdot \dfrac{I_p}{e} \left(I_p = \dfrac{\pi}{32}(d+2t)^4 - \dfrac{\pi}{32}d^4, e = \dfrac{d}{2} + t \right)$

6) 편심하중을 받는 필릿용접

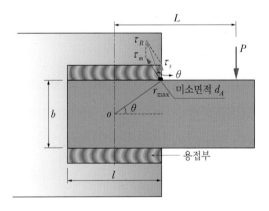

① 하중 P에 의한 직접전단응력

$$\tau_s = \frac{P}{A_\tau} = \frac{P}{2 \cdot t \cdot l} = \frac{P}{2 \times h \cos 45° \times l}$$

② 굽힘모멘트(회전모멘트 T)에 의한 부가전단응력

굽힘모멘트에 의한 최대전단응력 τ_m 은 용접부 전체에 대한 도심 O 에서 최대거리 $R_{\max}$ 가 되는 목 단면상의 미소면적 d_A 에 생기며 그 크기는 목 단면의 극관성 모멘트를 I_P 로 할 때 회전모멘트는

$$T = \int \tau \cdot r \, d_A = \int \frac{\tau}{r} r^2 d_A = \frac{\tau}{r} \int r^2 d_A = \frac{\tau \cdot I_P}{r}$$

$$\therefore \tau_m = \frac{T \cdot r_{\max}}{I_P} = \frac{P \cdot L \cdot r_{\max}}{I_P} \left(r_{\max} = \sqrt{\left(\frac{l}{2}\right)^2 + \left(\frac{b}{2}\right)^2} \right)$$

③ ①과 ②에 의한 최대합성전단응력

$$\tau_R = \sqrt{\tau_s^{\,2} + \tau_m^{\,2} + 2\,\tau_s\,\tau_m \cos\theta} \left(\cos\theta = \frac{\dfrac{l}{2}}{r_{\max}} \right)$$

참고

A 와 I_P 값 (h : 용접부 필릿다리치수)

	용접형상	A	I_P
(1)		$2tl = 2 \times 0.707\,hl$	$tl\,\dfrac{(3b^2 + l^2)}{6}$
(2)		$2tb = 2 \times 0.707\,hb$	$b \cdot t \,\dfrac{(3l^2 + b^2)}{6}$
(3)		$2t(l+b)$ $= 2 \times 0.707\,h(l+b)$	$t\,\dfrac{(l+b)^3}{6}$

≫ 문제 01

아래의 그림과 같이 두 개의 강판을 겹치기이음으로 필릿용접하였다. 허용응력이 4.5N/mm²일 때 용접조인트의 길이 l을 구하여라.(단, 강판두께 $h=10$mm이다.)

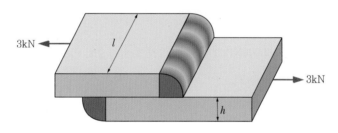

해설

인장하중 = 인장응력 × 인장파괴면적

$$W = \sigma \cdot A_\sigma = \sigma \cdot 2 \cdot t \cdot l = \sigma \cdot 2 \times 0.707 h \cdot l \quad (t = 0.707 h)$$

$$\therefore l = \frac{W}{\sigma \times 2 \times 0.707 \times h} = \frac{3{,}000}{4.5 \times 2 \times 0.707 \times 10} = 47.15 \text{mm}$$

≫ 문제 **02**

그림과 같이 벽면으로부터 60mm 떨어진 곳에서 4,000N의 하중을 받을 때 용착부의 최대응력(MPa)은 얼마인가?

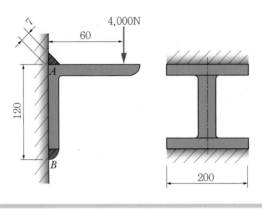

해설

(1) 직접전단하중 $Q = \dfrac{4,000}{2} = 2,000\text{N}$ (2개의 용접조인트에서 하중을 지지)

(2) 굽힘모멘트에 의해 부가되는 하중(F_A)

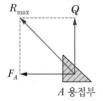

B지점의 모멘트 $\sum M_B = 0$ 이므로

$P \cdot L - F_A \cdot l = 0$

$4,000 \times 60 - F_A \times 120 = 0$

$\therefore F_A = 2,000\text{N}$

(3) 최대합력 $R_{max} = \sqrt{Q^2 + F_A^2}$ (A지점에 걸리는 최대하중)

$= \sqrt{2,000^2 + 2,000^2} = 2,828.43\text{N}$

최대전단응력 $\tau_{max} = \dfrac{R_{max}}{t \cdot l} = \dfrac{2,828.43}{7 \times 200} = 2.02\text{N/mm}^2 = 2.02\text{MPa}$

≫ 문제 **03**

그림과 같이 1,150rpm, 20kW의 동력을 바깥지름 600mm, 보스지름 120mm인 풀리로 전달하고자 한다. 림두께 8mm, 필릿용접 다리 길이를 8mm로 할 때 용접선에 발생하는 이론상 최대 전단응력은 몇 KPa인가?

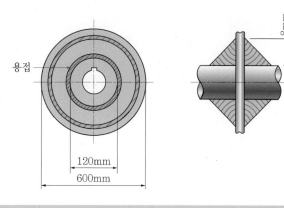

해설

(1) 전달토크 $T = \dfrac{H}{\omega} = \dfrac{H}{\dfrac{2\pi \times N}{60}} = \dfrac{20 \times 10^3}{\dfrac{2\pi \times 1,150}{60}}$

$\qquad\qquad = 166.07472\mathrm{N \cdot m} = 166,074.72\mathrm{N \cdot mm}$

(2) 목두께 $t = 0.707 \times h = 0.707 \times 8 = 5.656\mathrm{mm}$

$\qquad T = \tau \cdot \pi \cdot d_m \cdot t \cdot \dfrac{d_m}{2} \times 2\,(전단면의 수)$

$\qquad (d_m = d_1 + t = 120 + 5.656 = 125.656)$

$\qquad \therefore\ \tau = \dfrac{T}{\pi \cdot t \cdot d_m{}^2} = \dfrac{166,074.72}{\pi \times 5.656 \times 125.656^2} = 0.59194\mathrm{N/mm^2}$

$\qquad\quad = 591,940\mathrm{N/m^2} = 591,940\mathrm{Pa} = 591.94\mathrm{kPa}$

≫ 문제 **04**

브래킷을 프레임에 그림과 같이 양쪽 필릿용접 했을 때 수평하중 P(N)의 최대값을 구하시오.(단, 용접치수 $f=8$mm, 유효길이 $l=80$mm, $c=25$mm, 허용응력 $\sigma_a=15$N/mm²로 한다.)

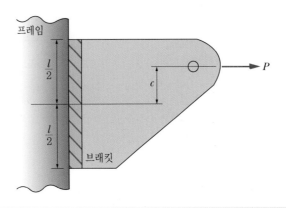

해설

최대응력=직접하중에 의한 인장응력+모멘트에 의한 굽힘응력

$$\sigma_{\max}=\frac{P}{A}+\frac{M}{Z}\left(M=P\cdot c,\ Z=\frac{tl^2}{6}\quad ,\ \text{단면 2개}\right)$$

$$=\frac{P}{2\times tl}+\frac{M}{2\times\dfrac{tl^2}{6}}=\frac{P}{2\times0.707h\cdot l}+\frac{3\times P\cdot c}{0.707h\cdot l^2}$$

$$\sigma_a=\sigma_{\max}=\frac{P}{2\times0.707\times8\times80}+\frac{3\times P\times25}{0.707\times8\times80^2}$$

$$15=P\left(\frac{1}{904.96}+0.0021\right)\qquad\therefore\ P=4,680.16\text{N}$$

≫ 문제 05

형강이 옆의 그림과 같이 4곳의 측면 필릿용접으로 결합되어 6,000N의 하중을 받고 있다. 용접부에 생기는 최대전단응력(MPa)을 구하여라.

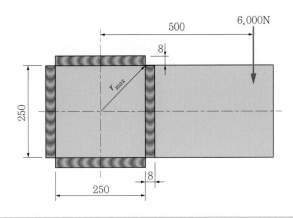

해설

(1) 하중에 의한 직접전단응력

$$\tau_s = \frac{P}{A} = \frac{6,000}{2t(l+b)} = \frac{6,000}{2 \times 0.707 \times 8 \times (250 + 250)} = 1.06 \text{N/mm}^2 = 1.06 \text{MPa}$$

(2) 굽힘모멘트에 의한 최대전단응력

$$\tau_m = \frac{P \cdot L \cdot r_{\max}}{I_P} \text{ 이므로}$$

$$r_{\max} = \sqrt{\left(\frac{250}{2}\right)^2 + \left(\frac{250}{2}\right)^2} = 176.78 \text{mm}, \ l = 250, \ b = 250$$

$$I_P = \frac{t(l+b)^3}{6} = \frac{0.707h(l+b)^3}{6} = \frac{0.707 \times 8 \times (250 + 250)^3}{6} = 117.83 \times 10^6 \text{mm}^4$$

$$\therefore \ \tau_m = \frac{6,000 \times 500 \times 176.78}{117.83 \times 10^6} = 4.50 \text{N/mm}^2 = 4.50 \text{MPa}$$

(3) 최대합성응력((1)과 (2)에 의한)

$$\tau_m = \sqrt{\tau_s{}^2 + \tau_m{}^2 + 2\tau_s\tau_m\cos\theta} \quad (\theta = 45°)$$
$$= \sqrt{1.06^2 + 4.5^2 + 2 \times 1.06 \times 4.5\cos 45°}$$
$$= 5.30 \text{MPa}$$

PATTERN

06 축

1 축의 개요

축(Shaft)은 주로 회전에 의하여 동력을 전달할 목적으로 사용하는 기계요소이다.

1. 축의 용도에 의한 분류

1) 차축(Axle) : 주로 굽힘하중을 받는 축(차량의 차축)

2) 전동축(Shaft) : 주로 비틀림을 받는 축

3) 스핀들(Spindle) : 지름에 비해 길이가 짧은 축으로, 하중은 굽힘, 비틀림을 받는다.(공작기계의 주축)

4) 저널(Journal) : 축 부분 중 베어링으로 지지되어 있는 부분이다.

5) 피벗(Pivot) : 축의 끝부분으로서 트러스트 베어링으로 지지되는 부분이다.

> **참고**
>
> 저널과 피벗은 베어링에서 나오므로 기억해 두자.

2. 축 설계시 고려할 사항

1) 강도 : 축에 작용하는 하중에 따라 축의 강도를 충분하게 설계해야 한다.

2) 강성 : 축에 작용하는 하중에 의한 변형이 허용변형한도를 초과하지 않도록 설계해야 한다. 비틀림 각이 한도를 초과하면 비틀림 진동의 원인이 된다.

3) 진동 : 회전하는 축의 굽힘이나 비틀림 진동이 축의 고유진동수와 일치하여 공진현상이 일어나면 축이 파괴되므로 공진현상을 일으키는 위험속도를 고려하여 설계해야 한다.

② 축의 설계

1. 축의 강도설계

1) 비틀림을 받는 축

토크식을 기준으로 해석한다.

$$T= P\cdot \frac{d}{2}= \tau\cdot Z_P= \frac{H}{\omega} \ (SI\,단위)$$

$$T= 716,200\frac{H_{PS}}{N}= 974,000\frac{H_{\mathrm{kW}}}{N}$$

여기서, N : 회전수(rpm)

① 중실축에서 축지름설계

$$T= \tau\cdot Z_P= \tau\cdot \frac{\pi}{16}\, d^3$$

$$\therefore d= \sqrt[3]{\frac{16\,T}{\pi\,\tau}}$$

② 중공축에서 외경설계

$$T= \tau\cdot Z_P= \tau\cdot \frac{\pi}{16}\, d_2{}^3\,(1- x^4)\ \left(내외경비\ \ x= \frac{d_1}{d_2}\right)$$

$$\therefore d_2= \sqrt[3]{\frac{16\,T}{\pi\,\tau\,(1- x^4)}}$$

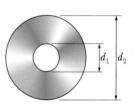

중공축은 지름을 조금만 크게 하여도 강도가 중실축과 같아지고 중량은 상당히 가벼워진다.

참고

	단면 2차 모멘트	극단면 2차 모멘트
중실축 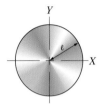 X, Y : 도심축 e : 도심으로부터 최외단까지의 거리	$I_x = I_y = \dfrac{\pi d^4}{64}$	$I_p = I_x + I_y = \dfrac{\pi d^4}{32}$
	단면계수	극단면계수
	$z = \dfrac{I_x}{e} = \dfrac{I_y}{e} = \dfrac{\dfrac{\pi d^4}{64}}{\dfrac{d}{2}} = \dfrac{\pi d^3}{32}$	$Z_P = \dfrac{I_P}{e} = \dfrac{\dfrac{\pi d^4}{32}}{\dfrac{d}{2}} = \dfrac{\pi d^3}{16}$

	단면 2차 모멘트	극단면 2차 모멘트
중공축 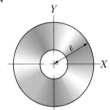 d_1 : 내경 d_2 : 외경 $x = \dfrac{d_1}{d_2}$ (내외경비), $e = \dfrac{d_2}{2}$	$I_x = I_y = \dfrac{\pi d_2{}^4}{64} - \dfrac{\pi d_1{}^4}{64}$ $= \dfrac{\pi d_2{}^4}{64}(1 - x^4)$	$I_p = \dfrac{\pi d_2{}^4}{32} - \dfrac{\pi d_1{}^4}{32}$ $= \dfrac{\pi d_2{}^4}{32}(1 - x^4)$
	단면계수	극단면계수
	$Z = \dfrac{I_x}{e} = \dfrac{I_y}{e} = \dfrac{\dfrac{\pi d_2{}^4}{64}(1 - x^4)}{\dfrac{d_2}{2}}$ $= \dfrac{\pi d_2{}^3}{32}(1 - x^4)$	$Z_p = \dfrac{I_p}{e} = \dfrac{\dfrac{\pi d_2{}^4}{32}(1 - x^4)}{\dfrac{d_2}{2}}$ $= \dfrac{\pi d_2{}^3}{16}(1 - x^4)$

사각단면에 하중 P가 ①의 방향에서 작용할 때 도심에 대한

$$I = \frac{bh^3}{12}, \quad Z = \frac{I}{e_1} = \frac{\dfrac{bh^3}{12}}{\dfrac{h}{2}} = \frac{bh^2}{6}$$

하중 P가 ②의 방향에서 작용할 때 도심에 대한

$$I = \frac{hb^3}{12}, \quad Z = \frac{I}{e_2} = \frac{\dfrac{hb^3}{12}}{\dfrac{b}{2}} = \frac{hb^2}{6}$$

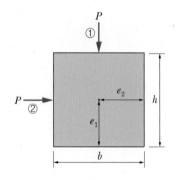

$\theta = \dfrac{T \cdot l}{G \cdot I_p}$, $T = \tau \cdot Z_p$, $M = \sigma_b \cdot Z$ 에서 사용하는 단면의 성질값들은 도심축에 관한 값들이다. 그 이유

는 단면에 대한 굽힘이나 비틀림은 도심을 중심으로 해서 작용하기 때문이다.

2) 굽힘을 받는 축

축에 작용하는 굽힘모멘트를 M, 축에 발생하는 최대굽힘응력을 σ_b, 축단면계수를 Z라 하면

① 중실축에서 축지름설계

$$M = \sigma_b \cdot Z = \sigma_b \cdot \frac{\pi d^3}{32}$$

$$\therefore d = \sqrt[3]{\frac{32 M}{\pi \sigma_b}} \quad (M \text{은 } M_{\max} \text{를 구하여 대입해 주어야 한다.})$$

② 중공축에서 외경설계

$$M = \sigma_b \cdot Z = \sigma_b \cdot \frac{\pi}{32} d_2{}^3 (1 - x^4) \quad \left(x = \frac{d_1}{d_2} \right)$$

$$\therefore d_2 = \sqrt[3]{\frac{32 M}{\pi \sigma_b (1 - x^4)}}$$

3) 비틀림과 굽힘을 동시에 받는 축

주로 전동축에 풀리를 장착한 축에서 비틀림과 굽힘을 동시에 받으며, 이 때 축 단면에는 σ_b와 τ의 조합응력이 발생하게 되는데 이와 같은 효과를 나타내는 상당모멘트 M_e, T_e 를 계산한 값들에서 응력 또는 지름을 산출한다.

① 평면응력상태에서 최대주응력설에 의한 (취성재료일 때)

$$\sigma_{\max} = \frac{1}{2} (\sigma_x + \sigma_y) + \sqrt{\left(\frac{\sigma_x - \sigma_y}{2} \right)^2 + \tau_{xy}^2} \quad \text{에서}$$

$$\sigma_x = \sigma_b, \, \sigma_y = 0, \, \tau_{xy} = \tau \quad \text{일 때}$$

$$\sigma_{\max} = \frac{\sigma_b}{2} + \sqrt{\frac{\sigma_b{}^2}{4} + \tau^2} \quad (M = \sigma_b \cdot Z, \, T = \tau \cdot Z_P)$$

$$= \frac{1}{2} \left(\frac{M}{Z} + \sqrt{\left(\frac{M}{Z} \right)^2 + 4 \left(\frac{T}{Z_p} \right)^2} \right) \left(Z = \frac{\pi d^3}{32}, \, Z_P = \frac{\pi d^3}{16} \text{에서 } Z_P = 2 Z \right)$$

$$= \frac{1}{2} \left(\frac{M}{Z} + \sqrt{\left(\frac{M}{Z} \right)^2 + 4 \left(\frac{T}{2 Z} \right)^2} \right) = \frac{1}{2} \times \frac{1}{Z} \left(M + \sqrt{M^2 + T^2} \right)$$

$$= \frac{\frac{1}{2}\left(M + \sqrt{M^2 + T^2}\right)}{Z}$$

상당굽힘모멘트
$$M_e = \frac{1}{2}\left(M + \sqrt{M^2 + T^2}\right)$$

$$\therefore M_e = \sigma_{\max} \cdot Z$$

여기서, $\sigma_{\max} = \sigma_b$: 허용굽힘응력

② 최대전단응력설에 의한 (연성재료일 때)

$$\tau_{\max} = \sqrt{\left(\frac{\sigma_x - \sigma_y}{2}\right)^2 + \tau_{xy}^2} \quad \text{에서} \ \sigma_x = \sigma_b, \sigma_y = 0, \tau_{xy} = \tau \quad \text{일 때}$$

$$= \sqrt{\frac{\sigma_b^2}{4} + \tau^2} = \frac{1}{2}\sqrt{\sigma_b^2 + 4\tau^2}$$

$$= \frac{1}{2}\sqrt{\left(\frac{M}{Z}\right)^2 + 4\left(\frac{T}{2Z}\right)^2} = \frac{1}{2Z}\sqrt{M^2 + T^2}$$

$$(M = \sigma_b \cdot Z, \ T = \tau \cdot Z_P, \ Z_P = 2Z)$$

$$\tau_{\max} = \frac{\sqrt{M^2 + T^2}}{Z_P}$$

상당비틀림모멘트
$$T_e = \sqrt{M^2 + T^2}$$

$$\therefore T_e = \tau_{\max} \cdot Z_P$$

여기서, $\tau_{\max} = \tau_a$: 허용전단응력

㉠ 중실축에서 지름설계

$$T_e = \tau_a \cdot Z_P = \tau_a \cdot \frac{\pi d^3}{16}$$

$$\therefore d = \sqrt[3]{\frac{16\,T_e}{\pi\,\tau_a}}$$

$$M_e = \sigma_b \cdot Z = \sigma_b \cdot \frac{\pi d^3}{32}$$

$$\therefore d = \sqrt[3]{\frac{32\,M_e}{\pi\,\sigma_b}}$$

위에서 두 식으로 계산된 지름의 큰 쪽을 취하여 설계하는 것이 안전하다.

ⓛ 중공축에서 외경설계(Z, Z_P 값만 달라지므로)

$$d_2 = \sqrt[3]{\frac{16\,T_e}{\pi\,\tau_a(1-x^4)}} \quad , \quad d_2 = \sqrt[3]{\frac{32\,M_e}{\pi\,\sigma_b(1-x^4)}}$$

③ 동적하중계수를 고려한 축의 식

기계축에 작용하는 굽힘모멘트와 비틀림모멘트는 운전 중에 복잡하게 변동하고, 반복적이며 충격적으로 작용하므로 이들의 영향을 고려하는 동적효과를 나타내는 계수 K_M, K_T 를 고려하여 설계해야 한다.

K_M : 굽힘계수, K_T : 비틀림계수가 주어지면

$$T_e = \sqrt{(K_M M)^2 + (K_T T)^2}$$

$$M_e = \frac{1}{2}\left(K_M M + \sqrt{(K_M M)^2 + (K_T T)^2}\,\right)$$

로 계산하여 지름이나 응력을 산출한다.
(동적효과를 고려한 상당모멘트를 기준으로 해석, 설계시 하중계수는 1.0~3.0 사이의 값이 된다).

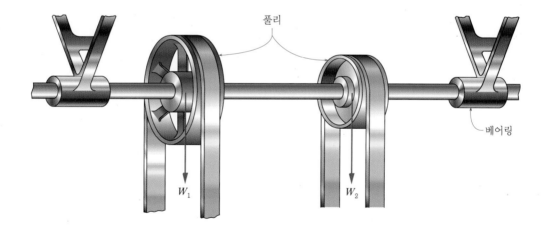

2. 축의 강성설계

1) 비틀림강성

전동축은 동력을 전달할 때 비틀림각이 과대하게 되면 전동기구의 작동 및 정밀도상에 여러 가지 좋지 못한 현상이 생기며, 또 강성이 부족하면 축계의 비틀림 진동의 원인이 되므로 적당한 강성을 확보할 필요가 있다. 바하의 축공식에 의하면 연강축의 비틀림각은 축길이 1 m에 대하여 1/4° 이내로 제한한다.

재료역학에서

$$\theta = \frac{T \cdot l}{G \cdot I_p}$$

축재료가 연강일 때　　$G = 81,340 \text{N}/\text{mm}^2$

$$T = \frac{H}{\omega} \rightarrow \text{N} \cdot \text{mm 단위로 바꾼다.}$$

$$I_P = \frac{\pi d^4}{32} \text{(중실축)}, \ I_P = \frac{\pi}{32}(d_2^{\,4} - d_1^{\,4}) \text{(중공축)}$$

$$\frac{1}{4}° \times \frac{\pi}{180°} \text{(라디안)으로}$$

축지름이나 중공축외경을 설계하면 된다.

3. 축의 위험속도

축의 비틀림 또는 휨의 변형이 급격하면 축은 탄성체이므로 이것을 회복하려는 에너지를 발생하고 이 에너지는 운동에너지가 되어 축의 원형을 중심으로 교대로 변형을 반복하는 결과가 된다. 특히 이 변화의 주기가 축자체의 비틀림 또는 휨의 고유진동과 일치할 때는 진폭이 점차로 증가하는 공진현상이 발생하게 되고 결국 축은 탄성한계를 넘어 파괴된다. 이와 같이 공진현상을 일으키는 축의 회전수를 위험속도라 하며 이 속도에서 축은 가장 심한 진동을 하게 된다. 진동을 고려한 설계로서 고속 회전하는 기계에서는 매우 중요하며 실제 기계의 사용 회전수는 축의 위험속도로부터 ±25% 이내에 들어오지 않게 설계하며, 이에 맞게 축지름과 질량을 설계해야 안전하다.

1) 위험속도(N_{cr})

① 한 개의 회전체를 장착한 축

축의 고유진동수	=	축의 원(각) 진동수
$\omega_n = \sqrt{\dfrac{K}{m}}$	=	$\omega = \dfrac{2\pi N_{cr}}{60}$

$W = K\delta$

$W = mg$

K : 스프링 상수

δ : 처짐량

W : 하중

$$\omega = \sqrt{\frac{W}{\delta \cdot m}} = \sqrt{\frac{mg}{\delta \cdot m}} = \sqrt{\frac{g}{\delta}} = \frac{2\pi N_{cr}}{60}$$

$$\therefore N_{cr} = \frac{30}{\pi}\sqrt{\frac{g}{\delta}} \ (g = 980\mathrm{cm/s^2} \text{을 대입하여 정리하면})$$

$$N_{cr} \fallingdotseq 300\sqrt{\frac{1}{\delta}} \quad (\text{처짐량 } \delta \text{ 단위는 cm 단위로 넣어서 계산해야 된다.})$$

② 여러 개의 회전체를 장착한 축의 위험속도

여러 개의 회전체가 장착된 축에서 각 회전체에 걸리는 하중이 P_1, P_2, P_3, …… 이고, 각 회전체들 중 하나씩만 축에 장착되었을 때 구한 위험속도를 각각 N_1, N_2, N_3, …… 라 하며, 축의 자중에 의한 위험속도를 N_0 라 할 때, 축 전체의 위험속도는 아래와 같은 실험식으로 구한다.

> 던커레이의 실험식
>
> $$\frac{1}{N_{cr}{}^2} = \frac{1}{N_0{}^2} + \frac{1}{N_1{}^2} + \frac{1}{N_2{}^2} + \cdots\cdots$$

참고

보의 처짐량

보의 형태	처짐량
	$\delta = \dfrac{P l_1{}^2 l}{3EI}$
	$\delta = \dfrac{P l^3}{48EI}$
	$\delta = \dfrac{P a^2 b^2}{3EIl}$
	$\delta = \dfrac{5 w l^4}{384EI}$

주) P : 집중하중, w : 등분포하중

주의 처짐량 δ를 구할 때 쓰이는 모든 값들을 cm단위로 넣어서 계산하면 cm단위의 δ를 구할 수 있으므로 $N_{cr} = 300\sqrt{\dfrac{1}{\delta}}$ 식을 바로 적용할 수 있다.

(예) 여러 개의 풀리를 장착하였을 때 축의 위험속도를 구하는 계산 예시

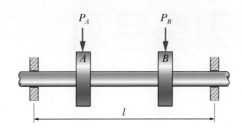

① $N_0 = 300 \sqrt{\dfrac{1}{\delta}} \leftarrow \delta$ ⇒ 축자중이므로 $\dfrac{5wl^4}{384EI}$

② $N_A = 300 \sqrt{\dfrac{1}{\delta}} \leftarrow \delta$ ⇒

$$\frac{P_A a^2 b^2}{3E\varPi l}$$

③ $N_B = 300 \sqrt{\dfrac{1}{\delta}} \leftarrow \delta$ ⇒

$$\frac{P_B c^2 d^2}{3E\varPi l}$$

∴ $\dfrac{1}{N_{cr}{}^2} = \dfrac{1}{N_0{}^2} + \dfrac{1}{N_A{}^2} + \dfrac{1}{N_B{}^2}$ 로 구한다.

(축자중을 무시하면 N_0 항을 생략한다.)

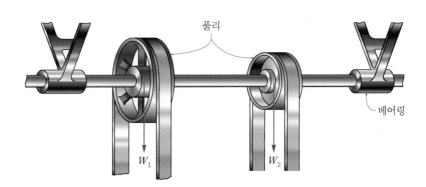

>> 문제 01

축지름을 구하여라.

(1) 10PS, 1,500rpm으로 전동할 때 $\tau = 7\text{MPa}$이다. 이때 축지름은 얼마인가?

(2) 안전율 $K = 1.2$로 할 때 축지름은 어떻게 되겠는가?

해설

(1) 토크식을 기준으로 푼다.

방법 ①

$$T = 716,200 \frac{H_{\text{PS}}}{N} = 716,200 \times \frac{10}{1,500} = 4,774.67\text{kgf} \cdot \text{mm} = 46,791.77\text{N} \cdot \text{mm}$$

방법 ②

$$T = \frac{H}{\omega} = \frac{10\text{PS} \times 75\text{kgf} \cdot \text{m/s}}{\frac{2\pi N}{60}\text{rad/s}} = \frac{10 \times 75 \times 9.8(\text{N} \cdot \text{m/s})}{\frac{2\pi \times 1500}{60}(\text{rad/s})} \quad (추천)$$

$$= 46.79155\text{N} \cdot \text{m} = 46,791.55\text{N} \cdot \text{mm}$$

$$T = \tau \cdot Z_P = \tau \cdot \frac{\pi}{16}d^3 (여기서, \ 7\text{MPa} = 7 \times 10^6\text{N/m}^2 = 7\text{N/mm}^2)$$

$$\therefore \ d = \sqrt[3]{\frac{16\,T}{\pi\tau}} = \sqrt[3]{\frac{16 \times 46,791.55}{\pi \times 7}} = 32.41\text{mm}$$

(2) 안전율을 고려한 축지름은

$$K \times d = 1.2 \times 32.41 = 38.89\text{mm}$$

> 문제 **02**

500rpm으로 20kW의 동력을 전달하는 중실축이 있다. 축의 허용전단응력이 15N/mm²일 때 다음을 구하여라.

(1) 축지름 d(mm)는?

(2) 중실축과 강도가 같고 내·외경비 $x = d_1 / d_2 = 0.6$이 되는 중공축의 바깥지름을 구하여라. 또 중량은 몇 %로 감소되었는가?

해설

(1) 방법 ①

$$T = 974,000 \frac{H_{kW}}{N} = 974,000 \times \frac{20}{500} = 38,960 \text{kgf} \cdot \text{mm} = 381,808 \text{N} \cdot \text{mm}$$

방법 ②

$$T = \frac{H}{\omega} = \frac{20 \times 1,000 (\text{N} \cdot \text{m/s})}{\frac{2\pi \times 500}{60} (\text{rad/s})} = 381.9718 \text{N} \cdot \text{m} = 381,971.8 \text{N} \cdot \text{mm} \quad (추천)$$

$T = \tau \cdot Z_P$에서

$$d = \sqrt[3]{\frac{16T}{\pi\tau}} = \sqrt[3]{\frac{16 \times 381,971.8}{\pi \times 15}} = 50.62 \text{mm}$$

(2) 중공축의 외경 d_2, $x = 0.6$

$$T = \tau \cdot Z_P = \tau \cdot \frac{\pi d_2^3}{16}(1 - x^4)$$

$$\therefore d_2 = \sqrt[3]{\frac{16T}{\pi\tau(1-x^4)}} = \sqrt[3]{\frac{16 \times 381,971.8}{\pi \times 15 \times (1-0.6^4)}} = 53.01 \text{mm}$$

중량 $W = \gamma \cdot V = \gamma A l$, $x = 0.6$에서

$$\frac{W_{중공축}}{W_{실축}} = \frac{\gamma A_{중} l}{\gamma A_{실} l} \overset{(약분)}{\Rightarrow} \frac{A_{중}}{A_{실}} = \frac{\frac{\pi}{4}(d_2^2 - d_1^2)}{\frac{\pi}{4}d^2} \overset{(약분)}{\Rightarrow} \frac{d_2^2(1-x^2)}{d^2} = \frac{53.01^2(1-0.6^2)}{50.62^2}$$

$$= 0.702 = 70.2\%$$

∴ 중공축은 중실축에 비해 중량이 30% 감소하게 된다.

≫ 문제 **03**

그림과 같은 차축의 지름을 구하여라.(단, W=4kN, l_1=200mm, l=1,130mm, σ_a=4.5MPa로 한다.)

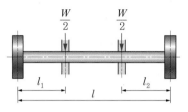

해설

차축이 굽힘하중만을 받으므로

$$M_{\max} = \frac{W}{2} l_1 = 2,000 \times 200 = 400,000 \, \text{N} \cdot \text{mm}$$

$$M = \sigma_b \cdot \frac{\pi d^3}{32}, \quad d = \sqrt[3]{\frac{32 M}{\pi \sigma_a}} \quad (\sigma_b = \sigma_a)$$

$$\therefore \ d = \sqrt[3]{\frac{32 \times 400,000}{\pi \times 4.5}} = 96.74 \text{mm}$$

참고 차축의 굽힘 모멘트 선도

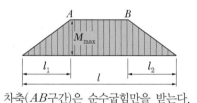

차축(AB구간)은 순수굽힘만을 받는다.

≫ 문제 **04**

비틀림을 받고 있는 축의 지름이 80mm, 길이 1.6m이고, 축의 비틀림각이 2°로 제한되었다면 비틀림모멘트는 몇 N · m인가?(단, G=0.8×10⁴MPa이다.)

해설

강성설계

$$\theta = \frac{T \cdot l}{G \cdot I_p} \quad (\theta \text{는 라디안이므로 } 2° \times \frac{\pi}{180°}, \ I_P = \frac{\pi}{32} d^4, \ l=1,600\text{mm})$$

$$\therefore \ T = \frac{G \cdot I_p \cdot \theta}{l} = \frac{0.8 \times 10^4 \times \pi \times 80^4 \times 2 \times \pi}{1,600 \times 32 \times 180} = 701,838.53\text{N} \cdot \text{mm} = 701.84\text{N} \cdot \text{m}$$

≫ 문제 **05**

길이가 4m이고, 지름이 225mm인 둥근축이 200rpm으로 회전한다면 약 몇 kW의 동력을 전달하는가?(단, 비틀림각은 1°이고, G=8,500MPa로 한다.)

해설

강성설계

$\theta = \dfrac{T \cdot l}{G \cdot I_p}$ 에서

$T = \dfrac{GI_p\theta}{l} = \dfrac{8,500 \times \pi \times 225^4 \times 1 \times \pi}{4,000 \times 32 \times 180} = 9,331,818.19 \text{N} \cdot \text{mm} = 9,331.82 \text{N} \cdot \text{m}$

$H = T \cdot \omega = 9,331.82 \times \dfrac{2 \times \pi \times 200}{60} = 195,445.18 \text{N} \cdot \text{m/s}$

$\qquad = 195,445.18 \text{W} = 195.45 \text{kW}$

≫ 문제 **06**

300rpm으로 25kW를 전달시키는 전동축이 490N · m의 굽힘모멘트를 동시에 받는다. 축의 허용전단응력 τ=49N/mm², 축의 허용굽힘응력 σ_b=64.68N/mm²일 때 다음을 구하여라.

(1) 상당비틀림모멘트 : T_e[N · mm]
(2) 상당굽힘모멘트 : M_e[N · mm]
(3) 축의 지름 : d[mm] 표에서 구하여라.

축지름 d[mm]	35	40	45	50	55

해설

굽힘과 비틀림을 동시에 받으므로 상당모멘트(M_e, T_e)를 기준으로 설계해야 한다.

(1) $T = \dfrac{H}{\omega} = \dfrac{H}{\dfrac{2\pi N}{60}} = \dfrac{25 \times 10^3}{\dfrac{2\pi \times 300}{60}} = 795.77472 \text{N} \cdot \text{m} = 795,774.72 \text{N} \cdot \text{mm}$

$M = 490 \text{N} \cdot \text{m} = 490 \times 10^3 \text{N} \cdot \text{mm}$

$T_e = \sqrt{M^2 + T^2} = \sqrt{(490 \times 10^3)^2 + (795,774.72)^2} = 934,535.93 \text{N} \cdot \text{mm}$

(2) $M_e = \dfrac{1}{2}\left(M + \sqrt{M^2 + T^2}\right) = \dfrac{1}{2}(M + T_e)$

$\qquad = \dfrac{1}{2}(490,000 + 934,535.93) = 712,267.97\text{N} \cdot \text{mm}$

(3) $T_e = \tau_a \cdot Z_P$에서

$\qquad d = \sqrt[3]{\dfrac{16T}{\pi\tau_a}} = \sqrt[3]{\dfrac{16 \times 934,535.93}{\pi \times 49}} = 45.96\text{mm}$

$\qquad M_e = \sigma_b \cdot Z$에서

$\qquad d = \sqrt[3]{\dfrac{32M_e}{\pi\tau_b}} = \sqrt[3]{\dfrac{32 \times 712,267.97}{\pi \times 64.68}} = 48.23\text{mm}$

두 식에서 구한 축지름 중 큰 값인 48.23mm로 설계해야 되는데 표에서 구하므로 48.23mm보다 큰 지름인 $d = 50\text{mm}$를 선택한다.

≫ 문제 07

회전속도 $N = 1,750\text{rpm}$, 출력 14.7kW인 전동기에 연결할 입력축(중심원축)의 하중상태는 그림과 같다. 이 축의 재료는 SM40C로 허용굽힘응력 $\sigma_b = 60\text{N/mm}^2$ 허용전단응력 $\tau_a = 90\text{N/mm}^2$로 할 때 다음을 구하시오.

회전축의 지름표(KS B 0406)

(단위 : mm)

25, 28, 30, 31, 35, 40, 45, 50, 55, 56, 60, 65

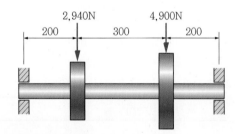

(1) 상당비틀림모멘트에 의한 축의 지름을 구하고, 최종 축지름은 구한 값의 직상위 치수를 표에서 선택하시오. (키홈의 영향이나 동적 효과 및 축의 자중 등 기타의 조건은 고려하지 아니한다.)

(2) 축의 전길이에 대한 비틀림각은 몇 라디안인가?(단, 위 [표]에서 구한 축지름을 기준으로 하고, 축재료의 $G = 81.34 \times 10^3 \text{N/mm}^2$으로 한다.)

(3) b(폭)$\times h$(높이)$\times l$(길이)$= 12\text{mm} \times 8\text{mm} \times 60\text{mm}$인 사각키의 전단응력($\tau_s$) 및 키홈 측면의 면압력 ($P_m$)을 구하시오.(단, [표]에서 선택한 축지름을 기준으로 하고, t(키홈의 길이)$= 0.5h$임)

해설

그림을 보면 전동축에 2,940N, 4,900N의 하중을 가하는 풀리가 장착되어 있으므로 축에는 비틀림과 굽힘이 동시에 작용한다.

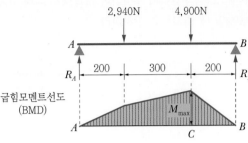

(1) $T = \dfrac{H}{\omega} = \dfrac{14.7 \times 10^3}{\dfrac{2\pi \times 1,750}{60}} = 80.21409\text{N} \cdot \text{m}$

$\qquad = 80,214.09\text{N} \cdot \text{mm}$

A지점의 모멘트 $\sum M_A = 0$이므로

$2,940 \times 200 + 4,900 \times 500 - R_B \times 700 = 0$

$\therefore \ R_B = 4,340\text{N}$

$\therefore \ R_A = 2,940 + 4,900 - 4,340 = 3,500\text{N}$

최대굽힘모멘트 $M_{\max}$는 C지점에서 발생하므로 $M_{\max} = R_B \times BC$ 지점거리

$M_{\max} = 4,340 \times 200 = 868,000\text{N} \cdot \text{mm}$

$\therefore \ T_e = \sqrt{M_{\max}{}^2 + T^2} = \sqrt{868,000^2 + 80,214.09^2} = 871,698.51\text{N} \cdot \text{mm}$

$T_e = \tau_a \cdot Z_P$에서

$\therefore \ d = \sqrt[3]{\dfrac{16\,T_e}{\pi \tau_a}} = \sqrt[3]{\dfrac{16 \times 871,698.51}{\pi \times 90}} = 36.67\text{mm}$

표에서 $d = 40\text{mm}$를 선택한다.

(2) $\theta = \dfrac{T \cdot l}{G \cdot I_p} = \dfrac{80,214.09 \times 700 \times 32}{81.34 \times 10^3 \times \pi \times 40^4} = 2.75 \times 10^{-3}\,\text{rad}$

(3) $T = \tau_s \times A_\tau \times \dfrac{d}{2} = \tau_s \times bl \times \dfrac{d}{2}$

$\therefore \ \tau_s = \dfrac{2\,T}{bl\,d} = \dfrac{2 \times 80,214.09}{12 \times 60 \times 40} = 5.57\text{N/mm}^2$

$T = P_m \times A \times \dfrac{d}{2} = P_m \cdot \dfrac{h}{2}\,l \cdot \dfrac{d}{2}$

$\therefore \ P_m = \dfrac{4\,T}{h\,l\,d} = \dfrac{4 \times 80,214.09}{8 \times 60 \times 40} = 16.71\text{N/mm}^2$

>> 문제 08

무게 1.2kN의 풀리가 부착되어 있고 축의 최대 처짐이 0.6mm, $l_1 = 300\text{mm}$, $l_2 = 1,000\text{mm}$, $E = 2.1 \times 10^4$ MPa일 때 축지름을 구하여라.

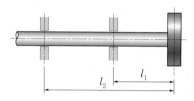

해설

이런 형상의 보가 되므로

$$\delta = \frac{P l_1^{\,2} l_2}{3EI} = \frac{64 P l_1^{\,2} l_2}{3E\pi d^4} \left(I = \frac{\pi d^4}{64} \right)$$

$$\therefore \ d = \sqrt[4]{\frac{64 P l_1^{\,2} l_2}{3E\pi\delta}} = \sqrt[4]{\frac{64 \times 1,200 \times 300^2 \times 1,000}{3 \times 2.1 \times 10^4 \times \pi \times 0.6}} = 87.35\text{mm}$$

≫ 문제 **09**

그림과 같이 20kW, 1,250rpm으로 회전하는 축이 60N의 굽힘하중을 받는다. 축의 허용전단응력이 $\tau_a =$ 250N/cm²일 때 다음을 구하여라.(단, 축의 자중은 무시한다.)

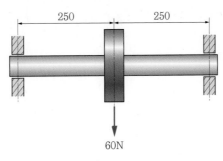

(1) 상당비틀림모멘트 : T_e(N · mm)

(2) 축의 지름 : d(mm) (단, 키홈의 영향을 고려하여 $\dfrac{1}{0.75}$ 배를 한다.)

(3) 축의 최대처짐 : δ(mm) (단, $E = 2.1 \times 10^4$(MPa)

(4) 제1차 위험속도 : N_c(rpm)

해설

전동축에 풀리를 장착하였으므로 비틀림과 굽힘을 동시에 받는다.

(1) $T = \dfrac{H}{\omega} = \dfrac{20 \times 1,000}{\dfrac{2\pi \times 1,250}{60}} = 152.78874\text{N} \cdot \text{m} = 152,788.74\text{N} \cdot \text{mm}$

하중이 작용하는 점의 $M \Rightarrow M_{\max} = 30 \times 250 = 7,500\text{N} \cdot \text{mm}$

$\therefore T_e = \sqrt{M^2 + T^2} = \sqrt{7,500^2 + 152,788.74^2} = 152,972.71 \text{ N} \cdot \text{mm}$

(2) 축지름 d는 $T_e = \tau_a \cdot Z_P$에서

$d = \sqrt[3]{\dfrac{16\,T_e}{\pi \tau_a}} = \sqrt[3]{\dfrac{16 \times 152,972.71}{\pi \times 2.5}} \quad (\tau_a = 2.5\text{N/mm}^2)$

$= 67.79\text{mm}$

키홈을 고려하므로 $\dfrac{67.79}{0.75} = 90.39\text{mm}$로 직경을 설계해야 한다.

(3) 단순보에 집중하중이 작용할 때

$$\delta = \frac{Pl^3}{48EI} = \frac{60 \times 500^3 \times 64}{48 \times 2.1 \times 10^4 \times \pi \times 90.39^4} = 2.271 \times 10^{-3} \text{mm}$$

(4) $N_c = 300 \sqrt{\dfrac{1}{\delta}} = 300 \sqrt{\dfrac{1}{2.271 \times 10^{-4}}} \qquad \left(\begin{array}{l} \delta \text{는 cm단위이므로} \\ \delta = 2.271 \times 10^{-4} \text{cm} \end{array} \right)$

$\qquad = 19,907.31 \text{rpm}$

≫ 문제 10

그림과 같은 축에서 2개의 회전체가 있을 때 던커레이 공식을 이용하여 이 축의 위험속도를 구하여라.(단, 축지름은 60mm, $E = 21,000$MPa, $\gamma = 0.078$N/cm³이다.)

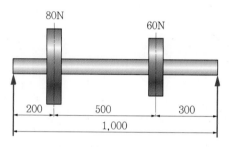

해설

$$I = \frac{\pi d^4}{64} = \frac{\pi \times 60^4}{64} = 636,172.51 \text{mm}^4$$

$$\gamma = 0.78 \times 10^{-4} \text{N/mm}^3$$

등분포하중 $w = \gamma \cdot A = 0.78 \times 10^{-4} \times \dfrac{\pi \times 60^2}{4} = 0.221 \text{N/mm}$

(1) 축자중에 의한 위험속도 N_0

$$N_0 = 300 \sqrt{\frac{1}{\delta}}$$

$\left(\delta = \dfrac{5wl^4}{384EI} = \dfrac{5 \times 0.221 \times 1,000^4}{384 \times 21,000 \times 636,172.51} = 0.2154 \text{mm} = 0.02154 \text{cm} \right)$

$\qquad = 300 \sqrt{\dfrac{1}{0.02154}} = 2,044.08 \text{rpm}$

(2) 80N를 가하는 풀리만 장착한 축의 위험속도 N_1

$$\delta = \frac{Pa^2 b^2}{3EIl} = \frac{80 \times 200^2 \times 800^2}{3 \times 21,000 \times 636,172.51 \times 1,000}$$

$$= 0.0511\text{mm} = 0.00511\text{cm}$$

$$\therefore N_1 = 300 \sqrt{\frac{1}{\delta}} = 300 \sqrt{\frac{1}{0.00511}} = 4,196.73\text{rpm}$$

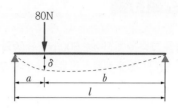

(3) 60N를 가하는 풀리만 장착한 축의 위험속도 N_2

$$\delta = \frac{Pa^2 b^2}{3EIl} = \frac{60 \times 700^2 \times 300^2}{3 \times 21,000 \times 636,172.51 \times 1,000}$$

$$= 0.0660\text{mm} = 0.0066\text{cm}$$

$$\therefore N_2 = 300 \sqrt{\frac{1}{0.0066}} = 3,692.74\text{rpm}$$

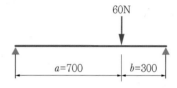

(4) 여러 개의 회전체를 장착한 축의 위험속도 N_{cr}

$$\frac{1}{N_{cr}^2} = \frac{1}{N_0^2} + \frac{1}{N_1^2} + \frac{1}{N_2^2} = \frac{1}{2,044.08^2} + \frac{1}{4,196.73^2} + \frac{1}{3,692.74^2} = 3.69 \times 10^{-7}$$

$$N_{cr} = \sqrt{\frac{1}{3.69 \times 10^{-7}}} = 1,646.22\text{rpm} \fallingdotseq 1,647\text{rpm}$$

| 참고

위험속도 $N_{cr} = 1,647$rpm이므로 이 축의 실제 사용회전수는 N_{cr}의 ±25% 이내에 들지 않게 설계해야 한다. $1,647 \times 0.25 = 412$rpm이므로 $(1,647 - 412)$rpm부터 $(1,647 + 412)$rpm 사이에 사용하는 축의 회전수가 들어오지 않아야 한다. 즉, 위험속도의 범위 : 1,235 ~ 2,059rpm

---

≫ 문제 11

다음 그림은 회전수 2,500rpm, 8kW의 동력을 전달하는 축에 150N의 하중을 가하는 풀리가 축중앙에 장착되어 있다. 축의 허용전단응력 $\tau_a = 6.5$N/mm²일 때 다음을 구하여라.

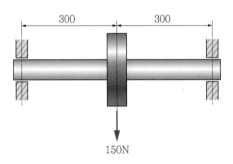

(1) 비틀림모멘트 T(N · mm)

(2) 최대굽힘모멘트 M(N · mm)

(3) 굽힘모멘트 및 비틀림모멘트의 동적효과계수 $K_M = 2.5$, $K_T = 1.2$일 때 상당비틀림 모멘트 T_e(N · mm)

(4) 최대전단응력설에 의한 축지름 d(mm) (단, 키홈의 영향을 고려하여 1/0.75배 한다.)

해설

(1) $T = \dfrac{H}{\omega} = \dfrac{8 \times 1,000}{\dfrac{2\pi \times 2,500}{60}} = 30.55775\text{N} \cdot \text{m} = 30,557.75\text{N} \cdot \text{mm}$

(2) $M_{\max}$ 는 축의 중앙에서 발생하므로
$M_{\max} = 75 \times 300 = 22,500\text{N} \cdot \text{mm}$

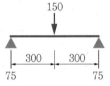

(3) 동적효과계수 K_M, K_T가 주어졌으므로
$T_e = \sqrt{(K_M M)^2 + (K_T T)^2}$
$\quad = \sqrt{(2.5 \times 22,500)^2 + (1.2 \times 30,557.75)^2} = 67,146.85\text{N} \cdot \text{mm}$

(4) 최대전단응력설에 의한 축지름 d는
$T_e = \tau_a \cdot Z_P$에서
$d = \sqrt[3]{\dfrac{16 T_e}{\pi \tau_a}} = \sqrt[3]{\dfrac{16 \times 67,146.85}{\pi \times 6.5}} = 37.47\text{mm}$

키홈의 영향을 고려하여 $\dfrac{37.47}{0.75} = 49.96\text{mm}$로 설계해야 한다.

>> 문제 **12**

매분 500회 회전하여 10kW를 전달시키는 강철제의 중실축에 작용하는 굽힘모멘트가 4,000N · cm의 경우, 축지름(mm)을 구하시오.(단, 허용전단응력 $\tau_a = 4\,MPa$, 동적효과계수 $K_M = 1.5$, $K_T = 1.2$로 하며 축지름은 5mm의 배수로 한다.)

해설

전동축이 굽힘을 받으므로 비틀림과 굽힘을 동시에 고려한 상당모멘트를 기준으로 설계해야 한다.

$$T = \frac{H}{\omega} = \frac{10 \times 1,000}{\frac{2\pi \times 500}{60}} = 190.98593\,N \cdot m = 190,985.93\,N \cdot mm$$

$$M = 40,000\,N \cdot mm,\ \tau_a = 4\,N/mm^2$$

상당비틀림모멘트 $T_e = \sqrt{M^2 + T^2}$ 인데 동적효과계수가 주어졌으므로

$$T_e = \sqrt{(K_M M)^2 + (K_T T)^2} = \sqrt{(1.5 \times 40,000)^2 + (1.2 \times 190,985.93)^2}$$

$$= 236,906.95\,N \cdot mm$$

허용전단응력이 주어졌으므로 최대전단응력설에 의한 축지름은 $T_e = \tau_a \cdot Z_P$에서

$$d = \sqrt[3]{\frac{16\,T_e}{\pi \tau_a}} = \sqrt[3]{\frac{16 \times 236,906.95}{\pi \times 4}} = 67.07\,mm$$

$\therefore\ d = 70.0\,mm$ 이다.

참고

만약 허용굽힘응력 σ_b가 주어지면 $M_e = \sigma_b \cdot Z$(최대주응력설)에서 d를 구해 두 값 중 큰 지름을 선택하여야 된다.

07 축이음

축과 축을 연결하는 기계요소로 축이음이 사용된다. 반영구적으로 두 축을 고정하는 것을 커플링(Coupling)이라고 하며, 운전 중에 결합을 끊거나 연결할 수 있는 기계요소를 클러치(Clutch)라 한다.

1 커플링(Coupling)

1. 클램프 커플링(Clamp Coupling, 분할원통커플링)

두 축을 맞대고 커플링을 덮은 다음 양쪽 볼트를 충분히 죔으로써 축과 커플링 사이에 압력을 가하게 된다. 따라서 축이 회전하면 마찰이 발생하며 이 마찰력에 의하여 동력을 전달할 수 있게 된다.

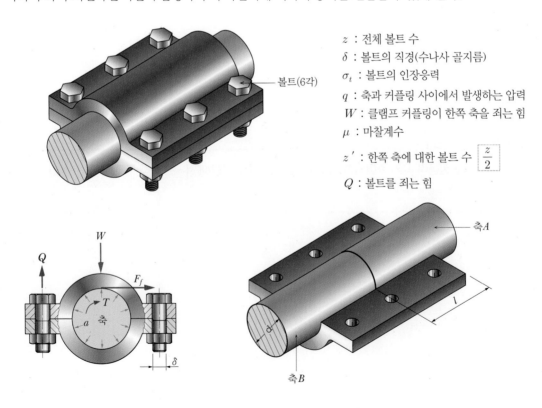

z : 전체 볼트 수

δ : 볼트의 직경(수나사 골지름)

σ_t : 볼트의 인장응력

q : 축과 커플링 사이에서 발생하는 압력

W : 클램프 커플링이 한쪽 축을 죄는 힘

μ : 마찰계수

z' : 한쪽 축에 대한 볼트 수 $\boxed{\dfrac{z}{2}}$

Q : 볼트를 죄는 힘

볼트(6각)

축A

축B

> ### 참고
>
> 전 볼트의 체결력 중 반이 한쪽 축을 죄고 있다고 본다. z'값에 주의
>
> - 접촉면의 평균압력 $q = \dfrac{W}{A_0} = \dfrac{W}{dl}$
>
> A_0 : 투사면적
>
> - 마찰력 $F_f = \mu N = \mu q A_f = \mu q \cdot \pi dl$
>
> A_f : 마찰면적
>
> - 마찰전달토크 $T = F_f \times \dfrac{d}{2} = \mu \cdot q \pi dl \cdot \dfrac{d}{2} = \mu \pi W \cdot \dfrac{d}{2}\ (W = qdl)$
>   (마찰력×거리)
>
> $$T = \mu \pi W \dfrac{d}{2} \quad \left(W = z'Q,\ Q = \sigma_t \cdot \dfrac{\pi \delta^2}{4}\right)$$

2. 플랜지 커플링(Flange Coupling)

큰 토크를 전달할 수 있는 커플링으로서 가장 널리 사용되며 그림과 같이 2개의 축 끝에 억지 끼워 맞춤한 플랜지를 볼트로 죄어서 2개의 축을 연결한다. 플랜지 커플링의 동력전달은 볼트의 체결력에 의해 발생하는 플랜지면의 마찰력으로 회전력을 전달하기도 하나 주로 볼트의 전단력에 의하여 회전력을 전달한다.

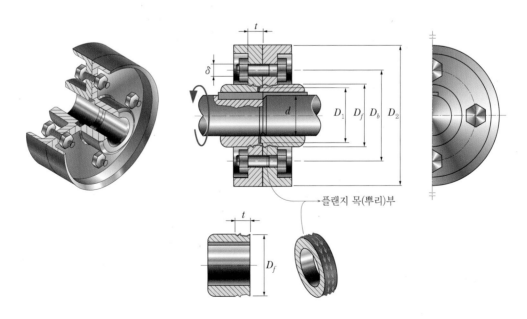

플랜지 목(뿌리)부

117

δ : 볼트의 외경 d : 축 직경

τ_b : 볼트의 전단응력 σ_t : 볼트의 인장응력

Q : 볼트의 인장력 z : 볼트 수

D_2 : 플랜지의 외경 D_1 : 플랜지의 내경

D_f : 플랜지의 목(뿌리부)지름 τ_f : 플랜지 목의 전단응력

t : 플랜지의 목두께 D_b : 볼트 중심을 통과하는 원의 지름

D_m : 플랜지 마찰면의 평균지름

1) 볼트의 전단에 의한 전달토크

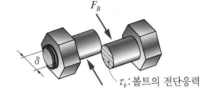

$$T = 볼트의 전단력(F_B) \times \frac{D_b}{2}$$

$$= (볼트\ 한\ 개의\ 전단력) \times 볼트\ 수 \times 전단력이\ 나오는\ 거리$$

$$= \left(\tau_b \cdot \frac{\pi}{4} \delta^2\right) \times z \times \frac{D_b}{2}$$

2) 플랜지 목(뿌리)의 전단에 의한 전달토크

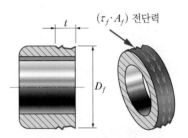

$(\tau_f \cdot A_f)$ 전단력

$$T = 플랜지\ 목의\ 전단력 \times \frac{D_f}{2}$$

$$= \tau_f \cdot A_f \cdot \frac{D_f}{2} = \tau_f \cdot \pi D_f \cdot t \cdot \frac{D_f}{2}$$

$$= \tau_f \cdot \pi \cdot t \cdot \frac{D_f^2}{2}$$

A_f : 플랜지목의 파괴면적

3) 플랜지 접촉면 마찰에 의한 전달토크

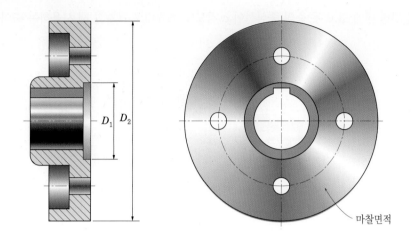

마찰면적

$$T = \text{플랜지면의 마찰력} \times \frac{D_m}{2} = F_f \times \frac{D_m}{2}$$

$$= \mu N \times \frac{D_m}{2} \quad (\text{수직력 } N = z\,Q\,)$$

$$\mu : \text{마찰계수}$$

$$= \mu z Q \frac{D_m}{2} \ \left(Q = \sigma_t \cdot \frac{\pi}{4}\,\delta_1{}^2, \ \ D_m = \frac{D_1 + D_2}{2}, \ \ \delta_1 : \text{볼트의 골지름} \right)$$

3. 유니버셜 조인트(Universal Joint)

2축이 동일 평면 내에 있고 두 축의 중심선이 α 각도($\alpha \leq 30°$)로 교차할 때 사용하는 축이음이다.

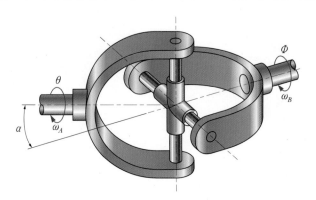

2축의 경사각을 α, 원동축의 회전각을 θ, 종동축의 회전각을 ϕ로 하면 종동축, 원동축의 회전각 관계 및 각 속도의 비 ω_B / ω_A 는

$$\tan\phi = \cos\alpha \cdot \tan\theta$$

$$\frac{N_B}{N_A} = \frac{\omega_B}{\omega_A} = \frac{\cos\alpha}{1 - \sin^2\theta \cdot \sin^2\alpha}$$

❷ 클러치(Clutch)

마찰면이 부착되어 있는 마찰클러치와 조(Jaw) 또는 이로 맞물리는 맞물림 클러치가 있다.

1. 원판클러치

마찰클러치로서 원동축과 종동축에 붙어 있는 마찰면을 서로 밀어 붙여 발생하는 마찰력에 의하여 동력을 전달한다.

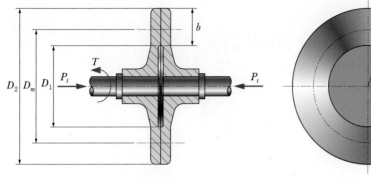

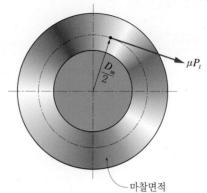

마찰면적

μ : 접촉면의 마찰계수

P_t : 축 방향(트러스트) 하중

z : 마찰면의 수, 단판클러치
$z = 1$, 다판클러치$= z$

D_m : 마찰면적의 평균지름

1) 접촉면의 폭

$$b = \frac{D_2 - D_1}{2}$$

2) 평균지름

$$D_m = \frac{D_1 + D_2}{2}$$

3) 마찰접촉면적

$$\frac{\pi\,(D_2{}^2 - D_1{}^2)\,z}{4} = \pi\,D_m\,b\,z\,(\text{다판클러치일 경우만 } z \text{ 가 추가된다.})$$

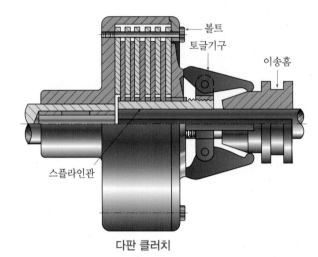

볼트
토글기구
이송홈
스플라인관

다판 클러치

4) 접촉면의 압력

$$q = \frac{P_t}{A_q} = \frac{P_t}{\pi\,D_m\,b\,z}$$

5) 마찰력에 의한 전달토크

$$T = F_f \times \frac{D_m}{2} = \mu\,P_t \cdot \frac{D_m}{2}\,(\text{마찰력 } F_f = \mu\,P_t\,)$$

$$= \mu\,q\,\pi\,D_m\,b\,z\,\frac{D_m}{2}$$

6) 마찰력에 의한 전달동력

$$H = F_f \cdot V = \mu \cdot P_t \cdot V\,(\text{SI})$$

$$H_{PS} = \frac{F_f \cdot V}{75}\,,\; H_{KW} = \frac{F_f \cdot V}{102}\,(\text{공학단위})$$

$$\left(\text{원주속도}\quad V = \frac{\pi\,d\,N}{60,000}\right)$$

2. 원추클러치

마찰력으로 동력을 전달한다.

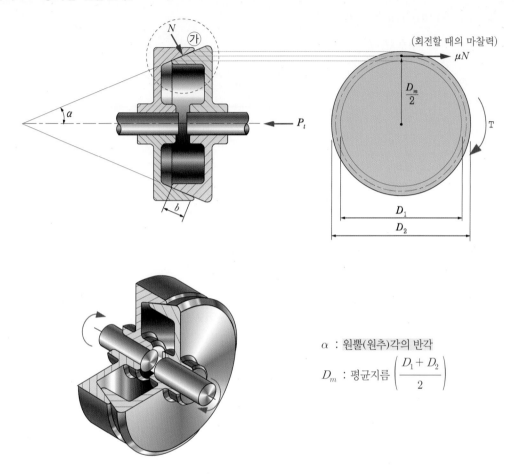

(회전할 때의 마찰력)

α : 원뿔(원추)각의 반각

D_m : 평균지름 $\left(\dfrac{D_1 + D_2}{2}\right)$

1) ㉮부 힘분석(법선력 N과 축 방향 하중 P_t 의 관계)

x 방향의 모든 힘의 합은 0이다.

$$\sum F_x = N\sin\alpha + \mu N\cos\alpha - P_t = 0$$

$$N(\sin\alpha + \mu\cos\alpha) = P_t$$

$$\therefore\ N = \frac{P_t}{\sin\alpha + \mu\cos\alpha}$$

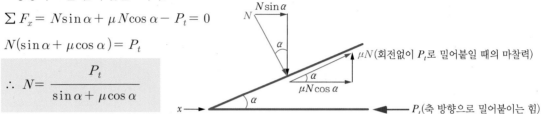

μN(회전없이 P_t로 밀어붙일 때의 마찰력)

P_t(축 방향으로 밀어붙이는 힘)

마찰력 $F_f = \mu N = \mu \cdot \dfrac{P_t}{\sin\alpha + \mu\cos\alpha} = \dfrac{\mu}{\sin\alpha + \mu\cos\alpha}\, P_t$

상당마찰계수 $\mu' = \dfrac{\mu}{\sin\alpha + \mu\cos\alpha}$

$\therefore\ F_f = \mu N = \mu' P_t$

> **│참고**
>
> 축 방향(트러스트) 하중이 접촉면에 일정각을 가지고 들어오는 기계요소 : 원추브레이크, 홈마찰차, V벨트
> 에서도 상당마찰계수가 발생한다.(계산시 중요함)

2) 접촉면의 폭

$$b\sin\alpha = \frac{D_2 - D_1}{2}$$

$$\therefore\ b = \frac{D_2 - D_1}{2\sin\alpha}$$

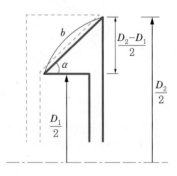

3) 마찰접촉면적

$$A_f = \pi D_m b$$

4) 접촉면(마찰면)의 평균압력

$$q = \frac{N}{A_f} = \frac{N}{\pi D_m b} = \frac{\dfrac{P_t}{(\sin\alpha + \mu\cos\alpha)}}{\pi D_m b}$$

5) 마찰력에 의한 전달토크

$$T = 마찰력 \times 거리 = F_f \times \frac{D_m}{2} = \mu N \times \frac{D_m}{2} = \mu' P_t \times \frac{D_m}{2}$$

3. 맞물림(클로우) 클러치

확동클러치 중에서 가장 많이 사용되는 것으로서 한쪽 턱(Jaw)을 축에 고정하고 다른 쪽을 축 방향으로 이동시켜서 턱을 서로 맞물리게 하고 또 떨어지게 하여 동력의 단속을 행한다.

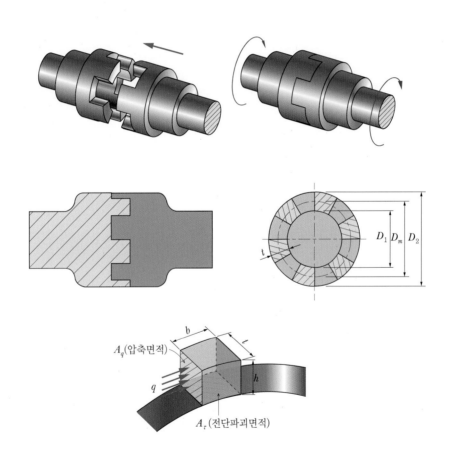

1) 이뿌리의 전단에 의한 전달토크

$$T = 전단력 \times 거리$$

$$= \tau \cdot A_\tau \cdot \frac{D_m}{2} = \tau \times \frac{1}{2} \times \frac{\pi (D_2{}^2 - D_1{}^2)}{4} \times \frac{D_m}{2}$$

전체 이의 전단면적(녹색 제외한 나머지 면적)은

중공단면의 $\dfrac{1}{2}$

2) 이의 면압에 의한 전달토크

$$T = q \cdot A_q \cdot \frac{D_m}{2} = q \cdot t \cdot h \cdot z \cdot \frac{D_m}{2}$$

z : 잇수 (면압면적 $t \cdot h$ 가 z 개 있으므로)

≫ 문제 **01**

지름 80mm의 두 축을 클램프 커플링으로 이음할 때 M20의 볼트 8개로 체결하였다. 축의 허용전단응력 $\tau = 2.5\text{N/mm}^2$이고, 마찰계수 $\mu = 0.2$이며 볼트의 골지름은 17.294mm이고 마찰력으로만 동력을 전달한다고 할 때 다음을 구하여라.

(1) 전달토크 $T(\text{N} \cdot \text{mm})$
(2) 축을 죄는 힘 $W(\text{N})$
(3) 볼트에 생기는 인장응력 $\sigma_t (\text{N/mm}^2)$

해설

(1) $T = \tau \cdot Z_P = \tau \cdot \dfrac{\pi d^3}{16} = 2.5 \times \dfrac{\pi \times 80^3}{16} = 251,327.41\text{N} \cdot \text{mm}$

(2) $T = \mu \pi W \dfrac{d}{2}$ 에서 $W = \dfrac{2T}{\mu \pi d} = \dfrac{2 \times 251,327.41}{0.2 \times \pi \times 80} = 9,999.99\text{N}$

(3) $T = \mu \pi W \dfrac{d}{2} \left(W = z'Q, \; Q = \dfrac{\pi}{4} \delta_1^2 \cdot \sigma_t, \; z' = \dfrac{8}{2} = 4 \right) = \mu \pi \cdot z' \sigma_t \cdot \dfrac{\pi}{4} \delta_1^2 \cdot \dfrac{d}{2}$

$\therefore \; \sigma_t = \dfrac{8T}{\mu \pi z' \pi \delta_1^2 d} = \dfrac{8 \times 251,327.41}{0.2 \times \pi \times 4 \times \pi \times 17.294^2 \times 80} = 10.64\text{N/mm}^2$

≫ 문제 **02**

그림과 같은 플랜지 커플링에 볼트의 지름 10mm짜리 4개로 체결하여 1,750rpm으로 10kW의 동력을 전달시키려 한다. 볼트의 허용전단응력을 $\tau_a = 3\text{N/mm}^2$로 볼 때 볼트의 안전 여부를 검토하시오.

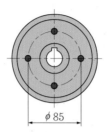

$\phi 85$

해설

전달토크

$$T = \frac{H}{\omega} = \frac{H}{\dfrac{2\pi N}{60}} = \frac{10 \times 10^3}{\dfrac{2\pi \times 1,750}{60}} = 54.56741\text{N} \cdot \text{m} = 54,567.41\text{N} \cdot \text{mm}$$

$$T = \text{볼트의 전단력} \times \frac{D_b}{2} = \tau_b \cdot A_b \times \frac{D_b}{2} = \tau_b \cdot \frac{\pi \delta^2}{4} z \times \frac{D_b}{2}$$

$$\therefore \tau_b = \frac{8\,T}{\pi \delta^2 \cdot D_b z} = \frac{8 \times 54,567.41}{\pi \times 10^2 \times 85 \times 4} = 4.09\text{N/mm}^2$$

$\tau_b > \tau_a$, 즉 4.09N/mm² > 3N/mm²이므로 불안전하다.

↑

(계산된 전단응력이 허용전단응력보다 크므로 불안전)

참고

$\tau_b < \tau_a$이면 안전

>> 문제 **03**

SM45C, τ_a =3.0MPa, H =22kW, N =1,440rpm일 때 다음을 구하여라.

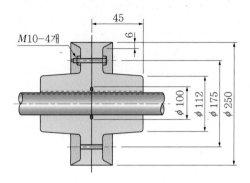

(1) 전달토크 T 와 축지름 d는?
(2) M10, z =4개, D_b =175mm일 때 플랜지 연결 볼트의 전단응력 τ_B 는?
(3) 플랜지의 보스 뿌리부에 생기는 전단응력 τ_f 는? 또 키의 전단응력 τ_k 는?(단, 보스의 길이 45mm, 플랜지의 두께 16mm, 키의 폭 7mm이다.)
(4) 보스의 바깥지름 112mm인 부분의 회전력 F_r 은?

해설

(1) 전달토크

$$T = \frac{H}{\omega} = \frac{22 \times 10^3}{\frac{2\pi \times 1,440}{60}} = 145.89203\text{N} \cdot \text{m} = 145,892.03\text{N} \cdot \text{mm}$$

축지름 d는 $T = \tau \cdot Z_p$에서

$$d = \sqrt[3]{\frac{16\,T}{\pi\tau}} = \sqrt[3]{\frac{16 \times 145,892.03}{\pi \times 3.0}} = 62.8\text{mm}$$

(2) M10에서 볼트의 바깥지름은 10mm

$$T = \tau_b \cdot A_\tau \cdot \frac{D_b}{2} = \tau_b \cdot \frac{\pi}{4}\delta^2 \cdot z \cdot \frac{D_b}{2}$$

$$\therefore \tau_b = \frac{8\,T}{\pi\delta^2 z\,D_b} = \frac{8 \times 145,892.03}{\pi \times 10^2 \times 4 \times 175} = 5.31\text{N/mm}^2$$

(3) $T = \tau_f \cdot A_f \cdot \frac{D_f}{2}$ (D_f=112mm) (플랜지 목의 전단에 의한 전달토크)

$$= \tau_f \cdot \pi D_f \cdot t \cdot \frac{D_f}{2}$$

$$\therefore \ \tau_f = \frac{2\,T}{\pi\,t\,D_f^2} = \frac{2 \times 145{,}892.03}{\pi \times 16 \times 112^2} = 0.46\mathrm{N/mm}^2$$

$$T = \tau_k \cdot A_k \cdot \frac{d}{2} \ (d = 62.8) \ (\text{키의 전단에 의한 전달토크})$$

$$= \tau_k \cdot b \cdot l \cdot \frac{d}{2}$$

$$\therefore \ \tau_k = \frac{2\,T}{b \cdot l \cdot d} = \frac{2 \times 145{,}892.03}{7 \times 45 \times 62.8} = 14.75\mathrm{N/mm}^2$$

(4) $T = F_r \times \dfrac{D_r}{2}$

$$\therefore \ F_r = \frac{2\,T}{D_r} = \frac{2 \times 145{,}892.03}{112} = 2{,}605.21\mathrm{N}$$

≫ 문제 **04**

어느 플랜지이음의 설계에 있어서 볼트 6개로 졸라매었다. 플랜지면 사이의 마찰력은 무시될 수 있도록 조립할 때 볼트 지름은 몇 mm인가?(단, 볼트의 허용전단응력은 $\tau_b = 16\mathrm{N/cm}^2$, 비틀림모멘트 $T = 716.2$ N·cm이다.)

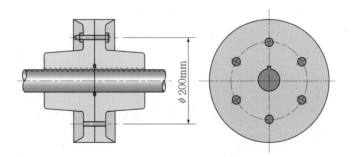

해설

볼트 전단의 견지

$$T = \tau_b \cdot \frac{\pi\,\delta^2}{4}\,z \cdot \frac{D_b}{2} \ \ (D_b = 20\mathrm{cm})$$

$$\therefore \ \delta = \sqrt{\frac{8\,T}{\tau_b \cdot \pi \cdot z \cdot D_b}} = \sqrt{\frac{8 \times 716.2}{16 \times \pi \times 6 \times 20}} = 0.974\mathrm{cm} = 9.74\mathrm{mm}$$

>> 문제 05

접촉면의 안지름 120mm, 바깥지름 200mm의 단판클러치에서 접촉면 압력 0.03N/mm², 마찰계수를 0.2로 할 때 1,250rpm으로 몇 kW를 전달할 수 있는가?

해설

$$T = F_f (\text{마찰력}) \times \frac{D_m}{2} \left(D_m = \frac{D_1 + D_2}{2} = 160\text{mm}, \ b = \frac{D_2 - D_1}{2} = 40\text{mm} \right)$$

$$= \mu N \times \frac{D_m}{2} = \mu \cdot q \cdot \pi D_m b \times \frac{D_m}{2}$$

$$= 0.2 \times 0.03 \times \pi \times 160 \times 40 \times \frac{160}{2} = 9,650.97\text{N} \cdot \text{mm}$$

$$H = T \cdot \omega = 9,650.97 \times \frac{2 \times \pi \times 1,250}{60} = 1,263,309.02\text{N} \cdot \text{mm/s}$$

$$= 1,263.31\text{N} \cdot \text{m/s} = 1.26\text{kW}$$

>> 문제 06

1,200rpm, 2.2kW를 전달하는 단판클러치의 안지름(D_1)과 바깥지름(D_2)은 몇 mm인가?(단, 클러치 접촉면의 재료는 강과 석면으로서 마찰계수 $\mu = 0.25$, 접촉면 압력은 0.02MPa, 접촉면의 평균지름 $D_m = 200$mm이다. 답은 정수로 답하시오.)

해설

$$T = \frac{H}{\omega} = \frac{H}{\frac{2\pi N}{60}} = \frac{2.2 \times 10^3}{\frac{2\pi \times 1,200}{60}} = 17.50704\text{N} \cdot \text{m} = 17,507.04\text{N} \cdot \text{mm}$$

$$T = \mu N \times \frac{D_m}{2} = \mu \cdot q \cdot \pi D_m b \times \frac{D_m}{2}$$

$$\therefore b = \frac{2T}{\mu q \pi D_m^2} = \frac{2 \times 17,507.04}{0.25 \times 0.02 \times \pi \times 200^2} = 55.73\text{mm} \fallingdotseq 56\text{mm}$$

$$D_m = \frac{D_1 + D_2}{2} \text{에서} \ D_1 + D_2 = 400$$

$$b = \frac{D_2 - D_1}{2} \text{에서} \ D_2 - D_1 = 112 \text{이므로}$$

$$D_2 = 256\text{mm}, \ D_1 = 144\text{mm}$$

≫ 문제 **07**

안지름 40mm, 바깥지름 60mm, 접촉면의 수가 14인 다판클러치에 의하여 1,500rpm으로 4kW를 전달한다. 마찰계수 $\mu=0.25$라 할 때 다음을 구하여라.

(1) 전달토크 : T(N · mm)
(2) 축방향으로 미는 힘 : P(N)
(3) $q \cdot V$값을 검토하시오.(단, 허용 $q \cdot V$값은 1.2N/mm² · m/s이다.)

해설

(1) $T = \dfrac{H}{\omega} = \dfrac{H}{\dfrac{2\pi N}{60}} = \dfrac{4 \times 10^3}{\dfrac{2\pi \times 1,500}{60}} = 25.46479\text{N} \cdot \text{m} = 25,464.79\text{N} \cdot \text{mm}$

(2) $T = F_f \times \dfrac{D_m}{2} = \mu N \times \dfrac{D_m}{2} = \mu P \dfrac{D_m}{2} \left(= \mu q \pi D_m \cdot b \cdot z \dfrac{D_m}{2} \right)$

(수직력 $N = P$)

$\therefore P = \dfrac{2T}{\mu D_m} = \dfrac{2 \times 25,464.79}{0.25 \times 50} = 4,074.37\text{N}$

(3) $q = \dfrac{P}{z \cdot A} = \dfrac{P}{z \cdot \dfrac{\pi}{4}(D_2{}^2 - D_1{}^2)} = \dfrac{4 \times 4,074.37}{14 \times \pi \times (60^2 - 40^2)} = 0.1853\text{N/mm}^2$

$V = \dfrac{\pi D_m N}{60,000} = \dfrac{\pi \times 50 \times 1,500}{60,000} = 3.93\text{m/s}$

$q \cdot V = 0.1853 \times 3.93 = 0.7282\text{N/mm}^2 \cdot \text{m/s}$는, 허용$q \cdot V = 1.2\text{N/mm}^2 \cdot \text{m/s}$보다 작으므로 안전하다.

≫ 문제 **08**

건설기계 엔진의 피스톤이 행정(Stroke) 120mm, 속도 4m/sec일 때 14.7kW를 출력시킨다면 이 축에 사용할 원판클러치의 마찰면의 수(정수로 올림)를 구하여라.(단, 면압력 q는 0.078N/mm², 클러치의 내·외경은 각각 120mm, 200mm, 마찰계수 $\mu = 0.2$며 1회전시 피스톤은 2행정이다.)

해설

1행정 : s이고 다판클러치의 판수를 구한다.

피스톤 속도 $V = \dfrac{2sN}{60,000}$에서 $N = \dfrac{60,000\,V}{2s} = \dfrac{60,000 \times 4}{2 \times 120} = 1,000\,\text{rpm}$

$T = \dfrac{H}{\omega} = \dfrac{14.7 \times 10^3}{\dfrac{2\pi \times 1,000}{60}} = 140.37466\text{N} \cdot \text{m} = 140,374.66\text{N} \cdot \text{mm}$

$T = \mu \cdot q \cdot \pi D_m \cdot b \cdot z \cdot \dfrac{D_m}{2}$에서

$\left(D_m = \dfrac{D_1 + D_2}{2} = 160\text{mm},\ q = 0.078\text{N/mm}^2,\ b = \dfrac{D_2 - D_1}{2} = 40\text{mm} \right)$

$\therefore\ z = \dfrac{2T}{\mu \cdot q \cdot \pi {D_m}^2 \cdot b} = \dfrac{2 \times 140,374.66}{0.2 \times 0.078 \times \pi \times 160^2 \times 40} = 5.59$

$z = 6$개

>> 문제 **09**

5kW, 2,000rpm의 동력을 원추클러치로 전달한다. 클러치의 재질은 주철로서 $2\alpha = 30°$, $\mu = 0.15$로 하였을 때 마찰면의 안지름(D_1mm), 바깥지름(D_2mm), 마찰면의 폭($b$mm)을 구하고, 또 축 방향의 힘 N은 얼마인가? (단, 평균지름 $D_m = 90$mm, 마찰면의 허용압력 $p = 0.6$N/mm²이다.)

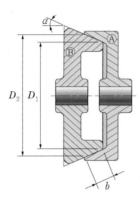

해설

원추클러치 $\alpha = 15°$, 상당마찰계수에 주의

$$T = \frac{H}{\omega} = \frac{5 \times 10^3}{\dfrac{2\pi \times 2,000}{60}} = 23.87324 \text{N} \cdot \text{m} = 23,873.24 \text{N} \cdot \text{mm}$$

$$T = \mu N \cdot \frac{D_m}{2} = \mu' P_t \cdot \frac{D_m}{2} = \mu q \pi D_m b \cdot \frac{D_m}{2} \text{에서 } (q = p)$$

(1) $\therefore$ 폭$b = \dfrac{2T}{\mu \cdot q \cdot \pi D_m^2} = \dfrac{2 \times 23,873.24}{0.15 \times 0.6 \times \pi \times 90^2} = 20.85$mm

(2) $D_m = \dfrac{D_1 + D_2}{2}$, $b = \dfrac{D_2 - D_1}{2\sin\alpha}$에서

$\quad D_2 = 2D_m - D_1$, $D_2 = 2b\sin\alpha + D_1$

$\quad \therefore D_1 = D_m - b\sin\alpha = 90 - 20.85\sin 15° = 84.6$mm

$\quad\quad D_2 = D_m + b\sin\alpha = 90 + 20.85\sin 15° = 95.4$mm

(3) $T = \mu' P_t \cdot \dfrac{D_m}{2}$에서

$\quad P_t = \dfrac{2T}{\mu' D_m} \left(\text{상당마찰계수 } \mu' = \dfrac{\mu}{\sin\alpha + \mu\cos\alpha} = \dfrac{0.15}{\sin 15 + 0.15\cos 15} = 0.372 \right)$

$\quad \therefore$ 축 방향의 힘 $P_t = \dfrac{2 \times 23,873.24}{0.372 \times 90} = 1,426.12$N

≫ 문제 **10**

그림과 같은 주철제 원뿔클러치를 600rpm으로 접촉면 압력이 0.03N/mm² 이하가 되도록 사용할 때 다음을 구하여라.(단, 마찰계수 $\mu=0.2$이다.)

(1) 전동토크 : $T[\text{N} \cdot \text{mm}]$
(2) 전달동력 : $H[\text{kW}]$
(3) 원뿔면의 경사각 : $\alpha[°]$
(4) 축 방향으로 미는 힘 : $P_t[\text{N}]$

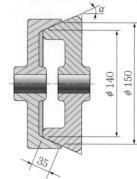

해설

(1) $T = \mu N \cdot \dfrac{D_m}{2} = \mu q \pi D_m b \cdot \dfrac{D_m}{2}$

$= 0.2 \times 0.03 \times \pi \times 145 \times 35 \times 72.5 = 6{,}935.46 \text{N} \cdot \text{mm}$

(2) $H = T \cdot \omega = 6{,}935.46 \times \dfrac{2\pi \times 600}{60} = 435{,}767.80 \text{N} \cdot \text{mm/s} = 435.77 \text{W} = 0.44 \text{kW}$

(3) $b \sin \alpha = \dfrac{D_2 - D_1}{2}$ 에서 $\sin \alpha = \dfrac{D_2 - D_1}{2b}$

$\therefore \alpha = \sin^{-1}\left(\dfrac{150 - 140}{2 \times 35}\right) = 8.21°$

(4) $T = \mu' P_t \dfrac{D_m}{2}$ 에서 $P_t = \dfrac{2T}{\mu' D_m}$

$\left(\mu' = \dfrac{\mu}{\sin \alpha + \mu \cos \alpha} = \dfrac{0.2}{\sin 8.21° + 0.2 \cos 8.21°} = 0.587\right)$

$= \dfrac{2 \times 6{,}935.46}{0.587 \times 145} = 162.97 \text{N}$

참고

접촉면의 수직력 $N = \dfrac{P_t}{\sin \alpha + \mu \cos \alpha}$ $(N = q \pi D_m b)$

$\therefore$ 축 방향 하중 $P_t = q \pi D_m b (\sin \alpha + \mu \cos \alpha)$로 구하여도 된다.

≫ 문제 11

원뿔마찰클러치에서 전달토크 9,600N · mm, 접촉면의 평균지름 $D_m = 210$mm로 하여 접촉면 압력 $p = 0.012$N/mm²이 되도록 접촉면의 나비 b(mm)를 구하고, 또 반원뿔각 $\alpha = 12°$, $N = 800$rpm이면 클러치의 축 방향 가압력 P(N)와 전달동력(kW)은 얼마인가?(단, 마찰계수 $\mu = 0.3$으로 한다.)

해설

(1) 나비 b 는 $T = \mu N \cdot \dfrac{D_m}{2} = \mu q \pi D_m b \cdot \dfrac{D_m}{2}$ $(q = p(접촉압력))$

$\therefore b = \dfrac{2T}{\mu \cdot q \cdot \pi D_m{}^2} = \dfrac{2 \times 9,600}{0.3 \times 0.012 \times \pi \times 210^2} = 38.50$mm

(2) 수직력 $N = q\pi D_m b = \dfrac{P}{\sin\alpha + \mu\cos\alpha}$

$\therefore$ 축 방향 하중 $P = q\pi D_m b(\sin\alpha + \mu\cos\alpha)$

$= 0.012 \times \pi \times 210 \times 38.50(\sin 12° + 0.3\cos 12°)$

$= 152.81$N

$H = T \cdot \omega = 9,600 \times \dfrac{2\pi \times 800}{60} = 804,247.72$N · mm/s $= 0.80$kW

08 베어링

☑ 베어링의 개요

회전축을 받쳐주는 기계요소를 베어링(Bearing)이라 한다. 베어링의 종류는 다음과 같이 분류한다.

1. 축과 작용하중의 방향에 따라

1) 축 방향과 하중 방향이 직각일 때 : 레이디얼베어링(Radial Bearing)
2) 축 방향과 하중 방향이 평행할 때 : 트러스트베어링(Thrust Bearing)

2. 축과 베어링의 접촉상태에 따라

1) 미끄럼접촉을 할 때 : 미끄럼베어링(Sliding Bearing)
2) 볼 또는 롤러가 구름접촉을 할 때 : 롤링베어링(Rolling Bearing)

☑ 미끄럼베어링

저널과 피벗의 설계는 강도, 베어링이 받는 평균압력, 마찰손실의 견지에서 설계한다.

1. 레이디얼저널

1) 끝저널(End Journal)

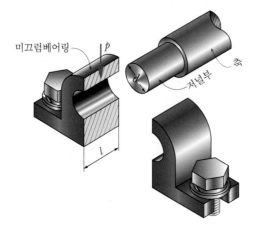

미끄럼베어링 p 축

저널부

저널 : 축 끼워맞춤 중 베어링으로 지지된 부분

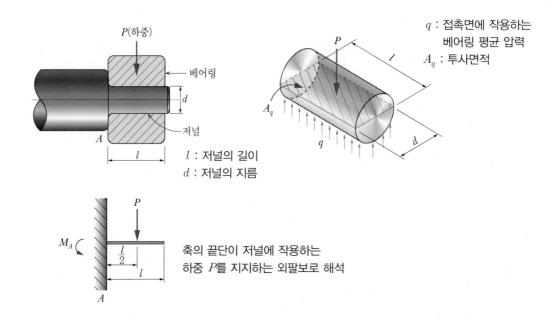

P(하중)

베어링

d

저널

A

l

l : 저널의 길이
d : 저널의 지름

q : 접촉면에 작용하는
베어링 평균 압력
A_q : 투사면적

P

l

A_q

q

d

M_A

$\dfrac{l}{2}$

l

P

A

축의 끝단이 저널에 작용하는
하중 P를 지지하는 외팔보로 해석

① 저널의 지름설계

허용굽힘응력을 σ_b, $M_{\max} = M_A = P \times \dfrac{l}{2} = q \cdot dl \times \dfrac{l}{2}$

$M = \sigma_b \cdot Z$ 에서 $\dfrac{Pl}{2} = \sigma_b \cdot \dfrac{\pi d^3}{32}$

$\therefore d = \sqrt[3]{\dfrac{16\,Pl}{\pi\,\sigma_b}}$ ($P = q \cdot d \cdot l$ 로 구할 수 있다.)

② 베어링 평균압력

$q = \dfrac{P}{A_q} = \dfrac{P}{d\,l} \leq P_a$ (허용베어링압력)

③ 저널의 원주속도(저널과 베어링의 미끄럼속도)

$V = \dfrac{\pi d N}{60{,}000} \,(\mathrm{m/s})$

④ 압력속도계수(발열계수)

$q \cdot V = \dfrac{P}{d\,l} \cdot \dfrac{\pi d N}{60{,}000}$ $(\mathrm{N/mm^2 \cdot m/s})$

$l = \dfrac{P\pi \cdot N}{60{,}000\,q \cdot V}$ ($q \cdot V$ 값이 주어지면 과열방지를 위한 저널 길이를 설계할 수 있다.)

⑤ 폭경비 $\left(\dfrac{l}{d}\right)$

$M = P \cdot \dfrac{l}{2} = q \cdot d l\,\dfrac{l}{2} = \sigma_b \cdot \dfrac{\pi d^3}{32}$ 에서 $\therefore \dfrac{l}{d} = \sqrt{\dfrac{\pi\,\sigma_b}{16 \cdot q}}$

⑥ 마찰손실(마찰력 $F_f = \mu P$)

㉠ 단위시간당 마찰손실일량(마찰손실동력)

$$W_f = \mu P V \ (\text{N}\cdot\text{m/sec})$$

㉡ 마찰손실동력

SI단위 : $H_f = F_f \cdot V = \mu PV (\text{N}\cdot\text{m/s} = \text{J/S} = \text{W})(\text{F}_f \text{가 N단위일 때})$

공학단위 : $H_{f\text{PS}} = \dfrac{F_f \cdot V}{75} = \dfrac{\mu P V}{75}, \ H_{f\text{kW}} = \dfrac{F_f \cdot V}{102} = \dfrac{\mu P V}{102}$

　　　　　$(F_f \text{가 kgf 단위일 때})$

㉢ 단위면적당 마찰손실동력

$$\frac{W_f}{A_q} = \frac{\mu P V}{dl} = \mu \cdot q V \ \ (\text{N/mm}^2 \cdot \text{m/s})$$

㉣ 마찰에 의해 생기는 손실열량

$$Q_f = A \, W_f = \frac{W_f}{427} = \frac{\mu P V}{427} \ (\text{kcal/s}) \ \left(\text{일의 열당량 } A = \frac{1 \, \text{kcal}}{427 \, \text{kgf}\cdot\text{m}}\right)$$

$$= \frac{\mu P V}{4,185.5} \ \ (\text{kcal/s}) : (\text{SI단위} : \frac{1\text{kcal}}{4,185.5\text{J}})$$

│참고

시험에서 압력속도계수는 $p \cdot V$ 또는 $p_a \cdot V$로 주어지니 여기서는 하중과 구별하기 위해 q를 사용하였다. $q \cdot V$ 값을 제한하여 저널의 길이를 설계하는 이유는 마찰열 때문에 베어링의 온도가 너무 올라가 고장의 원인이 되는 것을 방지하기 위하여 단위면적당 마찰손실동력 $\mu q \cdot V$가 허용치를 넘지 않도록 설계한다. μ를 상수로 보면 $q \cdot V$값을 제한해야 한다.

---

2) 중간저널(Neck Journal)

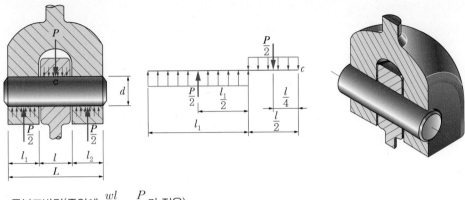

등분포반력(중앙에 $\dfrac{wl}{2} = \dfrac{P}{2}$ 가 적용)

① 저널의 지름설계

그림에서 중간저널에 작용하는 등분포하중 w 에 저널의 길이 l 을 곱한 전하중 $w\,l = P$ 이고 c 점 안의

등분포하중은 $\dfrac{w\,l}{2}$, 즉 $\dfrac{P}{2}$ 만큼 하중이 걸리며 중간저널 중앙에서 최대굽힘모멘트 $M_{\max}$ 가 나온다.

$$M_c = M_{\max} = \frac{P}{2}\left(\frac{l_1}{2} + \frac{l}{2}\right) - \frac{P}{2}\cdot\frac{l}{4} = \frac{Pl_1}{4} + \frac{Pl}{4} - \frac{Pl}{8} = \frac{P}{8}\left(2l_1 + l\right)$$

$2\,l_1 + l = L$(전 길이)이므로

$$M_{\max} = \frac{P\cdot L}{8}$$

허용굽힘응력 σ_b

$$M = \sigma_b\cdot Z \text{ 에서 } \therefore d = \sqrt[3]{\frac{32\,M}{\pi\,\sigma_b}} \quad (M\text{은 } M_{\max} \text{ 값을 기준으로 설계해야 한다.})$$

② 저널베어링의 평균압력

$$q = \frac{P}{dl}$$

③ 폭경비

$$M = \frac{P \cdot L}{8} = \sigma_b \cdot Z = \sigma_b \cdot \frac{\pi d^3}{32} \quad (P = q \cdot dl, \, L = 1.5l \text{ 을 대입})$$

$$\frac{q \cdot dl \times 1.5l}{8} = \frac{\sigma_b \cdot \pi d^3}{32}$$

$$\left(\frac{l}{d}\right)^2 = \frac{\pi \sigma_b}{6q} \quad \Rightarrow \quad \therefore \, \frac{l}{d} = \sqrt{\frac{\sigma_b}{1.9q}}$$

④ 압력속도계수(발열계수)

$$q \cdot V = \frac{P}{dl} \cdot \frac{\pi d N}{60,000}$$

⑤ 마찰손실동력(일률)

$$H_f = \mu \cdot P \cdot V \, (\mathrm{N \cdot m/s} = \mathrm{J/S} = \mathrm{W} : \mathrm{SI단위})$$

⑥ 마찰에 의한 손실열량

$$Q_f = \mu P V \times \frac{1}{4,185.5} \, [\mathrm{kcal/s}]$$

2. 트러스트 저널

1) 중실피벗

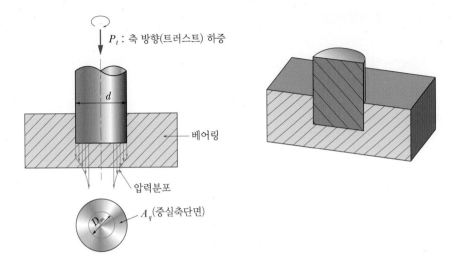

① 베어링 평균압력

$$q = \frac{P_t}{A_q} = \frac{P_t}{\dfrac{\pi d^2}{4}}$$

② 중실피벗의 평균속도(평균지름 D_m 의 원주속도)

$$V_m = \frac{\pi D_m \cdot N}{60,000} \quad \left(D_m = \frac{d}{2} \right)$$

③ 압력속도계수(발열계수)

$$q \cdot V_m = \frac{4 P_t}{\pi d^2} \cdot \frac{\pi D_m \cdot N}{60,000}$$

④ 마찰손실동력

$$H_f = \mu P_t \cdot V_m \text{ (SI단위) } P_t \text{가 N단위일 때, } V_m(\text{m/s})\text{일 때 } H_f(W)$$

PS단위의 마찰손실동력 : $H_{f\,PS} = \dfrac{\mu P_t \cdot V_m}{75}$

kW단위의 마찰손실동력 : $H_{f\,kW} = \dfrac{\mu P_t \cdot V_m}{102}$

⑤ 단위면적당 마찰손실동력

$$\frac{\mu P_t \cdot V_m}{A_q} = \mu \cdot q \cdot V_m \,(\text{N/mm}^2 \cdot \text{m/s} : \text{SI단위})$$

2) 중공피벗

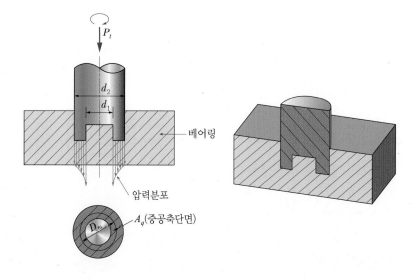

① 베어링의 평균압력

$$q = \frac{P_t}{A_q} = \frac{P_t}{\dfrac{\pi}{4}(d_2{}^2 - d_1{}^2)}$$

② 중공피벗의 평균속도

$$V_m = \frac{\pi D_m \cdot N}{60,000} \quad \left(D_m = \frac{d_1 + d_2}{2} \right)$$

③ 압력속도계수

$$q \cdot V_m = \frac{4 P_t}{\pi (d_2{}^2 - d_1{}^2)} \cdot \frac{\pi D_m \cdot N}{60,000}$$

④ 단위면적당 마찰손실동력

$$\frac{\mu P_t \cdot V_m}{A_q} = \mu \cdot q \cdot V_m$$

3) 칼라저널

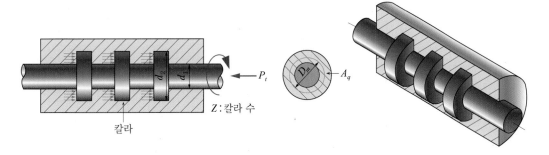

Z : 칼라 수

칼라

① 베어링의 평균압력

$$q = \frac{P_t}{A_q} = \frac{P_t}{\dfrac{\pi}{4} (d_2{}^2 - d_1{}^2) z} \text{ (칼라 수만큼 면압을 받는다.)}$$

② 칼라저널의 평균속도

$$V_m = \frac{\pi D_m \cdot N}{60,000} \quad \left(D_m = \frac{d_1 + d_2}{2} \right)$$

③ 압력속도계수(발열계수)

$$q \cdot V_m = \frac{4 P_t}{\pi (d_2{}^2 - d_1{}^2) z} \cdot \frac{\pi D_m \cdot N}{60,000}$$

❸ 구름베어링

1. 구름베어링 개요

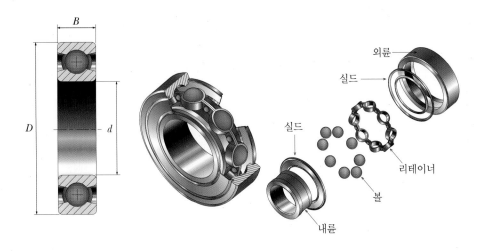

구름베어링의 호칭번호는 아래와 같이 베어링의 형식, 주요 치수를 표시하는 기본번호와 그 밖의 보조기호로
이루어져 있다.

기본 번호			보조 기호					
베어링 계열기호	안지름 번호	접촉각 기호	리테이너 기호	밀봉기호 또는 실드기호	궤도륜 모양기호	조합 기호	틈새 기호	등급 기호

주로 사용하는 깊은 홈 볼베어링 호칭을 알아보면 규격집 KS B 2023에 있으며 베어링계열 60

호칭번호	내경(mm)
6000	10
6001	12
6002	15
6003	17
6004	20 (4×5)
6005	25 (5×5)
6006	30 (6×5)

60, 62, 63, 70 등
베어링계열 기호와 상관없이
내경은 표의 값이 된다.

안지름번호×5 = 내경

※ 내경은 기억해 두자.

예 베어링 표시

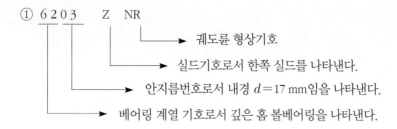

① 6 2 0 3　Z　NR

→ 궤도륜 형상기호

→ 실드기호로서 한쪽 실드를 나타낸다.

→ 안지름번호로서 내경 $d = 17$ mm임을 나타낸다.

→ 베어링 계열 기호로서 깊은 홈 볼베어링을 나타낸다.

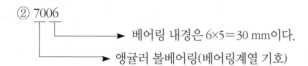

② 7006

→ 베어링 내경은 6×5＝30 mm이다.

→ 앵귤러 볼베어링(베어링계열 기호)

2. 구름베어링의 기본설계

1) 기본부하용량(c)

베어링 회전 수명을 나타내는데 500시간을 기준으로 하여 $33.3 \times 60 \times 500 = 10^6$ rev 수명을 나타내며 기본 부하용량 c는 33.3rpm으로 500시간의 회전을 지탱하는 것이다.

2) 베어링 수명 계산식

① 회전수명

$$L_n = \left(\frac{c}{P}\right)^r \times 10^6 \text{ (rev)}$$

여기서, P : 베어링 하중(N, kgf)

c : 기본부하용량

r : 베어링 지수 → $\begin{cases} \text{볼베어링일 때} & r = 3 \\ \text{롤러베어링일 때} & r = \dfrac{10}{3} \end{cases}$

② 시간수명

회전수명을 시간으로 바꾸면 N_{rpm}

$$\left(\frac{c}{P}\right)^r \times \frac{10^6 \text{ rev}}{N \dfrac{\text{rev}}{\text{min}}} = \left(\frac{c}{P}\right)^r \times \frac{10^6}{N} \text{min} \cdot \frac{1 \text{ hour}}{60 \text{ min}}$$

$$\therefore L_h = \left(\frac{c}{P}\right)^r \times \frac{10^6}{60\,N} \text{ (hr)}$$

③ 수명계수

$$L_h = \left(\frac{c}{P}\right)^r \times \frac{10^6}{60\,N} = \left(\frac{c}{P}\right)^r \times \frac{1}{60\,N} \times 33.3 \times 60 \times 500 = 500\,f_h{}^r$$

$$\therefore f_h = \left(\frac{c}{P}\right)^r \sqrt{\frac{33.3}{N}}$$

④ 회전계수

$$f_h = f_n \frac{c}{P} \text{ 에서} \qquad \therefore f_n = \sqrt[r]{\frac{33.3}{N}}$$

3) 베어링하중 계산식

실제 베어링하중 P는 축이 받는 중량 외에도 진동, 변형에 의한 영향 등을 받는 동적 하중이 가해지므로 이론적으로 계산하기 곤란하다. 따라서 베어링 선정에 있어서 실제 베어링하중의 계산은 이론하중에 실제 경험으로부터 구한 보정계수인 하중계수를 곱하여 계산한다.

$$P = f_w P_{th}$$

f_w : 하중계수

기어에서는 f_w 대신에 $f_w \cdot f_g$ 를 ⎫
벨트풀리에서는 f_w 대신에 $f_m \cdot f_b$ 를 ⎬ 사용

P_{th} : 이론하중

f_m : 기계계수

f_g : 기어계수

f_b : 벨트계수

> **참고**
>
> 레이디얼하중과 트러스트하중을 동시에 받을 수 있는 레이디얼베어링에 두 가지 하중이 모두 작용할 경우에는 등가하중으로 실제 베어링하중을 구한다.

$$P = XF_r + YF_t$$

P : 등가레이디얼하중

F_r : 레이디얼하중

F_t : 트러스트하중

X : 레이디얼계수

Y : 트러스트계수 (회전계수 V가 주어지면 XF_r 대신 XVF_r, 회전계수 V는 내륜회전일 때 1, 외륜회전일 때 1.2이다.)

4) 한계속도지수

롤링베어링은 순굴림마찰 외에 여러 가지 미끄럼마찰이 존재하므로, 고속 회전이 되어 가장 문제가 되는 부분은 보간기와 전동체 사이의 마찰이다. 따라서 고속 회전의 한계는 이 부분의 마찰속도의 한계에 의해 제한되는 것이 한계속도지수이며 베어링의 종류, 치수, 윤활법 등에 의해 달라진다.

$$N_{\max} = \frac{dN}{d}$$

dN : 한계속도지수

d : 베어링 내경

한계속도지수에 의한 베어링 허용 회전수 $N_{\max}$를 초과할 때는 베어링에 열붙음이 일어나기 쉬우므로 설계상 주의해야 한다.

5) 베어링 마찰을 위한 페트로프식

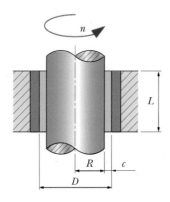

페트로프의 해석에 사용된 하중을 받지 않는 저널 베어링

해석그림에서 점성마찰항력에 의한 토크 식은 전체 원통모양의 오일막을 '액체 블록'으로 생각할 때 여기에 가해지는 힘 F

$$F = \frac{\mu \cdot A \cdot u}{h} : \text{뉴턴의 점성법칙}, \mu : \text{점성계수}$$

여기서, 마찰토크 $T_f = F \times R = \frac{\mu \cdot A \cdot u}{h} \times R$

$A = 2\pi R \cdot L$

$u = R \cdot \omega = R \cdot \frac{2\pi N}{60} = 2\pi R n \left(\because n = \frac{N}{60} : \text{초당 회전수} \right)$

$h = C \left(\text{틈새} = \frac{D}{2} - R \right)$

$\therefore T_f = \frac{\mu \cdot 2\pi R \cdot L \cdot 2\pi R n \times R}{C} = \frac{\mu \cdot 4\pi^2 n L R^3}{C}$ .... ①

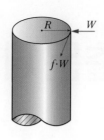

반지름 방향 하중 W가 축에 작용하면

마찰항력 fW (f : 마찰계수)에서

$$T_f = f \cdot W \cdot R = f(PDL)R \quad \cdots\cdots\cdots\cdots\cdots\cdots\cdots\cdots\cdots\cdots\cdots\cdots ②$$

$$(W = P \cdot A = P \cdot D \cdot L, \ P : 베어링 \ 압력, \ DL : 투사면적, \ D = 2R)$$

①＝②에서 $f(P \cdot 2R \cdot L)R = \dfrac{\mu \cdot 4\pi^2 \cdot n \cdot LR^3}{C}$에서

$$f = \frac{2\pi^2 \mu \cdot nR}{PC} : 페트로프식$$

이 식은 하중이 가벼운 베어링의 합당한 마찰계수 값을 얻기 위한 빠르고 간단한 방법을 제공한다.

페트로프식에서 중요한 베어링 변수($\dfrac{\mu n}{P}$ (베어링계수), $\dfrac{R}{C}$: 틈새비 : 보통 500～1,000까지의 값)

≫ 문제 01

420rpm으로 1,800N를 받치는 끝저널(End Journal)에서 다음을 구하여라.

(1) 압력속도계수 $p \cdot V = 0.2$ N/mm² · m/s라 할 때 저널의 길이 : l(mm)

(2) 저널의 허용굽힘응력 $\sigma_b = 6$ N/mm²이라면 저널의 지름 : d(mm)

(3) 베어링에 작용하는 평균압력 : p(N/mm²)

해설

(1) 압력 $p = q$

$$p \cdot V \to q \cdot V = \frac{P}{dl} \times \frac{\pi d N}{60,000} \text{에서}$$

$$\therefore l = \frac{P \pi N}{60,000 \, q \, V} = \frac{1,800 \times \pi \times 420}{60,000 \times 0.2} = 197.92 \text{mm}$$

(2) 앤드 저널 $M_{\max} = \frac{P \cdot l}{2} = \sigma_b \cdot \frac{\pi d^3}{32}$

$$\therefore d = \sqrt[3]{\frac{16 P \cdot l}{\pi \sigma_b}} = \sqrt[3]{\frac{16 \times 1,800 \times 197.92}{\pi \times 6}} = 67.12 \text{mm}$$

(3) $p \to q = \frac{P}{dl} = \frac{1,800}{67.12 \times 197.92} = 0.1355 \text{N/mm}^2$

≫ 문제 **02**

그림에서 지름 $d=200$mm, $N=400$rpm으로 회전하는 축의 중앙에 $P=7,500$N의 하중이 작용한다. 베어링 간 거리를 $l=1,800$mm, 저널부의 지름 $d_1=140$mm, 저널부의 길이가 $l_1=260$mm이며, 축은 강이고, 베어링은 청동으로 마찰계수 $\mu=0.08$일 때 다음을 구하여라.

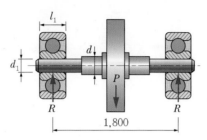

(1) 축의 중앙에 생기는 굽힘응력(N/mm²)을 구하여라.
(2) 베어링압력 q(N/mm²)를 구하여라.
(3) 마찰일률 W_f(N·m/s)를 구하여라.

해설

(1) 축 중앙에서 굽힘모멘트

$$M = R \times \frac{l}{2} = \frac{P}{2} \times \frac{l}{2} = \frac{Pl}{4}$$

$$= \frac{7,500 \times 1,800}{4} = 3,375,000 \text{ N·mm}$$

$$M = \sigma_b \cdot Z = \sigma_b \cdot \frac{\pi d^3}{32}$$

$$\therefore \ \sigma_b = \frac{32\,M}{\pi d^3} = \frac{32 \times 3,375,000}{\pi \times 200^3} = 4.30 \text{N/mm}^2$$

(2) $q = \dfrac{R}{A_q} = \dfrac{\dfrac{P}{2}}{d_1 l_1 (투사면적)} = \dfrac{\dfrac{7,500}{2}}{140 \times 260} = 0.103 \text{N/mm}^2$

(3) 단위시간당 마찰손실일량(마찰손실동력)이므로

$$W_f = \mu R V = 0.08 \times \frac{7,500}{2} \times \frac{\pi \times 140 \times 400}{60,000} = 879.65 \text{N·m/s}$$

≫ 문제 **03**

다음 그림에서 추력 T는 몇 N인가? (단, 폭 $b = 1.2$m, 압연 전 두께 $t_1 = 25$mm, 압연 후 두께 $t_2 = 19$mm, 밀도 $\rho = 7.83 \times 10^3$kg/m³이다.)

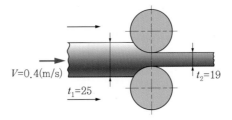

해설

$A = b(t_1 - t_2) = 1.2(0.025 - 0.019) = 0.0072\text{m}^2$

$T = \rho A V^2 = 7.83 \times 10^3 \times 0.0072 \times 0.4^2 = 9.02 \text{ kg} \cdot \text{m/s}^2 = 9.02\text{N}$

≫ 문제 **04**

회전수 900rpm으로 베어링하중 530N를 받는 앤드저널 베어링의 지름(mm)과 길이(mm)를 구하여라. 또 저널에 생기는 굽힘 응력과 베어링의 마찰손실 동력(kW)을 구하여라.(단, 허용베어링압력 $p_a = 0.085$N/mm², $p_a \cdot V = 0.2$N/mm² · m/s, $\mu = 0.006$이다.)

해설

주어진 $p_a \cdot V = q \cdot V = \dfrac{P}{dl} \times \dfrac{\pi d N}{60,000}$에서

(1) 저널 길이

$$l = \frac{P \pi N}{60,000 \cdot q \cdot V} = \frac{530 \times \pi \times 900}{60,000 \times 0.2} = 124.88\text{mm}$$

(2) 허용베어링압력 $p_a = \dfrac{P}{dl}$에서 지름

$$d = \frac{P}{p_a \cdot l} = \frac{530}{0.085 \times 124.88} = 49.93\text{mm}$$

$$M = \frac{Pl}{2} = \sigma_b \cdot Z \text{에서}$$

(3) 굽힘응력 $\sigma_b = \dfrac{16\,Pl}{\pi d^3} = \dfrac{16 \times 530 \times 124.88}{\pi \times 49.93^3} = 2.71\text{N/mm}^2$

(4) 마찰손실동력 $H_{f\text{kW}} = \mu P \cdot V = 0.006 \times 530 \times \dfrac{\pi \times 49.93 \times 900}{60,000}$
$$= 7.482\text{J/S} = 7.482\text{W} = 0.00748\text{kW}$$

≫ 문제 05

다음 그림과 같이 하중 $P = 600\text{N}$ 를 받는 중간저널에서 저널의 지름 $d\text{mm}$ 를 구하여라.(단, 저널의 굽힘응력 $\sigma_b = 8\text{N/mm}^2$ 이다.)

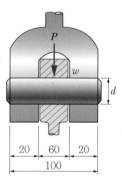

해설

$L = 100$, 최대 굽힘모멘트 $M_{\max}$

$$M_{\max} = \frac{PL}{8} = \frac{600 \times 100}{8} = 7,500\text{N} \cdot \text{mm}$$

$$M = \sigma_b \cdot Z = \sigma_b \cdot \frac{\pi d^3}{32} \text{에서}$$

$$d = \sqrt[3]{\frac{32\,M_{\max}}{\pi \sigma_b}} = \sqrt[3]{\frac{32 \times 7,500}{\pi \times 8}} = 21.22\text{mm}$$

>> 문제 **06**

외경 80mm, 내경 30mm인 피벗저널이 지름 80mm의 수직축 하단에서 600rpm으로 회전할 때 베어링압력을 0.18N/mm²라 하면 견디어 낼 수 있는 추력하중은 얼마가 되겠는가? 또 마찰계수를 $\mu = 0.024$라 할 때 마찰손실동력(kW)은 얼마가 되겠는가?

해설

(1) 중공피벗에서 추력하중 P_t

압력 $p \rightarrow q = \dfrac{P_t}{A_q(중공단면)} = \dfrac{4P_t}{\pi(d_2{}^2 - d_1{}^2)}$ 에서

$P_t = q \cdot \dfrac{\pi(d_2{}^2 - d_1{}^2)}{4} = 0.18 \times \dfrac{\pi(80^2 - 30^2)}{4} = 777.54\text{N}$

(2) 마찰손실동력 H_f, $V_m = \dfrac{\pi D_m N}{60,000} = \dfrac{\pi \times 55 \times 600}{60,000} = 1.73\text{m/s}$

$H_f = \mu \cdot P_t \cdot V_m = 0.024 \times 777.54 \times 1.73 = 32.283\text{J/S} = 32.283\text{W} = 0.032\text{kW}$

>> 문제 **07**

롤러베어링 N206($C = 1,450$N)이 500rpm으로 180N의 하중을 받치고 있으며 하중계수 $f_w = 1.8$일 때 수명시간은 몇 시간인가?

해설

$L_h = \left(\dfrac{C}{P}\right)^r \times \dfrac{10^6}{60N}$ 에서

실제 하중 $P = f_w P_{th} = 1.8 \times 180 = 324\text{N}$

롤러베어링이므로 $r = \dfrac{10}{3}$

$\therefore L_h = \left(\dfrac{1,450}{324}\right)^{\frac{10}{3}} \times \dfrac{10^6}{60 \times 500} = 4,923.67\text{hr}$

>> 문제 **08**

지름 120mm, 회전수 1,250rpm인 축이 칼라저널 베어링으로 지지되고 있다. 베어링에 가해지는 트러스트하중이 1,500N이고 외경이 140mm일 때 다음을 구하여라.(단, 베어링의 평균압력은 0.15N/mm², $\mu = 0.06$ 이다.)

(1) 칼라 수(단, 정수로 답하시오.)
(2) 마찰손실동력(kW)

해설

(1) $q = \dfrac{P_t}{\dfrac{\pi}{4}(d_2{}^2 - d_1{}^2)z}$ 에서 $(P_t = 1,500,\ d_1 = 120)$

$\therefore$ 칼라 수 $z = \dfrac{4P_t}{\pi(d_2{}^2 - d_1{}^2)q} = \dfrac{4 \times 1,500}{\pi(140^2 - 120^2) \times 0.15} = 2.45 = 3$개

(2) $H_f = \mu \cdot P_t \cdot V_m$ $\left(V_m = \dfrac{\pi D_m N}{60,000} = \dfrac{\pi \times 130 \times 1,250}{60,000} = 8.51 \text{ m/s} \right)$

$= 0.06 \times 1,500 \times 8.51 = 765.9 \text{J/S} = 765.9\text{W} = 0.7659\text{kW}$

>> 문제 **09**

360rpm으로 회전하고 있는 볼베어링에 400N의 하중이 작용하고 있다. 이 베어링의 기본 부하용량이 2,400N일 때 베어링의 수명회전은?

해설

볼베어링 $r = 3$

$L_n = \left(\dfrac{C}{P}\right)^r \times 10^6 = \left(\dfrac{2,400}{400}\right)^3 \times 10^6 = 216 \times 10^6 \text{rev}$

≫ 문제 **10**

베어링 번호 6310, 기본 동적부하용량 $C = 4{,}850$N의 단열 레이디얼 볼베어링에 그리스 윤활로 30,000시간의 수명을 주고자 한다. 사용한계 회전속도(지수)가 200,000mm·rpm이라 할 때 다음을 구하시오.(단, 하중계수 $f_w = 1.5$이다.)

(1) 이 베어링의 최대사용회전수 : N(rpm)
(2) 최대사용회전수에서의 베어링하중 : P(N)

해설

(1) 베어링 기호 6310은 깊은 홈 볼베어링(63), 베어링 내경(10×5=50mm)

$$N_{max} = \frac{dN}{d} = \frac{200{,}000}{50} = 4{,}000\text{rpm}$$

(2) $L_h = \left(\dfrac{C}{P}\right)^r \times \dfrac{10^6}{60\,N_{max}}$ 에서 볼베어링 $r = 3$

실제하중 $P = \dfrac{C}{\sqrt[3]{\dfrac{L_h \times 60 \times N_{max}}{10^6}}} = \dfrac{4{,}850}{\sqrt[3]{\dfrac{30{,}000 \times 60 \times 4{,}000}{10^6}}} = 251.17$N

실제하중 $P = f_w \cdot P_{th}$

　　　P_{th} : 이론하중

베어링하중 $P_{th} = \dfrac{P}{f_w} = \dfrac{251.17}{1.5} = 167.45$N

≫ 문제 **11**

베어링의 시간 수명이 30,000시간이고, 회전속도는 350rpm으로 베어링하중 175N를 받는 가장 적합한 단열 레이디얼 볼베어링을 62계열에서 선정하시오.(단, 하중계수 $f_w = 1.5$이고, C는 동적부하용량이고, C_0는 정적부하용량을 나타낸다.)

형식		단열 레이디얼 볼베어링			
형식번호		6200		6300	
번호	안지름(mm)	C [N]	C₀ [N]	C [N]	C₀ [N]
06	30	1,520	1,000	2,180	1,450
07	35	2,000	1,385	2,590	1,725
08	40	2,270	1,565	3,200	2,180
09	45	2,540	1,815	4,150	2,970

해설

볼베어링이므로 $r = 3$

$$L_h = \left(\frac{C}{P}\right)^r \times \frac{10^6}{60\,N} = \left(\frac{C}{f_w \times P_{th}}\right)^3 \times \frac{10^6}{60\,N} \text{에서}$$

기본부하용량 $C = f_w \times P_{th} \times \sqrt[3]{\dfrac{L_h \times 60 \times N}{10^6}}$

$$= 1.5 \times 175 \times \sqrt[3]{\frac{30,000 \times 60 \times 350}{10^6}} = 2,250.31\text{N}$$

표의 62계열에서 2,250.31N보다 큰 기본부하용량을 가진 베어링을 찾으면 2,270N이므로
∴ 베어링 6208을 선택

≫ 문제 12

레이디얼하중 P_r＝500N, 트러스트하중 P_a＝210N를 동시에 받고 200rpm을 허용할 레이디얼 볼베어링(63형)을 다음 표에서 선정하여라.(단, 요구 시간수명은 20,000시간이며, 정적기본 부하용량 C_0＝840N이다.)

레이디얼계수 X 및 트러스트계수 Y의 값

구분	P_a/C_0	$P_a/P_r \leqq e$		$P_a/P_r > e$		e
		X	Y	X	Y	
레이디얼	0.01			0.35	2	0.32
볼베어링	0.08			0.35	1.8	0.36
	0.12	1	0	0.34	1.6	0.41
	0.25			0.33	1.4	0.48
63형	0.10			0.34	1.2	0.57

63형 볼 베어링의 부하용량 [N]

안지름 번호	C	C_0	안지름 번호	C	C_0
00	620	356	06	2,180	1,450
01	800	480	07	2,590	1,725
02	875	515	08	3,200	2,180
03	1,050	620	09	4,150	2,970
04	1,250	770	10	4,800	3,510
05	1,030	1,025	11	5,550	4,220

해설

레이디얼하중과 트러스트하중을 동시에 받으므로 등가하중을 구해야 한다.
등가하중 $P = XF_r + YF_t = XP_r + YP_a$
레이디얼계수와 트러스트계수를 표에서 구하면

$$\frac{P_a}{C_0} = \frac{210}{840} = 0.25 \text{에서}$$

$e = 0.48, \quad \dfrac{P_a}{P_r} = \dfrac{210}{500} = 0.42, \quad \dfrac{P_a}{P_r} \leqq e \text{이므로} \quad X = 1, \quad Y = 0 \text{이다.}$

$P = 500 + 0 = 500\text{N} \qquad L_h = \left(\dfrac{C}{P}\right)^r \times \dfrac{10^6}{60\,N} \quad \text{(볼베어링 } r = 3)$

$\therefore \ C = P \times \sqrt[3]{\dfrac{L_h \times 60 \times N}{10^6}} = 500 \times \sqrt[3]{\dfrac{20,000 \times 60 \times 200}{10^6}} = 3,107.23\text{N}$

표에서 C가 3,107.23보다 큰 값을 찾으면 3,200이므로
$\therefore$ 베어링 6308을 선택한다.

09 마찰차

2개 이상의 마찰차에 압력을 가하여 두 접촉면 사이의 미끄럼 마찰저항, 즉 마찰력으로 동력을 전달하는 기계요소이다. 동력전달이 매우 정숙하나 동력전달용량이 적다. 마찰력 F_f 를 기준으로 설계해 나간다.

1 원통마찰차(평마찰차)

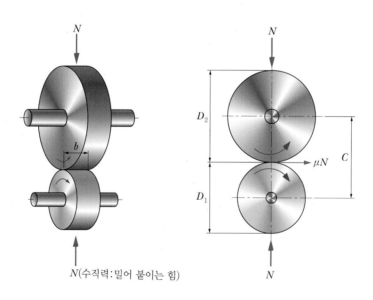

N(수직력 : 밀어 붙이는 힘)

원통 마찰차(외접형)

1. 속비 i

두 마찰차가 회전할 때 원주속도는 같다. $\Rightarrow$ $V_1 = V_2$

N_1 : 원동차의 회전수, D_1 : 원동차의 지름

N_2 : 종동차의 회전수, D_2 : 종동차의 지름

$$\frac{\pi D_1 N_1}{60,000} = \frac{\pi D_2 N_2}{60,000} \rightarrow D_1 N_1 = D_2 N_2$$

$$\text{속비 } i = \frac{N_2}{N_1} = \frac{D_1}{D_2}$$

2. 축간거리

위와 아래 그림에서 축간거리를 구해보면

$$C = \frac{D_1 + D_2}{2} \text{ (마찰차가 외접일 때)}$$

$$C = \frac{D_2 - D_1}{2} \text{ (내접일 때)}$$

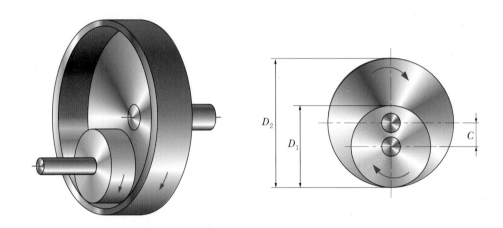

원통 마찰차(내접형)

3. 마찰차 지름설계

축간거리 C에 $D_1 = i\,D_2$ 대입, $C = \dfrac{i\,D_2 + D_2}{2} = \dfrac{D_2\,(i+1)}{2}$

$$D_2 = \frac{2\,C}{1 + i}$$

$$D_1 = \frac{2\,C}{1 + \dfrac{1}{i}}$$

$\Big\}$ 외접

$$D_2 = \frac{2\,C}{1 - i}$$

$$D_1 = \frac{2\,C}{\dfrac{1}{i} - 1}$$

$\Big\}$ 내접

4. 접촉면의 압력(선압 : 선분포의 힘)

$$f = \frac{N(수직력)}{b(접촉길이)} \ (\text{N/m, kgf/mm})$$

5. 마찰력에 의한 전달토크

$$T_1 = \mu N \frac{D_1}{2} = \mu \cdot f \cdot b \, \frac{D_1}{2} \ (지름이 \ D_1 \ 인 \ 마찰차의 \ 전달토크)$$

$$T_2 = \mu N \frac{D_2}{2} = \mu \cdot f \cdot b \, \frac{D_2}{2} \ (지름이 \ D_2 \ 인 \ 마찰차의 \ 전달토크)$$

6. 전달동력

$$H = \mu N V (\text{N} \cdot \text{m/s} = \text{J/s} = \text{W} : \text{SI단위} : 마찰력(\text{N})일 \ 때)$$

$$H_{\text{PS}} = \frac{\mu N \cdot V}{75} = \frac{\mu \cdot f \cdot b \cdot V}{75}, \ H_{\text{kW}} = \frac{\mu N \cdot V}{102} = \frac{\mu \cdot f \cdot b \cdot V}{102}$$

(공학단위 : 마찰력(kgf)일 때)

$$\left(V = \frac{\pi D_1 N_1}{60,000} = \frac{\pi D_2 N_2}{60,000} \right)$$

② 원추마찰차

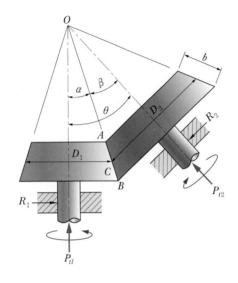

θ : 축각
α, β : 원추반각
P_{t1}, P_{t2} : 축(트러스트하중)
R_1, R_2 : 베어링 반력

접촉면길이 $\overline{AB} = b$, 종동축의 원추 반각 β와 접촉폭 b를 가지고 평균지름을 구해보면
$(D_2 = D_m)$
그림에서

$$\frac{D\text{out}}{2} - \frac{b}{2}\sin\beta = \frac{D_m}{2}$$

$$\therefore \ D\text{out} - b\sin\beta = D_m$$

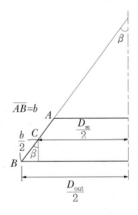

1. 속비

$$i = \frac{N_2}{N_1} = \frac{D_1}{D_2} = \frac{\sin\alpha}{\sin\beta} \quad \left(\frac{2\,\overline{OC}\sin\alpha}{2\,\overline{OC}\sin\beta} \ \text{에서} \right)$$

2. 원추각

축각 $\theta = \alpha + \beta \rightarrow \beta = \theta - \alpha$ 대입

속비에서 $i = \dfrac{N_2}{N_1} = \dfrac{\sin\alpha}{\sin\beta} = \dfrac{\sin\alpha}{\sin(\theta-\alpha)}$

$$= \dfrac{\sin\alpha}{\sin\theta\cos\alpha - \cos\theta\sin\alpha} \quad \text{(삼각함수공식 적용)}$$

분모, 분자를 $\cos\alpha$ 로 나누면

$$= \dfrac{\tan\alpha}{\sin\theta - \cos\theta\tan\alpha} \quad (\tan\alpha \text{ 에 대해 정리})$$

$$\therefore \tan\alpha = \dfrac{\sin\theta}{\cos\theta + \dfrac{1}{i}} \qquad \left(\begin{array}{l} \text{축각 } \theta \text{가 } 90°\text{인 경우가 실제로} \\ \text{가장 많이 사용되므로} \\ \text{이때의 } \tan\alpha = i, \tan\beta = \dfrac{1}{i} \end{array} \right)$$

$\theta = \alpha + \beta \rightarrow \alpha = \theta - \beta$ 를 대입해서 정리하면

$$\tan\beta = \dfrac{\sin\theta}{\cos\theta + i}$$

3. 마찰차의 평균속도

$$V = \dfrac{\pi D_1 N_1}{60,000} = \dfrac{\pi D_2 N_2}{60,000}$$

N_1 : 원동차의 회전수(rpm)
N_2 : 종동차의 회전수(rpm)

4. 마찰 접촉면 AB의 힘 분석

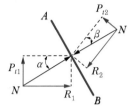

N : AB면의 수직력

b : $\overline{AB}$의 길이(접촉면 길이)

1) 선압

$$f = \frac{N}{b} = \frac{P_{t_1}}{b\sin\alpha} = \frac{P_{t_2}}{b\sin\beta} (\text{N/mm})$$

2) 축(트러스트)하중

$$P_{t_1} = N\sin\alpha$$
$$P_{t_2} = N\sin\beta$$

3) 베어링 반력

$$R_1 = N\cos\alpha$$
$$R_2 = N\cos\beta$$

5. 마찰력

$$F_f = \mu N = \mu b f = \mu \cdot \frac{P_{t_1}}{\sin\alpha}$$

6. 마찰에 의한 전달동력

$$H = \mu NV \quad (\text{SI단위} : \text{N·m/s} = \text{J/s} = \text{W})$$

$$H_{\text{PS}} = \frac{\mu \cdot \text{N} \cdot \text{V}}{75}, \quad H_{\text{kW}} = \frac{\mu \cdot \text{N} \cdot \text{V}}{102} (\text{공학단위})$$

3 홈마찰차

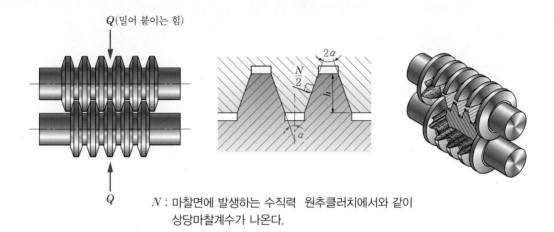

N : 마찰면에 발생하는 수직력   원추클러치에서와 같이
상당마찰계수가 나온다.

α는 홈의 각도의 $\dfrac{1}{2}$ 에 주의하자. (원추클러치에서 원뿔각의 반각과 동일)

홈마찰차의 밀어 붙이는 힘을 Q라고 하면, Q에 의한 수직반력이 양접촉면에서 발생하게 된다.(한면의 수직력을 $\dfrac{N}{2}$ 으로 해석하자.)

$$Q = 2\,\frac{N}{2}(\sin\alpha + \mu\cos\alpha)$$

1. 수직력

$$N = \frac{Q}{(\sin\alpha + \mu\cos\alpha)}$$

2. 마찰력

$$F_f = 2 \times \mu \times \frac{N}{2} = \mu'Q = \mu N \quad 상당마찰계수 \;\; \mu' = \frac{\mu}{\sin\alpha + \mu\cos\alpha} \;\; (\alpha = \frac{홈의각도}{2})$$

(원추클러치와 동일하다.)

3. 홈의 깊이

$$h = 0.94 \sqrt{\mu N} \text{ (경험식)} = 0.94 \sqrt{\mu' Q} \quad \text{(공학단위 } Q\,(\text{kgf}))$$

> **참고**
>
> $h = 0.28 \sqrt{\mu' Q}$ (SI 단위로 $Q(\text{N})$이 주어질 때)

4. 접촉선의 길이

$$l \fallingdotseq z\,2\,h$$

여기서, $z =$ 홈의 수

5. 접촉선압

$$f = \frac{N}{l}$$

6. 홈의 수

$$z = \frac{N}{2\,h\,f} \quad \text{(4, 5에서)}$$

7. 마찰전달동력

$$H = F_f \cdot V = \mu' Q V \quad \text{(SI단위 : } F_f \text{가 N단위)}$$

$$\left. \begin{array}{l} H_{\text{PS}} = \dfrac{F_f \cdot V}{75} = \dfrac{\mu' Q \cdot V}{75} \\[3mm] H_{\text{kW}} = \dfrac{F_f \cdot V}{102} = \dfrac{\mu' Q V}{102} \end{array} \right\} \text{(공학단위 : } F_f \text{가 kgf 단위)}$$

❹ 무단변속마찰차

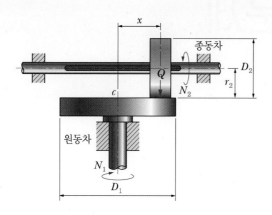
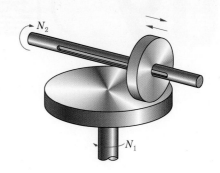

D_1 : 원동차 지름

D_2 : 종동차 지름

1. 속비

$$i = \frac{N_2}{N_1} = \frac{x}{r}$$

속비는 중심으로부터의 거리 x 에 비례하고 r 에 반비례한다. 왜냐하면 x 가 중심 c 에 가까울수록 종동차
는 서서히 돌고 멀어질수록 빨리 돌게 되며, 또 종동차의 반경이 클수록 천천히 돌기 때문이다.

2. 종동차의 최대·최소회전수(x 변위가 주어질 때)

$$N_{2\,\max} = \frac{N_1 \cdot x_{\max}}{r_2}, \; N_{2\,\min} = \frac{N_1 \cdot x_{\min}}{r_2}$$

3. 최대전달동력

$$H_{\max} = \mu Q V_{\max} \quad (\text{SI단위} : \text{N} \cdot \text{m/s} = \text{W})$$

$$\left(V_{\max} = \frac{\pi D_2 \cdot N_{2\,\max}}{60,000} \right)$$

$$\left. \begin{array}{l} H_{ps\,(\max)} = \dfrac{\mu Q \cdot V_{\max}}{75} \\[4mm] H_{\text{kW}\,(\max)} = \dfrac{\mu Q \cdot V_{\max}}{102} \end{array} \right\} \text{공학단위}$$

09 기출문제

>> 문제 01

매분 1,500rpm으로 회전하는 평마찰차를 가지고 20kW를 전달하려고 150N로 밀어 붙인다면 이 평마찰차의
지름은 얼마 이상으로 설계하여야 하는가?(단, 마찰계수 $\mu = 0.35$로 한다.)

해설

$$T = \frac{H}{\omega} = \frac{20 \times 1,000}{\dfrac{2\pi \times 1,500}{60}} = 127.32395 \text{N} \cdot \text{m} = 127,323.95 \text{N} \cdot \text{mm}$$

$$= F_f \cdot \frac{d}{2} = \mu N \cdot \frac{d}{2} \quad (N : \text{수직력})$$

$$\therefore d = \frac{2T}{\mu N} = \frac{2 \times 127,323.95}{0.35 \times 150} = 4,850.44 \text{mm}$$

>> 문제 02

매분 600회 회전하여 10kW를 전달시키는 외접 평마찰차가 지름이 450mm이면 그 나비는 몇 mm로 하여야
하는가?(단, 단위길이당 허용선압 $f = 15$N/mm, 마찰계수 $\mu = 0.25$이다.)

해설

$$V = \frac{\pi DN}{60,000} = \frac{\pi \times 450 \times 600}{60,000} = 14.14 \text{m/s}, \quad H = F_f \cdot V = \mu N \cdot V$$

$$\therefore \text{수직력} \ N = \frac{H}{\mu V} = \frac{10 \times 1,000}{0.25 \times 14.14} = 2,828.85 \text{N}$$

선압 $f = \dfrac{N}{b}$ 에서 $b = \dfrac{N}{f} = \dfrac{2,828.85}{15} = 188.59 \text{mm}$

≫ 문제 **03**

감속비 1/3, 축간거리 400mm인 건설기계용 외접 평마찰차의 원동차(작은차)가 500rpm으로 3.6kW를 전달할 때 바퀴의 폭(b)은 몇 mm로 하면 되는가?(단, 마찰계수 $\mu=0.35$, 허용선압 $f=10\text{N/mm}$이다.)

해설

$$i=\frac{1}{3}=\frac{N_2}{N_1}=\frac{D_1}{D_{2,}} \quad \text{축간거리} \ \ c=\frac{D_1+D_2}{2} \leftarrow \ D_2=\frac{D_1}{i} \quad \text{대입}$$

$$\therefore \ D_1=\frac{2C}{1+\dfrac{1}{i}}=\frac{2\times400}{1+3}=200\text{mm}$$

$$V=\frac{\pi D_1\cdot N_1}{60,000}=\frac{\pi\times200\times500}{60,000}=5.24\text{m/s}$$

$$H=F_f\cdot V=\mu N\cdot V \text{에서 수직력} \ \ N=\frac{H}{\mu V}=\frac{3.6\times10^3}{0.35\times5.24}=1,962.92\text{N}$$

$$f=\frac{N}{b} \text{에서} \ \ b=\frac{N}{f}=\frac{1,962.92}{10}=196.29\text{mm}$$

>> 문제 **04**

평균지름 450mm, 회전수 340rpm의 원추마찰차가 3/5으로 감속하여 8kW를 종동축에 전달하고자 한다.
두 축의 교차각이 90°일 때 다음을 구하시오.(단, 마찰계수 $\mu = 0.25$, 허용선압 $f = 25$N/mm이다.)

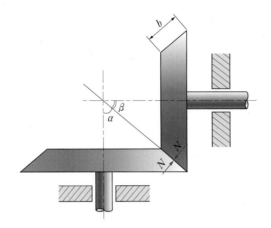

(1) 양 원추차를 미는 힘 : N(N)

(2) 원추차의 폭 : b(mm)

(3) 원동차의 베어링에 작용하는 추력하중 : P_t(N)

(4) 종동차의 원추반각 : β(°)

해설

(1) $V = \dfrac{\pi D_1 \cdot N_1}{60,000} = \dfrac{\pi \times 450 \times 340}{60,000} = 8.01 \text{m/s}$

  $H = \mu N \cdot V$에서 $N = \dfrac{H}{\mu V} = \dfrac{8 \times 1,000}{0.25 \times 8.01} = 3,995.01 \text{N}$

(2) 선압 $f = \dfrac{N}{b}$에서 $b = \dfrac{N}{f} = \dfrac{3,995.01}{25} = 159.80 \text{mm}$

(3) $i = \dfrac{3}{5}$, $\tan \alpha = \dfrac{\sin \theta}{\cos \theta + \dfrac{1}{i}}$ $(\theta = 90°)$에서 $\tan \alpha = i$, $\alpha = \tan^{-1} i = 30.96°$

  축(트러스트)하중 $P_t = N \sin \alpha = 3,995.01 \times \sin(30.96) = 2,055.19 \text{N}$

(4) $\tan \beta = \dfrac{\sin \theta}{\cos \theta + i}$ $(\theta = 90°)$ $\tan \beta = \dfrac{1}{i}$ $\beta = \tan^{-1}\left(\dfrac{5}{3}\right) = 59.04°$

≫ 문제 **05**

다음 그림과 같은 원추마찰차로 회전수 450rpm, 5kW의 동력을 전달한다. 원동차와 종동차의 평균지름이
각각 $D_1 = 400$mm, $D_2 = 500$mm일 때 다음을 구하여라.(단, 마찰계수 $\mu = 0.27$, 허용선압 $f = 24.5$N/mm
이다.)

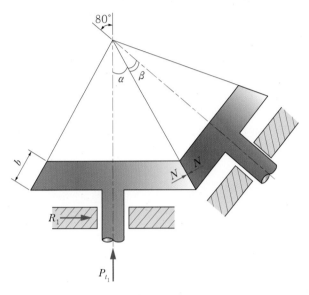

(1) 마찰차를 미는 힘 : N(kgf)

(2) 마찰차의 폭 : b(mm)

(3) 원동차의 베어링에 작용하는 추력하중 : P_{t_1}(kg)

(4) 원동차의 베어링에 작용하는 레이디얼하중 : R_1(kg)

(5) 종동차의 베어링에 작용하는 추력하중 : P_{t_2}(kg)

해설

(1) $V = \dfrac{\pi D_1 \cdot N_1}{60,000} = \dfrac{\pi \times 400 \times 450}{60,000} = 9.42\text{m/s}$

$H = F_f \cdot V = \mu N \cdot V$에서 $N = \dfrac{H}{\mu \cdot V} = \dfrac{5 \times 10^3}{0.27 \times 9.42} = 1,965.87\text{N}$

(2) $f = \dfrac{N}{b}$에서 $b = \dfrac{N}{f} = \dfrac{1,965.87}{24.5} = 80.24\text{mm}$

(3) 속비

$$i = \frac{N_2}{N_1} = \frac{D_1}{D_2} = \frac{400}{500} = 0.8 \qquad \tan \alpha = \frac{\sin \theta}{\cos \theta + \dfrac{1}{i}} \quad (\theta = 80°)$$

$$\therefore \text{원추반각} \ \alpha = \tan^{-1} \left(\frac{\sin 80}{\cos 80 + \dfrac{1}{0.8}} \right) = 34.67°$$

$$P_{t_1} = N \sin \alpha = 1,965.87 \times \sin(34.67°) = 1,118.28\text{N}$$

(4) $R_1 = N \cos \alpha = 1,965.87 \times \cos(34.67°) = 1,616.81\text{N}$

(5) $\beta = \theta - \alpha = 80 - 34.67 = 45.33°$

$$P_{t_2} = N \sin \beta = 1,965.87 \times \sin(45.33°) = 1,398.06\text{N}$$

≫ 문제 06

그림에서 4kW를 1,500rpm으로 전달하는 원동차 A의 지름이 500mm, 종동차 B의 지름이 600mm인 원판차를 이용한 무단변속장치가 있다. 종동차 B의 이동범위가 $x = 50 \sim 180$mm, 허용선압 $f = 20$N/mm, 마찰계수 $\mu = 0.25$일 때 다음을 구하여라.

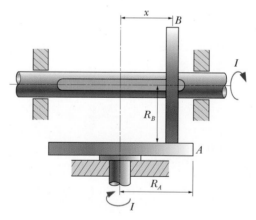

(1) 종동차의 최저회전수 : $N_{\min}$(rpm)

(2) 종동차의 최대회전수 : $N_{\max}$(rpm)

(3) 마찰차를 미는 최대 힘 : $Q_{\max}$(N)

(4) 마찰차의 폭 : b(mm)

해설

(1) $R_B = 300$(일정)

$$\text{속비 } i = \frac{N_B}{N_A} = \frac{x}{R_B} \quad \therefore N_B = N_A \frac{x}{R_B} \quad (x = 50 일 때 최저회전수)$$

$$N_{\min} = 1,500 \times \frac{50}{300} = 250 \, \text{rpm}$$

(2) $N_{\max} = N_A \dfrac{x}{R_B} \quad (x = 180 일 때 최대회전수)$

$$= 1,500 \times \frac{180}{300} = 900 \, \text{rpm}$$

(3) $H = \mu Q \cdot V$ 에서 $Q = \dfrac{H}{\mu V}$ (V의 범위에 따르므로)

$$Q_{\max} = \frac{H}{\mu V_{\min}} = \frac{4 \times 1,000}{0.25 \times 7.85} = 2,038.22 \, \text{N}$$

$$\left(\begin{aligned} V_{\min} &= \frac{\pi D_B \cdot N_B}{60,000} = \frac{\pi D_B \cdot N_{\min}}{60,000} \\ &= \frac{\pi \times 600 \times 250}{60,000} = 7.85 \, \text{m/s} \end{aligned} \right)$$

(4) $f = \dfrac{Q_{\max}}{b}$ 에서 $b = \dfrac{Q_{\max}}{f} = \dfrac{2,038.22}{20} = 101.91 \, \text{mm}$

≫ 문제 **07**

그림과 같은 원판변속장치에서 원동차의 지름 500mm, 회전수 1,500rpm, 종동차의 폭 40mm, 지름 530mm, 종동차의 이동범위 $x = 40 \sim 190$mm, 마찰계수 $\mu = 0.2$, 허용압력 2kgf/mm로 할 때 종동차의 최대속도 m/s를 구하시오.

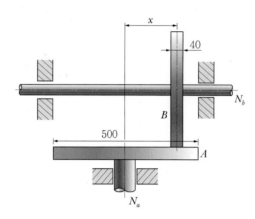

해설

최대 $x = 190$

$$N_{B\max} = N_A \cdot \frac{x}{R_B} = N_A \cdot \frac{2x}{D_B} = 1,500 \times \frac{2 \times 190}{530} = 1,075.47\text{rpm}$$

$$\therefore \ V_{B\max} = \frac{\pi D_B \cdot N_{B\max}}{60,000} = \frac{\pi \times 530 \times 1,075.47}{60,000} = 29.85\text{m/s}$$

10 기어

한 쌍의 마찰차의 접촉면에 치형을 만들고 이 치형(이)의 접촉에 의해 동력을 전달하는 기계요소이다.

1 표준기어(스퍼기어(Spur Gear))

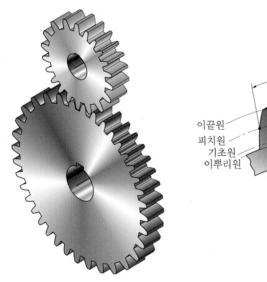

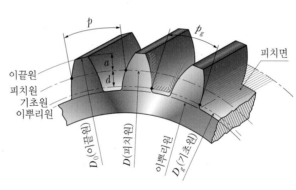

a : 이끝 높이(어덴덤)

d : 이뿌리 높이(디덴덤)

p : 원주 피치

p_g : 기초원 피치

α : 압력각(14.5°, 20° KS규격)

　　(한 쌍의 이가 맞물렸을 때 접점이 이동하는 궤적을 작용선이라 하며 이 작용선과 피치원의 공
통접선이 이루는 각을 압력각이라 한다.)

1. 이의 크기

기어의 이 크기를 표시하는 방법

1) 원주 피치 (p)

$$p = \frac{\text{피치원의 원주}}{\text{잇수}} = \frac{\pi D}{z} \ (\text{mm 또는 inch}) = \pi m$$

2) 모듈 (m)

미터계에서 사용

$$m = \frac{\text{피치원지름}}{\text{잇수}} = \frac{D}{z} \ (\text{mm})$$

3) 지름 피치 (p_d)

인치계에서 사용

$$p_d = \frac{\text{잇수}}{\text{피치원지름}} = \frac{z}{D} \ (\text{inch}) \ \rightarrow \ \frac{25.4 \cdot z}{D} \ (\text{mm}) = \frac{25.4}{m} \ (\text{mm})$$

$$(1 \ \text{inch} = 25.4 \ \text{mm})$$

2. 기어의 각치수

1) 기초원지름

$$D_g = D \cos \alpha \quad (\alpha : \text{압력각})$$

2) 기초원피치

$$p_g = p \cos \alpha \ (\pi D_g = p_g \cdot z, \ \pi D = pz \text{에서} \ p_g z = p \cdot z \cos \alpha)$$

3) 이끝원지름

$$D_0 = D + 2a \quad (a : \text{어덴덤})$$
$$= mz + 2a \ (\text{표준치형은} \ a = m \text{으로 설계})$$
$$= m(z + 2)$$

4) 이 높이

$$h = a(\text{어뎀덤}) + d(\text{디뎀덤})$$
$$= a + (a + c) \quad (c : \text{클리어런스}, c = km(k : \text{클리어런스계수}))$$
$$= 2a + km \quad (\text{표준치형} \, a = m \text{이므로})$$
$$= m(2 + k)$$

이의 크기표시와 위의 값들은 기어계산 시 매우 중요하므로 암기해 두어야 한다.

3. 치차의 전동

1) 속비

$$i = \frac{N_2}{N_1} = \frac{D_1}{D_2} = \frac{m z_1}{m z_2} = \frac{z_1}{z_2}$$

N_1, $N_2 =$ 원동차, 종동차의 회전수
D_1, $D_2 =$ 원동차, 종동차의 피치원지름
z_1, $z_2 =$ 원동차, 종동차의 잇수

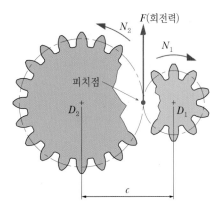

기어(Gear)   피니언(Pinion) : 작은기어

2) 축간거리

$$C = \frac{D_1 + D_2}{2} \ (\text{한 쌍의 기어의 축간 중심거리})$$

$$= \frac{m z_1 + m z_2}{2} \ (\text{외접}), \ \frac{m z_2 - m z_1}{2} \ (\text{내접})$$

3) 피치원 원주속도

$$V = \frac{\pi D_1 \cdot N_1}{60,000} = \frac{\pi m z_1 \cdot N_1}{60,000} = \frac{\pi D_2 \cdot N_2}{60,000} = \frac{\pi m z_2 \cdot N_2}{60,000}$$

4) 기어의 피치원지름

$$D_1 = \frac{2C}{1 + \dfrac{1}{i}}, \quad D_2 = \frac{2C}{1 + i} \quad (\text{외접})$$

5) 회전력(F)

① 굽힘의 견지(루이스식)

$$F = \sigma_b \cdot b \cdot p \cdot y = f_v f_w \sigma_b \cdot b \cdot \pi m y$$

σ_b : 굽힘응력

b : 치폭

p : 피치

y : 치형세수

f_v : 속도계수

f_w : 하중계수

$p = \pi m$

m : 모듈

$$= f_v f_w \sigma_b b m Y_e \ (Y_e = \pi y \, (\pi \text{를 포함한 치형계수}))$$

속도계수(f_v)	적용 원주속도(V)
$\dfrac{3.05}{3.05+V}$	$0.5 \sim 10$ m/s, 저속용
$\dfrac{6.01}{6.01+V}$	$5 \sim 20$m/s, 중속용
$\dfrac{5.55}{5.55+\sqrt{V}}$	$20 \sim 50$ m/s, 고속용

② 면압의 견지(헤르츠식)

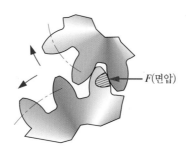

F(면압)

$$F = f_v K b m \left(\frac{2 z_1 z_2}{z_1 + z_2} \right)$$

K : 접촉면 응력계수(N/m^2)

※ 굽힘의 견지에 의한 회전력과 면압의 견지에 의한 회전력을 구하여 작은 회전력을 기준으로 설계한다.(왜냐하면 안전한 동력을 전달하기 위해서는 작은 회전력으로 설계해야 하기 때문이다.)

6) 전달동력

$$H = F \cdot V \,(\text{SI단위 : 힘}(\text{N}), \text{속도}(\text{m/s}))$$

$$\left. \begin{aligned} H_{\text{PS}} &= \frac{\text{F} \cdot \text{V}}{75} \\[2mm] H_{\text{kW}} &= \frac{\text{F} \cdot \text{V}}{102} \end{aligned} \right\} \text{공학단위 : 힘}(\text{kgf})$$

F : 굽힘견지와 면압견지의 회전력 중 작은 값

7) 기어 이의 힘 해석

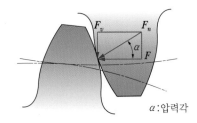

α : 압력각

F_n : 이 끝에서 잇면에 직각으로 작용하는 전하중 $F_n = \dfrac{F}{\cos\alpha}$

F_v : 축에 수직방향으로 작용하는 하중 $F_v = F \cdot \tan\alpha$

F : 기어의 회전력(루이스 굽힘강도)

α : 압력각

② 전위기어

전위기어는 언더컷을 방지할 수 있을 뿐만 아니라 인벌류트기어의 결점으로 들 수 있는 여러 사항을 개량한 기어이며 래크공구의 기준 피치선을 기어의 기준 피치원에서 반지름 방향으로 $x \cdot m$ 만큼 떨어지게 이동하고 기어의 이를 절삭하여 만든 기어이다.

1. 언더컷을 일으키지 않는 한계잇수

$$z_g = \frac{2a}{m\sin^2\alpha} = \frac{2}{\sin^2\alpha} \,(\text{표준치형 } a = m)$$

2. 전위계수

$$x = 1 - \frac{z}{z_g}$$

3. 전위량

$$x \cdot m = \left(1 - \frac{z}{z_g}\right) \cdot m$$

❸ 헬리컬기어

헬리컬기어는 위상이 연속적으로 변화한 이가 동시에 맞물림을 하는 것이 되므로 진동이나 소음이 적고 고속 운전에 적합하며 원활한 동력의 전달을 할 수 있다. 또 스퍼기어보다 치수비를 크게 할 수 있으나 축 방향의 트러스트하중이 발생하는 결점이 있다.

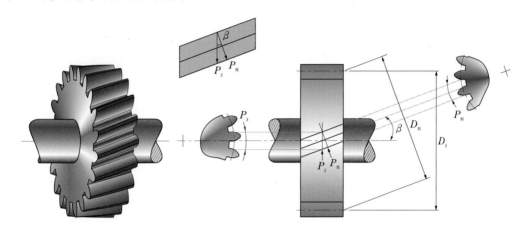

$$p_S \times \cos\beta = p_n \quad , \quad m_S \times \cos\beta = m_n$$

p_s : 축직각피치 p_n : 치직각피치
D_s : 축직각지름 D_n : 치직각지름
m_s : 축직각모듈 m_n : 치직각모듈
α : 압력각

1. 헬리컬기어의 각치수

아래 값들은 축직각에 관한 값들로 전개된다.

1) 피치원지름

$$D_s = m_s \cdot z$$

2) 치직각 기준피치

$$p_n = p_s \cos\beta$$

3) 기초원피치

$$p_g = p_s \cos \alpha = \frac{p_n}{\cos \beta} \cdot \cos \alpha$$

4) 기초원지름

$$D_g = D_s \cos \alpha = m_s \cdot z \cos \alpha = \frac{m_n}{\cos \beta} z \cdot \cos \alpha$$

5) 이끝원지름

$$D_0 = D_s + 2a \,(\text{주의} : \text{표준치형} \; a = m_n)$$

$$= m_s \cdot z + 2m_n = \frac{m_n \cdot z}{\cos \beta} + 2m_n = m_n \left(\frac{z}{\cos \beta} + 2 \right)$$

6) 축간거리

$$C = \frac{D_{s_1} + D_{s_2}}{2} = \frac{m_s z_1 + m_s z_2}{2} = \frac{m_s (z_1 + z_2)}{2} = \frac{m_n}{\cos \beta} \cdot \frac{z_1 + z_2}{2}$$

7) 상당스퍼기어 잇수

$$z_e = \frac{z}{\cos^3 \beta} \;\; (z : \text{헬리컬기어 잇수})$$

$$z_{e_1} = \frac{z_1}{\cos^3 \beta} \,, \; z_{e_2} = \frac{z_2}{\cos^3 \beta}$$

$$z_1 (z_2) : \text{헬리컬기어의 원동차(종동차) 잇수}$$

2. 헬리컬기어의 전동

1) 회전력(F)

① 굽힘의 견지(루이스식, 치직각기준)

$$F = \sigma_b b p_n y \ (p_n : \text{치직각피치})$$

$$= f_v f_w \sigma_b b \pi m_n \cdot y$$

$$= f_v f_w \sigma_b b m_n Y_e \ (Y_e = \pi y)$$

② 면압의 견지(헤르츠식, 축직각기준)

$$F = f_v K b m_s \cdot \frac{C_w}{\cos^2 \beta} \cdot \frac{2 z_1 z_2}{z_1 + z_2} \ \left(m_s = \frac{m_n}{\cos \beta} \right)$$

$$= f_v K b m_n \cdot \frac{2 z_1 z_2}{z_1 + z_2} \cdot \frac{C_w}{\cos^3 \beta}$$

C_w : 헬리컬기어의 면압계수로서 보통 헬리컬기어는 0.75, 정밀가공기어는 1.0

위의 두 값 중 작은 값의 F를 선택한다.

2) 추력(트러스트하중, 축하중)

$$F_t = F \tan \beta$$

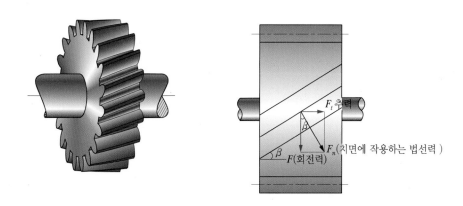

3) 전달동력

$$H = F \cdot V$$

$$H_{\mathrm{PS}} = \frac{F \cdot V}{75}, \quad H_{\mathrm{kW}} = \frac{F \cdot V}{102}$$

4 베벨기어

두 축이 한 점에서 교차할 때 동력을 구름접촉에 의해 전달하는 기어이다.

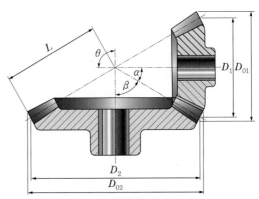

L : 원추모선의 길이
D_2 : 종동차의 피치원지름
D_{O2} : 종동차의 이끝원지름
θ : 축각($\alpha + \beta$)

D_1 : 원동차의 피치원지름
D_{O1} : 원동치의 이끝원지름
α, β : 원추반각

1. 기어의 치수

1) 이끝원지름

$$D_{O1} = D_1 + 2\,a\cos\alpha\ (a = m) = m\,z_1 + 2\,m\cos\alpha = m\,(z_1 + 2\cos\alpha)$$

$$D_{O2} = D_2 + 2\,a\cos\beta = m\,(z_2 + 2\cos\beta)$$

2) 원추모선의 길이

$$L\sin\alpha = \frac{D_1}{2}, \ L\sin\beta = \frac{D_2}{2} \ \text{에서} \ L = \frac{D_1}{2\sin\alpha} = \frac{D_2}{2\sin\beta}$$

3) 속비

$$i = \frac{N_2}{N_1} = \frac{D_1}{D_2} = \frac{z_1}{z_2} = \frac{\sin\alpha}{\sin\beta}$$

4) 피치원추각(원추마찰차와 같다.)

$$\tan\alpha = \frac{\sin\theta}{\cos\theta + \dfrac{1}{i}}, \ \ \tan\beta = \frac{\sin\theta}{\cos\theta + i}$$

$$\text{(여기서, } \theta \text{가 } 90° \text{일 때 } \tan\alpha = i, \ \tan\beta = \frac{1}{i} \text{)}$$

5) 상당스퍼기어 잇수

$$Z_{e_1} = \frac{z_1}{\cos\alpha}, \ \ Z_{e_2} = \frac{z_2}{\cos\beta}$$

$$\alpha, \beta : \text{피치원추반각}$$

2. 베벨기어의 전동

1) 회전력(F)

① 굽힘의 견지

$$F = f_v f_w \sigma_b \cdot b \, p \ \ y \ \ \lambda \ \ \left(\text{베벨계수 } \lambda = \frac{L-b}{L}\right)$$

$$= f_v f_w \sigma_b b \ \pi m \ \ y \ \ \lambda \ \ (p = \pi m, \ Y_e = \pi y)$$

$$= f_v f_w \sigma_b b \ \ m \ Y_e \lambda$$

② 면압의 견지

$$F = f_v k \cdot b \cdot m \cdot \frac{2 Z_{e_1} Z_{e_2}}{Z_{e_1} + Z_{e_2}}$$

2) 전달동력

$$H = F \cdot V$$

$$H_{PS} = \frac{F \cdot V}{75}$$

$$H_{kw} = \frac{F \cdot V}{102}$$

$$\left(V = \frac{\pi D_1 N_1}{60,000} = \frac{\pi D_2 N_2}{60,000} \right)$$

5 웜기어

나사기어의 일종으로 축각은 $90°$의 경우가 많고 작은 용적으로 큰 감속비를 쉽게 얻을 수 있다.

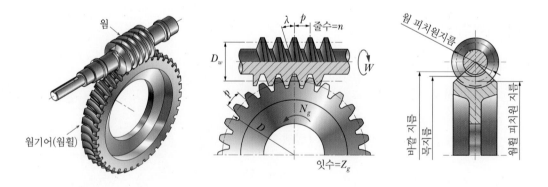

1. 속비

$$i = \frac{N_g}{N_w} = \frac{n}{Z_g}$$

$$= \frac{l}{\pi D_g} \left(1줄\ 웜이면\ \frac{p}{\pi D_g}\right)$$

$$\left(\begin{array}{l} 웜의\ 줄수\ n = \dfrac{l(리드)}{p(피치)} \\[3mm] 웜기어의\ 잇수\ Z_g = \dfrac{\pi D_g}{p} \end{array}\right.$$

중심거리 $C = \dfrac{D_g + D_w}{2}$

2. 리드각 α (나사와 동일)

웜나사의 유효지름(D_w)

$$\tan \alpha = \frac{l}{\pi D_w}$$

3. 웜기어의 효율

$$\eta = \frac{출력일}{입력일} = \frac{Wl}{2\pi T} = \frac{Wl}{2\pi P_r \cdot \dfrac{D_w}{2}} = \frac{l}{\pi D_w} \cdot \frac{W}{P_r}$$

$$= \frac{l}{\pi D_w} \cdot \frac{W}{W \tan(\rho' + \alpha)} = \frac{\tan \alpha}{\tan(\rho' + \alpha)} \Rightarrow 나사의\ 효율과\ 같다.$$

W : 웜기어의 회전력,

웜의 회전력 $P_r = W\tan(\rho' + \alpha)$

$\tan\rho' = \mu' = \dfrac{\mu}{\cos\phi_n}$ (μ : 마찰계수, ϕ_n : 치직각 단면의 압력각)

※ 웜에 가해지는 토크 T를 가지고 1회전(2π)하면 웜기어의 회전력(W)으로 리드(l)만큼 나아가게 된다.

4. 회전력(F)

1) 굽힘의 견지

$$F = f_v \cdot \sigma_b \cdot b \cdot p_n \cdot y = f_v \sigma_b b m_n Y_e$$

$$p_n : \text{치직각피치} = \pi \times m_n, \ f_v : \text{속도계수} \begin{cases} \text{금속재료의 경우} : f_v = \dfrac{6}{6+V} \\ \text{합성수지의 경우} : f_v = \dfrac{0.75}{1+V} + 0.25 \end{cases}$$

2) 면압의 견지

$$F = f_v \phi D_g b_e \cdot K$$

f_v : 속도계수

ϕ : 리드각의 보정계수

D_g : 웜기어의 피치원지름(mm)

b_e : 웜기어의 유효 이 나비(mm)

K : 내마모계수(N/mm²)

5. 전달동력

$$H = F \cdot V$$

$$H_{\mathrm{PS}} = \frac{F \cdot V}{75}$$

6. 웜기어의 해석

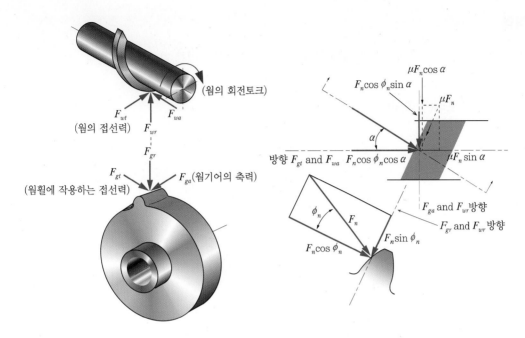

오른손 나사 웜과 웜기어 힘 해석   왼쪽 그림 상태에서 기어이에 작용하는 힘들

1) 웜의 접선력 F_{wt}=웜 기어의 축력 F_{ga}

2) 웜과 기어의 반지름 방향의 힘(분리시키는 힘)은 같다. $\therefore\ F_{wr} = F_{gr}$

3) ① 웜 휠에 작용하는 접선력

$$F_{gt} = F_{wa} = F_n\cos\phi_n\cdot\cos\alpha - \mu\cdot F_n\cdot\sin\alpha$$

(α : 리드각, ϕ_n : 압력각, F_n : 기어의 잇면에 수직한 힘)

② 웜의 접선력

$$F_{wt} = F_{ga} = F_n\cos\phi_n\cdot\sin\alpha + \mu\cdot F_n\cdot\cos\alpha$$

③ 웜과 기어의 반지름 방향 힘

$$F_{gr} = F_{wr} = F_n\sin\phi_n$$

6 기어열과 유성기어

1. 기어열

순서대로 옆의 축에 회전운동을 전달하는 기구로 구성된 일군의 기어를 기어열이라 한다.

1) 기어열의 속도비(직렬형)

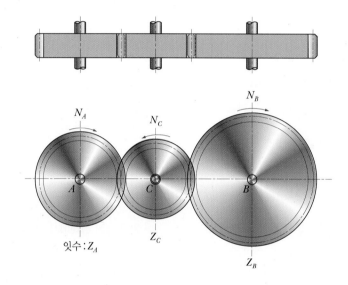

① A와 C 사이의 속도비 i_{ac}

$$i_{ac} = \frac{N_c}{N_a} = \frac{z_a}{z_c} \qquad \therefore N_a = N_c \cdot \frac{z_c}{z_a}$$

② C와 B 사이의 속도비 i_{cb}

$$i_{cb} = \frac{N_b}{N_c} = \frac{z_c}{z_b} \qquad \therefore N_b = N_c \times \frac{z_c}{z_b}$$

③ AB 사이의 속도비 $i_{ac} \times i_{cb}$ 이므로

$$i_{ab} = \frac{N_b}{N_a} = \frac{z_a}{z_c} \times \frac{z_c}{z_b} = \frac{z_a}{z_b}$$

(중간기어 c 의 잇수와는 관계없다.)

2) 기어열의 속도비(조합형)

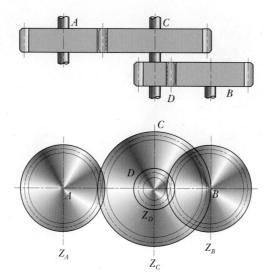

그림과 같이 A 의 회전을 B 에 전달할 때 중간에 있는 기어 C 와 D 는 동일축에 고정되어 있고 잇수는 서로 다르다.

① A 와 C 사이의 속비

$$i_{ac} = \frac{N_c}{N_a} = \frac{z_a}{z_c}$$

② D 와 B 사이의 속비

$$i_{db} = \frac{N_b}{N_d} = \frac{z_d}{z_b}$$

③ A 와 B 사이의 속비 $i_{ab} = i_{ac} \times i_{db}$

$$i_{ab} = \frac{z_a \times z_d}{z_c \times z_b} = \frac{원동차들의 잇수 곱}{종동차들의 잇수 곱}$$

2. 유성기어

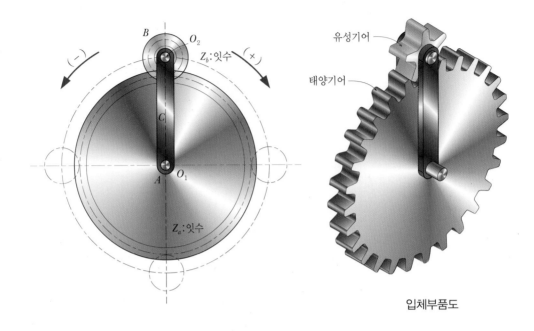

입체부품도

고정 중심을 갖는 기어 A 를 태양기어(Sun Gear)라 하며 기어가 회전하면 B 기어는 자전하며 동시에 O_1 를 중심으로 공전도 같이 하게 되는데 이러한 기어를 유성기어(Planet Gear)라고 한다. 이 기구에서 기어 A 를 고정하고 암 C 를 기어 B 와 더불어 중심 O_1 의 둘레로 회전시켰을 때 기어 B 의 회전수는 다음과 같다.

암 C 가 1회전하는 동안에 기어 B 는

1) 전체를 고정한 상태로 (+)방향(시계 방향)으로 1회전하면 A, B, C 는 각각 시계 방향으로 1회전한다.

2) 다음에 암 C 를 고정한 상태로 기어 A 를 (−)방향(반시계 방향)으로 1회전시키면 기어 B 는 (+)방향(시계 방향)으로 $\dfrac{z_a}{z_b}$ 회전한다. $\left(\dfrac{N_b}{N_a} = \dfrac{z_a}{z_b} \text{에서 } N_b = N_a \cdot \dfrac{z_a}{z_b}, \quad N_a = -1 \right)$

3) 위의 두 조작을 합치면 A 의 회전은 0이 되고 C 는 1회전 한 것이 된다. 또 B 의 정미회전수는 $1 + \dfrac{z_a}{z_b}$ 가 된다.

위의 사항들을 표로 작성하면

구분	B	A	C
1) 전체고정	+1	+1	+1
2) 암고정	$+\dfrac{z_a}{z_b}$	-1	0
3) 합계(정미회전수)	$1+\dfrac{z_a}{z_b}$	0	1

↑   ↑   ↑

암 C가 1회전할 때   초기 조건에서   암 C가 1회전
기어 B의 회전수 A를 고정했으므로   (우회전)
(우회전)   정미회전수가 0이
되어야 한다.

그러므로 암 C가 N_c 회전하면 기어 B의 회전수 N_b 는

$$\frac{N_b}{N_c} = 1 + \frac{z_a}{z_b}$$

$$\therefore N_b = N_c\left(1 + \frac{z_a}{z_b}\right)$$

10 기출문제

하중 15ton을 12m/min의 속도로 하역할 기중기는 최저 몇 마력 PS의 엔진을 필요로 하는가?(단, 효율은 80%이다.)

해설

하중 $F = 15,000\text{kgf}$

속도 $V = 12\text{m/min} = \dfrac{12}{60}\text{m/s} = 0.2\text{m/s}, \ \eta = 0.8$

$H_{th} = \dfrac{F \cdot V}{75} = \dfrac{15,000 \times 0.2}{75} = 40\text{PS}$

효율 $\eta = \dfrac{H_{th}(\text{이론동력})}{H_s(\text{실제동력})}$

$\therefore \ H_s = \dfrac{H_{th}}{\eta} = \dfrac{40}{0.8} = 50\text{PS}$

참고

실제동력＝운전동력＝축동력과 같다.

만약 하중 147kN, 0.2m/s, $\eta = 0.8$일 때 몇 kW의 엔진이 필요한가?(SI)

$H_{th} = F \cdot V = 147 \times 10^3 \times 0.2 = 29,400\text{W}$

$H_s = \dfrac{H_{th}}{\eta} = \dfrac{29,400}{0.8} = 36,750\text{W}$

$\therefore \ H_s = 36.75\text{kW}$

≫ 문제 **02**

감속장치에서 한 쌍의 스퍼기어(Spur Gear)가 파손되어 측정하여 보았더니 축간거리는 250mm, 피니언 바깥지름이 108mm, 이끝원피치는 13.57mm가 되었다. 다음을 구하여라.

(1) 피니언의 잇수(z_1)와 모듈(m)

(2) 각 기어의 피치원지름 : D_1, D_2(mm)

(3) 기어의 잇수 : z_2

해설

- 피니언의 바깥지름 D_{O1}
- 피니언의 피치원지름 D_1
- 기어의 피치원지름 D_2
- 이 끝원의 피치 p_O

(1) $\pi D_{O1} = p_O \cdot z_1$에서

$$z_1 = \frac{\pi D_{O1}}{p_O} = \frac{\pi \times 108}{13.57} = 25.003 \fallingdotseq 26개$$

$$D_{O1} = D_1 + 2a = D_1 + 2m = mz_1 + 2m$$

$$\therefore m = \frac{D_{O1}}{z_1 + 2} = \frac{108}{26 + 2} = 3.86$$

(2) $D_1 = mz_1 = 3.86 \times 26 = 100.36$mm

$$C = \frac{D_1 + D_2}{2}$$에서

$$D_2 = 2C - D_1 = 2 \times 250 - 100.36 = 399.64$$mm

(3) $D_2 = mz_2$에서

$$z_2 = \frac{D_2}{m} = \frac{399.64}{3.86} = 103.53 \fallingdotseq 104개$$

≫ 문제 **03**

기초원지름이 각각 680mm 및 1,520mm, 압력각 20°인 2개의 외접 인벌류트평치차의 중심거리는?

해설

(1) 기초원지름 $D_g = D\cos\alpha$

(2) 피니언의 피치원지름 $D_1 = \dfrac{D_{g1}}{\cos\alpha} = \dfrac{680}{\cos 20°} = 723.64\text{mm}$

(3) 기어의 피치원지름 $D_2 = \dfrac{D_{g2}}{\cos\alpha} = \dfrac{1,520}{\cos 20°} = 1,617.55\text{mm}$

$$\therefore \ C = \frac{D_1 + D_2}{2} = \frac{723.64 + 1,617.55}{2} = 1,170.6\text{mm}$$

≫ 문제 **04**

축간 거리 312.5mm인 두 축에 표준평기어대를 설치하여 1,000rpm을 250rpm으로 감속하려고 한다. 피니언의 바깥지름을 135mm로 할 때 모듈과 두 기어의 잇수를 구하여라.

해설

(1) 속비 $i = \dfrac{N_2}{N_1} = \dfrac{D_1}{D_2} = \dfrac{z_1}{z_2} = \dfrac{250}{1,000} = \dfrac{1}{4}$

$C = \dfrac{D_1 + D_2}{2}$ 에서

$2C = m(z_1 + z_2) \leftarrow z_2 = 4z_1$ 대입

$\therefore \ z_1 = \dfrac{2C}{5m}$

(2) 피니언 외경 $D_{O1} = m(z_1 + 2) = \dfrac{2C}{5} + 2m$

$\therefore \ m = \dfrac{1}{2}\left(D_{O1} - \dfrac{2C}{5}\right) = \dfrac{1}{2}\left(135 - \dfrac{2 \times 312.5}{5}\right) = 5$

(3) 피니언 잇수 $z_1 = \dfrac{2C}{5m} = \dfrac{2 \times 312.5}{5 \times 5} = 25$개

$z_2 = 4z_1 = 4 \times 25 = 100$개

≫ 문제 **05**

표준평치차에서 잇수 40개인 기어와 잇수 20개인 피니언이 외접하고 있다. 지름피치 $p_d = 2$인치, 어덴덤 $a = 1/p_d$, 디덴덤 $d = 1.25\,p_d$, 압력각 $\alpha = 20°$일 때 다음 물음에 답하여라.

(1) 원주 피치는 몇 inch인가?
(2) 중심 간 거리는 몇 inch인가?
(3) 피니언의 기초원반지름은 몇 inch인가?
(4) 기어의 피치원반지름은 몇 inch인가?
(5) 기어의 이끝원지름은 몇 inch인가?

해설

(1) $p = \pi m = \dfrac{\pi}{p_d} = \dfrac{\pi}{2} = 1.57\,\text{inch}$

(2) $C = \dfrac{m(z_1 + z_2)}{2} = \dfrac{1}{p_d}\,\dfrac{(z_1 + z_2)}{2} = \dfrac{20 + 40}{4} = 15\,\text{inch}$

(3) $D_{g1} = D_1 \cos\alpha = m\,z_1 \cos\alpha = \dfrac{1}{p_d} \cdot z_1 \cdot \cos\alpha = \dfrac{1}{2} \times 20 \times \cos 20° = 9.397\,\text{inch}$

$\quad R_{g1} = \dfrac{D_{g1}}{2} = 4.70\,\text{inch}$

(4) $D_2 = m z_2 = \dfrac{1}{p_d}\,z_2 = \dfrac{1}{2} \times 40 = 20\,\text{inch}$

$\quad R_2 = 10\,\text{inch}$

(5) $D_{O2} = D_2 + 2a = 20 + 2 \times \dfrac{1}{2} = 21\,\text{inch}$

≫ 문제 **06**

그림과 같은 1단 감속장치로서 인벌류트로 스퍼기어가 있다. 입력축에 10kW의 동력이 전달되고, $N_1 = 1,450$rpm, $N_2 = 290$rpm이며, 축간거리가 180mm이다.(단, 압력각은 14.5°이다.)

(1) 이때의 피치원지름 D_1 및 D_2를 구하여라.

(2) 입력축에 전달되는 토크 T_1은 몇 N · mm인가?

(3) 출력축의 토크 T_2는 몇 N · mm인가?

(4) 입력축기어의 피치원에 접하는 접선력 F는 몇 N인가?

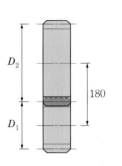

해설

(1) 속비 $i = \dfrac{N_2}{N_1} = \dfrac{290}{1,450} = 0.2 = \dfrac{D_1}{D_2}$

$D_1 = 0.2\,D_2$

$2C = D_1 + D_2 = 0.2\,D_2 + D_2$

$D_2 = \dfrac{2C}{1.2} = \dfrac{2 \times 180}{1.2} = 300\text{mm}$

$D_1 = 0.2 \times 300 = 60\text{mm}$

(2) $T_1 = \dfrac{H}{\omega} = \dfrac{10 \times 1,000}{\dfrac{2\pi \times 1,450}{60}} = 65.85722\text{N} \cdot \text{m} = 65,857.22\text{N} \cdot \text{mm}$

(3) $T_2 = \dfrac{H}{\omega} = \dfrac{10 \times 1,000}{\dfrac{2\pi \times 290}{60}} = 329.28609\text{N} \cdot \text{m} = 329,286.09\text{N} \cdot \text{mm}$

(4) $T_1 = F \times \dfrac{D_1}{2}$

$\therefore F = \dfrac{2T_1}{D_1} = \dfrac{2 \times 65,857.22}{60} = 2,195.24\text{N}$

≫ 문제 **07**

다음과 같은 한 쌍의 외접 표준평치차가 있다. 다음을 구하여라.(단, 속도계수 $f_v = \dfrac{3.05}{3.05 + V}$, 하중계수 $f_w = 0.8$이다.)

구분	회전수 N (rpm)	잇수 z	허용굽힘응력 σ_b (N/mm²)	치형계수 Y (πy)	압력각 α (°)	모듈 m (mm)	폭 b (mm)	허용접촉면 응력계수 K (N/mm²)
피니언	500	30	30	0.377	20	4	40	0.079
기어	250	60	13	0.433				

(1) 피치원주속도 : V(m/s)

(2) 피니언의 굽힘강도에 의한 전달하중 : P_1(N)

(3) 기어의 굽힘강도에 의한 전달하중 : P_2(N)

(4) 면압강도에 의한 전달하중 : P_c(N)

(5) 최대 전달가능동력 : H(kW)

해설

(1) $V = \dfrac{\pi D_1 N_1}{60,000} = \dfrac{\pi m z_1 N_1}{60,000} = \dfrac{\pi \times 4 \times 30 \times 500}{60,000} = 3.14 \text{m/s}$

(2) $P_1 = f_v f_w \sigma_b \cdot b \cdot p \cdot y = f_v f_w \sigma_b b \pi m y$

$= f_v f_w \sigma_b b m\, Y = \left(\dfrac{3.05}{3.05 + 3.14} \right) \times 0.8 \times 30 \times 40 \times 4 \times 0.377 = 713.32 \text{N}$

(3) $P_2 = f_v f_w \sigma_b b m\, Y = \left(\dfrac{3.05}{3.05 + 3.14} \right) \times 0.8 \times 13 \times 40 \times 4 \times 0.433 = 355.02 \text{N}$

(4) $P_c = f_v K \cdot b \cdot m \cdot \dfrac{2 z_1 z_2}{z_1 + z_2} = \left(\dfrac{3.05}{3.05 + 3.14} \right) \times 0.079 \times 40 \times 4 \times \dfrac{2 \times 30 \times 60}{30 + 60} = 249.12 \text{N}$

(5) $H = F \cdot V = P_c \cdot V = 249.12 \times 3.14 = 782.24 \text{W} = 0.78 \text{kW}$

>> 문제 08

피치원주속도가 7m/s로 30kW를 전달하는 헬리컬기어에서 비틀림각이 30°일 때 축 방향으로 작용하는 힘은 몇 N인가?

해설

$H = F \cdot V$ 에서

$F = \dfrac{H}{V} = \dfrac{30 \times 1,000}{7} = 4,285.71\text{N}$

축하중(트러스트하중)

$F_t = F\tan\beta = 4,285.71 \times \tan 30° = 2,474.36\text{N}$

>> 문제 09

치직각 모듈 $m_n = 4$, $\beta = 18°$, $z_1 = 21$, $z_2 = 63$인 헬리컬기어의 축간거리를 구하여라.

해설

축직각 모듈 $m_s = \dfrac{m_n}{\cos\beta}$

$C = \dfrac{D_{s1} + D_{s2}}{2} = \dfrac{m_s(z_1 + z_2)}{2} = \dfrac{m_n(z_1 + z_2)}{2\cos\beta} = \dfrac{4 \times (21 + 63)}{2 \times \cos 18°} = 176.65\text{mm}$

300rpm으로 8kW를 전달하는 한 쌍의 헬리컬기어의 중심거리가 250mm, 잇수 $z_1 = 20$, $z_2 = 80$, 치직각모듈 $m_n = 4$일 때 다음을 구하여라.

(1) 비틀림각 : $\beta°$
(2) 피니언의 지름 : $D_1(\text{mm})$
(3) 추력하중 : $P_t(\text{N})$
(4) 종동축에 작용하는 비틀림모멘트

해설

(1) $C = \dfrac{D_{s1} + D_{s2}}{2} = \dfrac{m_s(z_1 + z_2)}{2} = \dfrac{m_n(z_1 + z_2)}{2\cos\beta}$ 에서

$\cos\beta = \dfrac{m_n(z_1 + z_2)}{2C}$

$\therefore \beta = \cos^{-1}\left(\dfrac{m_n(z_1 + z_2)}{2C}\right) = \cos^{-1}\left(\dfrac{4(20 + 80)}{2 \times 250}\right) = 36.87°$

(2) $D_{s1} = m_s z_1 = \dfrac{m_n z_1}{\cos\beta} = \dfrac{4 \times 20}{\cos 36.87°} = 100.00\text{mm}$

(3) $V = \dfrac{\pi \cdot D_{s1} \cdot N_1}{60,000} = \dfrac{\pi \cdot m_s \cdot z_1 \cdot N_1}{60,000}$

$= \dfrac{\pi \cdot m_n \cdot z_1 \cdot N_1}{60,000\cos\beta} = \dfrac{\pi \times 4 \times 20 \times 300}{60,000 \times \cos 36.87°} = 1.57\text{m/s}$

$H = F \cdot V$ 에서

$F = \dfrac{H}{V} = \dfrac{8 \times 1,000}{1.57} = 5,095.54\text{N}$

추력하중 $P_t = F\tan\beta = 5,095.54 \times \tan 36.87 = 3,821.67\text{N}$

(4) $i = \dfrac{N_2}{N_1} = \dfrac{z_1}{z_2} = \dfrac{20}{80} = \dfrac{1}{4}$

$N_2 = N_1 \dfrac{1}{4} = 300 \times \dfrac{1}{4} = 75\text{rpm}$

$T_2 = \dfrac{H}{\omega} = \dfrac{8 \times 1,000}{\dfrac{2\pi \times 75}{60}} = 1,018.59164\text{N} \cdot \text{m} = 1,018,591.64\text{N} \cdot \text{mm}$

≫ 문제 11

모듈 5, 잇수 $z_1=30$, $z_2=50$, 압력각 20° 한 쌍의 표준평치차가 있다. 각 기어의 피치원지름, 원주피치, 바깥지름 및 중심거리를 mm로 각각 구하시오.

해설

(1) 피치원지름 : $D_1 = m\,z_1 = 5 \times 30 = 150\text{mm}$

$D_2 = m\,z_2 = 5 \times 50 = 250\text{mm}$

(2) 원주피치 : $\pi D_1 = p\,z_1$에서

$$p = \frac{\pi D_1}{z_1} = \frac{\pi \times 150}{30} = 15.71\text{mm}$$

(3) 바깥지름(D_{O1}, D_{O2})

$D_{O1} = D_1 + 2a = m\,z_1 + 2m = m(z_1 + 2) = 5(30 + 2) = 160\text{mm}$

$D_{O2} = D_2 + 2a = m\,z_2 + 2m = m(z_2 + 2) = 5(50 + 2) = 260\text{mm}$

(4) 중심거리 : $C = \dfrac{D_1 + D_2}{2} = \dfrac{150 + 250}{2} = 200\text{mm}$

≫ 문제 12

10kW 동력을 500rpm에서 1/3.5로 감속하여 전달해야 하는 한 쌍의 표준평기어(Spur Gear)에서 종동축기어의 피치원지름(mm)과 치폭(mm)을 구하시오.(단, 피니언의 잇수 $z=20$, 모듈 $m=3.5$, 피니언 재질의 허용굽힘응력은 120MPa, 기어 재질의 허용굽힘응력은 100MPa, 하중계수는 하중 변동을 고려하여 $f_w=0.75$, 치형계수 Y는 표를 참조하여 보간법으로 구하며, 면압강도는 무시하고 루이스식 굽힘강도로 치폭을 구하며 기어의 압력각 $\alpha=20°$, 치형계수 $Y=\pi y$이다.)

잇수(z)	15	20	30	50	75	100	150
치형계수(Y)	0.319	0.346	0.377	0.422	0.443	0.454	0.464

(1) 피치원지름(mm)
(2) 치폭(mm)

해설

(1) 속비 $i = \dfrac{N_2}{N_1} = \dfrac{D_1}{D_2}$ 에서

$$D_2 = \dfrac{D_1}{i} = \dfrac{m\,z_1}{i} = \dfrac{3.5 \times 20}{\dfrac{1}{3.5}} = 245\text{mm}$$

(2) $V = \dfrac{\pi D_1 N_1}{60,000} = \dfrac{\pi m\,z_1 N_1}{60,000} = \dfrac{\pi \times 3.5 \times 20 \times 500}{60,000} = 1.83\text{m/s}$

V가 저속이므로 속도계수 $f_v = \dfrac{3.05}{3.05 + V} = \dfrac{3.05}{3.05 + 1.83} = 0.625$

$H = F \cdot V$에서 회전력 $F = \dfrac{H}{V} = \dfrac{10 \times 1,000}{1.83} = 5,464.48\text{N}$

$i = \dfrac{z_1}{z_2}$에서 $z_2 = \dfrac{z_1}{i} = 3.5 \times 20 = 70$개

치형계수 Y를 보간법으로 구하면 $\dfrac{70 - 50}{75 - 50} = 0.8$($z_2$가 70일 때를 백분율로 따져 구한다.)

$0.8\,(0.443 - 0.422) = 0.0168$

$\therefore z_2 = 70$일 때 치형계수 $Y = 0.422 + 0.0168 = 0.4388$

굽힘의 견지 $F = f_v f_w \sigma_b b p y = f_v f_w \sigma_b b \pi m y = f_v f_w \sigma_b b m\,Y$

기어의 치폭 $b = \dfrac{F}{f_v f_w \sigma_b m\,Y} = \dfrac{5,464.48}{0.625 \times 0.75 \times 100 \times 3.5 \times 0.4388} = 75.91\text{mm}$

≫ 문제 **13**

헬리컬기어에서 피니언의 잇수 $z_1 = 60$, 기어의 잇수 $z_2 = 180$, 피니언의 회전수 $N_1 = 1,200\text{rpm}$, 치직각모듈 $m_n = 3$, 비틀림각 $\beta = 30°$, 압력각 $\alpha = 20°$, 허용굽힘응력 25MPa, $b = 36\text{mm}$, $f_v = 0.6$, $f_w = 0.75$, 치형계수 $Y = 0.433(\pi y)$일 때 다음을 구하여라.

(1) 축직각 모듈 : m_s

(2) 피니언의 지름 : D_{s_1}

(3) 기어의 상당스퍼기어 잇수 : Z_{e_2} (정수로 답하시오.)

(4) 굽힘강도에 의한 회전력 : F

해설

(1) $m_s \cos \beta = m_n$ 에서 $m_s = \dfrac{m_n}{\cos \beta} = \dfrac{3}{\cos 30°} = 3.46\text{mm}$

(2) $D_{s_1} = m_s z_1 = 3.46 \times 60 = 207.6\text{mm}$

(3) $z_{e_2} = \dfrac{z_2}{\cos^3 \beta} = \dfrac{180}{\cos^3 30°} = 277.13 = 278$개

(4) $F = f_v f_w \sigma_b b p_n y$ (치직각 기준)

$\quad = f_v f_w \sigma_b b \pi m_n y = f_v f_w \sigma_b b m_n Y$

$\quad = 0.6 \times 0.75 \times 25 \times 36 \times 3 \times 0.433 = 526.10\text{N}$

>> 문제 **14**

재질이 서로 다른 한 쌍의 평기어가 있다. 기계구조용 탄소강 SM 45C로 된 피니언의 허용굽힘응력 $\sigma_b = 30$ MPa, 회전수 $N_1 = 1,200$rpm, $z_1 = 24$, 회주철 GC 30으로 된 기어의 허용굽힘응력 $\sigma_b = 13$MPa, $z_2 = 72$일 때 다음을 구하여라.(단, $f_w = 0.8$, 모듈 3, 압력각 20°, 치폭 30mm, 치형계수 $Y(\pi y)$는 피니언이 $Y = 0.35$이고 기어의 $Y = 0.43$이다.)

(1) 중심거리 : C(mm)
(2) 굽힘강도 견지에서의 전달동력 : H(kW)

해설

(1) $C = \dfrac{D_1 + D_2}{2} = \dfrac{m(z_1 + z_2)}{2} = \dfrac{3(24 + 72)}{2} = 144$mm

(2) 재질이 서로 다르므로 전달할 수 있는 회전력도 다르다. 따라서 두 회전력 중 작은 값으로 설계해야 한다.

$$V = \frac{\pi D_1 N_1}{60,000} = \frac{\pi m z_1 N_1}{60,000} = \frac{\pi \times 3 \times 24 \times 1,200}{60,000} = 4.52 \,\text{m/s}$$

$$f_v = \frac{3.05}{3.05 + V} = \frac{3.05}{3.05 + 4.52} = 0.403$$

피니언의 회전력
$$F_1 = f_v f_w \sigma_b b m Y = 0.403 \times 0.8 \times 30 \times 30 \times 3 \times 0.35 = 304.67\text{N}$$

기어의 회전력
$$F_2 = f_v f_w \sigma_b b m Y = 0.403 \times 0.8 \times 13 \times 30 \times 3 \times 0.43 = 162.20\text{N}$$

$$H = F_2 \cdot V = 162.2 \times 4.52 = 733.14\text{W} = 0.73\text{kW}$$

(작은 값으로 설계해야 안전하게 전달할 수 있는 동력이 된다.)

≫ 문제 **15**

그림과 같은 베벨기어 전동장치에서 작은 기어의 피치원지름 $D_1 = 100mm$, 속도비 $i = \dfrac{1}{2}$ 일 때 다음을 구하여라.

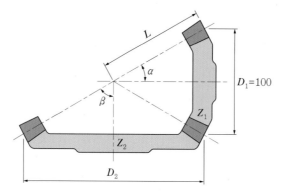

(1) 큰 치차의 피치원지름 D_2는 몇 mm인가?

(2) 피치원주모선의 길이 L은 몇 mm인가?

(3) 큰 치차의 피치원 원추각 β는 몇 도인가?

(4) 원동치차(z_1)가 1,000rpm으로 50kW를 전달할 때 접선력 P는 몇 N인가?

해설

(1) 속비 $i = \dfrac{D_1}{D_2}$

$\therefore\ D_2 = 2D_1 = 2 \times 100 = 200\text{mm}$

(2) 축각 $\theta = \alpha + \beta = 90°$이므로

$\tan\alpha = \dfrac{\sin\theta}{\cos\theta + \dfrac{1}{i}}$ 에서 $\tan\alpha = i$ $\therefore\ \alpha = \tan^{-1}\left(\dfrac{1}{2}\right) = 26.57°$

$L\sin\alpha = \dfrac{D_1}{2}$ 이므로 $L = \dfrac{D_1}{2\sin\alpha} = \dfrac{100}{2 \times \sin 26.57°} = 111.78\text{mm}$

(3) $\beta = 90° - \alpha = 90° - 26.57° = 63.43°$

$\left(\tan\beta = \dfrac{\sin\theta}{\cos\theta + i}$ 에서 $\tan\beta = \dfrac{1}{i}$ $\therefore\ \beta = \tan^{-1}(2) = 63.43° \right)$

(4) $V = \dfrac{\pi D_1 N_1}{60,000} = \dfrac{\pi \times 100 \times 1,000}{60,000} = 5.24\text{m/s}$

$H = F \cdot V = P \cdot V$ 에서 $P = \dfrac{H}{V} = \dfrac{50 \times 10^3}{5.24} = 9,541.98\text{N}$

>> 문제 **16**

압력각이 20°, 모듈이 3, 이의 폭이 35mm, 재질이 GC 30인 베벨기어가 다음과 같은 조건일 때 굽힘강도의 견지에서 전달동력(kW)을 구하여라.(단, 두 축은 직각으로 교차하며 하중계수 $f_w=0.8$이고, 작은 기어의 잇수 25, 회전수 750rpm, 큰 기어의 잇수 75, 회전수 250rpm이며, GC 30의 허용굽힘강도는 13N/mm²이고, 속도계수 $f_v=\dfrac{3}{3+V}$ 식을 이용하고 작은 기어의 치형계수 $Y(\pi y)=0.367$, 큰 기어의 치형계수 $Y=0.468$이다.)

해설

$$V=\frac{\pi D_1 N_1}{60,000}=\frac{\pi m z_1 N_1}{60,000}=\frac{\pi\times3\times25\times750}{60,000}=2.95\mathrm{m/s}$$

$$f_v=\frac{3}{3+V}=\frac{3}{3+2.95}=0.50$$

작은 기어의 원추반각을 α라 하면

$$\tan\alpha=i=\frac{z_1}{z_2}\qquad\therefore\ \alpha=\tan^{-1}\left(\frac{25}{75}\right)=18.43°$$

모선의 길이 $L=\dfrac{D_1}{2\sin\alpha}=\dfrac{m z_1}{2\sin\alpha}=\dfrac{3\times25}{2\times\sin18.43°}=118.62\mathrm{mm}$

굽힘견지의 회전력 $F_1=f_v f_w \sigma_b \cdot bm\,Y\lambda=f_v f_w \sigma_b m\,Y\dfrac{L-b}{L}$ (작은 기어)

$$=0.5\times0.8\times13\times35\times3\times0.367\times\frac{118.62-35}{118.62}=141.25\mathrm{N}$$

$$F_2=f_v f_w \sigma_b \cdot bm\,Y\frac{L-b}{L}=0.5\times0.8\times13\times35\times3\times0.468\times\frac{118.62-35}{118.62}=180.13\mathrm{N}\ (\text{큰 기어})$$

$$\therefore\ H=F_1\cdot V=141.25\times2.95=416.69\mathrm{W}=0.41\mathrm{kW}$$

>> 문제 **17**

속도비가 $\dfrac{1}{30}$인 웜기어장치에서 웜 줄수는 2줄, 웜기어의 모듈은 3일 때 다음을 구하시오.

(1) 웜휠의 잇수와 피치원지름(D_g)   (2) 웜 축직각피치와 피치원지름(D_w)
(3) 중심거리 C (4) 웜의 리드각(α)

해설

(1) $i = \dfrac{N_g}{N_w} = \dfrac{n(\text{줄수})}{Z_g}$

$\therefore\ Z_g = 30\,n = 30 \times 2 = 60$개, $D_g = m\,Z_g = 3 \times 60 = 180\text{mm}$

(2) $p = \pi m = \pi \times 3 = 9.42\text{mm}$
$D_w = 2\,p + 12.7 = 2 \times 9.42 + 12.7 = 31.54\text{mm}$

(3) $C = \dfrac{D_w + D_g}{2} = \dfrac{31.54 + 180}{2} = 105.77\text{mm}$

(4) $\tan\alpha = \dfrac{l}{\pi D_w} = \dfrac{np}{\pi D_w}$ $\therefore\ \alpha = \tan^{-1}\left(\dfrac{np}{\pi D_w}\right) = \tan^{-1}\left(\dfrac{2 \times 9.42}{\pi \times 31.54}\right) = 10.77°$

>> 문제 **18**

2.5kW, 1,750rpm의 동력을 웜기어를 사용하여 1/12.25로 감속시키려고 한다. 웜은 4줄 나사로 축 방향 방식으로 압력각 $\beta = 20°$, 모듈 3.5, 중심거리 110mm로 할 때 웜의 전동효율을 구하여라.(단, 마찰계수 $\mu = 0.1$이다.)

해설

$i = \dfrac{N_g}{N_w} = \dfrac{n}{Z_g}\ (n : \text{줄수})$

$Z_g = 12.25\,n = 12.25 \times 4 = 49$개
$D_g = m_s z_g = 3.5 \times 49 = 171.5\text{mm}$
웜의 축 방향 피치 $p_s = \pi m_s = \pi \times 3.5 = 11.0\text{mm}$

웜의 피치원지름 D_w는 $C = \dfrac{D_w + D_g}{2}$ 에서

$$\therefore\ D_w = 2C - D_g = 2 \times 110 - 171.5 = 48.5 \text{mm}$$

리드각 $\tan\alpha = \dfrac{l}{\pi D_w} = \dfrac{np_s}{\pi D_w}$ $\therefore\ \alpha = \tan^{-1}\left(\dfrac{4 \times 11}{\pi \times 48.5}\right) = 16.11°$

$\tan\rho' = \dfrac{\mu}{\cos\beta}$, $\rho' = \tan^{-1}\left(\dfrac{0.1}{\cos 20°}\right) = 6.07°$

$\therefore$ 웜의 효율 $\eta = \dfrac{\tan\alpha}{\tan(\rho' + \alpha)} = \dfrac{\tan 16.11}{\tan(6.07 + 16.11)} = 0.7084 = 70.84\%$

≫ 문제 **19**

그림과 같은 윈치장치로서 무게 1,500N의 물체를 매초 1m의 속도로 올린다. 여기에 필요한 모터의 회전수와 동력(kW)을 구하여라.(단, 이 장치에 있어서 한 쌍의 기어의 효율은 0.95, 기어의 잇수비 $A : B : C : D =$ 20 : 60 : 40 : 100이고, 드럼의 지름은 0.5m이다.)

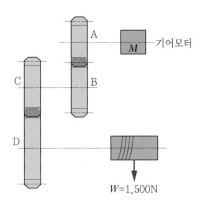

해설

기어 A와 D의 속도비는 기어열이므로

$$i = \frac{\text{원동차의 잇수곱}}{\text{종동차의 잇수곱}} = \frac{z_a \times z_c}{z_b \times z_d}$$

$$i = \frac{N_d}{N_a} = \frac{20 \times 40}{60 \times 100} = \frac{2}{15} = \frac{1}{7.5}$$

드럼축의 토크

$$T = W \times \frac{D}{2} = 1,500 \times \frac{500}{2} = 375,000\ \text{N} \cdot \text{mm}$$

D축의 회전수

$$N_d = \frac{60,000\,V}{\pi\,D} = \frac{60,000 \times 1}{\pi \times 500} = 38.2\text{rpm (드럼의 원주속도와 같다.)}$$

A축의 회전수

$$N_a = 7.5\,N_d = 7.5 \times 38.2 = 286.5\text{rpm (모터 회전수)}$$

축의 동력은 같으므로

$$H = T \cdot \omega = 375,000 \times \frac{2\pi \times 38.2}{60} = 1,500,110.49\text{N} \cdot \text{mm/s} = 1,500.11\text{N} \cdot \text{m/s} = 1.50\text{kW}$$

필요한 실제동력

$$H_s = \frac{1.50}{\eta_1 \cdot \eta_2} = \frac{1.50}{0.95 \times 0.95} = 1.66\text{kW (두 쌍의 기어장치를 사용하므로)}$$

≫ 문제 20

그림과 같은 연동장치에서 I축에 5kW를 작용시킬 때, 이 기어장치는 표준평기어를 사용하였으며 마찰손실은 무시하고, 다음을 설계하시오.(단, $N_A = 1,800$rpm, 모듈은 6이다.)

(1) IV축의 회전수(rpm)
(2) IV축 기어의 피치원지름(mm)
(3) IV축 기어에 작용하는 토크(N · mm)

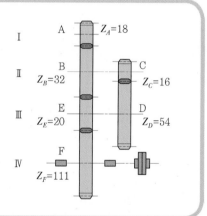

해설

(1) 속비 $\quad i = \dfrac{N_F}{N_A} = \dfrac{\text{원동차들의 잇수곱}}{\text{종동차들의 잇수곱}} = \dfrac{18 \times 16 \times 20}{32 \times 54 \times 111} = 0.03$

$\qquad N_F = N_A \times 0.03 = 1,800 \times 0.03 = 54\text{rpm}$

(2) $D_F = m z_F = 6 \times 111 = 666\text{mm}$

(3) $T_F = \dfrac{H}{\omega} = \dfrac{5 \times 10^3}{\dfrac{2\pi \times 54}{60}} = 884.19413\text{N} \cdot \text{m} = 884,194.13\text{N} \cdot \text{mm}$

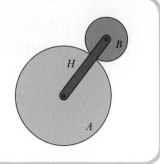

≫ 문제 21

그림과 같은 유성기어에서 A기어의 잇수 $z_A = 80$, B기어의 잇수 $z_B = 20$이고 암 H가 $+10$(우) 회전하면서 동시에 기어 B가 $+90$(우) 회전할 때 기어 A의 회전 방향과 회전수는?

해설

암 H의 정미회전수가 $+10$이 되어야 하며 기어 B의 정미회전수가 $+90$이 되어야 하므로 암고정시 B를 $+80$ 회전시킨다.

구분	A	B	H
① 전체 고정	$+10$	$+10$	$+10$
② 암고정	ⓐ -20	$+80$	0
③ 합계(정미회전수)	-10	$+90$	$+10$

ⓐ 설명 : 기어 B를 $+80$(우) 회전하면 기어 A는 좌회전하게 되는데 기어 A의 회전수는

$$i = \frac{N_A}{N_B} = \frac{z_B}{z_A} \text{에서 } N_A = N_B \times \frac{z_B}{z_A} = 80 \times \frac{20}{80} \times (-1) \qquad \therefore N_A = -20 \text{(좌) 회전}$$

$\therefore$ 정미회전수에서 기어 A는 -10(좌) 회전하게 된다.

≫ 문제 **22**

그림과 같은 유성기어에서 기어 A를 고정, 기어 B를 우회전으로 15회 전시킬 때 암 H는 몇 회전하는가?(단, 잇수 $z_A = 24$, $z_B = 48$이다.)

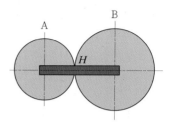

해설

구 분	A	B	H(암)
(1) 전체고정	+1	+1	+1
(2) 암고정	−1	$+\dfrac{1}{2}$	0(암고정)
(3) 합계(정미회전수)	0	$+\dfrac{3}{2}$	+1

(1) 전체 고정한 다음 +1(우) 회전하면 모두 +1(우) 회전하게 된다.

(2) 암고정($H = 0$)하고 속비 $i = \dfrac{N_B}{N_A} = \dfrac{z_A}{z_B}$에서 A를 −1(좌) 회전하면

B는 $N_B = N_A \cdot \dfrac{z_A}{z_B}$에서 $+\left(1 \times \dfrac{24}{48}\right)$, 즉 $+\dfrac{1}{2}$(우회전)하게 된다.

(3) 정미회전수에서는 A를 고정하고 B를 회전시켰으므로 A의 정미회전수를 0으로 만들어야 한다. ((2)에서 기어 A를 −1회진시긴 이유)

정미 회전수비 $B : H \Rightarrow \dfrac{3}{2} : 1 = 15 : x$

∴ $x = 15 \times \dfrac{2}{3} = +10$

∴ 암 H는 +10(우) 회전하게 된다.

≫ 문제 **23**

그림과 같은 유성치차장치에서 잇수 $z_1 = 80$, $z_2 = 40$, $z_3 = 20$일 때 암 4가 왼쪽으로 1회전하면 치차 2의 회전방향과 회전수는?

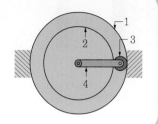

해설

위 그림에서 기어 1이 벽에 고정되어 있으므로 기어 1의 정미회전수가 0이 되어야 한다.

구분	기어 1	기어 2	기어 3	4(암)
① 전체 고정	+1	+1	+1	+1
② 암고정	−1	ⓑ+2	ⓐ−4	0(암고정)
③ 합계(정미회전수)	0	+3	−3	+1

ⓐ 설명 : 기어 1을 −1(좌) 회전시키면 기어 3도 좌회전하게 되는데 기어 3의 회전수는, 속비 $i = \dfrac{N_3}{N_1} = \dfrac{z_1}{z_3}$에서

$$N_3 = N_1 \times \frac{z_1}{z_3} = -1 \times \frac{80}{20} = -4 \text{(좌) 회전}$$

ⓑ 설명 : 기어 3을 −4(좌) 회전하면 기어 2는 우회전하게 되는데 기어 2의 회전수는,

속비 $i = \dfrac{N_2}{N_3} = \dfrac{z_3}{z_2}$에서

$$N_2 = N_3 \times \frac{z_3}{z_2} = -4 \times \frac{20}{40} \times \underset{\uparrow \text{회전 방향 반대}}{(-1)} \quad \therefore N_2 = +2 \text{(우) 회전}$$

정미회전수비 ⇒ 암 : 기어 2=1 : 3(암과 기어 2의 회전 방향은 같다.)

$$1 : 3 = 1 : x \quad \therefore x = 3$$

∴ 기어 2는 왼쪽으로 3회전하게 된다.

11 벨트, 로프, 체인

1 평벨트

감아걸기 전동장치의 일종으로 정확한 속도비는 얻을 수 없으나 축간거리를 크게 취할 수 있는 장점이 있다.

1. 평벨트의 길이와 접촉각

1) 바로걸기(Open Belting)

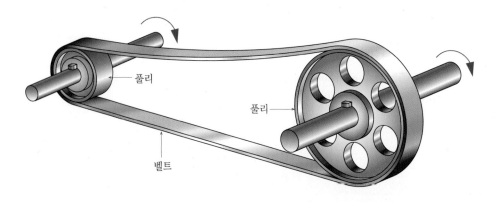

① 벨트길이

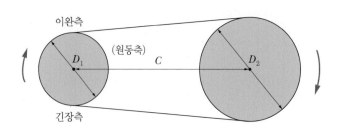

$$L_O = 2\,C + \frac{\pi\,(D_2 + D_1)}{2} + \frac{(D_2 - D_1)^2}{4\,C}$$

② 접촉각

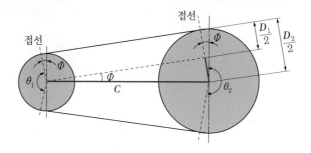

작은 풀리의 접촉각 $\theta_1 = 180° - 2\phi$

큰 풀리의 접촉각 $\theta_2 = 180° + 2\phi$

$$C\sin\phi = \frac{D_2 - D_1}{2} \;\rightarrow\; \phi = \sin^{-1}\!\left(\frac{D_2 - D_1}{2\,C}\right)$$

2) 엇걸기(Crossed Belting)

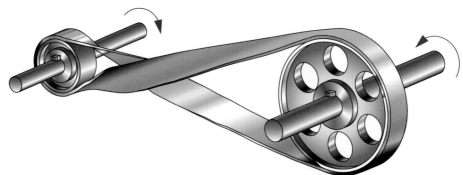

① 벨트길이

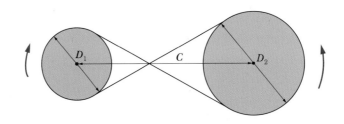

$$L_C = 2\,C + \frac{\pi\,(D_2 + D_1)}{2} + \frac{(D_2 + D_1)^2}{4\,C}$$

② 접촉각

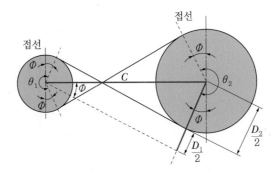

$$\theta_1 = \theta_2 = 180° + 2\phi$$

$$C\sin\phi = \frac{D_1 + D_2}{2}$$

$$\therefore \; \sin\phi = \frac{D_2 + D_1}{2\,C} \rightarrow \phi = \sin^{-1}\!\left(\frac{D_2 + D_1}{2\,C}\right)$$

2. 벨트의 장력과 전달동력

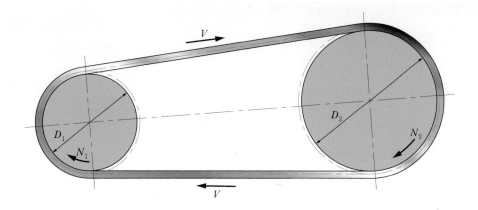

1) 속도비(i)

$$i = \frac{N_2}{N_1} = \frac{D_1}{D_2}$$

$N_1,\ N_2$: 원동풀리, 종동풀리의 회전수

$D_1,\ D_2$: 원동풀리, 종동풀리의 지름

2) 벨트의 회전속도

$$V = \frac{\pi D_1 N_1}{60{,}000} = \frac{\pi D_2 N_2}{60{,}000}\ \mathrm{(m/s)}$$

3) 벨트의 장력

벨트의 전동은 마찰전동이므로 초장력을 줄 필요가 있다.

① 벨트가 회전할 때 팽팽히 당겨지는 쪽의 장력 : T_t (긴장측 장력 : Tight Side Tension)

② 벨트가 회전할 때 느슨해지는 쪽의 장력 : T_s (이완측 장력 : Slack Side Tension)

③ 벨트풀리를 실제로 돌리는 힘 : T_e (유효장력 : Effective Tension)

$$T_e = T_t - T_s$$

(긴장측 장력과 이완측 장력의 차이만큼 풀리를 돌리게 된다.)

4) 벨트의 장력비($e^{\mu\theta}$) (2~5 범위의 값)

① 벨트의 회전속도 V가 10m/s 이하여서 원심력을 무시할 때

$$e^{\mu\theta} = \frac{T_t}{T_s}$$

여기서, μ : 벨트와 풀리의 마찰계수
θ : 접촉각(바로걸기에서는 θ_1 적용)

② 벨트의 회전속도 V가 10m/s 이상되어 원심력을 고려할 때

$$e^{\mu\theta} = \frac{T_t - C}{T_s - C}$$ (원심력에 의한 부가장력 C는 벨트와 풀리의 마찰을 감소시킴)

원심력 $C = m \cdot \dfrac{V^2}{r} = \dfrac{m}{r} \cdot V^2 = m' \cdot V^2$

(SI단위에서 $m' =$ 벨트단위길이당 질량 ($\dfrac{m}{r}$: kg/m)이 이 주어질 때)

원심력 $C = m \cdot \dfrac{V^2}{r} = \dfrac{W}{g} \dfrac{V^2}{r} = \dfrac{w\,V^2}{g}$

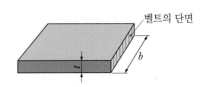
벨트의 단면

$w = \dfrac{W}{r} =$ kgf/m : 벨트의 단위길이당 무게(공학단위)
　　→ N/m로 환산(SI)

$w = \gamma \cdot A = \gamma \cdot b \cdot t \;[\mathrm{N/m,\,kgf/m}]$

5) 장력 간의 관계

① $T_e = T_t - T_s$ …… ㉠, $e^{\mu\theta} = \dfrac{T_t}{T_s}$ 에서 $T_s = \dfrac{T_t}{e^{\mu\theta}}$ 를 ㉠에 대입

$$T_e = T_t - \frac{T_t}{e^{\mu\theta}} = T_t \cdot \frac{e^{\mu\theta} - 1}{e^{\mu\theta}} \Rightarrow T_t = T_e \frac{e^{\mu\theta}}{e^{\mu\theta} - 1}$$

(㉠에 $T_t = T_s e^{\mu\theta}$ 를 대입하면, $T_e = T_s(e^{\mu\theta} - 1)$이 된다.)

② $e^{\mu\theta} = \dfrac{T_t - C}{T_s - C}$ 에서 $T_s = \dfrac{T_t - C + Ce^{\mu\theta}}{e^{\mu\theta}}$ 를 ㉠에 대입

$$T_e = T_t - \frac{T_t - C + Ce^{\mu\theta}}{e^{\mu\theta}} = \frac{e^{\mu\theta}T_t - T_t + C - Ce^{\mu\theta}}{e^{\mu\theta}}$$

$$= \frac{(T_t - C)\,e^{\mu\theta} - (T_t - C)}{e^{\mu\theta}}$$

$$\therefore\ T_e = \frac{(T_t - C)(e^{\mu\theta} - 1)}{e^{\mu\theta}}$$

(또 T_e 를 T_s 에 대한 식으로 나타내면 $T_e = (T_s - C)(e^{\mu\theta} - 1)$)

6) 벨트의 전달동력

유효장력에 의해 풀리를 돌리므로 회전력은 유효장력이 된다.

$$T_e(\mathrm{N}),\ V(\mathrm{m/s})$$

$$H = T_e \cdot V(\mathrm{W})\,(\mathrm{SI})$$

$$= T_t \cdot \left(\frac{e^{\mu\theta} - 1}{e^{\mu\theta}}\right) \cdot V$$

$$H_{\mathrm{PS}} = \frac{F \cdot V}{75} = \frac{T_e \cdot V}{75} = \frac{T_t \cdot V}{75}\left(\frac{e^{\mu\theta} - 1}{e^{\mu\theta}}\right)$$

$$= \frac{T_s\,V}{75}(e^{\mu\theta} - 1) \quad (V < 10\mathrm{m/s})$$

$$H_{\mathrm{PS}} = \frac{T_e \cdot V}{75} = \frac{(T_t - C)\,V}{75}\left(\frac{e^{\mu\theta} - 1}{e^{\mu\theta}}\right)$$

$$= \frac{(T_s - C)\,V}{75}(e^{\mu\theta} - 1) \quad (V > 10\,\mathrm{m/s})$$

3. 벨트의 응력

1) 인장응력

$$\sigma_t = \frac{T_t\,(\text{가장 큰 인장력})}{A\,(\text{파괴면적})} = \frac{T_t}{b \cdot t} = \boxed{\frac{T_t}{b \cdot t \cdot \eta}}$$

η : 벨트이음효율

2) 굽힘응력

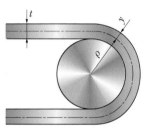

$$\sigma_b = E\varepsilon = E \cdot \frac{y}{\rho} = E \cdot \frac{\dfrac{t}{2}}{\dfrac{D}{2} + \dfrac{t}{2}}$$

$$\fallingdotseq \boxed{E \cdot \frac{t}{D}}$$

E : 벨트탄성계수

3) 조합응력

$$\sigma_R = \sigma_t + \sigma_b = \frac{T_t}{b \cdot t \cdot \eta} + E \cdot \frac{t}{D}$$

❷ V벨트

직물을 고무로 고형한 것으로 $40°$의 사다리꼴을 갖는 앤드리스(Endless)벨트이다.

자유물체도에서

$$\sum F_y = - Q + \frac{N}{2}\sin\alpha \times 2(양쪽) + \mu \cdot \frac{N}{2}\cos\alpha \times 2(양쪽) = 0$$

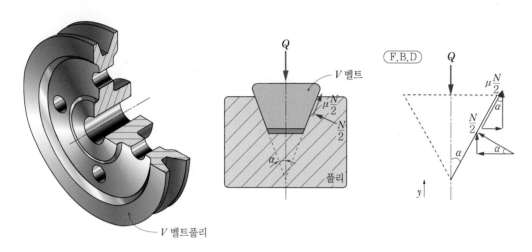

1. 상당마찰계수(힘이 홈의 반각 α 의 각도로 가해지므로)

$$\mu' = \frac{\mu}{\sin\alpha + \mu\cos\alpha}$$

2. 수직력

$$N = \frac{Q}{(\sin\alpha + \mu\cos\alpha)}$$

3. 마찰력

$$F_f = 2\mu\frac{N}{2} = \mu N = \mu' Q$$

4. 장력비와 유효장력

$$e^{\mu'\theta} = \frac{T_t}{T_s} \quad, \quad T_e = T_t - T_s \,, \quad e^{\mu'\theta} = \frac{(T_t - C)}{(T_s - C)} \,\text{(원심력에 의한 부가장력을 고려)}$$

5. V벨트 한 가닥의 전달동력(원심력에 의한 부가장력 고려)

$$H_0 = T_e \cdot V = (T_t - C) \cdot \left(\frac{e^{\mu'\theta} - 1}{e^{\mu'\theta}} \right) \cdot V$$

여기서, 원심력을 무시할 경우는 C만 제외

6. 벨트의 가닥수

$$z = \frac{H}{H_0 K_1 K_2}$$

H : 전체 전달동력

H_0 : V벨트 한 개의 전달동력

K_1 : 접촉각 수정계수

K_2 : 부하 수정계수

(※ 실수값이 나오면 올림하여 정수로 답해야 한다.)

③ 로프

로프전동은 벨트 대신에 로프를 홈바퀴(시브폴리)에 걸어감고 로프와 홈면 사이의 마찰력에 의하여 축에 운동과 동력을 전달하는 장치이며, V벨트 장치와 비슷하다. 와이어 로프는 2축 사이의 거리가 멀고, 큰 동력을 전달할 경우에 사용되며, 최근에는 엘리베이터, 하역기계(크레인), 광산, 선박 등에 많이 사용된다.

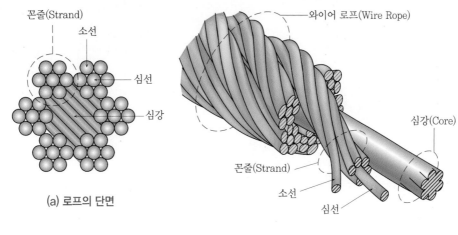

(a) 로프의 단면

(b) 로프의 부위 명칭

1. 로프의 응력

1) 접촉면의 마찰력에 의해 로프에 발생하는 인장응력(σ_t)(주로 발생하는 응력)

$$\sigma_t = \frac{P}{\frac{\pi d^2}{4} n}$$

P : 로프에 걸리는 인장력(긴장측 장력 T_t로 해석)

d : 소선의 지름

n : 소선 가닥 수

2) 로프가 풀리 부분을 회전할 때 풀리의 곡률 반경에 따라 발생하는 굽힘응력(σ_b)

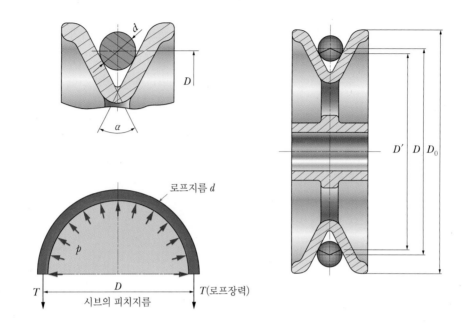

$$M = \frac{EI}{\rho} = \frac{EI}{\dfrac{D}{2}}(\rho : 곡률반경), \quad \sigma_b = \frac{M}{I} \cdot y = \frac{M}{I} \cdot \frac{d}{2} \ (여기에 \ M = \frac{2EI}{D}를 \ 대입하면)$$

$$\therefore \ \sigma_b = E \cdot \frac{d}{D}$$

3) 원심력에 의한 부가응력(σ_c)

$$\sigma_c = \frac{원심력}{로프단면적} = \frac{F}{A} = \frac{\dfrac{w}{g} \cdot V^2}{\dfrac{\pi}{4} d^2 \cdot n}$$

w : N/m(SI), kgf/m(공학단위) : 선분포

2. 로프의 장력(T)과 길이

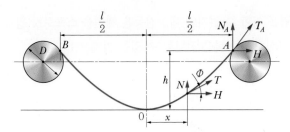

로프의 길이와 늘어짐

T : 로프 장력
N, H : 수직, 수평성분
h : 처짐량
l : 축간거리

로프전동에서는 축간거리가 멀어 로프가 늘어져 현수선 모양을 하지만 근사적인 포물선으로 보고 해석한다.

포물선 BA의 방정식은 $y = ax^2 \rightarrow x = \dfrac{l}{2}$에서 $y = h$

$h = a \cdot \left(\dfrac{l}{2}\right)^2$에서 $a = \dfrac{4h}{l^2}$

$\therefore \ y = \dfrac{4h}{l^2} \cdot x^2$

미분하면 $\dfrac{dy}{dx} = \dfrac{8h}{l^2}x$

로프 BA의 길이(L')

$$L' = 2\int_0^{\frac{l}{2}} \sqrt{(dx)^2 + (dy)^2}\,dx = 2\int_0^{\frac{l}{2}} \sqrt{1 + \left(\dfrac{dy}{dx}\right)^2}\,dx$$

$$= 2\int_0^{\frac{l}{2}} \left\{1 + \dfrac{1}{2}\left(\dfrac{dy}{dx}\right)^2\right\}dx = 2\int_0^{\frac{l}{2}} \left\{1 + \dfrac{1}{2}\left(\dfrac{8h}{l^2}x\right)^2\right\}dx$$

$$= 2\int_0^{\frac{l}{2}} \left\{1 + \dfrac{32h^2}{l^4}x^2\right\}dx \ \text{적분하면}$$

$$L' = l\left(1 + \dfrac{8h^2}{3l^2}\right)$$

로프의 전길이 $L \fallingdotseq \pi D + 2L' = \pi D + 2l\left(1 + \dfrac{8h^2}{3l^2}\right)$

로프장력 $T = \dfrac{wl^2}{8h} + wh$

w : 단위길이에 대한 로프 무게($\mathrm{N/m}$, $\mathrm{kgf/m}$) : 선분포
l : 축간거리
h : 처짐량

4 체인

벨트나 로프와 같은 마찰 전동은 어느 정도의 슬립을 피할 수 없지만 체인전동은 체인을 스프로킷 휠의 이
에 걸어서 전동하기 때문에 비교적 큰 속비라도 확실하게 동력을 전달할 수 있는 기계요소이다.

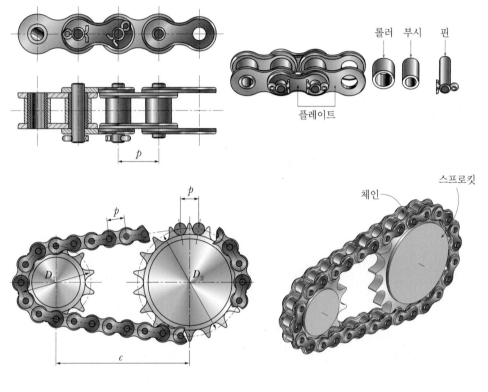

D_1 : 원동스프로킷 피치원지름

D_2 : 종동스프로킷 피치원지름

z_1 : 원동스프로킷 잇수

z_2 : 종동스프로킷 잇수

p : 피치

$$\pi D = p \cdot z$$

1. 체인길이

$$L = L_n \cdot p \ (L_n : \text{링크 수})$$

$$L_n = \frac{2C}{p} + \frac{z_1 + z_2}{2} + \frac{0.0257\,p\,(z_2 - z_1)^2}{C}$$

$$C : \text{축간거리}$$

2. 속도비

$$i = \frac{N_2}{N_1} = \frac{D_1}{D_2} = \frac{z_1}{z_2}$$

3. 체인의 속도

$$V = \frac{\pi D N}{60,000} = \frac{N p z}{60,000} \ \frac{N_1 p z_1}{60,000} = \frac{N_2 p z_2}{60,000} \ (\pi D = p z)$$

4. 스프로킷 피치원지름과 외경

$$\text{피치원지름} \ \ D = \frac{p}{\sin\left(\dfrac{180°}{z}\right)} \qquad \text{외경} \ \ D_o = p\,(0.6 + \cot(180°/z))$$

5. 전달동력

체인의 허용장력 $F_a(\mathrm{N})$, 체인속도$(\mathrm{m/s})$

$$H = F_a \cdot V (\mathrm{N \cdot m/s} = \mathrm{J/s} = \mathrm{W} : \mathrm{SI단위})$$

$$H_{\mathrm{PS}} = \frac{F_a \cdot V}{75}, \ H_{\mathrm{kW}} = \frac{F_a \cdot V}{102} \, (\text{공학단위})$$

체인의 허용장력 $\quad F_a = \dfrac{F_f(\text{파단하중})}{S(\text{안전율})}$

$$F_a = \frac{F_f \, i}{f \, S}$$

f : 과부하 수정계수

S : 안전율

i : 붙이기 오차 등을 고려한 다열계수(다열체인의 경우)

≫ 문제 **01**

벨트의 긴장측 장력을 980N, 이완측 장력을 490N으로 유지하여 동력 8kW를 400rpm으로 전달할 때 벨트풀리의 직경(mm)을 설계하시오.

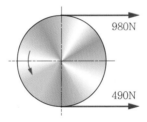

980N

490N

해설

$$T = \frac{H}{\omega} = T_e \cdot \frac{D}{2}$$

유효장력 $T_e = T_t - T_s = 980 - 490 = 490\text{N}$

$$\therefore D = \frac{2H}{T_e \cdot \omega} = \frac{2 \times 8 \times 10^3}{490 \times \frac{2\pi \times 400}{60}} = 0.77953\text{m} = 779.53\text{mm}$$

≫ 문제 **02**

그림과 같은 두 개의 벨트풀리에 전달마력이 9kW이고, 속도가 9m/s인 가죽벨트풀리 동력전달장치가 있다. 긴장측의 장력(T_t)이 이완측 장력(T_s)의 2.5배이고, 벨트의 이음효율은 80%이다.

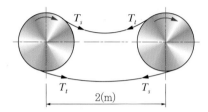

(1) 유효장력 T_e는 몇 N인가?

(2) 긴장측의 장력 T_t는 몇 N인가?

(3) 회전수 $N=860$rpm일 때 가죽벨트의 전달토크는 몇 N · m인가?

(4) 풀리의 지름이 각각 200mm, 250mm이다. 벨트의 길이는 몇 mm인가?

(5) 사용하는 가죽벨트는 두 겹이고, $t=6$mm일 때 벨트 폭은 몇 mm이면 되겠는가?(단, 벨트의 허용인장응력 $\sigma_t=2.5$ MPa이다.)

해설

(1) $H=T_e \cdot V$에서

$$T_e = \frac{H}{V} = \frac{9 \times 1,000}{9} = 1,000\text{N}$$

(2) $T_e = T_t - T_s, e^{\mu\theta} = \dfrac{T_t}{T_s} \rightarrow T_s = \dfrac{T_t}{e^{\mu\theta}} \quad (e^{\mu\theta}=2.5)$

$$T_e = T_t - \frac{T_t}{e^{\mu\theta}}$$

$$\therefore T_t = T_e \left(\frac{e^{\mu\theta}}{e^{\mu\theta}-1} \right) = 1,000 \left(\frac{2.5}{2.5-1} \right) = 1,666.67\text{N}$$

(3) $T = \dfrac{H}{\omega} = \dfrac{9 \times 1,000}{\dfrac{2\pi \times 860}{60}} = 99.93\text{N} \cdot \text{m}$

(4) $L = 2C + \dfrac{\pi(D_2+D_1)}{2} + \dfrac{(D_2-D_1)^2}{4C}$

$$= 2 \times 2,000 + \frac{\pi(250+200)}{2} + \frac{(250-200)^2}{4 \times 2,000} = 4,707.17\text{mm}$$

(5) $\sigma_t = \dfrac{T_t}{A} = \dfrac{T_t}{bt} = \dfrac{T_t}{bt\eta}$ ($\eta = 0.8$)

$b = \dfrac{T_t}{t \cdot \sigma_t \cdot \eta} = \dfrac{1,666.67}{6 \times 2.5 \times 0.8} = 138.89\text{mm}$

≫ 문제 **03**

축간거리가 5m, 벨트풀리의 지름이 원동차가 260mm, 종동차가 700mm일 때 엇걸기인 경우 벨트의 길이를 구하여라.

해설

$$L = 2C + \dfrac{\pi(D_2 + D_1)}{2} + \dfrac{(D_2 + D_1)^2}{4C}$$

$$= 2 \times 5,000 + \dfrac{\pi(700 + 260)}{2} + \dfrac{(700 + 260)^2}{4 \times 5,000} = 11,554.04\text{mm}$$

≫ 문제 **04**

250rpm으로 회전하는 출력 10kW의 모터축에 설치되어 있는 바깥지름 500mm의 풀리에 평벨트를 구동할 때 벨트에 작동하는 유효장력 T_e는 몇 kN인가?(단, 종동풀리의 지름은 500mm, 원심력은 무시한다.)

해설

회전속도 $V = \dfrac{\pi D_1 N_1}{60,000} = \dfrac{\pi \times 500 \times 250}{60,000} = 6.54\,\text{m/s}$

$H = T_e \cdot V$ 에서

$T_e = \dfrac{H}{V} = \dfrac{10 \times 1,000}{6.54} = 1,529.05\text{N} = 1.53\text{kN}$

≫ 문제 05

나비 150mm인 가죽 벨트에서 두께가 5mm, 지름 400mm, 회전수 800rpm의 풀리를 운전할 때 몇 kW를 전달할 수 있는가?(단, $\mu=0.2$, $\theta=165°$, $\eta=75\%$, 벨트의 허용인장응력 $\sigma_t=25\text{N/cm}^2$이고, $w=0.1\text{N/m}$ 이다.)

해설

$\sigma_t=0.25\text{N/mm}^2$

$\sigma_t=\dfrac{T_t}{bt\eta}$ 에서 $T_t=\sigma_t \cdot bt \cdot \eta=0.25\times150\times5\times0.75=140.63\text{N}$

$V=\dfrac{\pi DN}{60,000}=\dfrac{\pi\times400\times800}{60,000}=16.76\text{m/s}$ (V가 10 m/s 이상이므로 원심력을 고려)

$\theta=165° \rightarrow 165°\times\dfrac{\pi}{180°}=2.88\text{rad}$

$e^{\mu\theta}=e^{0.2\times2.88}=1.78$

원심력에 의한 부가장력 $C=\dfrac{wV^2}{g}=\dfrac{0.1\times16.76^2}{9.8}=2.87\text{N}$

유효장력 $T_e=(T_t-C)\dfrac{e^{\mu\theta}-1}{e^{\mu\theta}}$

$H=T_e \cdot V=(T_t-C) \cdot \left(\dfrac{e^{\mu\theta}-1}{e^{\mu\theta}}\right) \cdot V$

$\quad=(140.63-2.87)\times\left(\dfrac{1.78-1}{1.78}\right)\times16.76=1,011.75\text{W}=1.01\text{kW}$

≫ 문제 **06**

출력 5kW, 회전수 1,150rpm의 모터에 의하여 300rpm의 건설기계를 V벨트로 운전하고자 한다. 축간거리 1.5m, 모터축 풀리의 지름 300mm일 때 다음을 구하시오.(단, 상당마찰계수 $\mu'=0.48$, V벨트의 단위길이당 무게 $w=0.56$N/m이다.)

(1) 원심력에 의한 벨트의 부가장력 : T_c(N)

(2) 장력비 : $e^{\mu'\theta}$

(3) V벨트 1개의 전달동력 : H_0(kW) (단, V벨트의 허용장력은 86N이다.)

(4) V벨트의 가닥수 : z (단, 부하수정계수 $K_2=0.75$이다.)

해설

(1) $V=\dfrac{\pi D_1 N_1}{60,000}=\dfrac{\pi \times 300 \times 1,150}{60,000}=18.06\text{m/s} \quad (V>10\text{m/s})$

$T_c=C=\dfrac{wV^2}{g}=\dfrac{0.56 \times 18.06^2}{9.8}=18.64\text{N}$

(2) V벨트는 바로걸기이므로 접촉각 θ(작은값)

$\dfrac{N_2}{N_1}=\dfrac{D_1}{D_2} \rightarrow \dfrac{300}{1,150}=\dfrac{300}{D_2} \qquad \therefore D_2=1,150\text{mm}$

$\theta=180°-2\phi, \ \sin\phi=\dfrac{D_2-D_1}{2C} \rightarrow \phi=\sin^{-1}\left(\dfrac{1,150-300}{2 \times 1,500}\right)=16.46°$

$\theta=180°-2 \times 16.46°=147.08° \rightarrow 147.08° \times \dfrac{\pi}{180°}=2.57\text{rad}$

$\therefore e^{\mu'\theta}=e^{0.48 \times 2.57}=3.43$

(3) 유효장력 $T_e=(T_t-C)\left(\dfrac{e^{\mu'\theta}-1}{e^{\mu'\theta}}\right), \ T_t=86\text{N}$

$H_0=T_e \cdot V=(T_t-C) \cdot V \cdot \left(\dfrac{e^{\mu'\theta}-1}{e^{\mu'\theta}}\right)$

$=(86-18.64) \times 18.06 \times \left(\dfrac{3.43-1}{3.43}\right)=861.85\text{W}=0.862\text{kW}$

(4) $z=\dfrac{H}{K_1 K_2 H_0}$ 에서 접촉각 수정계수 K_1은 고려하지 않고

$=\dfrac{H}{K_2 H_0}=\dfrac{5}{0.75 \times 0.862}=7.73(\text{올림})$

$\therefore Z=8\text{개}$

≫ 문제 **07**

5kW, 1,500rpm의 모터로부터 V벨트를 연결하여 500rpm의 작업기를 구동하려고 한다. 두 풀리의 축간거리는 500mm, 구동풀리의 지름은 100mm, 마찰계수는 0.25, 홈각도는 40°이다. 사용되는 V벨트는 B형이고 허용장력은 300N이다. 원심력을 무시할 때 필요한 V벨트의 가닥수를 결정하여라.(단, 계산값을 정수로 올림한다.)

해설

$\mu = 0.25,\ \alpha = \dfrac{40°}{2} = 20°$

상당마찰계수 $\mu' = \dfrac{\mu}{\sin\alpha + \mu\cos\alpha} = \dfrac{0.25}{\sin 20° + 0.25\cos 20°} = 0.43$

접촉각 $\theta = 180° - 2\phi,\ \dfrac{N_2}{N_1} = \dfrac{D_1}{D_2}$ 에서

$D_2 = D_1 \times \dfrac{N_1}{N_2} = 100 \times \dfrac{1,500}{500} = 300\text{mm}$

$\quad = 180° - 2\sin^{-1}\left(\dfrac{D_2 - D_1}{2C}\right) = 180° - 2\sin^{-1}\left(\dfrac{300 - 100}{2 \times 500}\right)$

$\quad = 156.93° \rightarrow 156.93° \times \dfrac{\pi}{180°} = 2.74\text{rad}$

$e^{\mu'\theta} = e^{0.43 \times 2.74} = 3.25$

$V = \dfrac{\pi D_1 N_1}{60,000} = \dfrac{\pi \times 100 \times 1,500}{6,000} = 7.85\text{m/s}$

$H_0 = T_e \cdot V = T_t \cdot V \cdot \left(\dfrac{e^{\mu'\theta} - 1}{e^{\mu'\theta}}\right)$ (원심력을 무시) $= 300 \times 7.85 \times \left(\dfrac{2.25}{3.25}\right) = 1,630.38\text{W} = 1.63\text{kW}$

가닥수 $z = \dfrac{H}{K_1 K_2 H_0}$ ($K_1,\ K_2$가 주어지지 않았으므로 고려하지 않고 계산)

$\quad = \dfrac{H}{H_0} = \dfrac{5}{1.63} = 3.07\,(\text{올림}) = 4\text{개}$

≫ 문제 **08**

벨트의 속도가 18m/s일 때 D형 V벨트 1개의 전달동력(kW)을 구하여라.(단, V벨트의 접촉각 $\theta = 130°$, 마찰계수 $\mu = 0.3$, 안전계수 $S = 10$, 벨트의 비중량은 1,200dyne/cm³이다.)

V벨트 D형의 단면치수

a(mm)	b(mm)	단면적(mm²)	파단하중(N)
31.5	17.0	467.1	8,400

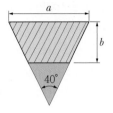

$$\frac{e^{\mu'\theta} - 1}{e^{\mu'\theta}}\text{의 값}$$

접촉각	마찰계수 μ		
	0.3	0.4	0.5
110	0.438	0.536	0.617
120	0.467	0.567	0.649
130	0.494	0.596	0.678
140	0.520	0.624	0.705
150	0.544	0.649	0.730

삼각함수의 값

삼각함수 \ 각 도	20	30	40
sin	0.342	0.500	0.643
cos	0.940	0.866	0.766
tan	0.364	0.577	0.840

해설

허용장력 $T_t = \dfrac{\text{파단하중}}{\text{안전율}} = \dfrac{F_b}{S} = \dfrac{8,400}{10} = 840\text{N}$

$V > 10\ \text{m/s}$이므로 원심력에 의한 부가장력 C,

$\gamma = 12,000\text{N/m}^3,\ A = 467.1 \times 10^{-6}\text{m}^2$

$C = \dfrac{wV^2}{g} = \dfrac{\gamma \cdot AV^2}{g} = \dfrac{1,200 \times 467.1 \times 10^{-6} \times 18^2}{9.8} = 185.31\text{N}$

$H = (T_t - C) \cdot V \cdot \left(\dfrac{e^{\mu'\theta} - 1}{e^{\mu'\theta}}\right) = (840 - 185.31) \times 18 \times 0.494$ (표에서 장력비 계산값(130°) 적용)

$\qquad = 5,821.5\text{W} = 5.82\text{kW}$

≫ 문제 **09**

50번 롤러체인으로 회전수 $N_1 = 900$rpm, 잇수 $z_1 = 20$인 원동차에서 잇수 $z_2 = 60$인 종동차에 동력을 전달하고자 한다. 롤러체인의 길이 $L = 2,096$mm, 안전율 = 15일 때 다음을 구하시오.

(1) 링크의 수(L_n)를 짝수(개)로 구하시오.
(2) 체인의 평균속도(V)는 몇 m/s인가?
(3) 체인의 전달동력은 몇 kW인가?

체인의 호칭 번호	피치(p)	파단하중(ton)
25	6.35	0.36
35	9.525	0.80
40	12.70	1.42
50	15.88	2.21
60	19.05	3.20
80	25.40	5.65
100	31.75	8.85

해설

(1) $L = L_n p$, 50번 체인의 피치 $p = 15.88$mm

링크 수 $L_n = \dfrac{L}{p} = \dfrac{2,096}{15.88} = 131.99 = 132$개

(2) $V = \dfrac{\pi D_1 N_1}{60,000} = \dfrac{N_1 p z_1}{60,000} = \dfrac{900 \times 15.88 \times 20}{60,000} = 4.76\,\text{m/s}$

(3) 허용전달하중 $F_a = \dfrac{F_f(\text{파단하중})}{S(\text{안전율})} = \dfrac{2.21 \times 1,000 \times 9.8}{15} = 1,443.87\text{N}$

$H = F_a \cdot V = 1,443.87 \times 4.76 = 6,872.82\text{W} = 6.87\text{kW}$

≫ 문제 **10**

10kW를 1,000rpm의 원동기에서 축간거리 820mm, 250rpm의 종동축에 전달시키려고 한다. 롤러 체인을 사용하고 체인의 평균속도 3m/s, 안전율 15라 하면 양 스프로킷휠의 (1) 잇수와 (2) 피치원지름을 구하고, (3) 체인의 링크 수를 구하시오.(단, 60번 1열 롤러 체인을 사용하며 체인의 피치는 19.05mm이다.)

해설

(1) $V = \dfrac{N_1 p z_1}{60,000}$ 에서 $z_1 = \dfrac{60,000\,V}{N_1 p} = \dfrac{60,000 \times 3}{1,000 \times 19.05} = 9.44\,(\text{올림}) = 10$개

$\dfrac{N_2}{N_1} = \dfrac{z_1}{z_2}$ 에서 $z_2 = z_1 \times \dfrac{N_1}{N_2} = 10 \times \dfrac{1,000}{250} = 40$개

(2) 피치원지름 $D_1 = \dfrac{p}{\sin\left(\dfrac{180}{z_1}\right)} = \dfrac{19.05}{\sin\left(\dfrac{180}{10}\right)} = 61.65\text{mm}$

$\qquad\qquad\qquad D_2 = \dfrac{p}{\sin\left(\dfrac{180}{z_2}\right)} = \dfrac{19.05}{\sin\left(\dfrac{180}{40}\right)} = 242.80\text{mm}$

(3) $L_n = \dfrac{2C}{p} + \dfrac{z_1+z_2}{2} + \dfrac{0.0257\,p\,(z_2-z_1)^2}{C}$

$\qquad\quad = \dfrac{2\times 820}{19.05} + \dfrac{40+10}{2} + \dfrac{0.0257\times 19.05\times(40-10)^2}{820} = 111.63\,(\text{올림}) = 112\text{개}$

≫ 문제 **11**

80번 롤러체인으로 스프로킷 잇수가 각각 $z_1 = 30$, $z_2 = 45$인 스프로킷 휠을 회전시키려고 할 때 휠의 피치원지름과 외경을 구하여라.(단, 롤러체인 호칭번호 80의 피치는 25.4mm이다.)

해설

원동스프로킷 피치원지름

$D_1 = \dfrac{p}{\sin\left(\dfrac{180}{z_1}\right)} = \dfrac{25.4}{\sin\left(\dfrac{180}{30}\right)} = 243.00\text{mm}$

$D_2 = \dfrac{p}{\sin\left(\dfrac{180}{z_2}\right)} = \dfrac{25.4}{\sin\left(\dfrac{180}{45}\right)} = 364.12\text{mm}$

외경(원동) $D_{O1} = p\left[0.6 + \cot\left(\dfrac{180}{z_1}\right)\right] = 25.4\left[0.6 + \cot\left(\dfrac{180}{30}\right)\right] = 256.90\text{mm}$

외경(종동) $D_{O2} = p\left[0.6 + \cot\left(\dfrac{180}{z_2}\right)\right] = 25.4\left[0.6 + \cot\left(\dfrac{180}{45}\right)\right] = 378.48\text{mm}$

≫ 문제 **12**

지름 24mm인 4호 2종 파단하중 29.7kN의 와이어로프를 사용하여 60kW를 전달할 때 와이어로프를 몇 개 사용하면 되는가?(단, 로프와 로프풀리와의 마찰계수 $\mu = 0.25$, 접촉각 $\theta = \pi$, 로프속도 $V = 12\text{m/s}$, 안전율 $S = 10$, 원심력의 영향은 무시한다.)

해설

최대하중 $T_t = \dfrac{\text{파단하중}}{\text{안전율}} = \dfrac{29.7 \times 1,000}{10} = 2,970\text{N}$ $\qquad e^{\mu\theta} = e^{0.25 \times \pi} = 2.19$

로프 1개의 전달동력

$$H_0 = T_e \cdot V = T_t\, V\left(\frac{e^{\mu\theta} - 1}{e^{\mu\theta}}\right) = 2,970 \times 12\left(\frac{2.19 - 1}{2.19}\right) = 19,366.03\text{W} = 19.37\text{kW}$$

로프의 가닥수 $z = \dfrac{H}{H_0} = \dfrac{60}{19.37} = 3.10 = 4$가닥(올림하여 정수로 답한다.)

12 브레이크와 래칫휠

브레이크는 동력전달을 제어하기 위한 기계요소로서 운동체의 속도를 감속 또는 정지시키는 데 사용된다. 일반적으로 운동에너지를 고체마찰에 의하여 열에너지로 바꾸는 마찰 브레이크가 가장 많이 사용된다.

1 블록 브레이크

1. 드럼이 우회전할 때와 좌회전할 때의 힘 분석

1) 우회전과 좌회전

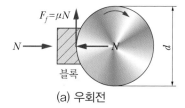

(a) 우회전

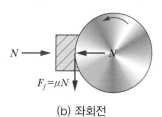

(b) 좌회전

N : 블록 브레이크를 미는 힘(수직력)
μ : 블록 브레이크와 드럼 사이의 마찰계수
F_f : 마찰력(제동력)
T : 브레이크토크
※ 마찰력의 방향은 드럼이 돌아가는 방향과 같다.

2. 브레이크 설계

1) 접촉면의 압력

$$q = \frac{N}{A_q} = \frac{N}{b \cdot e}$$

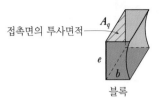

접촉면의 투사면적

블록

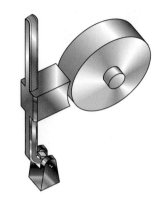

2) 마찰력(브레이크의 제동력)

$$F_f = \mu N = \mu q A_q = \mu q b e$$

3) 제동토크(브레이크토크)

$$T = F_f \cdot \frac{d}{2} = \mu N \frac{d}{2} = \mu q A_q \cdot \frac{d}{2}$$

4) 브레이크의 제동동력

$$H = F_f \cdot V = \mu N V \,(\text{SI단위}), \quad H_{\text{PS}} = \frac{F_f \cdot V}{75} = \frac{\mu N V}{75} \,(\text{공학단위})$$

5) 브레이크의 용량(단위면적당 제동동력 ; 단위면적당 마찰동력)

$$\frac{F_f \cdot V}{A_q} = \frac{\mu N V}{A_q} = \mu q \cdot V \quad \left(q = \frac{N}{A_q}\right)(\text{N/mm}^2 \cdot \text{m/s}, \text{kgf/mm}^2 \cdot \text{m/s})$$

브레이크를 걸었을 때 마찰재료의 온도가 상승하게 되는데 이것은 일반적으로 마찰계수를 저하시키고 브레이크토크를 감소시키게 된다. 특히 자동차 브레이크와 같은 경우는 매우 위험하게 되므로 마찰재료의 표면온도는 허용온도 이하로 유지할 필요가 있다. 그래서 경험적으로 주어진 $\mu q \cdot V$의 허용치를 넘지 않게 설계해야 한다. 그렇지 않으면 주위로 열을 방열하지 못해 브레이크가 눌어붙게 된다.

6) 형식에 따른 조작력(F)

회전(핀)지점 0에 대한 모멘트 평형방정식으로부터 조작력을 구한다.

① I 형식 ($c > 0$: 내작용선형)

㉠ 우회전시

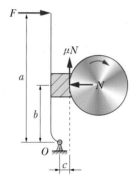

㉡ 좌회전시

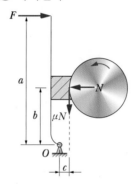

$$\sum M_O = 0, \quad \circlearrowleft$$

$$Fa - Nb - \mu Nc = 0$$

$$\therefore F = \frac{N(b + \mu c)}{a}$$

$$\sum M_O = 0$$

(드럼의 회전 방향에 따라 마찰력의 방향도 달라진다.)

$$Fa - Nb + \mu Nc = 0$$

$$\therefore F = \frac{N(b - \mu c)}{a}$$

② II 형식 ($c < 0$: 외작용선형)

㉠ 우회전

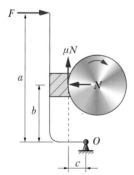

㉡ 좌회전

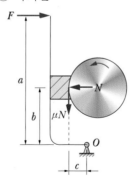

$$\sum M_O = 0, \quad \circlearrowleft$$

$$Fa - Nb + \mu Nc = 0$$

$$\therefore F = \frac{N(b - \mu c)}{a}$$

$$\sum M_O = 0$$

$$Fa - Nb - \mu Nc = 0$$

$$\therefore F = \frac{N(b + \mu c)}{a}$$

③ III 형식 ($c = 0$: 중작용선형)

우회전과 좌회전은 같다.(마찰력에 대한 모멘트가 없으므로)

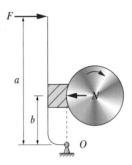

$$\sum M_O = 0$$

$$Fa - Nb = 0$$

$$\therefore \ F = \frac{Nb}{a}$$

│참고

I형식 ⓛ과 II형식 ⑤에서 조작력 F는 $(b - \mu C)$값의 함수가 되는데 $b - \mu C \leq 0$ 일 때는 조작력 F가 필요하지 않게 되며, 또 브레이크에 제동이 자동적으로 걸리게 되므로 브레이크로 쓸 수 없게 된다.

---

2 내확 브레이크

복식 블록 브레이크의 변형된 형식으로 마찰에 의한 제동력이 양쪽에서 발생한다. **마찰력의 방향은 드럼이 회전하는 방향과 같다.**(f_1과 f_2 발생)

1. 우회전

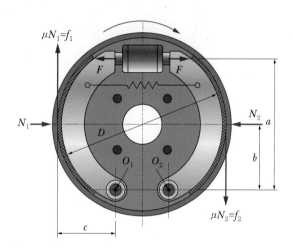

1) 제동력(마찰력)

① $\sum M_{O1} = 0$ ($O1$점에 대한 모멘트 평형방정식)

$$-Fa + N_1 b + \mu N_1 c = 0 \qquad \therefore N_1 = \frac{Fa}{b + \mu c}$$

② $\sum M_{O2} = 0$

$$Fa - N_2 b + \mu N_2 c = 0 \qquad \therefore N_2 = \frac{Fa}{b - \mu c}$$

2) 제동토크

$$T = (f_1 + f_2)\frac{D}{2} = (\mu N_1 + \mu N_2)\frac{D}{2} = \mu(N_1 + N_2)\frac{D}{2}$$

3) 제동동력

$$H = \mu(N_1 + N_2)V\,(\text{SI단위}), \quad H_{PS} = \frac{(f_1 + f_2)V}{75} = \frac{\mu(N_1 + N_2)V}{75}\,(\text{공학단위})$$

2. 좌회전

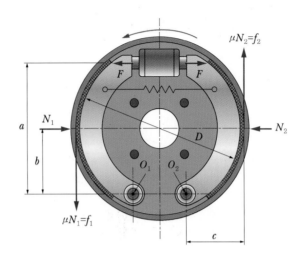

1) 제동력(마찰력)

① $\sum M_{O1} = 0$

$$-Fa + N_1 b - \mu N_1 c = 0 \qquad \therefore N_1 = \frac{Fa}{b - \mu c}$$

② $\sum M_{O2} = 0$

$$Fa - N_2 b - \mu N_2 c = 0 \qquad \therefore N_2 = \frac{Fa}{b + \mu c}$$

2) 제동토크

$$T = (f_1 + f_2)\frac{D}{2} = (\mu N_1 + \mu N_2)\frac{D}{2} = \mu (N_1 + N_2)\frac{D}{2}$$

3) 제동동력

$$H = \mu (N_1 + N_2) V \text{ (SI단위)}, \quad H_{PS} = \frac{(f_1 + f_2) V}{75} = \frac{\mu (N_1 + N_2) V}{75} \text{ (공학단위)}$$

❸ 축압 브레이크

1. 원판 브레이크

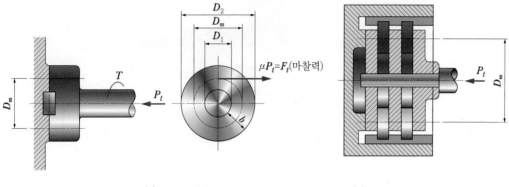

(a) 단판 브레이크   (b) 다판 브레이크

1) 압력(면압)

$$q = \frac{P_t}{A_q} = \frac{P_t}{\frac{\pi}{4}(D_2{}^2 - D_1{}^2)z} = \frac{P_t}{\pi D_m b z} \quad (z : 마찰면의 수, 단판브레이크 \ z = 1)$$

2) 축하중(트러스트하중)

$$P_t = q \cdot A_q = q \cdot \pi D_m b z$$

3) 제동력(마찰력)

$$F_f = \mu P_t$$

4) 제동토크

$$T = \mu \cdot P_t \cdot \frac{D_m}{2} = \mu q \pi D_m b z \cdot \frac{D_m}{2}$$

5) 제동동력

$$H = \mu P_t \cdot V \ (\text{SI단위}), \quad H_{\text{PS}} = \frac{F_f \cdot V}{75} = \frac{\mu P_t V}{75} \ (공학단위)$$

2. 원추 브레이크

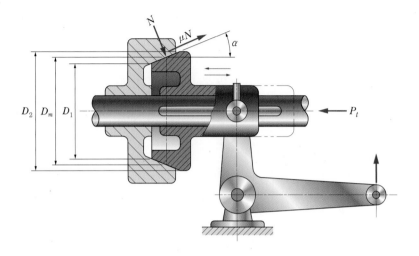

1) 상당마찰계수

$$\mu' = \frac{\mu}{\sin \alpha + \mu \cos \alpha} \ (\text{원추반각} \ \alpha)$$

2) 법선력

$$N = \frac{P_t}{\sin \alpha + \mu \cos \alpha} \ (\mu N = \mu' P_t)$$

3) 면압

$$q = \frac{N}{A_q} = \frac{N}{\pi D_m b}$$

4) 제동토크

$$T = \mu N \cdot \frac{D_m}{2} = \mu' P_t \cdot \frac{D_m}{2}$$

4 밴드브레이크

브레이크륜의 바깥원주에 강재의 밴드를 감고 밴드에 장력을 주어서 밴드와 브레이크륜 사이의 마찰에 의하여 제동작용을 하는 브레이크이다. 벨트는 유효장력으로 동력을 전달하지만 이와 반대로 밴드브레이크는 유효장력으로 제동을 하게 된다.

1. 밴드브레이크 설계

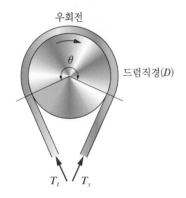

밴드브레이크 설계시 밴드에 작용하는 두 장력은 옆의 그림과 같이 모두 인장되어 표시된다.

※ 회전 방향에 따라 긴장측과 이완측만 바뀐다.

1) 제동력(유효장력)

$$T_e = T_t - T_s$$

2) 장력비

$$e^{\mu\theta} = \frac{T_t}{T_s}$$

3) 긴장측장력

$$T_t = T_e \cdot \frac{e^{\mu\theta}}{e^{\mu\theta} - 1}$$

4) 이완측장력

$$T_s = T_e \cdot \frac{1}{e^{\mu\theta} - 1}$$

5) 브레이크토크(제동토크)

$$T = T_e \cdot \frac{D}{2} = (T_t - T_s) \cdot \frac{D}{2}$$

6) 밴드의 인장응력

$$\sigma_t = \frac{\text{최대장력}}{\text{파괴단면적}} = \frac{T_t}{b \cdot t \cdot \eta}$$

b : 밴드의 폭
t : 밴드의 두께
η : 이음효율

2. 형식에 따른 조작력(F)

1) 단동식

① 우회전

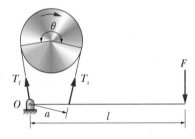

$$\sum M_O = 0$$

$$Fl - T_s a = 0$$

$$\therefore\ F = \frac{T_s \cdot a}{l} = \frac{T_e \cdot a}{l}\ \frac{1}{e^{\mu\theta} - 1}$$

② 좌회전

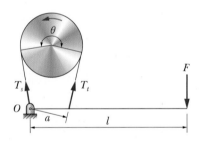

$$\sum M_O = 0$$

$$Fl - T_t a = 0$$

$$\therefore\ F = \frac{T_t \cdot a}{l} = \frac{T_e \cdot a}{l}\ \frac{e^{\mu\theta}}{e^{\mu\theta} - 1}$$

2) 차동식

① 우회전

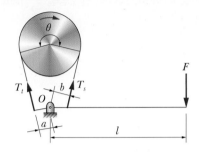

$$\sum M_O = 0$$

$$F \cdot l + T_t \cdot a - T_s b = 0$$

$$\therefore F = \frac{T_s b - T_t a}{l} = \frac{T_e}{l} \frac{(b - a e^{\mu\theta})}{e^{\mu\theta} - 1}$$

② 좌회전

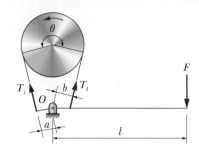

$$\sum M_O = 0$$

$$F \cdot l + T_s a - T_t b = 0$$

$$\therefore F = \frac{T_t b - T_s a}{l} = \frac{T_e}{l} \frac{(b e^{\mu\theta} - a)}{e^{\mu\theta} - 1}$$

3) 합동식

① 우회전

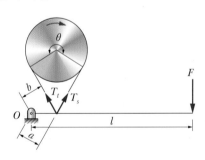

$$\sum M_O = 0$$

$$Fl - T_t b - T_s a = 0$$

$$\therefore F = \frac{T_t b + T_s a}{l} = \frac{T_e}{l} \frac{(b e^{\mu\theta} + a)}{e^{\mu\theta} - 1}$$

② 좌회전

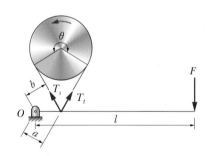

$$\sum M_O = 0$$

$$F \cdot l - T_s b - T_t a = 0$$

$$\therefore F = \frac{T_s b + T_t a}{l} = \frac{T_e}{l} \frac{(b + a e^{\mu\theta})}{e^{\mu\theta} - 1}$$

3. 밴드상의 압력과 제동동력

밴드가 브레이크드럼에 미치는 평균압력 q (N/mm²), 밴드 나비를 b (mm), 드럼의 반지름을 $\dfrac{D}{2}$ mm, 밴드의 접촉 호의 길이 l mm, 접촉각 θ rad, 드럼을 누르는 하중 P_f (N)

1) 접촉 호의 길이

$$l = \frac{D}{2}\theta$$

2) 접촉면적

$$A = b \cdot l = b \cdot \frac{D}{2}\theta$$

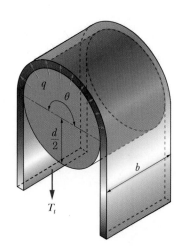

3) 드럼을 누르는 하중

$$P_f = q \cdot A = q \cdot b\frac{D}{2}\theta$$

4) 마찰력

$$F_f = \mu P_f = \mu \cdot qb \cdot \frac{D}{2}\theta$$

5) 브레이크의 제동동력

$$H = F_f \cdot V = \mu \cdot q \cdot b \cdot \frac{D}{2}\theta \cdot V \ (\text{W : SI단위})$$

$$H_{\text{PS}} = \frac{F_f \cdot V}{75} = \frac{\mu \cdot q \cdot b \cdot \dfrac{D}{2} \cdot \theta \cdot V}{75} (\text{공학단위})$$

6) 브레이크의 용량

$$\mu q V \ (\text{SI단위}), \quad \mu \cdot q V = \frac{75\,H_{\text{PS}}}{A} \quad \left(\frac{102\,H_{\text{kW}}}{A}\right) \ (\text{공학단위})$$

5 래칫휠(폴브레이크)

1. 회전토크

$$T = F \cdot \frac{D}{2} \quad (\pi D = pz) \qquad \therefore F = \frac{2T}{D} = \frac{2\pi T}{pz}$$

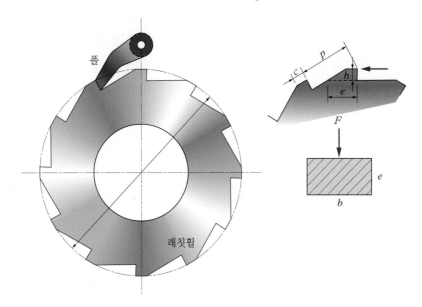

F : 래칫에 가하는 힘(N)	T : 래칫에 작용하는 회전토크(N·mm)
D : 래칫의 외접원지름(mm)	p : 이의 피치(mm)
z : 래칫휠의 잇수	h : 이의 높이(mm)
c : 이끝의 두께(mm)	b : 래칫의 폭(mm)
q : 이에 작용하는 면압력(N/mm²)	M : 이뿌리의 굽힘모멘트
σ_b : 허용굽힘응력	e : 이뿌리의 두께

2. 단면계수(Z)

$$Z = \frac{\dfrac{be^3}{12}}{\dfrac{e}{2}} = \frac{be^2}{6}$$

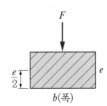

3. 굽힘모멘트

$$M= F \cdot h = \sigma_b \cdot Z = \sigma_b \cdot \frac{b e^2}{6}$$

$$\therefore \ \sigma_b = \frac{6 F \cdot h}{b e^2}$$

위의 식에서 보통 $e = 0.5\,p$, $h = 0.35\,p$, $b = \phi p$ 로 취하므로 대입하여 피치를 구하면

$$p = 2.9 \sqrt{\frac{F}{\phi \sigma_b}}$$

⑥ 관성차(Fly Wheel)

관성차는 그 자체가 가진 큰 관성모멘트를 이용해 운동에너지를 흡수 또는 방출하여 회전축 토크의 변동을 적게 하며 항상 일정한 에너지를 유지시키는 데 사용되는 기계요소이다.

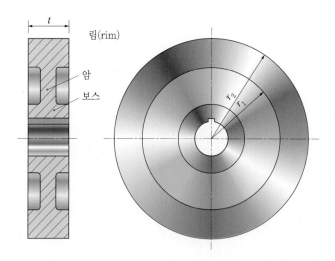

관성차의 질량관성모멘트를 J 라 하고 각속도를 ω 라 하면, 관성차에 축적된 에너지는 $E = \frac{1}{2} J \omega^2$ 이다. 따라서 외부의 일을 함으로써 각속도가 ω_1 으로부터 ω_2 로 저하되었다면 일을 하는데 소비된 ΔE 는 다음 식으로 주어진다.

1. $\Delta E = \dfrac{1}{2} J(\omega_1{}^2 - \omega_2{}^2) = J \cdot \omega^2 \delta$

$$\left(\omega = \frac{\omega_1 + \omega_2}{2} \text{ (평균각속도)}, \quad \delta = \frac{\omega_1 - \omega_2}{2} \text{ (각속도변동률)} \right)$$

2. 내연기관에서의 에너지

$E = 4\pi T_m$ (4행정 사이클기관) $\left(\text{평균토크} \quad T_m = \dfrac{H}{\omega} \right)$

$E = 2\pi T_m$ (2행정 사이클기관) E에 대한 변동에너지 ΔE의 비 · $q = \dfrac{\Delta E}{E}$

3. 플라이휠의 질량관성모멘트(J)

보스와 암의 관성모멘트는 작아서 무시한다.

$$J = \frac{W_2}{2g} r_2{}^2 - \frac{W_1}{2g} r_1{}^2 = \frac{\gamma \pi t}{2g} (r_2{}^4 - r_1{}^4)$$

$\qquad W_2$: 반지름 r_2의 원판의 무게 $= \gamma \pi r_2{}^2 t$ (비중량 × 체적)

$\qquad W_1$: 반지름 r_1의 원판의 무게 $= \gamma \pi r_1{}^2 t$ (비중량 × 체적)

4. 림의 강도

원심력에 의해 원주 방향으로 파괴하려는 인장하중이 걸리는데 이때 발생하는 인장응력

$$\sigma_t = \frac{\gamma V^2}{g}$$

$\qquad V = r\omega$ (평균 원주속도)

$\qquad \gamma$: 비중량

≫ 문제 **01**

그림과 같은 브레이크에서 힘 F를 나타내는 식을 유도하시오.(단, 좌회전의 경우로 한다.)

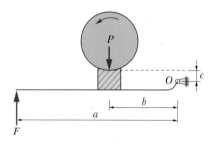

해설

회전(핀)지점을 O라 하면 O점에 대한 모멘트 평형방정식

$\sum M_O = 0$, $Fa - Pb + \mu Pc = 0$

$\therefore\ F = \dfrac{P(b - \mu c)}{a}$

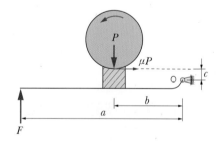

≫ 문제 02

그림과 같은 블록브레이크에서 $a=800$mm, $b=80$mm, $c=30$mm, $\mu=0.25$, $F=15$N일 때 N과 Q를 구하여라.

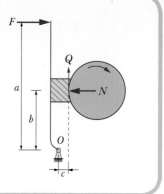

해설

(1) $\sum M_O=0$에서 $\qquad Fa-Nb-\mu Nc=0$

$$\therefore\ N=\frac{F \cdot a}{(b+\mu c)}=\frac{15 \times 800}{(80+0.25 \times 30)}=137.14\text{N}$$

(2) 제동력 $Q=F_f$(마찰력)$=\mu N=0.25 \times 137.14=34.29$N

≫ 문제 **03**

그림과 같은 단식 블록브레이크가 있다. 이때 마찰계수 $\mu = 0.5$이다.

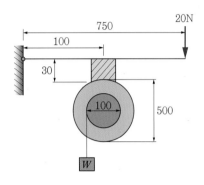

(1) 제동력 P는 몇 N인가?

(2) 제동토크 T는 몇 N · m인가?

(3) 중량 W의 자연낙하를 방지하려면 W는 최대 몇 N까지 허용되는가?

해설

핀(힌지)지점에 대한 모멘트의 합은 0(Zero)이다. 드럼은 W때문에 좌회전하므로 마찰력의 방향도 좌로 나온다.

(1) $\Sigma M = 0$,

$20 \times 750 - N \times 100 + \mu N \times 30 = 0$

$\therefore N = \dfrac{20 \times 750}{100 - 0.5 \times 30} = 176.47\text{N}$

제동력 $P = \mu N = 0.5 \times 176.47 = 88.24\text{N}$

드럼직경(D)

(2) $T = F_f \times \dfrac{D}{2} = P \times \dfrac{D}{2} = 88.24 \times \dfrac{500}{2} = 22{,}060.0\text{N} \cdot \text{mm} = 22.06\text{N} \cdot \text{m}$

(3) $T = W \times \dfrac{d}{2}$에서 $W = \dfrac{2T}{d} = \dfrac{2 \times 22{,}060}{100} = 441.2\text{N}$

≫ 문제 **04**

지름 400mm의 브레이크드럼에서 브레이크용량(N/mm² · m/s)은 얼마인가?(단, 접촉각 1.5π(rad), 드럼의 폭 20mm, 흡수동력은 5kW이다.)

해설

브레이크 용량

$$\mu q\, V = \frac{F_f \cdot V}{A} = \frac{H_{\mathrm{kw}}}{A} = \frac{2 \times H_{\mathrm{kW}}}{D\theta b} = \frac{2 \times 5 \times 1{,}000}{400 \times 1.5\pi \times 20} = 0.27 \,\mathrm{N/mm^2} \cdot \mathrm{m/s}$$

$$\left(H = F_f \cdot V,\ 1\mathrm{kW} = 1{,}000\mathrm{N} \cdot \mathrm{m/s},\ A = \ell b = r\theta b \left(\text{호의 길이}:\ \ell = \frac{D}{2}\theta\right)\right)$$

≫ 문제 **05**

주철재 브레이크드럼에 주철재 브레이크블록을 사용하려고 한다. 마찰계수 $\mu = 0.25$, 허용브레이크압력 $q = 0.09\mathrm{N/mm^2}$, 브레이크 용량은 0.10N/mm² · m/sec로 결정하고 브레이크드럼의 지름을 450mm로 할 때 드럼의 회전수(rpm)는 얼마인가?

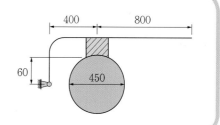

해설

브레이크용량 $\mu q\, V = \mu q\, \dfrac{\pi D N}{60{,}000} = 0.1$ 에서

$$\therefore\ N = \frac{0.1 \times 60{,}000}{\mu q \pi D} = \frac{0.1 \times 60{,}000}{0.25 \times 0.09 \times \pi \times 450} = 188.63\mathrm{rpm}$$

≫ **문제 06**

그림과 같은 단식 블록브레이크에서 a=800mm, b=250mm, D=450mm, 조작력 F=15N, 드럼의 나비 40mm, 브레이크블록의 허용응력 0.02N/mm², 브레이크 용량 0.1N/mm² · m/s, 마찰계수 0.3일 경우, 다음을 구하시오.

(1) 브레이크토크(T)는 몇 J인가?
(2) 블록의 길이 l는 몇 mm인가?

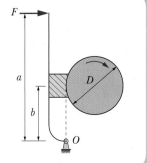

해설

(1) $\sum M_O = 0$에서 $Fa - Nb = 0$ (마찰력(μN)에 대한 모멘트는 없다.)

$$\therefore N = \frac{Fa}{b} = \frac{15 \times 800}{250} = 48\text{N}$$

$$T = F_f \frac{D}{2} = \mu N \times \frac{D}{2} = 0.3 \times 48 \times \frac{450}{2} = 3,240 \text{ N} \cdot \text{mm} = 3.24\text{N} \cdot \text{m}$$

$$= 3.24\text{J}$$

⟨F.B.D⟩

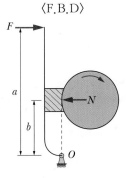

(2) $q = \dfrac{N}{A_q} = \dfrac{N}{m \cdot l}$ 에서 $l = \dfrac{N}{mq} = \dfrac{48}{40 \times 0.02} = 60\text{mm}$

≫ 문제 **07**

그림과 같은 단식 블록브레이크를 사용하여 500rpm으로 반시계 방향으로 회전하는 브레이크륜을 제동하려고 한다.(단, F=200N, a=800mm, b=200mm, c=50mm, d=800mm, 마찰계수 μ=0.3이다.)

(1) 최대제동동력을 구하시오.(kW)
(2) 브레이크용량을 50N/cm² · m/s 이하로 하려고 할 때 필요한 마찰면의 면적을 구하시오.(mm²)

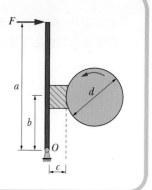

해설

(1) $\sum M_O = 0$

$$Fa - Nb + \mu Nc = 0$$

$$\therefore N = \frac{Fa}{b - \mu c} = \frac{200 \times 800}{200 - 0.3 \times 50} = 864.86\text{N}$$

제동토크

$$T = F_f \times \frac{d}{2} = \mu N \times \frac{d}{2} = 0.3 \times 864.86 \times \frac{800}{2} = 103,783.2\text{N} \cdot \text{mm}$$

$$= 103.78\text{N} \cdot \text{m}$$

$$H = T \cdot \omega = 103.78 \times \frac{2\pi \times 500}{60} = 5,433.91\text{W} = 5.43\text{kW}$$

⟨F.B.D⟩

(2) $\mu \cdot q V = 50\,\text{N/cm}^2 \cdot \text{m/s} = 0.5\,\text{N/mm}^2 \cdot \text{m/s}$

$$0.5 = \mu \cdot \frac{N}{A} \cdot V \quad \left(V = \frac{\pi d N}{60,000} = \frac{\pi \times 800 \times 500}{60,000} = 20.94\,\text{m/s} \right)$$

$$A = \frac{\mu \cdot NV}{0.5} = \frac{0.3 \times 864.86 \times 20.94}{0.5} = 10,866.1\text{mm}^2$$

≫ 문제 08

그림과 같은 내확브레이크에서 실린더 안에 가해지는 유압이 30N/cm²이고 브레이크드럼이 800rpm으로 회전할 때 브레이크가 제동할 수 있는 동력은 몇 kW인가?(단, $\mu=0.25$이고 실린더의 직경 $d=20$mm이다.)

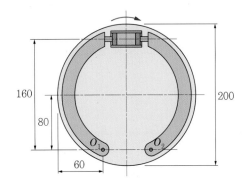

해설

블록을 미는 힘 F, 유압 $p=0.3$N/mm², $d=20$mm

$$F = p \cdot A = p \cdot \frac{\pi d^2}{4} = 0.3 \times \frac{\pi \times 20^2}{4} = 94.25\text{N}$$

드럼의 접촉면에 작용하는 힘 N_1, N_2

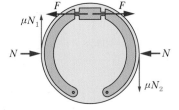

$$\sum M_{O_1} = 0, \; -F \times 160 + N_1 \times 80 + \mu N_1 \times 60 = 0$$

$$\therefore N_1 = \frac{F \times 160}{(80 + \mu \times 60)} = \frac{94.25 \times 160}{(80 + 0.25 \times 60)} = 158.74\text{N}$$

$$\sum M_{O_2} = 0, \; F \times 160 - N_2 \times 80 + \mu N_2 \times 60 = 0$$

$$\therefore N_2 = \frac{F \times 160}{(80 - \mu \times 60)} = \frac{94.25 \times 160}{(80 - 0.25 \times 60)} = 232\text{N}$$

제동토크

$$T = \mu(N_1 + N_2) \cdot \frac{D}{2} = 0.25(158.74 + 232) \times \frac{200}{2} = 9,768.5 \text{ N} \cdot \text{mm} = 9.77\text{N} \cdot \text{m}$$

$$H = T \cdot \omega = 9.77 \times \frac{2\pi \times 800}{60} = 818.49\text{N} \cdot \text{m/s} = 818.49\text{W} = 0.82\text{kW}$$

>> 문제 **09**

그림과 같이 회전수 450rpm으로 3kW를 전달하는 회전축을 원추브레이크로 제동하고자 한다. 면에 가해지는 허용압력 $q=4\text{N/cm}^2$이고 $D_m=140\text{mm}$, $\mu=0.3$, $\alpha=20°$일 때 축 방향에서 밀어 붙이는 힘 $P_t(\text{kN})$와 마찰면의 폭 $b(\text{mm})$를 구하여라.

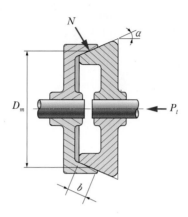

해설

$$T=\frac{H}{\omega}=\frac{3\times1,000}{\dfrac{2\pi\times450}{60}}=63.66198\text{N}\cdot\text{m}=63,661.98\text{N}\cdot\text{mm}$$

$$T=\mu'P_t\cdot\frac{D_m}{2}\left(\mu'=\frac{\mu}{\sin\alpha+\mu\cos\alpha}=\frac{0.3}{\sin20°+0.3\times\cos20°}=0.48\right)$$

$$\therefore\ P_t=\frac{2\,T}{\mu'D_m}=\frac{2\times63,661.98}{0.48\times140}=1,894.70\text{N}=1.89\text{kN}$$

$\mu N=\mu'P_t$에서

$$N=\frac{\mu'P_t}{\mu}=\frac{0.48\times1,894.7}{0.3}=3,031.52\text{N}$$

$N=\pi D_m b\cdot q$이므로 $(q=0.04\,\text{N/mm}^2)$

$$\therefore\ b=\frac{N}{\pi D_m q}=\frac{3,031.52}{\pi\times140\times0.04}=172.31\text{mm}$$

≫ 문제 **10**

그림과 같은 단동식 밴드브레이크를 사용하여 200rpm으로 7.5kW의 동력을 전달하는 회전축을 제동하고자 할 때 다음을 구하시오.(단, 마찰계수 $\mu = 0.25$, 밴드의 두께는 1mm이다.)

(1) 브레이크 길이 : l(mm) (단, 정수로 답하시오.)
(2) 브레이크밴드의 나비 : b(mm) (단, 밴드의 허용응력 70N/mm²이다.)
(3) 좌회전하였을 경우의 제동토크 : T[N · mm] (단, 정수로 답하시오.)

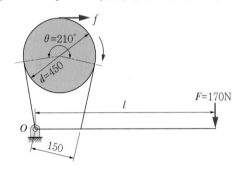

해설

(1) $f = T_e, \quad D = 0.45\text{m}$

$$T = T_e \cdot \frac{D}{2} = \frac{H}{\omega} \text{에서}$$

$$T_e = \frac{2H}{D \cdot \omega} = \frac{2 \times 7.5 \times 10^3}{0.45 \times \frac{2\pi \times 200}{60}} = 1,591.55\text{N}$$

$$\therefore \ T_s = T_e \cdot \frac{1}{e^{\mu\theta} - 1} \quad \left(\theta = 210° \times \frac{\pi}{180°} = 3.67 \text{ rad}\right)$$

$$= \frac{1,591.55}{e^{0.25 \times 3.67} - 1} = 1,058.9\text{N}$$

$\sum M_O = 0$ 이므로 (긴장측장력 T_t에 의해 발생하는 모멘트는 없다.)

$$Fl - T_s a = 0 \rightarrow l = \frac{T_s \cdot a}{F} = \frac{1,058.9 \times 150}{170} = 934.32\text{mm} \fallingdotseq 935\text{mm}$$

(2) $\sigma = \dfrac{T_t(\text{최대장력})}{b \cdot t}$

$$e^{\mu\theta} = \frac{T_t}{T_s} \rightarrow T_t = T_s e^{\mu\theta} = 1,058.9 \times e^{0.25 \times 3.67} = 2,650.45\text{N}$$

$$\therefore \ b = \frac{T_t}{\sigma \cdot t} = \frac{2,650.45}{70 \times 1} = 37.86\text{mm}$$

(3) $\sum M_O = 0$에서 $Fl - T_t \cdot a = 0$

$$\therefore \; T_t = \frac{F \cdot l}{a} = \frac{170 \times 934.32}{150} = 1,058.9\text{N}$$

제동토크 $T = T_e \cdot \dfrac{D}{2} = \dfrac{T_t(e^{\mu\theta}-1)}{e^{\mu\theta}} \dfrac{D}{2}$

$$= \frac{1,058.9\,(e^{0.25 \times 3.67}-1)}{e^{0.25 \times 3.67}} \cdot \frac{450}{2}$$

$$= 143,066.67\text{N} \cdot \text{mm} = 143.07\text{N} \cdot \text{m}$$

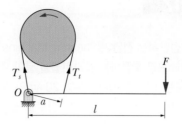

≫ 문제 **11**

그림과 같은 차동밴드브레이크에서 $P=371$N가 원둘레에 작용하고, 밴드의 마찰계수 $\mu=0.2$, $\theta=240°$, $a=10$cm, $b=30$cm, $l=80$cm일 때 브레이크 밴드의 장력 T_1, T_2 및 레버 끝에 가하는 힘 F는 몇 N인가?(단, 우회전이다.)

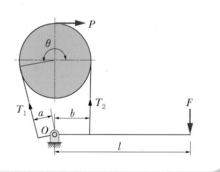

해설

$$\theta = 240° \times \frac{\pi}{180°} = 4.19\text{rad}, \quad e^{\mu\theta} = e^{0.2 \times 4.19} = 2.31$$

유효장력
$$P = T_e = 371\text{N}$$

긴장측 장력
$$T_1 = T_t = \frac{T_e\,e^{\mu\theta}}{e^{\mu\theta}-1} = \frac{371 \times 2.31}{2.31-1} = 654.21\text{N}$$

이완측 장력
$$T_2 = T_s = T_t - T_e = 654.21 - 371 = 283.21\text{N}$$

$\sum M_O = 0$에서
$$F \cdot l + T_1 a - T_2 b = 0$$
$$\therefore \; F = \frac{T_2 b - T_1 a}{l} = \frac{283.21 \times 30 - 654.21 \times 10}{80} = 24.43\text{N}$$

≫ 문제 **12**

강판을 전단하는 전단기(Shearing Machine)가 한 번 일을 할 때 5,000kgf · m의 일이 요구된다. 이 기계는 1,750rpm으로 회전하는 플라이휠을 달아 여기에 저장된 에너지로 강판을 절단하는데 작업 후 플라이 휠의 회전속도는 10% 줄어든다. 두께 20mm의 강철제 원판형 플라이휠의 지름은 몇 mm인가?(단, 강의 비중량은 7,300kgf/m³이며, 휠의 강도는 검토할 필요가 없다. 정답은 정수로 답하시오.)

해설

전단작업 전의 회전수

$N_1 = 1,750\text{rpm}$

$$\omega_1 = \frac{2\pi N_1}{60} = \frac{2\pi \times 1,750}{60} = 183.26\text{rad/s}$$

전단작업 후의 회전수는 10% 줄어들었으므로

$N_2 = (1 - 0.1)\,1,750 = 1,575\text{rpm}$

$$\omega_2 = \frac{2\pi N_2}{60} = \frac{2\pi \times 1,575}{60} = 164.93\text{rad/s}$$

강판을 전단하는데 사용한 에너지

$$\Delta E = \frac{J(\omega_1{}^2 - \omega_2{}^2)}{2}, \ \Delta E = 5,000\text{에서}$$

질량관성모멘트

$$J = \frac{2\Delta E}{\omega_1{}^2 - \omega_2{}^2} = \frac{2 \times 5,000}{183.26^2 - 164.93^2} = 1.57\,\text{kgf} \cdot \text{m} \cdot \text{s}^2$$

$$J = \frac{\gamma \pi t r^4}{2g}, \ t = 0.02\text{m} \ \ (\text{원판형 플라이휠} \ r_2 = r, \ r_1 = 0)$$

$$r = \sqrt[4]{\frac{2gJ}{\gamma\pi t}} = \sqrt[4]{\frac{2 \times 9.8 \times 1.57}{7,300 \times \pi \times 0.02}} = 0.5089\text{m} = 508.9\text{mm}$$

∴ 지름 $d = 2r = 2 \times 508.9 = 1,017.8 = 1,018\text{mm}$

13 스프링

스프링은 탄성변형이 큰 재료의 탄성을 이용하여 외력을 흡수하고, 탄성에너지로서 축적하는 특성이 있으며, 동적으로 고유진동을 가지고 충격을 완화하거나 진동을 방지하는 기능을 가진다. 또 축적한 에너지를 운동에너지로 바꾸는 스프링도 있다. 스프링은 강도 외에 강성도 고려하여야 한다.

1 스프링상수

$$k = \frac{W}{\delta} \text{(N/mm, kgf/mm)}$$

여기서, W : 스프링에 작용하는 하중
δ : W에 의한 스프링 처짐량

$$W = k\delta$$

② 스프링조합

1. 직렬조합

서로 다른 스프링이 직렬로 배열되어 하중 W를 받는다.

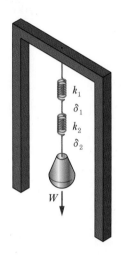

k : 조합된 스프링의 전체 스프링상수
δ : 조합된 스프링의 전체 처짐량
$k_1,\ k_2$: 각각의 스프링상수
$\delta_1,\ \delta_2$: 각각의 스프링처짐량

$$\delta = \delta_1 + \delta_2$$

$$\frac{W}{k} = \frac{W}{k_1} + \frac{W}{k_2}$$

$$\therefore\ \frac{1}{k} = \frac{1}{k_1} + \frac{1}{k_2}$$

2. 병렬조합

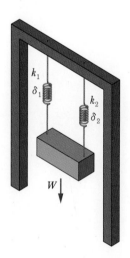

$$W = W_1 + W_2$$

$$k\delta = k_1\delta_1 + k_2\delta_2\ (\delta = \delta_1 = \delta_2\ 늘음량이\ 일정하므로)$$

$$\therefore\ k = k_1 + k_2$$

❸ 인장(압축)코일스프링

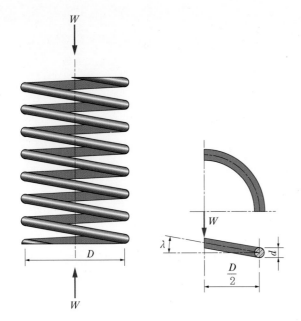

W : 스프링에 작용하는 하중(kgf)
D : 코일의 평균지름(mm)
δ : 스프링의 처짐량(mm)
n : 스프링의 유효감김수
τ : 비틀림에 의한 최대전단응력(N/mm²)
G : 스프링의 횡탄성계수(N/mm²)

1. 비틀림모멘트

$$T = W \cdot \frac{D}{2}$$

2. 소선에 발생하는 전단응력

$$T = \tau \cdot Z_P = \tau \cdot \frac{\pi d^3}{16} = W \cdot \frac{D}{2} \quad \text{에서} \quad \therefore \ \tau = \frac{8\,WD}{\pi d^3}$$

소선의 휨과 하중 W 에 의한 직접전단응력을 고려한

비틀림전단응력 $\tau = \dfrac{K8\,WD}{\pi d^3}$

┌ 와알의 응력수정계수 $\quad K = \dfrac{4c-1}{4c-4} + \dfrac{0.615}{c}$

└ 스프링지수 $\quad c = \dfrac{D}{d}$

3. 스프링의 처짐량

$$\delta = \frac{8\,WD^3 n}{Gd^4}$$

4. 스프링의 탄성에너지(U)

$$U = \frac{1}{2}\,W\delta = \frac{1}{2}\,k\delta^2$$

> **│참고**
>
> 인장코일스프링에서 하중이 없을 때도 스프링에 초기 인장력이 작용하고 있을 경우, 이 초장력 W_1 에 외부
> 인장하중(전하중) W_2 를 스프링에 작용시키면 ($W_2 - W_1$)과 δ 가 비례하게 된다. ($W_2 > W_1$ 일 때)
>
> $$\therefore \; \delta = \frac{8\,(W_2 - W_1)\,D^3 n}{Gd^4} \; \text{이때 스프링상수} \; k = \frac{W_2 - W_1}{\delta} = \frac{Gd^4}{8\,D^3 n}$$

④ 판스프링

판스프링은 보통 좌우 대칭으로 사용하므로 강도설계시 반쪽만을 고려하여 외팔보로 해석한다.

1. 단일 판스프링

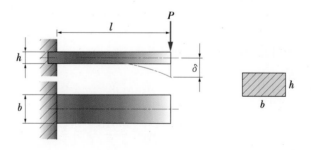

그림과 같은 외팔보에서(재료역학 참고)

처짐량 $\delta = \dfrac{Pl^3}{3EI} \left(I = \dfrac{bh^3}{12} \text{ 대입} \right) \rightarrow \delta = \dfrac{4Pl^3}{Ebh^3}$

스프링상수 $k = \dfrac{P}{\delta} = \dfrac{3EI}{l^3}$

$\qquad\qquad\qquad E$: 종탄성계수

최대굽힘응력 $\sigma_b = \dfrac{M_{\max}}{Z} = \dfrac{P \cdot l}{\dfrac{bh^2}{6}} = \dfrac{6Pl}{bh^2}$

2. 외팔보형 삼각 판스프링

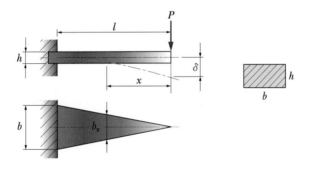

판이 균일한 강도를 유지하기 위해 외팔보의 고정단으로 갈수록 폭(b_x)이 증가하게 판의 단면을 만든다.

$$\sigma = \dfrac{6Pl}{b_x h^2}, \quad \delta = \dfrac{6Pl^3}{Ebh^3}$$

3. 겹판스프링

1) 외팔보형 겹판스프링

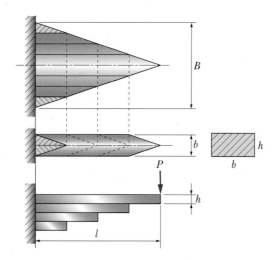

n : 겹판스프링의 판수
B : 폭(nb)
h : 판두께

삼각 판스프링은 고정단의 폭이 매우 넓어지므로 그림과 같이 삼각형판을 분할하여 폭 b 로 겹쳐 놓아 균일 강도를 유지하는 보형태의 스프링이다.

$$\sigma = \frac{6Pl}{nbh^2} \qquad \delta = \frac{6Pl^3}{Enbh^3}$$

(단일 판스프링식에서 b 대신 nb 를 대입한다.)

2) 양단지지 단순보형 겹판스프링

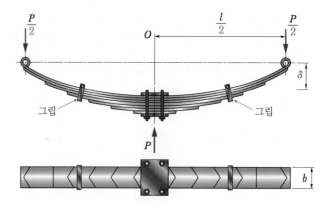

중앙에 집중하중 P가 작용하는 양단지지 보에서 중앙단면의 응력 $\sigma_{\max}$와 양단의 처짐은 $\sigma_{\max} = \dfrac{6P \cdot l}{nbh^2}$,

$\delta = K_1 \dfrac{Pl^3}{2EI} = K_1 \cdot \dfrac{6 \cdot Pl^3}{Enbh^3} \left(I = \dfrac{bh^3}{12} \right)$ 수식에 중앙 0를 고정단으로 하는 외팔보로 보고 위의 식에 l 대신

$\dfrac{l}{2}$, P대신 $\dfrac{P}{2}$를 대입하면 $\sigma_{\max} = \dfrac{6 \times \dfrac{P}{2} \times \dfrac{l}{2}}{nbh^2} = \dfrac{3}{2} \dfrac{P \cdot l}{nbh^2}$

$$\delta = K_1 \frac{6 \left(\dfrac{P}{2} \right) \left(\dfrac{l}{2} \right)^3}{Enbh^3} = K_1 \frac{3P \cdot l^3}{8Enbh^3} \ (l \to l_e \, 적용)$$

K_1 : 형상수정계수(주어지면 고려)

겹판스프링에서 스팬길이 l은 각판을 고정하기 위해 그립(Grip)을 사용하기 때문에 스프링의 유효길이는 지지점 사이의 거리보다 작아진다. 스프링의 유효길이를 l_e라 하면 그립의 폭 e를 고려하여 $l_e = l - (0.5 \sim 0.6)e$로 설계한다.

l 대신 l_e를 가지고 계산한다.

13 기출문제

그림과 같이 두 개의 인장스프링이 직렬로 연결되어서 450N의 하중을 지지하고 있다. 스프링상수 $k_1 =$ 8N/mm, $k_2 =$ 18N/mm라면 늘음량은 몇 mm인가?

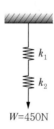

$W=450\text{N}$

해설

직렬조합에서 전체 스프링상수 K

$\dfrac{1}{K} = \dfrac{1}{K_1} + \dfrac{1}{K_2}$ 에서 $K = \dfrac{K_1 K_2}{K_1 + K_2} = \dfrac{8 \times 18}{8 + 18} = 5.54\text{N/mm}$

$W = K\delta \rightarrow \delta = \dfrac{W}{K} = \dfrac{450}{5.54} = 81.23\text{mm}$

≫ 문제 **02**

도시된 스프링장치의 처짐(mm)을 구하시오.(단, $k=1.5$N/mm)

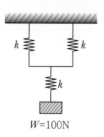

$W=100$N

해설

직렬조합과 병렬조합이 합해져 있는 상태

위 병렬조합에서 스프링상수 K_1, $K_1=K+K=1.5+1.5=3.0$N/mm

위에서 구한 스프링상수 K_1과 K가 직렬조합된 전체 스프링상수 K_2

$\dfrac{1}{K_2}=\dfrac{1}{K_1}+\dfrac{1}{K}$에서 $K_2=\dfrac{K_1K}{K_1+K}=\dfrac{3\times1.5}{3+1.5}=1$N/mm

$W=K_2\delta$에서 $\delta=\dfrac{W}{K_2}=\dfrac{100}{1}=100$mm

≫ 문제 **03**

어느 건설기계의 4개 현가(Suspension) 스프링시스템 중 1개가 도시되어 있다. 4개 현가에 동일 스프링시스템을 사용할 때 건설기계의 최대하중이 60kN이면 지면과의 최소간격(mm)은 얼마인가?(단, $k=300$N/mm)

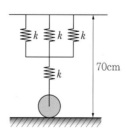

70cm

해설

현가장치 4개에 60kN이므로 1개에 최대하중 W는 15kN으로 해석해야 한다.

병렬조합에서 스프링상수 K_1, $K_1 = K + K + K = 3K = 3 \times 300 = 900\text{N/mm}$

K_1과 K가 직렬조합된 전체 스프링상수 K_2

$\dfrac{1}{K_2} = \dfrac{1}{K_1} + \dfrac{1}{K}$에서 $K_2 = \dfrac{K_1 K}{K_1 + K} = \dfrac{900 \times 300}{900 + 300} = 225\text{N/mm}$

최대처짐량 $\delta = \dfrac{W}{K_2} = \dfrac{15,000}{225} = 66.67\text{mm} = 6.667\text{cm}$

최소간격＝70－6.667＝63.333cm＝633.33mm

≫ 문제 **04**

원통코일스프링의 평균지름 D＝40mm, 코일 단면지름 d＝5mm, 코일의 가로탄성계수 G＝8,000N/mm²

이다. 코일 단면에 생기는 전단응력은 비틀림모멘트에 의한 전단응력만 고려하고, 그 최대값이 15N/mm²일

때 스프링의 처짐량 δ＝11.31mm이다. 스프링의 유효감김수 n은 얼마인가?

(단, 스프링상수 $K = \dfrac{Gd^4}{8D^3 n}$으로 주어진다.)

해설

$T = W \cdot \dfrac{D}{2} = \tau \cdot Z_P = \tau \cdot \dfrac{\pi d^3}{16}$에서 $W = \dfrac{\tau \pi d^3 \cdot 2}{16 D} = \dfrac{15 \times \pi \times 5^3 \times 2}{16 \times 40} = 18.41\text{N}$

$\delta = \dfrac{8 W D^3 n}{G d^4}$에서 $n = \dfrac{G d^4 \delta}{8 W D^3} = \dfrac{8,000 \times 5^4 \times 11.31}{8 \times 18.41 \times 40^3} = 5.99 \fallingdotseq 6$

재료가 강인 그림과 같은 원통코일스프링이 압축하중을 받고 있다. 하중 $W=15\text{N}$, 처짐 $\delta=8\text{mm}$, 소선의 지름 $d=6\text{mm}$, 코일의 지름 $D=48\text{mm}$이며, 가로탄성계수 $G=8.2\times10^2\text{N/mm}^2$이다. 다음을 구하시오.(단, 응력수정계수 $K=\dfrac{4\,C-1}{4\,C-4}+\dfrac{0.615}{C}$로 한다.)

(1) 유효감김수 n은?
(2) 전단응력(MPa)은?

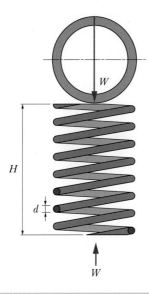

해설

(1) $\delta=\dfrac{8\,WD^3n}{Gd^4}$ 에서 $n=\dfrac{Gd^4\delta}{8\,WD^3}=\dfrac{8.2\times10^3\times6^4\times8}{8\times15\times48^3}=6.41\fallingdotseq7$

(2) 스프링지수 $C=\dfrac{D}{d}=\dfrac{48}{6}=8$

$K=\dfrac{4\,C-1}{4\,C-4}+\dfrac{0.615}{C}=\dfrac{4\times8-1}{4\times8-4}+\dfrac{0.615}{8}=1.18$

$\tau=K\cdot\dfrac{8\,WD}{\pi d^3}=\dfrac{1.18\times8\times15\times48}{\pi\times6^3}=10.02\ \text{N/mm}^2=10.02\text{MPa}$

≫ 문제 06

어느 엔진의 밸브에 사용되고 있는 코일스프링의 평균지름이 40mm로서 390N의 초기 하중이 작용하고 있다. 밸브의 최대양정은 13mm이고 스프링에 작용하는 전하중은 540N이다. 강선에 작용하고 있는 최대응력은 510N/mm²로 취할 때

(1) 강선의 지름
(2) 코일의 감김 수
(3) 초기 하중에 의한 처짐은?(단, $G = 8 \times 10^4$N/mm², $K = 1$이다.)

해설

전하중 $W_2 = 540$N, 초기 하중 $W_1 = 390$N

(1) 강선의 지름 d는 $\tau = K \cdot \dfrac{8 W_2 D}{\pi d^3}$에서 (최대하중 W_2로 설계)

$$d = \sqrt[3]{\dfrac{K 8 W_2 D}{\pi \tau}} = \sqrt[3]{\dfrac{1 \times 8 \times 540 \times 40}{\pi \times 510}} = 4.76\text{mm}$$

(2) $\delta = \dfrac{8 (W_2 - W_1) D^3 n}{G d^4}$에서 $(\delta = 13\text{mm})$

$$\therefore n = \dfrac{G d^4 \delta}{8 (W_2 - W_1) D^3} = \dfrac{8 \times 10^4 \times 4.76^4 \times 13}{8 \times (540 - 390) \times 40^3} = 6.95 \fallingdotseq 7$$

(3) $\delta_1 = \dfrac{8 W_1 D^3 n}{G d^4} = \dfrac{8 \times 390 \times 40^3 \times 7}{8 \times 10^4 \times 4.76^4} = 34.03\text{mm}$

14 공정표와 공사 원가계산

공사지시표, 주요 기계사용 계획표 작성에 따른 공정표를 말한다.(건설기계설비기사에서 주로 출제되고 있다.)

1 Network 공정표

기본적 규칙은 Event(O)와 Arrow(→)의 결합으로 표현할 수 있고, 선의 방향이 그 작업의 관련성, 방향, 내용을 표시하며 주공정경로(Critical Path)를 발견하여 쉽게 이해할 수 있다. 공사과정을 도표로 보여주는 역할을 한다.

1. 계획공정망(Network)의 기호와 개념설명

1) 작업(Activity)

화살표(Arrow)로 표시한 선 위에다 작업명을 기입한다.

2) 이벤트(Event)

작업과 작업의 한계를 작은 원으로 표시하는 기호

3) 작업 일수

화살표로 표시한 선 아래에 계획 작업 일수를 숫자로 기입한다.

4) 이벤트 타임(결합점 시각)

개시 Event를 Zero로 하여 각 Event에 도달하는 시간으로 최초 결합점 시각(TE)과 최지 결합점 시각(TL)이 있다.

① 최조 결합점 시각(Earliest Event Time : TE)

　　임의의 Event에서 다음 작업을 시작할 수 있는 가장 빠른 시각

② 최지 결합점 시각(Latest Event Time : TL)

　　임의의 Event에서 끝나게 되는 작업들이 모두가 완료되어 있지 않으면 안 될 시각

5) 주공정선(CPM)

TE와 TL이 일치하는 경로 | TE | TL |

CPM(Critical Path Method) : 한계경로(주공정선)

2. Cost Slope와 Time Scheduling

CPM기법에서는 일정단축과 비용최소의 상호관계를 분석하게 된다. 이 기법은 작업일정을 단축하되 비용은 가능하면 최소가 되도록 연구검토하는 것이다.

1) 표준일수

주어진 작업을 보편적인 노동조건(작업시간 : 8hr/day)으로 실시한 경우에 필요한 작업일 수

2) 표준비용

표준일수로서 시공한 경우 지출하는 금액

3) 특급상태

정상상태에서 점차 단축하여 인원과 장비를 더 투입하여도 더 이상 작업일정을 단축할 수 없을 때까지 최대한 단축한 상태

4) 특급일수

기술적, 설비적, 장소적 제약조건 아래에서 최대한 단축시킨 작업일 수

5) 특급비용

특급일수로 시공한 경우 지출하는 금액(공사기간을 줄이므로 표준비용보다 많이 든다.)

6) 비용경사(Cost Slope)

작업일 수를 단축할 때 1일당 들어가는 비용

$$S = \frac{특급비용 - 표준비용}{표준일수 - 특급일수}$$

※ 비용경사가 작은 작업부터 먼저 공기단축을 해나가야 한다.(최소비용이 되게 공사기간을 줄임)

EXERCISE

다음과 같은 계획공정표에서 주공정선 및 주공정일수를 구해보면

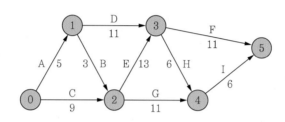

작업명	A	B	C	D	E	F	G	H	I
작업일수	5	3	9	11	13	11	11	6	6

EVENT

TE : 이벤트까지 오는 여러 코스의 작업일 수를 더해 큰 값을 취한다.(화살표로 이동)

① ⓪→① TE=5일(작업 B와 D를 시작할 수 있는 가장 빠른 작업일 수)

② ①→② 코스 5+3=8 ⎤ TE=9(큰값)
   ⓪→② 코스 9 ⎦ (작업 E와 G를 시작할 수 있는 가장 빠른 작업일 수)

③ ①→③ 코스 5+11=16 ⎤ TE=22
   ②→③ 코스 9+13=22 ⎦ (Event ②의 TE값(9)에 E작업일 수 13을 더했다.)

④ ⑤도 위와 같이 구한다.

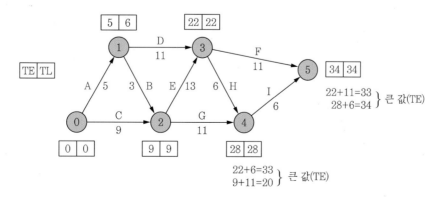

EVENT

TL : ⑤이벤트에서부터 화살표 반대 방향으로 이동하면서 이벤트까지 오는 작업일 수를 빼서 작은값을 취한다.

⑤ $TL=34$ (⑤이벤트의 TE와 같다.)

④ ⑤→④ $34-6=28$ $TL=28$ (⑤의 TL값 34에서 I의 작업일 수 6을 뺀 값)

③ ⑤→③ 코스 $34-11=23$ ⎤
  ④→③ 코스 $28-6=22$ ⎦ $TL=22$(두 값 중 작은 값)

② ③→② 코스 $22-13=9$ ⎤
  ④→② 코스 $28-11=17$ ⎦ $TL=9$(이벤트 ③의 TL값(22)에 E작업일 수 (13)을 뺀 값)

① ⓪도 위와 같이 구한다.

TE와 TL 이 일치하는 경로   →   주공정선 :   ⓪→②→③→④→⑤

주공정일 수 :   34일(이벤트 ⑤의 $TE(TL)$값)

EXERCISE

다음 계획 공정표에서 주공정선을 구하고 특급상태로 작업하여 7일간의 공기를 단축할 경우 증가되는 최소비용은 얼마인가?(단, 증가비용은 단축일 수에 비례하는 것으로 한다.)

(비용단위 : 만원)

작업명	표준상태		특급상태		작업명	표준상태		특급상태	
	작업일 수	비용	작업일 수	비용		작업일 수	비용	작업일 수	비용
A	4	9	4	9	E	10	20	8	28
B	6	14	5	16	F	14	25	10	37
C	7	15	5	17	G	8	17	7	25
D	14	20	11	26	H	6	15	5	17

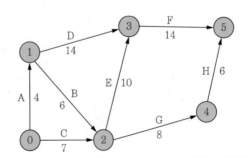

EVENT

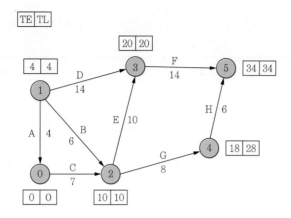

주공정선 : ⓪ → ① → ② → ③ → ⑤ (TE와 TL이 일치하는 선)
주공정일 수 : 34일

주공정선(경로)상에서만 공기를 단축할 수 있다.

① 비용경사(S) ─ A작업 → 줄일 수 없다. $(4-4=0)$

$$B작업 → S_B = \frac{특급상태비용 - 표준상태비용}{표준상태작업일 수 - 특급상태작업일 수}$$

$$= \frac{16-14}{6-5} = 2만원 \ (B작업 \ 1일 \ 단축시 \ 드는 \ 비용)$$

$$E작업 → S_E = \frac{28-20}{10-8} = 4만원(E작업 \ 1일 \ 단축시 \ 드는 \ 비용)$$

$$F작업 → S_F = \frac{37-25}{14-10} = 3만원(F작업 \ 1일 \ 단축시 \ 드는 \ 비용)$$

7일간의 공기를 단축하므로 비용경사가 가장 작은 작업부터 최대한 줄인다.

B작업 1일, F작업 4일, E작업 2일을 줄이면 최소비용으로 7일을 단축할 수 있다.

㉠ $S_B \times 1$일(특급상태로 작업하면 표에서 하루$(6-5)$를 줄일 수 있다.)
   $2 \times 1 = 2만원$
㉡ $S_F \times 4$일 → $3 \times 4 = 12만원$
㉢ $S_E \times 2$일 → $4 \times 2 = 8만원$
   ∴ 최소비용 = ㉠ + ㉡ + ㉢ = $2+12+8 = 22만원$

│ 참고

만약 B작업에 표준상태의 작업일수가 6일이고 특급상태의 작업일수가 4일일 때 비용경사 S_B가 위와 동일하다면 최소비용은 B작업 2일, F작업 4일, E작업 1일을 줄여 계산하면 된다.

2 공정표에서 활동시간의 계산

1. 활동시간의 계산

작업명	A	B	C	D	E	F	G
선행작업	없음	없음	A	A	B	C	D, E
작업시간	7	10	10	21	8	5	5

⇒ 위의 작업표를 보고 공정표를 작성하면 다음과 같다.

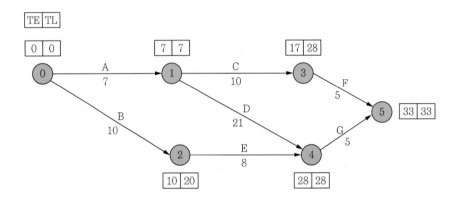

※ 아래 1)~7) 안의 (예)들은 위의 공정표를 기준으로 설명하였으며 아래첨자 i는 작업 전 단계, 아래첨자 j는 작업 후 단계를 나타낸다.

1) 가장 이른 개시시간(Earlist Start Time : EST)

어떤 작업이 개시될 수 있는 가장 빠른 시간이다. 공정표에 나타낸 단계 중심의 시간계산에서 볼 때 선행(전) 단계의 가장 이른 예정일(TE_i)과 같다.

$$EST = TE_i$$

(예) A작업 : A작업 전의 $\boxed{TE_i}\,\boxed{TL_i}$ = $\boxed{0}\,\boxed{0}$ 이므로 TE_i 즉, $EST=0$이다.

C작업 : C작업 전의 $\boxed{TE_i}\,\boxed{TL_i}$ = $\boxed{7}\,\boxed{7}$ 이므로 TE_i 즉, $EST=7$이다.

2) 가장 이른 완료시간(Earliest Finish Time : EFT)

가장 이른 개시시간(EST)에 어떤 작업을 시작하였을 경우, 그 작업이 완료될 수 있는 가장 빠른 예정 완료일이다. 이 시간은 가장 이른 개시시간(EST)에 활동의 경과시간(Duration Time : d_e)을 부가함으로써 구해진다.

$$EFT = EST + d_e = \boxed{TE_i + d_e}$$

> ㈜ A작업 : A작업의 $EFT = EST(0) + d_e(7 : A작업의 소요시간) = 7$
>
> C작업 : C작업의 $EFT = EST(7) + d_e(10 : C작업의 소요시간) = 17$

3) 가장 늦은 개시시간(Latest Start Time : LST)

어떤 작업이 개시될 수 있는 가장 늦은 시간으로서 이보다 늦게 시작되면 일정에 영향을 주는 한계시간이다. 이 시간은 가장 늦은 완료시간(LFT)에서 그 작업의 소요시간을 감하여 구한다.

$$LST = LFT - d_e = \boxed{TL_j - d_e}$$

> ㈜ A작업 : A작업의 $LST = LFT(7) - d_e(7) = 0$
>
> C작업 : C작업의 $LST = LFT(28) - d_e(10) = 18$

4) 가장 늦은 완료시간(Latest Finish Time : LFT)

어떤 활동을 늦어도 완료해야 될 한계시간이다. 단계 중심의 시간계산에서 다음(후) 단계의 가장 늦은 완성일(TL)과 같다.

$$\boxed{LFT = TL_j}$$

> ㈜ A작업 : A작업 후의 $\boxed{TE_j \mid TL_j} = \boxed{7 \mid 7}$ 이므로 TL_j, 즉 $LFT = 7$이다.
>
> C작업 : C작업 후의 $\boxed{TE_j \mid TL_j} = \boxed{17 \mid 28}$ 이므로 TL_j, 즉 $LFT = 28$이다.

5) 총여유시간(Total Float : TF)

한 작업이 전체 프로젝트의 최종 완료일에 영향을 주지 않고 가질 수 있는 최대여유시간이다. 총여유시간 이상으로 작업이 정체되면 공기를 지킬 수 없으며, 이의 계산은 가장 늦은 개시시간(LST)과 가장 이른 개시시간(EST)과의 차에서 구하거나, 가장 늦은 완료시간(LFT)에서 가장 이른 완료시간(EFT)을 감하여 구한다.

$$TF = LST - EST = \boxed{LFT - EFT}$$

> ㈜ A작업 : A작업의 $TF = LST(0) - EST(0) = 0$이다.
>
> C작업 : C C작업의 $TF = LST(18) - EST(7) = 11$이다.

6) 자유여유시간(Free Float : FF)

자유여유시간은 후속작업의 가장 이른 개시시간(EST)에서 해당 작업의 가장 이른 완료시간(EFT)을 감하여 구할 수 있다.

$$FF= \begin{pmatrix} 후속작업\,EST \\ 후속작업\,TE_i \end{pmatrix} - 현재작업\,EFT$$

예 A작업 : A작업의 FF=후속작업인 C작업의 $EST(7)$ − 현재 A작업의 $EFT(7) = 0$이다.

  C작업 : C작업의 FF=후속작업인 F작업의 $EST(17)$ − 현재 C작업의 $EFT(17) = 0$이다.

7) 간섭여유(Interference Float : IF or DF)

$$IF= TF - FF$$

예 A작업 : A작업의 $IF= TF(0) - FF = 0$이다.

  C작업 : C작업의 $IF= TF(11) - FF = 11$이다.

※ A작업과 C작업에 대한 값들만 설명했지만 다른 작업에서도 동일하게 적용된다.

EXERCISE

1. 다음 Data Network 공정표를 작성하고 아울러 각 여유를 계산하여 빈칸을 채우고 한계경로(Critical Path)는 굵은 선으로 표시하라.

작업명	A	B	C	D	E	F	G
선행작업	없음	없음	A	A	B	C	D, E
작업시간	7	10	10	21	8	5	5

1.

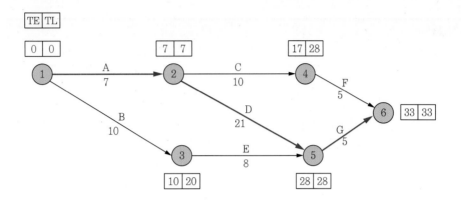

2. 공정표에서 활동시간의 계산에서 앞에 설명된 예들을 보면서 하나씩 작성해보자. (i : 작업 전 단계, j : 작업 후 단계)

기호	활동	소요시간	개시시간		완료시간		여유시간			주공정
			EST	LST	EFT	LFT	TF	FF	DF (IF)	CP
		계산법	TE_i	TL_j $-$ d_e	TE_i $+$ d_e	TL_j	LFT $-EFT$	후속작업 EST (후속작업 TE_i) $-$ 현재작업EFT	TF $-FF$	
A	①→②	7	0	7−7 0	0+7 7	7	7−7 0	7−7 0	0	
B	①→③	10	0	20−10 10	0+10 10	20	20−10 10	10−10 0	10	
C	②→④	10	7	28−10 18	7+10 17	28	28−17 11	17−17 0	11	
D	②→⑤	21	7	28−21 7	7+21 28	28	28−28 0	28−28 0	0	
E	③→⑤	8	10	28−8 20	10+8 18	28	28−18 10	28−18 10	0	
F	④→⑥	5	17	33−5 28	17+5 22	33	33−22 11	33−22 11	0	
G	⑤→⑥	5	28	33−5 28	28+5 33	33	33−33 0	33−33 0	0	
			㉠	㉣	㉢	㉡	㉤	㉥	㉦	

㉠ → ㉡ → ㉢ → ㉣ → ㉤ → ㉥ → ㉦ 순으로 작성하면 쉽게 작성할 수 있다.

EXERCISE

1. 다음 Data Network 공정표를 작성하시오.

작업명	A	B	C	D	E	F
선행작업	없음	없음	없음	A, B	A, C	A, B, C

2. 다음 Data Network 공정표를 작성하시오.

작업명	A	B	C	D	E	F
선행작업	없음	없음	없음	A	A, B, C	C

EVENT

1. 점선(⇢)의 의미는 Dummy이며 작업일수는 없고 단지 공정상 작업순서의 흐름만을 나타낸다.

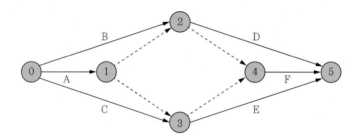

2.

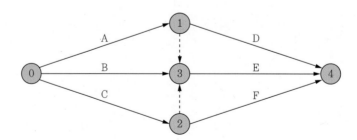

❸ 공사비 예정가격작성준칙

1. 서 론

공사비 예정가격작성준칙(회계예규 2200, 04－105－4) 자료를 근거로 하며, 정부예산의 집행을 위한 절차기준 및 방법 등이 정부회계라고 할 때 이를 운용하는 직접적인 수단이 정부계약제도로서 원가계산은 정부가 구매자 입장 또는 도급자 입장에서 계약 대상자를 결정하기 위하여 국가 내부적으로 공사물품제조 등 발주 목적물의 가격을 미리 예정하는 가격결정방법이다.

2. 회계코드의 대응

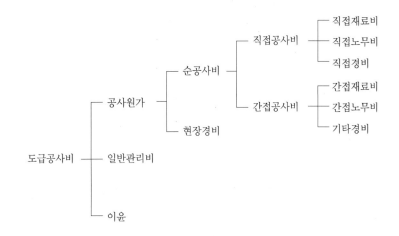

다음 페이지 공사원가계산서에서 아래와 같은 사항들을 구할 수 있다.

직접공사비＝직접재료비＋직접노무비＋직접(기계)경비＝㉠＋㉡＋㉢ 금액

순공사비(순공사원가)＝재료비＋노무비＋경비＝ⓐ＋ⓑ＋ⓒ 금액

총공사비(총원가)＝재료비＋노무비＋경비＋일반관리비＋이윤
　　　　　　　＝ⓐ＋ⓑ＋ⓒ＋ⓓ＋ⓔ 금액

TIP 최근 위의 내용이 자주 출제되고 있다.

[공사원가계산서] (개정 '98. 2. 20)

공사명 :   공사기간 :

비 목		구 분	금 액	구성비	비 고
순공사원가	재료비	직 접 재 료 비 간 접 재 료 비 작 업 설·부 산 물 등 (△)	㉠		
		소 계	ⓐ		
	노무비	직 접 노 무 비 간 접 노 무 비	㉡		
		소 계	ⓑ		
	경 비	전 력 비 수 도 광 열 비 운 반 비 기 계 경 비 특 허 권 사 용 료 기 술 료 연 구 개 발 비 품 질 관 리 비 가 설 비 지 급 임 차 료 보 험 료 복 리 후 생 비 보 관 비 외 주 가 공 비 안 전 관 리 비 소 모 품 비 여 비·교 통 비·통 신 비 세 금 과 공 과 폐 기 물 처 리 비 도 서 인 쇄 비 지 급 수 수 료 환 경 보 전 비 보 상 비 안 전 점 검 비 건 설 근 로 자 퇴 직 공 제 부 금 비 기 타 법 정 경 비	㉢		
		소 계	ⓒ		
일반관리비 ( )%			ⓓ		
이 윤 ( )%			ⓔ		
총 원 가					

290

[공사원가계산서]

공사명 : 다솔유캠퍼스 확장공사   공사기간 :

비 목		구 분	금 액	구성비	비 고
순 공 사 원 가	재료비	직 접 재 료 비	1,000,000		
		간 접 재 료 비	300,000		
		작 업 설·부 산 물 등 (△)	100,000		
		소 계	1,200,000		
	노무비	직 접 노 무 비	200,000		
		간 접 노 무 비	200,000		
		소 계	400,000		
	경 비	전 력 비	20,000		
		수 도 광 열 비	10,000		
		운 반 비	20,000		
		기 계 경 비	800,000		
		특 허 권 사 용 료	10,000		
		기 술 료	10,000		
		연 구 개 발 비	20,000		
		품 질 관 리 비	20,000		
		가 설 비	20,000		
		지 급 임 차 료	10,000		
		보 험 료	10,000		
		복 리 후 생 비	10,000		
		보 관 비	10,000		
		외 주 가 공 비	10,000		
		안 전 관 리 비	10,000		
		소 모 품 비	10,000		
		여 비·교 통 비·통 신 비	10,000		
		세 금 과 공 과	10,000		
		폐 기 물 처 리 비	10,000		
		도 서 인 쇄 비	10,000		
		지 급 수 수 료	10,000		
		환 경 보 전 비	10,000		
		보 상 비	10,000		
		안 전 점 검 비	10,000		
		건설근로자퇴직공제부금비	10,000		
		기 타 법 정 경 비	10,000		
		소 계	1,100,000		
	일반관리비 ( )%		405,000		
	이 윤 ( )%		180,500		
	총 원 가		3,285,500		

① 직접공사비＝직접재료비＋직접노무비＋직접(기계)경비
　　　　＝1,000,000＋200,000＋800,000＝2,000,000원
② 순공사비＝재료비＋노무비＋경비
　　　　＝1,200,000＋400,000＋1,100,000＝2,700,000원
③ 총공사비＝재료비＋노무비＋경비＋일반관리비＋이윤
　　　　＝1,200,000＋400,000＋1,100,000＋405,000＋180,500＝3,285,500원

≫ 문제 01

다음 계획공정표에서 특급상태로 하여 6일간의 공기를 단축할 경우 특급상태 주공정과 증가되는 최소비용은 얼마인가?(단, 증가비용은 단축일수에 비례하는 것으로 한다.)

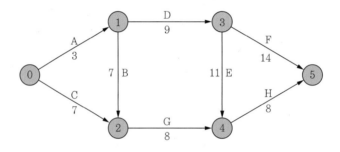

(비용단위 : 만원)

작업명	표준상태		특급상태		작업명	표준상태		특급상태	
	작업일수	비 용	작업일수	비 용		작업일수	비 용	작업일수	비 용
A	3	7	3	7	E	11	21	8	27
B	7	20	5	25	F	14	25	10	30
C	7	15	5	17	G	8	17	7	25
D	9	17	7	20	H	8	20	7	23

해설

표준상태의 공정도를 그린 다음, 주공정선에서 공기를 단축하여 특급상태의 공정도를 다시 그린다.

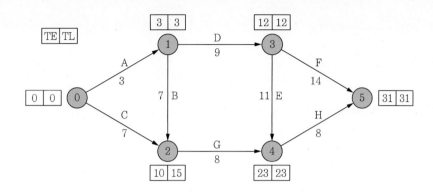

$A \quad D \quad E \quad H$

주공정선 : ⓪ → ① → ③ → ④ → ⑤

A 작업 : 표준상태 3일, 특급상태 3일이므로 줄일 수 없다.

D 작업 : 표준상태 9일, 특급상태 7일이므로 2일 줄일 수 있다.

E 작업 : 표준상태 11일, 특급상태 8일이므로 3일 줄일 수 있다.

H 작업 : 표준상태 8일, 특급상태 7일이므로 1일 줄일 수 있다.

총 6일 간의 공기를 단축하여 공정도를 그리면

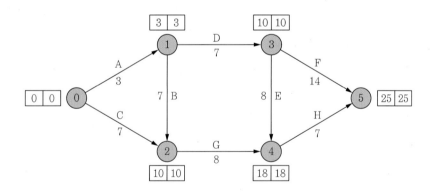

특급상태주공정

⓪ → ① → ② → ③ → ⑤ → ⑥ 또는 ⓪ → ① → ③ → ④ → ⑤

$$\left\{ \begin{array}{l} \text{A 작업 : 줄일 수 없다.} \\[2mm] \text{D 작업 : } S_D = \dfrac{20-17}{9-7} = 1.5\,\text{만원(D 작업일 수를 하루 줄이는 데 필요한 비용)} \\[2mm] \text{E 작업 : } S_E = \dfrac{27-21}{11-8} = 2\,\text{만원} \\[2mm] \text{H 작업 : } S_H = \dfrac{23-20}{8-7} = 3\,\text{만원} \end{array} \right.$$

6일간의 공기를 단축하므로 비용경사가 가장 작은 작업부터 줄이면, D 작업 2일(9−7), E 작업 3일(11−8), H 작업 1일(8−7)을 줄여 최소비용으로 공기를 단축할 수 있다.

최소비용 $= S_D \times 2 + S_E \times 3 + S_H \times 1 = 1.5 \times 2 + 2 \times 3 + 3 \times 1 = 12$만원

≫ **문제 02**

건설기계기사 담당 현장공사가 다음과 같은 작업 분류표로 정리되었다. 시작과 끝만 표시된 계획공정표를 완성 ($\boxed{\text{TE}\,\text{TL}}$ 을 구하여 기입)하고 주공정은 아주 굵은 실선으로 표시하시오.

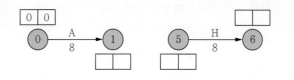

작업명(작업기호)	작업시간	선행작업
A	8	없음
B	8	A
C	12	A
D	12	B
E	32	A
F	45	C, D
G	24	E
H	8	F, G

해설

공정표 문제에서는 이 문제와 같이 작업분류표를 보고 공정표를 작성하는 문제가 요즘 들어 자주 출제되고 있다. 수검자들이 직접 이벤트를 적어가며 작업순서에 맞게 그려보는 것이 중요하다.

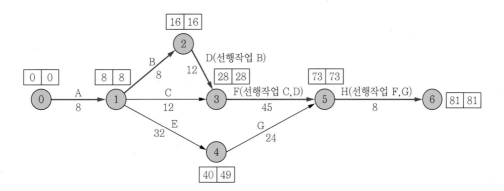

주공정선 : ⓪ → ① → ② → ③ → ⑤ → ⑥

≫ 문제 **03**

다음과 같은 건축기계설비 설치계획 공정표를 보고 다음에 답하시오.

작업명		A	B	C	D	E	F	G	H	I
선행작업		없음	A	A	A	D	C, E	C, E	B, F	G, H
표준상태	작업일 수	4	5	9	5	5	5	5	4	9
	비용(만원)	20	30	85	60	50	15	50	20	51
특급상태	작업일 수	3	4	7	4	4	3	5	4	9
	비용(만원)	25	40	95	80	55	25	50	20	51

추가인력 및 특수장비 등을 투입하여 공기를 단축할 수 있는 특급상태작업시 최대로 단축할 수 있는 공기단축일 수는 얼마이며, 이때 표준상태에 비교하여 추가해야 하는 최소비용은 얼마인가?(단, 주공기 단축이 안되는 공정은 특급상태로 작업하지 아니하고 특급상태작업은 모두 주공정이 되며, 특급상태로 작업시 최소비용 원칙을 적용하여 추가비용이 적은 작업을 우선하여 단축하고, 단축 해당작업에서 단축가능일 수 중 일부분만 단축할 경우의 해당작업 추가비용은 해당작업의 특급추가비용과 단축일 수에 비례하여 계산한다.)

해설

공정표를 그리고 주공정선을 찾아야 하며 바로 앞에 해야 할 작업이 선행작업이므로 공정표를 자세히 해석해 보면 쉽게 그릴 수 있을 것이다.
ex) H 작업을 시작하는 이벤트 ②에서는 B, F 작업이 완료된다.

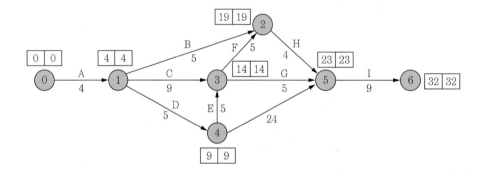

$$A \quad D \quad E \quad F \quad H \quad I$$

주공정선 ⓪→①→④→③→②→⑤→⑥

A 작업 : 1일 단축(4-3), $S_A = \dfrac{25-20}{4-3} = $ 5만원

D 작업 : 1일 단축(5-4), $S_D = \dfrac{80-60}{5-4} = $ 20만원

E 작업 : 1일 단축(5-4), $S_E = \dfrac{55-50}{5-4} = $ 5만원

F 작업 : 2일 단축(5-3), $S_F = \dfrac{25-15}{5-3} = $ 5만원

H 작업 : 줄일 수 없다.(4-4=0)

I 작업 : 줄일 수 없다.(9-9=0)

최대로 단축할 수 있는 공기단축일 수 : 1+1+1+2=5일

최소비용 $= S_A \times 1 + S_D \times 1 + S_E \times 1 + S_F \times 2$

$\qquad = 5 \times 1 + 20 \times 1 + 5 \times 1 + 5 \times 2 = 40$만원

≫ 문제 04

우리나라 예산회계예규에 대한 다음과 같은 건축기계설비 공사원가계산서(예)에서 총원가(공사비)는 얼마인가?

[공사원가계산서]

공사명 : ○○공사 ○○지점 신축기계설비공사   공사기간 : 약 18개월

비목		구분	금액(원)	구 성 비	비 고
(M) 재 료 비	직 접 재 료 비		174,976,854		
	간 접 재 료 비		551,250	동관의 2%, 강관의 3%	표준품셈, 적용기준
	작 업 부 산 물		−39.635		
	소 계		175,218,469		사급 재료비 118,519,000 제외
(L) 노 무 비	직 접 노 무 비 (가)		69,380,265		
	간 접 노 무 비 (나)		10,753,941	직접노무비의 15.5%	{(14.5+16+17)÷3}
	소 계		80,134,206		
(01) 경 비	전 력 비				
	운 반 비				
	기 계 정 비				
	특 허 권 사 용 료				
	1) 공 구 손 료		1,387,605	직노의 2%	표준품셈, 적용기준 3%
	품 질 관 리 비				
	가 설 비				
	지 급 임 차 료				
	2) 보 험 료		2,323,891	노무비의 2.9%	산재보험료 기준
	보 관 비				
	외 주 가 공 비				
	3) 안 전 관 리 비		7,721,237	(재＋직노)의 1.81%	+3,294,000원 추가
	4) 수 도 광 열 비		1,481,045	(재＋노)의 0.85%	(0.45＋0.61＋0.73)÷3
	연 구 개 발 비				
	5) 복 리 후 생 비		3,651,543	(재＋노)의 1.43%	(1.12＋1.5＋1.67)÷3
	6) 소 모 품 비		1,761,933	(재＋노)의 0.69%	(0.6＋0.83＋0.55)÷3
	7) 여비·교통비·통신비		1,378,904	(재＋노)의 0.54%	(0.39＋0.63＋0.6)÷3
	8) 세 금 과 공 과		1,353,369	(재＋노)의 0.53%	(0.89＋0.3＋0.34)÷3
	폐 기 물 처 리 비				
	9) 도 서 인 쇄 비		357,493	(재＋노)의 0.14%	(0.03＋0.12＋0.24)÷3
	지 급 수 수 료				
	소 계		21,417,020		사급 경비 14,000,000 제외
(M) + (L) + (01) = 계			276,769,695		사급분 132,519,000 제외
(02) 일 반 관 리 비 ( ) %			15,222,333	(재＋노＋경)의 5.5%	회계 예규의 제18조 적용
(P) 이 윤 ( ) %			17,516,033	(노＋경＋일반)의 15%	회계 예규의 제19조 적용
총 원 가 (공 사 비)					지급분 132,519,000 제외
부 가 세					
공 사 예 정 가 격					

해설

총원가(공사비)＝ 276,769,695＋15,222,333＋17,516,033 ＝ 309,508,061원

TIP 위의 공사원가 계산서에서 직접공사비와 순공사비도 구해보면 시험에 도움이 되겠지요.

15 시험에서 다루어지는 기타 내용들과 종합문제

1 끼워맞춤

1. 등급에 의한 끼워맞춤공차

기계도면에서 ϕ 50H 7 또는 ϕ 50h 6라는 공차치수들이 나타나 있다면 여기서, ϕ 50은 기준치수이고, 알파벳 대문자 H는 구멍, 소문자 h는 축을 뜻하는 구멍과 축의 치수공차기호이다.

이 기호들의 역할은 구멍과 축의 크기를 표시하는 것으로 표시방법은 아래 표와 같다.

구멍과 축의 기호 및 상호관계

구 멍 기 호 (대문자)	구멍의 최소허용치수가 기준치수와 일치한다.(H)
	점점 지름이 커진다.　　　　　　　　　　　점점 지름이 작아진다.
	A B C D E F G H J K M N P R S T U X
축 기 호 (소문자)	축의 최대허용치수가 기준치수와 일치한다.(h)
	점점 지름이 작아진다.　　　　　　　　　　　점점 지름이 커진다.
	a b c d e f g h j k m n p r s t u x

2. 정밀도

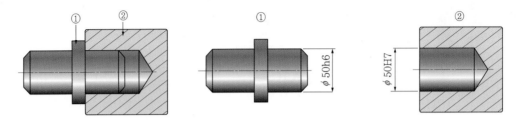

1) $\phi 50H7$ …… 기준구멍(H) $\phi 50$인 구멍의 등급은 7등급

2) $\phi 50h6$ …… 기준축(h) $\phi 50$인 축의 등급은 6등급

3) 결과 : 축이 구멍에 비해 정밀하다는 것을 알 수 있다.

3. 끼워맞춤의 종류

1) 헐거운 끼워맞춤 : 구멍이 항상 축보다 클 경우 발생하는 끼워맞춤(틈새만 생기는 끼워맞춤)

2) 중간 끼워맞춤 : 구멍이 축보다 큰 경우와 작은 경우가 발생하는 끼워맞춤(틈새와 죔새가 생기는 끼워맞춤)

3) 억지 끼워맞춤 : 축이 항상 구멍보다 클 경우 발생하는 끼워맞춤(죔새만 생기는 끼워맞춤)

4. 일반공차

$$\phi 50{}^{+\,0.025\ \cdots\cdots\ \text{윗치수허용차}}_{-\,0.015\ \cdots\cdots\ \text{아랫치수허용차}}$$

기준치수

1) 최대허용치수＝기준치수＋윗치수 허용차＝$50 + 0.025 = 50.025$

2) 최소허용치수＝기준치수＋아랫치수 허용차＝$50 - 0.015 = 49.985$

3) 공차＝윗치수 허용차－아랫치수 허용차＝$0.025 - (-)0.015 = 0.04$

4) 틈새 : 구멍의 치수가 축의 치수보다 클 때의 치수차

5) 죔새 : 구멍의 치수가 축의 치수보다 작을 때의 치수차

2 투상도

1. 정투상도법

물체의 주된 화면을 투영면에 평행하게 놓았을 때의 투상을 정투상도법이라 하며 배열은 아래와 같다.

1) 3각법

2. 투상도의 종류 중 입체도법

구조물의 조립상태나 조립순서 등을 쉽게 알 수 있게 하나의 투상도로 세 면의 형상을 나타낼 수 있는 투상도법을 입체도법이라 한다. 종류에는 등각투상도법, 부등각투상도법, 사투상도법 등이 있다.

1) 등각투상도

등각투상도란, $\overline{ab}$ 와 $\overline{ac}$ 가 $\boxed{30°}$, $x\,y\,z$ 축의 선을 평면상에서 120°의 등각으로 교차하도록 긋고 작도하는 기법이다. 등각투상도는 입체도법 중 가장 많이 이용되는 기법이기도 하다.

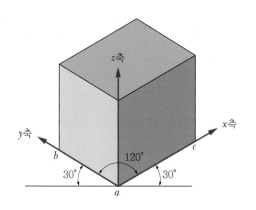

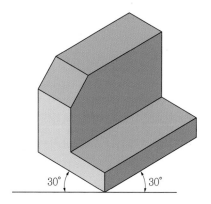

2) 부등각투상도

부등각투상도에서는 A, B, C 가 각각 다른 값이 되도록 각 α, β 의 경사각을 잡는다.

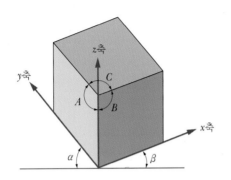
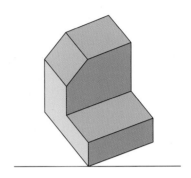

3) 사투상도

사투상도는 물체의 정면 형태만 실치수로 그리고 앞 쪽에서 뒤끝까지는 경사지게 그린다.

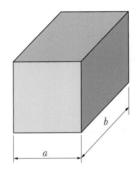
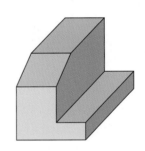

③ 기계재료

기계를 구성하는 재료는 그 기능이나 수명을 유지시키기 위하여 신뢰성이 있는 것이어야 하며, 용도에 따라 간단한 기호로서 화학성분, 제품명 및 규격명, 종류, 인장강도, 경도, 인성 등으로 재료를 도면상에 정확히 지정하여야 한다. 재료의 기호표시는 각국의 재료규격에 제정되어 있다.

1. 재료기호는 보통 3개의 문자로 표시하고 있으나, 때로는 5개의 문자로 표시하는 경우도 있다.

1) 제1위 문자(첫자리 문자)

재질을 표시하는 기호로서 영어의 머리문자나 원소기호

[표 15-1] 제1위 문자의 재질 명칭

기 호	재 질	기 호	재 질
Al	알루미늄(Aluminium)	MgA	마그네슘합금(Magnesium Alloy)
AlA	알루미늄합금(Al Alloy)	NBs	네이벌 황동(Naval Brass)
Br	청동(Bronze)	NiS	양은(Nickel Silver)
Bs	황동(Brass)	PB	연청동(Phosphor Bronze)
C	초경질합금(Carbide Alloy)	Pb	연, 납(Lead)
Cu	구리(Copper)	S	강(Steel)
Fe	철(Ferrum)	SzB	실진청동(Silzin Bronze)
HBs	강력 황동(High Strength Brass)	W	화이트메탈(White Metal)
L	연합금(Light Alloy)	Zn	아연(Zinc)
K	켈밋(Kelmet)		

2) 제2위 문자

규격명과 제품명을 표시하는 기호로서 판, 봉, 관, 선, 주조품 등 제품의 형상별 종류 등의 용도를 표시한다.

[표 15-2] 제2위 문자의 규격품과 제품명

기 호	재 질	기 호	재 질
Au	자동차용재	KH	철과 강 고속도강(High Speed Steel)
B	비철금속 봉재	L	궤도(Rail)
B	철과 동 보일러(Boiler)용 압연재	M	조반(Marine)용 압연재
Br	단조용 봉재(Forging Bar)	MR	조선용 리벳(Marine Rivet)
BM	비철금속 머시닝(Machining)용 봉재	N	철과 강 니켈강(Nickel Steel)
BR	철과 강 보일러용 리벳(Rivet)	NC	니켈 크롬강(Nickel Chromium Steel)
C	철과 비철 주조품(Casting)	NS	스테인리스강(Stainless Steel)
CM	철과 강 가단주조품(Malleable Casting)	P	비철금속 판재(Plate)
DB	볼트, 너트용 냉간인흡(Bolt Drawn)	S	철과 강 구조용 압연재
E	발동기(Engine)	SC	철과 강 철근콘크리트용 봉재
F	철과 강 단조품(Forging)	T	철과 비철관(Tube)
G	게이지(Gauge)용재	TO	공구강(Tool Steel)
GP	철과 강 가스파이프(Gas Pipe)	UP	철과 강 스프링강(Spring Steel)
H	철과 강 표면경화(Case Hardening)	V	철과 강 리벳(Rivet)
HB	최강봉재(High Strength Bar)	W	철과 강 와이어(Wire)
K	철과 강 공구강(Tool Steel)	WP	철과 강 피아노선(Piano Wire)

3) 제3위 문자

금속 종별의 기호로서 최저인장강도 또는 재질종류의 기호를 숫자 다음에 기입한다.

[표 15-3] 제3위 문자의 금속종별

1. 인장강도를 kgf/mm²의 수치로 표시한다.
2. 숫자 다음에 A (연질), B (반경질), C (경질) 등을 기입한다.
3. 단위길이당 중량을 괄호 안에 기입한다.

예 시험에서 출제되었던 재료기호를 설명해 보면

규격집 KS D 3501~6008 참고

① S F 40

1위 문자   2위 문자   3위 문자 : 탄소강 단강품
Steel 강   Forging   최저인장강도 40kgf/mm²
            단조품

KSD	명 칭	종 별	기 호	인장강도 (kgf/mm²)	용 도
3710	탄 소 강 단 강 품	1종	SF 34	34 ~ 42	
		2종	SF 40	40 ~ 50	
		3종	SF 45	50 ~ 55	
		4종	SF 50	50 ~ 60	
		5종	SF 55	55 ~ 65	
		6종	SF 60	60 ~ 70	

② S C 37 : 탄소주강품

S : 강, C : 주조품(Casting)

37 : 최저인장강도 37kgf/mm²

KSD	명 칭	종 별	기 호	인장강도 (kgf/mm²)	용 도
	탄소주강품 (Carbon Steel Casting)	1종	SC 37	37 이상	전동기 부품용
		2종	SC 42	42 이상	일반구조용
		3종	SC 46	46 이상	일반구조용
		4종	SC 49	49 이상	일반구조용
		5종	SC 55	55 이상	일반구조용

③ SM 25C

S : 강, M : Machine : 기계구조용 탄소강

25C : 탄소(Carbon)함유량 0.22~0.28%(25는 %의 중간값)

▌참고

30C이면 0.27~0.33%이다.

④ SCM 3

S(Steel)　　　　　　3 : 3종　　　　　　: 크롬몰리브덴강재

C(Chromium)

M(Molybdenum)

⑤ BrC 3

Br(청동 : Bronze)　　　3 : 3종　　　　　　: 청동주물

C(Casting)

⑥ SB 50(KS규격)
   SS 50(JIS : 일본공업규격) } 일반구조용 압연강재
   S(Steel), B − 보통(일반)
   50 : 최저인장강도

[표 15-4] 강철재료기호(출제되었던 재료들)

KSD	명 칭	종 별		기 호	인장강도 (kgf/mm²)	용 도	
3503	일반구조용 압연강재	1종		SB 34	33~34	강판, 형강, 평강 말미 기호 봉강	강판은 P
		2종		SB 41	34~52		형강은 A
		3종		SB 50	50~62		평강은 F
		4종		SB 55	55 이상		봉강은 B
3515	용접구조용 압연 강재	1종	A	SWS 41A	41~52	강판, 대강, 형강 및 평강의 두께 100mm 이하, 강판 및 대강의 두께 50mm 이하	
			B	SWS 41B			
			C	SWS 41C			
		2종	A	SWS 50A	50~62		
			B	SWS 50B			
			C	SWS 50C			
		3종	A	SWS 50YA	50~62	강판, 대강, 형강 및 평강의 두께 50mm 이하	
			B	SWS 50YB			
		4종	A	SWS 53A	53~65	강판, 대강, 형강 및 평강의 두께 50mm 이하 강판, 대강의 두께 50mm 이하	
			C	SWS 53C			
		5종		SWS 58	58~73	강판 및 대강의 두께 5mm 이상, 50mm 이하	
3752	기계구조용 탄소강강재 (Carbon Steel For Machine Structural Use)	1종		SM 10C	32 이상	빌릿, 콜릿	
		2종		SM 15C	38 이상	볼트, 너트, 리벳	
		3종		SM 20C	41 이상	〃	
		4종		SM 25C	45 이상	볼트, 너트, 모터축	
		5종		SM 30C	55 이상	볼트, 너트, 기계부품	
		6종		SM 35C	58 이상	로드, 레버류, 기계부품	
		7종		SM 40C	62 이상	연접봉, 이음쇠, 축류	
		8종		SM 45C	70 이상	크랭크축류, 로드류	
		9종		SM 50C	75 이상	키, 핀, 축류	
		10종		SM 55C	80 이상	키, 핀류	
		21종		SM 9CK	40 이상	방직기 롤러	
		22종		SM 15CK	50 이상	캠, 피스톤핀 ※ 21, 22종은 침탄용	
3711	크롬 몰리브덴강 강재	1종		SCM 1	85 이상	볼트, 프로펠러, 보스 등	
		2종		SCM 2	90 이상	소형 축류	
		3종		SCM 3	95 이상	강력 볼트, 축류, 암류 등	
		4종		SCM 4	100 이상	기어, 축류, 암류 등	
		5종		SCM 5	105 이상	대형 축류 등	
		21종		SCM 21	85 이상	피스톤핀, 기어, 축류 등	
		22종		SCM 22	95 이상	기어, 축류 등	
		23종		SCM 23	100 이상	기어, 축류 등	
		24종		SCM 24	105 이상	기어, 축류 등	
3751	탄소 공구강	1종		STC 1	36~65	경질 바이트, 면도날, 각종 줄 등	
		2종		STC 2	36~65	드릴, 면도날, 바이트 등	
		3종		STC 3	36~65	탭, 다이, 쇠톱날 등	
		4종		STC 4	36~65	목공용 드릴, 도끼, 태엽, 펜촉 등	
		5종		STC 5	36~65	스냅, 원형 톱, 태엽, 톱날 등	
		6종		STC 6	54~60	스냅, 원형 톱, 태엽, 톱날 등	
		7종		STC 7	54~60	스냅, 프레스 다이, 나이프 등	

KSD	명 칭	종 별	기 호	인장강도 (kgf/mm²)	용 도
3711	크롬 몰리브덴강 강재	1종	SCM 1	85 이상	볼트, 프로펠러, 보스 등
		2종	SCM 2	90 이상	소형 축류
		3종	SCM 3	95 이상	강력 볼트, 축류, 암류 등
		4종	SCM 4	100 이상	기어, 축류, 암류 등
		5종	SCM 5	105 이상	대형 축류 등
		21종	SCM 21	85 이상	피스톤핀, 기어, 축류 등
		22종	SCM 22	95 이상	기어, 축류 등
		23종	SCM 23	100 이상	기어, 축류 등
		24종	SCM 24	105 이상	기어, 축류 등
3751	탄소 공구강	1종	STC 1	36~65	경질 바이트, 면도날, 각종 줄 등
		2종	STC 2	36~65	드릴, 면도날, 바이트 등
		3종	STC 3	36~65	탭, 다이, 쇠톱날 등
		4종	STC 4	36~65	목공용 드릴, 도끼, 태엽, 펜촉 등
		5종	STC 5	36~65	스냅, 원형 톱, 태엽, 톱날 등
		6종	STC 6	54~60	스냅, 원형 톱, 태엽, 톱날 등
		7종	STC 7	54~60	스냅, 프레스 다이, 나이프 등
4301	회주철품 (Gray Casting)	1종	GC 49	10 이상	일반 기계부품, 상수도 철관, 난방용품
		2종	GC 15	15 이상	
		3종	GC 20	20 이상	약간의 경도를 요하는 부분
		4종	GC 25	25 이상	
		5종	GC 30	30 이상	실린더 헤드, 피스톤 공작 기계부품
		6종	GC 35	35 이상	
6002	청동주물	1종	BrC 1	25 이상	밸브, 콕 및 기계부품 등
		2종	BrC 2	25 이상	
		3종	BrC 3	18 이상	
		4종	BrC 4	22 이상	

4 자유도(F)

1. 평면운동기구의 자유도

$$F = 3(N-1) - 2P_1 - P_2$$

N : 링크 수

P_1 : 짝의 자유도가 1인 수 예 ⌈회전짝의 자유도는 1
                          ⌊미끄럼짝의 자유도는 1

P_2 : 짝의 자유도가 2인 수
     예 회전미끄럼짝의 자유도는 2

2. Grübler의 연쇄 판별식

[표 15-5] 평면운동기구의 자유도와 연쇄의 판별

F의 값	기구의 상태
0 이하	운동기구는 움직이지 않는다 → 고정 연쇄
1	운동기구는 움직임, 결정적 기구(한정 연쇄)
2 이상	운동기구는 움직임, 준결정적 기구(불한정 연쇄)
무한대	운동기구는 움직임, 비결정적 기구(불한정 연쇄)

(예) ㉠

$N = 3 (①, ②, ③)$　　　　$F = 3(N-1) - 2P_1 - P_2$

$P_1 = 3 (힌지(핀)지점)$　　　　$= 3(3-1) - 2 \times 3 - 0$

$P_2 = 0$　　　　　　　　　$= 0 (운동기구는 움직이지 않는다.)$

㉡

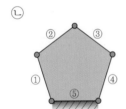

$N = 5$　　　　　　　　$F = 3(5-1) - 2 \times 5$

$P_1 = 5 (힌지(핀)지점)$　　　$= 12 - 10$

$P_2 = 0$　　　　　　　　$= 2 (불한정 연쇄)$

㉢

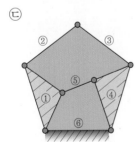

$N = 6 \left(\right.$ ◦◁ $\rightarrow N = 1 로 봄 \left. \right)$

$P_1 = 7$　　　　　　　　$F = 3(6-1) - 2 \times 7$

$P_2 = 0$　　　　　　　　　　$= 1 (한정 연쇄)$

5 용접자세와 용접기호

1. 용접자세

1) 아래 보기자세(Flat Position)

모재를 수평으로 놓고 아래로 향하여 용접하는 자세(F)

2) 수평자세(Horizontal Position)

용접선이 수평이 되게 하는 용접자세(H)

3) 수직자세(Vertical Position)

용접선이 수직 or 수직면에 대하여 15° 이하의 경사를 가지며 면 앞 쪽에서 용접하는 자세(V)

4) 위 보기자세(Overhead Position)

모재의 아래 쪽에서 용접하는 자세(OH)

2. 용접이음의 도시법과 용접기호

1) 용접하는 쪽이 화살표 쪽인 경우

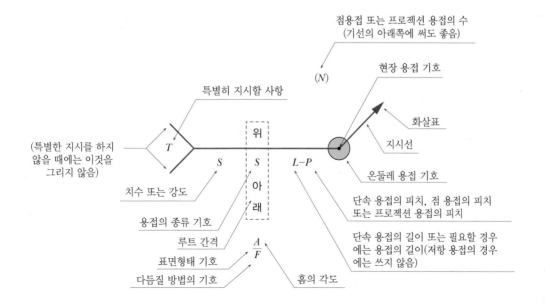

2) 용접하는 쪽이 화살표 반대쪽인 경우

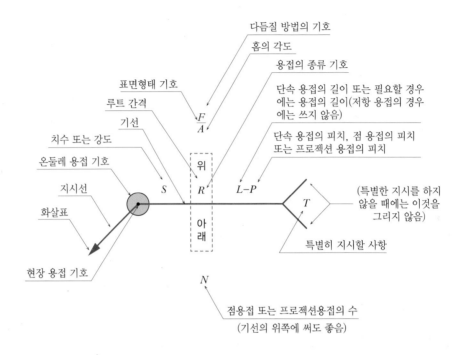

㉾ 필릿용접

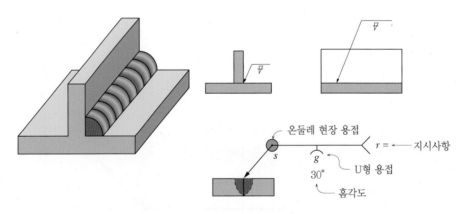

15 기출문제

>> 문제 01

그림과 같은 구멍과 축의 끼워맞춤을 무엇이라고 하며, 이때 최대틈새 및 최대죔새는?

(1) 끼워맞춤 종류
(2) 최대죔새
(3) 최대틈새

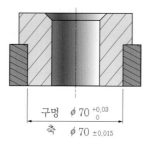

구명 $\phi\,70\,^{+0.03}_{\ \ 0}$
축 $\phi\,70\,\pm0.015$

해설

(1) 중간끼워맞춤(틈새와 죔새가 생기므로)

(2) 최대죔새＝축의 최대허용치수－구멍의 최소허용치수＝70.015－70＝0.015mm

(3) 최대틈새＝구멍의 최대허용치수－축의 최소허용치수＝70.03－69.985＝0.045mm

≫ 문제 **02**

그림과 같은 구멍과 축의 끼워맞춤을 무엇이라 하며 이때 최소 및 최대죔새는?

(1) 끼워맞춤 종류
(2) 최대죔새
(3) 최소죔새

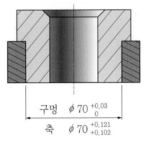

구멍 $\phi\,70\,^{+0.03}_{\;\;0}$

축 $\phi\,70\,^{+0.121}_{+0.102}$

해설

(1) 억지끼워맞춤(축이 항상 구멍보다 커서 죔새만 생기므로)

(2) 최대죔새＝축의 최대허용치수－구멍의 최소허용치수＝70.121－70＝0.121mm

(3) 최소죔새＝축의 최소허용치수－구멍의 최대허용치수＝70.102－70.03＝0.072mm

참고

문제 2에서 축의 치수가 $\phi 70\,^{\;\;0}_{-0.04}$ 이고 구멍치수가 $\phi 70^{+0.105}_{+0.020}$ 라면
끼워맞춤 종류 : 헐거운 끼워맞춤(틈새만 생긴다.)
최대틈새＝구멍의 최대허용치수－축의 최소허용치수＝70.105－69.96＝0.145mm
최소틈새＝구멍의 최소허용치수－축의 최대허용치수＝70.02－70＝0.02mm

≫ 문제 **03**

50g6에서 50g 축의 기초가 되는 아래치수 허용차값은 -25μm 이고 50에 대한 IT 6급의 공차값은 -9μm 라면 50g6의 공차한계값을 표기하시오.

해설

g6은 헐거운 끼워 맞춤이므로

50g6(6등급인 축) $\mu = 10^{-6}$, μm $= 10^{-3}$mm

최대허용치수$=50-0.009=49.991$mm

최소허용치수$=50-0.025=49.975$mm

한계치수공차 $\begin{pmatrix} 49.991 \\ 49.975 \end{pmatrix}$

≫ 문제 **04**

아래 등각투상도와 정면도를 보고 우측면도를 제도하시오.

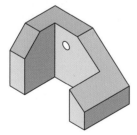 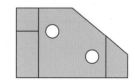

해설

≫ 문제 05

그림과 같은 정투상도를 참고하여 물체를 등각투상법에 의하여 입체로 나타내시오.

①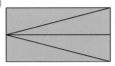

②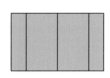

해설

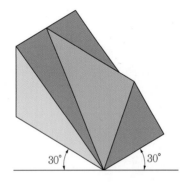 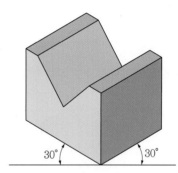

≫ 문제 06

합금(Alloy Metal)강을 순철과 비교할 때 아래 성질 중 일반적으로 증가하는 것과 감소하는 것을 구분하시오.

A. 용융온도　　　　　　　B. 인장강도
C. 연율(延率)　　　　　　D. 경도

해설

• 증가하는 것 : B, D(이외에도 주조성, 내산성, 내열성이 증가)
• 감소하는 것 : A, C(이외에도 전기 및 열전도율이 낮아진다.)

≫ 문제 **07**

강의 열처리 종류 '가'열과 가장 중요한 성질을 '나'열에서의 '1~5'항이 한 번씩만 들어가게 선정하시오.

가	나
A. Tempering	1. 결정조직의 균일화(표준화)
B. Normalizing	2. 내부응력제거 및 경화된 재료연화
C. 질화	3. 급냉하여 재질을 경화
D. Quenching	4. 담금질한 것에 인성을 부여
E. Annealing	5. 표면경화와 내마멸 및 내식성 향상

해설

A−4, B−1, C−5, D−3, E−2

≫ 문제 **08**

건설기계의 구동기구가 그림과 같을 때 링크의 수와 조인트 수를 구하고 운동의 자유도를 계산하시오.

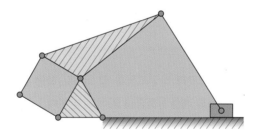

해설

(1) 링크의 수 $N=6$

(2) 조인트의 수 $P_1=7$

(3) 자유도 $F=3(N-1)-2P_1-P_2(P_2=0)=3(6-1)-2\times7=1$

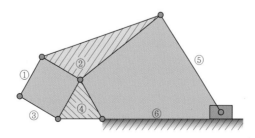

315

≫ 문제 09

셔블(Shovel)의 버킷을 구동시킬 유압배관을 설계하려 한다. 압력유의 평균유속(V)이 20cm/s, 기름의 비중량(γ)이 0.8g/cc, 마찰계수(λ)를 0.01로 하고, 압력손실을 0.01kgf/cm² 이하로 유지시킬 도관의 길이와 내경의 비(l/d)를 산출하시오.

해설

$\gamma = 0.8\text{g/cc} = 0.8 \times 10^{-3}\text{kgf} / 10^{-6}\text{m}^3 = 800\text{kgf/m}^3 (1\text{cc} = 1\text{m}\ell = 10^{-3}\ell)$

$\Delta P = 100\text{kg}_f/\text{m}^2,\ V = 0.2\text{m/s}$

손실수두 $h_l = \dfrac{\Delta P}{\gamma} = \dfrac{100}{800} = 0.125\text{m}$

유체역학 $h_l = \lambda \cdot \dfrac{l}{d} \cdot \dfrac{V^2}{2g}$ (달시–비스바하방정식)에서

$\dfrac{l}{d} = \dfrac{2gh_l}{\lambda V^2} = \dfrac{2 \times 9.8 \times 0.125}{0.01 \times 0.2^2} = 6,125$

≫ 문제 10

1.5kN의 중량을 올리는 나사잭의 나사막대 바깥지름을 몇 mm로 하면 좋은가?(단, 허용인장응력 $\sigma_a =$ 6N/mm²이고, 나사는 축 방향의 하중과 비틀림하중을 동시에 받는다.)

해설

$d = \sqrt{\dfrac{8W}{3\sigma_a}} = \sqrt{\dfrac{8 \times 1,500}{3 \times 6}} = 25.82\text{mm}$

≫ 문제 **11**

보일러 동체의 지름이 500mm이고, 게이지압력이 12기압인 보일러의 세로이음의 경우 판의 두께 mm를 결정하시오.(단, 강판의 인장강도는 25kgf/mm², 안전율은 4.75, 효율은 60%, 부식 여유는 1.0mm인 리벳이음이다.)

해설

압력 $p = 12 \times 1.0332 = 12.3984 \mathrm{kgf/cm^2} = 12.3984 \times 10^{-2} \mathrm{kgf/mm^2}$

$$\sigma_a = \frac{\sigma_s}{S} = \frac{25}{4.75} = 5.26 \mathrm{kgf/mm^2}$$

$$\sigma_a = \frac{p \cdot d}{2t} \text{에서 } t = \frac{p \cdot d}{2\sigma_a \eta} + C(\text{부식 여유}) = \frac{12.3984 \times 10^{-2} \times 500}{2 \times 5.26 \times 0.6} + 1 = 10.82 \mathrm{mm}$$

≫ 문제 **12**

안지름 160mm의 파이프 두께가 5mm이고, 허용응력이 $\sigma_a = 10 \mathrm{kgf/mm^2}$이다. 이 관에 가할 수 있는 허용압력은 몇 kgf/cm²인가?(단, 부식 여유 $C = 1\mathrm{mm}$이다.) 그리고 유량 $Q = 50l/\mathrm{s}$이면 V_m은 몇 m/s인가? 또 이 관에 물이 흐르고 있다면 시간당 몇 톤의 물이 흐르는가?

해설

(1) $t = \dfrac{p \cdot D}{2\sigma_a} + C$에서

압력 $p = \dfrac{2(t-C)\sigma_a}{D} = \dfrac{2(5-1) \times 10}{160} = 0.5 \mathrm{kg/mm^2} = 50 \mathrm{kgf/cm^2}$

(2) $V_m = \dfrac{Q}{A} = \dfrac{4Q}{\pi D^2} = \dfrac{4 \times 50 \times 10^{-3}}{\pi \times 0.16^2} = 2.49 \mathrm{m/s}$

$(Q = 50 \times 10^{-3} \mathrm{m^3/s}, \ D = 0.16\mathrm{m})$

(3) $Q = 50 \times 10^{-3} \dfrac{\mathrm{m^3}}{\mathrm{s}} \times \dfrac{3{,}600\,\mathrm{s}}{1\mathrm{hr}} = 180 \mathrm{m^3/hr}$

물의 비중량 $\gamma = 1{,}000 \mathrm{kgf/m^3} = 1\mathrm{ton/m^3}$, $Q = 180 \times 1 = 180 \mathrm{ton/hr}$

≫ 문제 **13**

흙을 운반할 거리 100m, 전진속도 2.5km/hr, 후진속도 6km/hr, 변속에 소요되는 시간 12초, 1회의 굴착압토량(또는 블레이드용량) 2.5m³, 토량변화율(또는 환산계수) 1.15, 작업효율 85%인 불도저의 시간당 작업량(m³/hr)은?

해설

1회 순환 소요시간 C_m

$$C_m = \frac{L}{V_1} + \frac{L}{V_2} + t = \frac{100}{2.5 \times 10^3} + \frac{100}{6 \times 10^3} + \frac{12}{3,600} = 0.06 \text{hr}$$

1회의 굴착압토량 $Q = 2.5 \, \text{m}^3$, 토량변화율 $f = 1.15$, $E = 0.85$

시간당 작업량 $W = \dfrac{Q \cdot f \cdot E}{C_m} = \dfrac{2.5 \times 1.15 \times 0.85}{0.06} = 40.73 \text{m}^3/\text{hr}$

>> 문제 **14**

그림과 같은 가이데릭(Guy Derrick)에서 붐(Boom) OC의 허용압축력이 15kN, 케이블 BC 로프의 최대 허용인 장력이 10kN일 때 현 위치에서의 가이데릭이 들어올릴 수 있는 최대하중을 산출하시오.

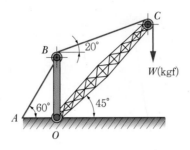

해설

재료역학에서 3력부재 해석, 라미의 정리(T_{BC} : 인장, T_{OC} : 압축)

$$\frac{W}{\sin 25°} = \frac{T_{BC}}{\sin 45°} = \frac{T_{OC}}{\sin 290°}$$

$\dfrac{W}{\sin 25°} = \dfrac{T_{BC}}{\sin 45°}$ 에서

$$W = T_{BC} \times \frac{\sin 25°}{\sin 45°} = 10,000 \times \frac{\sin 25°}{\sin 45°} = 5,976.72\text{N}$$

$\dfrac{W}{\sin 25°} = \dfrac{T_{OC}}{\sin 290°}$ 에서

$$W = T_{OC} \times \frac{\sin 25°}{\sin 290°} = 15,000 \times \frac{\sin 25°}{\sin 290°} = -6,746.11\text{N}$$

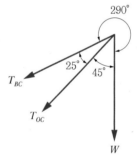

(−)값은 압축을 의미한다.
위의 두 가지 값 중 작은 값이 안전하게 들어올릴 수 있는 최대하중이므로 $W = 5,976.72\text{N}$

≫ 문제 **15**

그림과 같은 구조물에서 F점에 2,250N의 하중이 작용하고 있다. DE부재를 원형봉으로 할 경우 봉의 지름을 구하여라.(단, 봉의 허용압축응력은 $\sigma_c = 5\text{MPa}$로 계산하여라.)

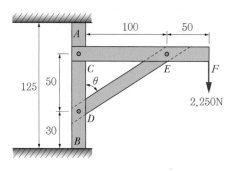

해설

$\sum M_c = 0$

$150\,F - 100\,T_E = 0$

$\therefore \ T_E = 2,250 \times \dfrac{150}{100} = 3,375\text{N}$

$\theta = \tan^{-1}\dfrac{100}{50} = 63.43°$

$\cos\theta = \dfrac{T_E}{T_{DE}}$ 에서

$T_{DE} = \dfrac{T_E}{\cos\theta} = \dfrac{3,375}{\cos 63.43°} = 7,545.43\text{N}$

$\sigma_c = \dfrac{T_{DE}}{\dfrac{\pi d^2}{4}} = \dfrac{4\,T_{DE}}{\pi d^2}$ 에서 $d = \sqrt{\dfrac{4\,T_{DE}}{\pi \sigma_c}} = \sqrt{\dfrac{4 \times 7,545.43}{\pi \times 5}} = 43.83\text{mm}$

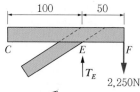

>> 문제 **16**

그림과 같은 1단 스퍼기어 감속장치에서 1,750rpm의 피니언으로부터 350rpm의 기어에 10PS를 전달하며, 각 기어는 압력각 14.5°인 인벌류트 스퍼기어이고, 베어링 수명은 80,000시간, $f_w = 1.2$일 때 접선력 F, 레이디얼하중 F_R, 기본부하용량 C_1, C_2는?(단, 볼베어링이다.)

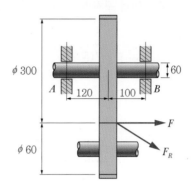

해설

원주속도 $V = \dfrac{\pi D_1 N_1}{60,000} = \dfrac{\pi \times 60 \times 1,750}{60,000} = 5.50 \text{m/s}$

(1) 회전력 F는 $H_{\text{PS}} = \dfrac{F \cdot V}{75}$ 에서 $F = \dfrac{75 H_{\text{PS}}}{V} = \dfrac{75 \times 10}{5.5} = 136.36 \text{kgf}$

(2) $F_R = \dfrac{F}{\cos \alpha} = \dfrac{136.36}{\cos 14.5°} = 140.85 \text{kgf}$(잇면에 수직하게 작용하는 전하중)

베어링하중(B 지점의 반력) $= f_w \dfrac{F_R \times 120}{220} = 1.2 \times \dfrac{140.85 \times 120}{220} = 92.19 \text{kgf}$

회전수명 $L_{n_1} = 60 N_1 L_h = 60 \times 1,750 \times 80,000 = 8,400 \times 10^6 \text{rev}$

(3) $L_n = \left(\dfrac{C}{P}\right)^r \times 10^6$에서(볼베어링 $r = 3$)

기본부하용량 $C_1 = P \cdot \sqrt[3]{L_{n_1}} = 92.19 \times \sqrt[3]{8,400 \times 10^6} = 187,403.16 \text{kgf}$

$L_{n_2} = 60 N_2 L_h = 60 \times 350 \times 80,000 = 1,680 \times 10^6 \text{rev}$

$C_2 = P \cdot \sqrt[3]{L_{n_2}} = 92.19 \times \sqrt[3]{1,680 \times 10^6} = 109,594.03 \text{kgf}$

≫ 문제 **17**

다음의 그림을 참고하여 물음에 답하여라.

(1) 구동축 ①의 지름을 구하여라.(단, 허용전단응력은 1.32MPa이다.)

(2) 축 ②의 지름을 비틀림과 굽힘의 견지에서 구하여라.(단, 기어의 합성하중은 70N, 허용전단응력은 1.32MPa이다.)

(3) 볼베어링의 기본부하용량이 995N일 때 수명시간은?

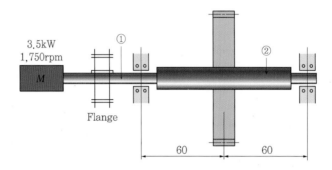

(4) 플랜지 커플링에 사용되는 키의 $b \times h = 5 \times 5$, 키의 허용전단응력이 3.7MPa일 때 키의 길이와 키의 압축응력은?

(5) 플랜지 커플링에서 볼트의 중심원 직경이 100mm, 허용전단응력이 2MPa, 볼트의 수가 4개일 때 이 볼트의 지름은?

(6) 평치차의 모듈이 4, 바깥지름이 88mm, 허용굽힘응력이 5MPa, 잇수가 20개, 치형계수가 0.481(πy)일 때 치차의 폭은?(단, 하중계수와 속도계수는 무시한다.)

해설

(1) $T = \dfrac{H}{\omega} = \dfrac{3.5 \times 1,000}{\dfrac{2\pi \times 1,750}{60}} = 19.09859\text{N} \cdot \text{m} = 19,098.59\text{N} \cdot \text{mm}$

$T = \tau \cdot Z_P$에서 $d = \sqrt[3]{\dfrac{16\,T}{\pi\tau}} = \sqrt[3]{\dfrac{16 \times 19,098.59}{\pi \times 1.32}} = 41.92\text{mm}$

(2) $M_{\max} = \dfrac{P}{2} \times 60 = \dfrac{70}{2} \times 60 = 2,100\text{ N} \cdot \text{mm}$

상당비틀림모멘트 $T_e = \sqrt{T^2 + M^2} = \sqrt{19,098.59^2 + 2,100^2} = 19,213.7\text{ N} \cdot \text{mm}$

허용전단응력이 주어져 있으므로 최대전단응력설에 의해 축지름을 구하면

$T_e = \tau \cdot Z_P$에서 $d = \sqrt[3]{\dfrac{16\,T_e}{\pi\tau}} = \sqrt[3]{\dfrac{16 \times 19,213.7}{\pi \times 1.32}} = 42.01\text{mm}$

(3) $L_h = \left(\dfrac{C}{P}\right)^r \times \dfrac{10^6}{60\,N}$ (베어링하중 $P = \dfrac{70}{2} = 35,\ r = 3$)

$= \left(\dfrac{995}{35}\right)^3 \times \dfrac{10^6}{60 \times 1,750} = 218,814.4$시간

(4) $T = \tau_k \cdot A_\tau \cdot \dfrac{d}{2} = \tau_k \cdot b\,l \cdot \dfrac{d}{2}$에서

키의 길이 $l = \dfrac{2T}{\tau_k \cdot b \cdot d} = \dfrac{2 \times 19,098.59}{3.7 \times 5 \times 41.92} = 49.25\text{mm}$

압축응력 σ_c는 $T = \sigma_c \cdot A_\sigma \cdot \dfrac{d}{2} = \sigma_c \cdot \dfrac{h}{2}\,l \cdot \dfrac{d}{2}$에서

$\sigma_c = \dfrac{4T}{h\,l\,d} = \dfrac{4 \times 19,098.59}{5 \times 49.25 \times 41.92} = 7.4\text{N/mm}^2$

(5) $T = \tau_b \cdot A_b \cdot \dfrac{D_b}{2} = \tau_b \cdot \dfrac{\pi\delta^2}{4} \cdot z \cdot \dfrac{D_b}{2}$에서

$\delta = \sqrt{\dfrac{8T}{\pi\tau_b z D_b}} = \sqrt{\dfrac{8 \times 19,098.59}{\pi \times 2 \times 4 \times 100}} = 7.80\text{mm}$

(6) 피치원지름 $D = mz = 4 \times 20 = 80\text{mm}$, $V = \dfrac{\pi DN}{60,000} = \dfrac{\pi \times 80 \times 1,750}{60,000} = 7.33\text{m/s}$

회전력 F는 $H_{kW} = F \cdot V$에서 $F = \dfrac{H_{kW}}{V} = \dfrac{3.5 \times 1,000}{7.33} = 477.49\text{N}$

$F = \sigma_b \cdot b \cdot p\,y = \sigma_b \cdot b \cdot \pi m\,y = \sigma_b b m\,Y$에서

치폭 $b = \dfrac{F}{\sigma_b \cdot m\,Y} = \dfrac{477.49}{5 \times 4 \times 0.481} = 49.64\text{mm}$

>> 문제 **18**

그림과 같은 수동식 윈치에서 핸들의 회전반경 L=300mm의 끝에 P=30kgf를 작용시킬 때 다음을 구하시오. (단, 전동효율은 $\eta = \eta_1 \cdot \eta_2 = 0.81$, 각 기어의 모듈 m=5이다. 모든 정답은 유효자릿수를 세 자리로 한다.)

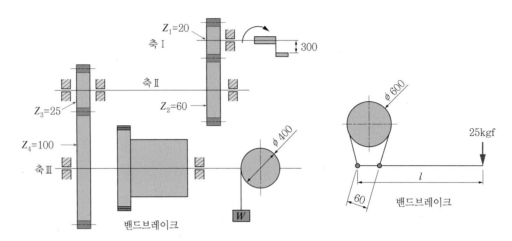

(1) 전체의 회전비 : i

(2) 드럼축(축 III)에 작용하는 토크 : T_{III}(kgf · mm)

(3) 감아올릴 수 있는 최대하중 : $W_{\max}$(kgf)

(4) 밴드브레이크의 제동력 : Q(kgf) (최대하중 작용시)

(5) 자유낙하를 방지하기 위하여 레버 끝에 F=25kgf를 작용시킬 때 레버의 길이(l mm)와 밴드의 폭($b$mm)을 구하시오.(단, 밴드의 두께 t=3mm, 밴드의 허용인장응력 σ_t =8kgf/mm², 이음효율=80%, $e^{\mu\theta}$=6.59 이고, 최대하중 작용시임)

해설

(1) $i = \dfrac{\text{원동차들의 잇수곱}}{\text{종동차들의 잇수곱}}$ (기어열의 속비)

$\qquad = \dfrac{z_1 \cdot z_3}{z_2 \cdot z_4} = \dfrac{20 \times 25}{60 \times 100} = \dfrac{1}{12}$

(2) $T_{\mathrm{III}} = \dfrac{\text{원동축토크} \times \text{전동효율}}{\text{속비}}$

$\qquad = \dfrac{30 \times 300 \times 0.81}{\dfrac{1}{12}} = 87,480 \mathrm{kgf \cdot mm}$

(3) $T_{\text{III}} = W \times \dfrac{400}{2}$ 에서

$W = \dfrac{87,480}{200} = 437.4\text{kgf}$

(4) $T_{\text{III}} = Q \times \dfrac{600}{2}$ 에서

$Q = \dfrac{87,480}{300} = 291.6\text{kgf}$

(5) 유효장력 $T_e = Q$, 자유낙하하면 좌회전하므로

$\sum M_O = 0$, $25\,l - T_t \cdot 60 = 0$ 에서

$l = \dfrac{T_t\,60}{25} \left(T_t = Q \cdot \dfrac{e^{\mu\theta}}{e^{\mu\theta} - 1} = \dfrac{291.6 \times 6.59}{6.59 - 1} = 343.76\text{kgf} \right)$

$= \dfrac{343.76 \times 60}{25} = 825.02\text{mm}$

밴드의 폭 b 는 $\sigma_t = \dfrac{T_t}{bt\eta}$ 에서

$b = \dfrac{T_t}{\sigma_t \cdot t \cdot \eta} = \dfrac{343.76}{8 \times 3 \times 0.8} = 17.90\text{mm}$

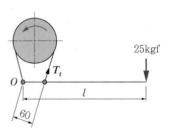

≫ 문제 19

그림과 같은 10PS, 1,150rpm의 동력을 압력각 20°인 평치차를 이용해서 1/7로 감속하고자 한다. 다음 물음에 답하시오.

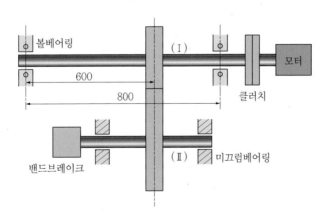

(1) 동적운동상태를 고려한 치차재료의 허용굽힘응력 $\sigma_a = 4\text{kgf/mm}^2$이고, 피니언 피치원의 지름을 100mm로 하며 치차폭의 크기를 모듈의 8배, 치형계수를 0.346(π가 포함된 값)으로 할 때 피니언의 모듈(정수값)과 잇수를 결정하시오.

(2) 클러치를 통해서 전동되는 피니언축의 지름(mm)을 정수의 값으로 결정하시오.(단, 축의 키홈을 고려하여 허용전단응력 $\tau_a = 5\text{kgf/mm}^2$, 허용굽힘응력 $\sigma_a = 8\text{kgf/mm}^2$로 한다.)

(3) 저널베어링은 허용압력 $p = 0.068\text{kgf/mm}^2$, 허용압력 속도계수 $p \cdot V = 0.1\text{kgf/mm}^2 \cdot \text{m/s}$, 마찰계수 $\mu = 0.007$로 할 때 베어링의 (가) 길이(mm : 정수값)와 (나) 축지름(mm : 정수값), (다) 손실마력(PS)을 구하시오.

(4) 축 I에 설치된 볼베어링의 수명을 6,000시간으로 하고자 할 때 하중계수 $f_w = 1.2$로 해서 베어링의 종류를 62계열에서 선정하시오.(단, 기어축에 작용하는 수직하중 $P = 182.705\text{kgf}$이고, 베어링하중이 큰 쪽을 기준으로 한다. 다음의 주어진 표에서 베어링을 선정하시오.)

볼베어링의 부하용량

형식		단열 레이디얼 볼베어링			
형식번호		6200		6300	
번호	안지름(mm)	C[kgf]	C_o[kgf]	C[kgf]	C_o[kgf]
00	10	400	195	620	365
01	12	535	295	800	430
02	15	600	355	875	515
03	17	750	445	1,050	620
04	20	995	650	1,250	770
05	25	1,090	710	1,630	1,035
06	30	1,520	1,000	2,180	1,450
07	35	2,000	1,385	2,590	1,725
08	40	2,270	1,565	3,200	2,180
09	45	2,540	1,815	4,150	2,870
10	50	2,770	2,110	4,800	3,540

해설

(1) 폭 $b = 8m$, $Y = 0.346$

$$T = 716,200 \frac{H_{PS}}{N} = 716,200 \times \frac{10}{1,150} = 6,227.83 \text{ kgf} \cdot \text{mm}$$

$$T = F \cdot \frac{D}{2} \text{에서 회전력 } F = \frac{2T}{D} = \frac{2 \times 6,227.83}{100} = 124.56\text{kgf}$$

$$F = \sigma_b bpy = \sigma_b \cdot 8m\pi my = 8\sigma_b \cdot m^2 Y \text{에서}$$

모듈 $m = \sqrt{\dfrac{F}{8\sigma_b Y}} = \sqrt{\dfrac{124.56}{8 \times 4 \times 0.346}} = 3.35 = 4$

$i = \dfrac{D_1}{D_2}$ 에서 $D_2 = \dfrac{D_1}{i} = \dfrac{100}{\dfrac{1}{7}} = 700\text{mm}$　　　피니언 잇수 $z_1 = \dfrac{D_1}{m} = \dfrac{100}{4} = 25$개

(2) 기어를 장착한 전동축이므로 비틀림과 굽힘을 동시에 받게 된다.(상당모멘트를 기준으로 설계) 기어의 잇면에 수직으로 작용하는 전하중

$F_n = \dfrac{F}{\cos \alpha} = \dfrac{124.56}{\cos 20°} = 132.55\text{kgf}$

　　　　　여기서, F : 회전력, α : 압력각

$M_{\max} = R_A \cdot 600 = \dfrac{F_n \, 200}{l} \cdot 600$

$\quad\quad\quad = \dfrac{132.55 \times 200 \times 600}{800} = 19{,}882.5 \text{ kgf} \cdot \text{mm}$

$T_e = \sqrt{M^2 + T^2} = \sqrt{19{,}882.5^2 + 6{,}227.83^2} = 20{,}835.06 \text{ kgf} \cdot \text{mm}$

$T_e = \tau \cdot Z_P$ 에서 $d = \sqrt[3]{\dfrac{16\,T_e}{\pi \tau}} = \sqrt[3]{\dfrac{16 \times 20{,}835.06}{\pi \times 5}} = 27.69\text{mm}$

$M_e = \dfrac{1}{2}(M + T_e) = \dfrac{1}{2}(19{,}882.5 + 20{,}835.06) = 20{,}358.78 \text{ kgf} \cdot \text{mm}$

$M_e = \sigma_b \cdot Z$ 에서 $d = \sqrt[3]{\dfrac{32\,M_e}{\pi \sigma_b}} = \sqrt[3]{\dfrac{32 \times 20{,}358.78}{\pi \times 8}} = 29.60\text{mm}$

$\therefore\ d = 29.60 = 30\text{mm}$ (위의 두 값 중 큰 값으로 설계해야 안전하다.)

(3) (가) $p \cdot V = \dfrac{W}{D_2 l} \cdot \dfrac{\pi D_2 N_2}{60{,}000}$

$\quad\quad\quad \left(N_2 = N_1 \times i = 1{,}150 \times \dfrac{1}{7} = 164.29\text{rpm}, \ \text{베어링하중(반력)}\ W = \dfrac{F_n}{2} = 66.28 \right)$

$\quad\quad\quad \therefore\ l = \dfrac{W\pi N_2}{60{,}000\,p \cdot V} = \dfrac{66.28 \times \pi \times 164.29}{60{,}000 \times 0.1} = 5.70\text{mm} = 6\text{mm}$

(나) $p = \dfrac{W}{dl}$ 에서 $d = \dfrac{W}{pl} = \dfrac{66.28}{0.068 \times 6} = 162.45\text{mm}$

(다) $V = \dfrac{\pi d N_2}{60{,}000} = \dfrac{\pi \times 162.45 \times 164.29}{60{,}000} = 1.40\text{m/s}$

$\quad\quad\quad H_{\text{PS}} = \dfrac{\mu W \cdot V}{75} = \dfrac{0.007 \times 66.28 \times 1.4}{75} = 0.0087\text{PS}$

(4) 베어링하중 $R_B = \dfrac{P \cdot 600}{l} = \dfrac{182.705 \times 600}{800} = 137.03\,\text{kgf}$

실제 베어링하중 $P_r = f_w \times R_B = 1.2 \times 137.03 = 164.44\,\text{kgf}$

수명시간 $L_h = \left(\dfrac{C}{P_r}\right)^r \times \dfrac{10^6}{60\,N_1}$ 에서($r = 3$(볼베어링))

기본부하용량

$$C = P_r \times \sqrt[3]{\dfrac{60\,N_1\,L_h}{10^6}} = 164.44 \times \sqrt[3]{\dfrac{60 \times 1,150 \times 6,000}{10^6}} = 1,225.58\,\text{kgf}$$

주어진 표에서 기본부하용량이 1,225.58kgf보다 큰 베어링인 6206 베어링을 선정한다.
(1,225.58 < 1,520)

≫ 문제 **20**

그림과 같은 전동장치를 참조하여 다음 물음에 답하시오.

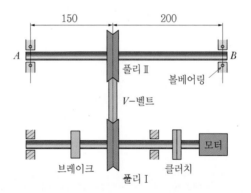

(1) 허용장력이 24kgf인 B형 V벨트를 이용하여 5PS , 1,150rpm을 종동축에 그대로 전동시키려 한다. 풀리 I, II의 피치원지름은 125mm이고, 풀리홈의 각도는 40°, 마찰계수는 0.3이다. 벨트의 단위길이당 무게가 0.15kgf/m이고, 운전상태는 충격이 없는 정숙 운전일 때 필요한 V벨트의 수를 구하시오.(단, 원심력은 고려하지 않는다.)

(2) 풀리 II축의 벨트장력만 가지고 처짐에 의한 위험 회전속도를 구하여 안전 여부를 검토하시오.(단, 축의 허용전단응력은 3.5kgf/mm²이며 축재료의 탄성계수 $E = 2 \times 10^4$kgf/mm²이고, 축의 양단에서 베어링으로 자유롭게 받쳐져 있는 경우로 자중은 고려하지 않는다. 계산에 필요한 축의 직경은 5mm 단위로 표시하여 대입하시오.)

해설

(1) 상당마찰계수 $\mu' = \dfrac{\mu}{\sin\alpha + \mu\cos\alpha}\left(\alpha = \dfrac{40°}{2} = 20°\right) = \dfrac{0.3}{\sin20° + 0.3\times\cos20°} = 0.48$

장력비 $e^{\mu'\theta} = e^{0.48\times\pi}$ (접촉각 θ는 풀리 I, II의 지름이 일정하므로 π) $= 4.52$

허용장력 $24\text{kgf} = T_t$ (긴장측 장력)

$\therefore$ 유효장력 $T_e = T_t \cdot \dfrac{e^{\mu'\theta} - 1}{e^{\mu'\theta}} = 24\times\dfrac{3.52}{4.52} = 18.69\text{kgf}$

$$V = \dfrac{\pi DN}{60,000} = \dfrac{\pi\times125\times1,150}{60,000} = 7.53\text{m/s}$$

벨트 한 개의 전달동력 $H_o = \dfrac{T_e \cdot V}{75} = \dfrac{18.69\times7.53}{75} = 1.88\text{PS}$

벨트의 가닥수 $z = \dfrac{H}{H_o} = \dfrac{5}{1.88} = 2.66 = 3$가닥

(2) $T = 716,200\dfrac{H_{\text{PS}}}{N} = 716,200\times\dfrac{5}{1,150} = 3,113.91\,\text{kgf}\cdot\text{mm}$

II축의 하중은 $T_t + T_s = 24 + \left(\dfrac{T_t}{e^{\mu'\theta}}\right) = 24 + \dfrac{24}{4.52} = 29.31\text{kgf}$

$M_{\max} = R_A\times150 = \dfrac{29.31\times b}{l}\times150 = \dfrac{29.31\times200\times150}{350} = 2,512.29\,\text{kgf}\cdot\text{mm}$

굽힘과 비틀림을 동시에 받으므로

$T_e = \sqrt{M^2 + T^2} = \sqrt{2,512.29^2 + 3,113.91^2} = 4,001.00\,\text{kgf}\cdot\text{mm}$

$\therefore d = \sqrt[3]{\dfrac{16\,T_e}{\pi\tau}} = \sqrt[3]{\dfrac{16\times4,001}{\pi\times3.5}} = 17.99\text{mm} = 20\text{mm}$ (5mm 단위로 표시)

$I = \dfrac{\pi d^4}{64} = \dfrac{\pi\times20^4}{64} = 7,853.98\text{mm}^4$

II축 처짐량 $\delta = \dfrac{Pa^2b^2}{3EIl} = \dfrac{29.31\times150^2\times200^2}{3\times2\times10^4\times7,853.98\times350} = 0.16\text{mm} = 0.016\text{cm}$

$N_{cr} = 300\sqrt{\dfrac{1}{\delta}} = 300\sqrt{\dfrac{1}{0.016}} = 2,371.71\text{rpm}$

II축의 회전수 1,150rpm이 위험속도 N_{cr}의 $\pm25\leq$ 이내에 들지 않으므로 안전하다.

≫ 문제 **21**

다음은 15kW, 1,200rpm으로 회전하는 모터가 있고, 평벨트 및 평치차(Spur Gear)를 이용한 감속장치의 개략도이다. 그림을 보고 다음 물음에 답하시오.

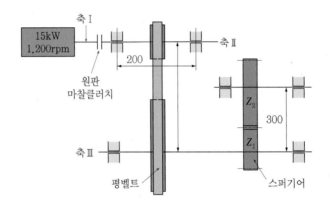

(1) 모터 출력축(축 I)의 지름 d는 몇 mm인가?(단, 출력축의 허용전단응력은 2kgf/mm²이다.)

(2) 원판마찰클러치의 외경이 180mm, 내경이 90mm일 때 접촉면의 수 z는 몇 개인가?
   (단, 허용접촉압력＝0.02kgf/mm², 마찰계수＝0.2이다.)

(3) 벨트장치에서 원동풀리의 지름이 250mm이고, 감속비가 $i = \dfrac{1}{4}$일 때 벨트의 폭 b는 몇 mm인가?

   (단, 벨트의 1m당 무게는 1.5kgf이고, 두께는 10mm, 벨트의 허용응력은 30kgf/cm², 이음효율은 80%, 마찰계수는 0.2, $e^{\mu\theta} = 1.83$이다.)

(4) 스퍼기어 전동에서 모듈이 3, z_1의 잇수가 40일 때 z_2의 잇수는 몇 개인가?

(5) 종동치차 z_1의 치폭은 몇 mm인가?(단, 하중계수 $f_w = 0.8$, 속도계수 $f_v = 0.62$, 허용굽힘응력 $\sigma_a = 30$kgf/mm², 치형계수 $y = 1.146$(π가 포함되지 않음)이다.)

(6) 축 II의 지름은 몇 mm인가?(단, 축재료의 허용전단응력은 2kgf/mm², 접촉각 $\theta_1 = 172.8°$이며, 축의 자중은 무시한다.)

(7) 축 II에 사용된 성크키는 $b \times h = 12 \times 8$이다. 이때 키의 길이는 몇 mm가 되어야 하는가?(단, 키 재료의 허용전단응력은 2kgf/mm², 키 재료의 허용압축응력은 4kgf/mm²이며, 축지름은 46mm로 가정한다.)

해설

(1) $T = 974,000 \dfrac{H_{kW}}{N} = 974,000 \dfrac{15}{1,200} = 12,175\,kgf \cdot mm$

$d = \sqrt[3]{\dfrac{16\,T}{\pi\,\tau}} = \sqrt[3]{\dfrac{16 \times 12,175}{\pi \times 2}} = 31.41mm$

(2) 평균지름 $D_m = \dfrac{D_2 + D_1}{2} = \dfrac{180 + 90}{2} = 135mm$

$b = \dfrac{D_2 - D_1}{2} = \dfrac{180 - 90}{2} = 45mm$

$T = \mu q \cdot \pi D_m bz \cdot \dfrac{D_m}{2}$

$\therefore\ z = \dfrac{2\,T}{\mu q \cdot \pi D_m^2\,b} = \dfrac{2 \times 12,175}{0.2 \times 0.02 \times \pi \times 135^2 \times 45} = 2.36 = 3개$

(3) $V = \dfrac{\pi D_1 N_1}{60,000} = \dfrac{\pi \times 250 \times 1,200}{60,000} = 15.71m/s\,(V > 10m/s\ 이상이므로\ 원심력\ 고려)$

$H_{kW} = \dfrac{T_e \cdot V}{102}\ 에서\ T_e = \dfrac{102\,H_{kW}}{V} = \dfrac{102 \times 15}{15.71} = 97.39kgf$

긴장측장력 $T_t = T_e \cdot \dfrac{e^{\mu\theta}}{e^{\mu\theta} - 1} + \dfrac{W V^2}{g} = 97.39\,\dfrac{1.83}{0.83} + \dfrac{1.5 \times 15.71^2}{9.8} = 252.50kgf$

$\sigma_t = \dfrac{T_t}{b \cdot t \cdot \eta}\ 에서\ 폭\,b = \dfrac{T_t}{\sigma_t \cdot t \cdot \eta} = \dfrac{252.5}{0.3 \times 10 \times 0.8} = 105.21mm$

(4) 축간거리 $C = \dfrac{D_2 + D_1}{2} = \dfrac{m(z_2 + z_1)}{2}\ 에서\ z_2 = \dfrac{2\,C}{m} - z_1 = \dfrac{2 \times 300}{3} - 40 = 160개$

(5) $V = \dfrac{\pi D_1 N_1}{60,000} = \dfrac{\pi m z_1 N_1}{60,000} = \dfrac{\pi \times 3 \times 40 \times 1,200 \times i}{60,000}$

$= \dfrac{\pi \times 3 \times 40 \times 1,200 \times \dfrac{1}{4}}{60,000} = 1.88m/s$

회전력 $F = \dfrac{102\,H_{kW}}{V} = \dfrac{102 \times 15}{1.88} = 813.83kgf$

$F = \sigma_b \cdot bpy = f_w f_v \sigma_b \cdot b\pi m y\ 에서$

치폭 $b = \dfrac{F}{f_v f_w \sigma_b \pi m y} = \dfrac{813.83}{0.62 \times 0.8 \times 30 \times \pi \times 3 \times 1.146} = 5.06mm$

(6) 축 II는 굽힘과 비틀림을 동시에 받으므로 상당모멘트를 기준으로 해석

풀리에 작용하는 하중 $P = T_t + T_s$

$$\left(T_s = \frac{T_e}{e^{\mu\theta} - 1} + \frac{WV^2}{g} = \frac{97.39}{1.83 - 1} + \frac{1.5 \times 15.71^2}{9.8} = 155.11 \text{kgf} \right)$$

$P = 252.5 + 155.11 = 407.61 \text{kgf}$

$$M_{\max} = \frac{P}{2} \times \frac{l}{2} = \frac{407.61 \times 200}{4} = 20,380.5 \text{ kgf} \cdot \text{mm}$$

$$T_e = \sqrt{M^2 + T^2} = \sqrt{20,380.5^2 + 12,175^2} = 23,740.16 \text{ kgf} \cdot \text{mm}$$

$$\therefore d = \sqrt[3]{\frac{16 \, T_e}{\pi \tau}} = \sqrt[3]{\frac{16 \times 23,740.16}{\pi \times 2}} = 39.25 \text{mm}$$

(7) 전단의 견지 $l = \dfrac{2 \, T}{\tau b d} = \dfrac{2 \times 12,175}{2 \times 12 \times 46} = 22.06 \text{mm}$

면압의 견지 $l = \dfrac{4 \, T}{q \cdot h d} = \dfrac{4 \times 12,175}{4 \times 8 \times 46} = 33.08 \text{mm}$

경험식 $l = 1.5 d$에서

$l = 1.5 \times 46 = 69 \text{mm}$

∴ 키의 길이 $l = 69 \text{mm}$

≫ 문제 22

그림과 같은 평벨트와 헬리컬기어를 이용한 감속장치 전동축에 있어서 직결된 모터는 5kW, 1,800rpm일 때 평벨트 전동만의 감속비가 1/4이며, 총감속비는 1/20이다. 다음에 답하여라.

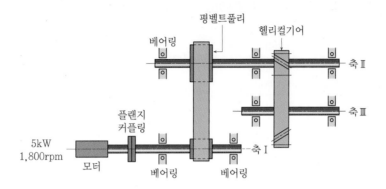

(1) 원동축에 설치한 플랜지 커플링 연결 볼트가 3개일 때 볼트의 지름을 구하여라.
   (단, τ_a =1.2MPa, D_b =80mm)

(2) 모터에 직결된 원동축의 지름을 계산하여라.(단, 원동축 재료의 τ_a =2MPa, 키는 7×7mm의 성크키(Sunk Key)를 사용한다.)

(3) 작은 풀리의 지름이 150mm일 때 긴장측의 장력 T_t를 구하여라. 또, 벨트에 생기는 최대 응력을 벨트의 굽힘(Bending)을 고려하여 계산하여라.(단, 원심력을 무시하고 $e^{\mu\theta}$ =2이고, 평벨트가 훅의 법칙에 따르는 것으로 하고 종탄성계수 E =20MPa이라 한다. 평벨트의 치수, 폭×두께= $b \times t$ =152×5mm이다.)

(4) 헬리컬기어에서 피니언의 피치원 지름이 160mm일 때 축방향에 작용하는 추력을 계산하여라.(단, 비틀림 각 β =30°, 축직각 모듈은 4이다.)

(5) 헬리컬기어의 바깥지름과 축간거리를 구하여라.

(6) 중간축에 헬리컬 기어에 의한 추력을 받는 칼라 트러스트 베어링을 사용할 때 저널의 바깥지름을 구하여라.
   (단, 칼라의 수 z =2, 중간축의 지름 40mm, $p \cdot V$ =0.1N/mm²·m/sec이다.)

해설

(1) $T = \dfrac{H}{\omega} = \dfrac{5 \times 1,000}{\dfrac{2\pi \times 1,800}{60}} = 26.52582 \text{N} \cdot \text{m} = 26,525.82 \text{N} \cdot \text{mm}$

$T = \tau_a A_\tau \dfrac{D_b}{2} = \tau_a \cdot \dfrac{\pi}{4} \delta^2 \cdot z \cdot \dfrac{D_b}{2}$ 에서

$\delta = \sqrt{\dfrac{8T}{\tau_a \pi z D_b}} = \sqrt{\dfrac{8 \times 26,525.82}{1.2 \times \pi \times 3 \times 80}} = 15.31 \text{mm}$

(2) $T = \tau \cdot Z_P = \tau \cdot \dfrac{\pi d_1^{\,3}}{16}$ 에서

$$d_1 = \sqrt[3]{\dfrac{16\,T}{\pi\tau}} = \sqrt[3]{\dfrac{16 \times 26{,}525.82}{\pi \times 2}} = 40.73\text{mm}$$

$$d = d_1 + \dfrac{h}{2}\,(\text{키홈}) = 40.73 + \dfrac{7}{2} = 44.23\text{mm}$$

(3) 원주속도 $V = \dfrac{\pi D_1 N_1}{60{,}000} = \dfrac{\pi \times 150 \times 1{,}800}{60{,}000} = 14.14\text{m/sec}$

회전력 $F = T_e = \dfrac{H_{\text{kW}}}{V} = \dfrac{5 \times 1{,}000}{14.14} = 353.61\text{N}$

$T_t = T_e \cdot \dfrac{e^{\mu\theta}}{e^{\mu\theta} - 1} = 353.61 \times \dfrac{2}{2-1} = 707.22\text{N}$

최대응력 $\sigma_R = \sigma_t\,(\text{인장응력}) + \sigma_b\,(\text{굽힘응력})$

$$= \dfrac{T_t}{b \cdot t} + E \cdot \dfrac{t}{D} = \dfrac{707.22}{152 \times 5} + \dfrac{20 \times 5}{150} = 1.60\text{N/mm}^2$$

(4) 축 II의 토크 $T_2 = T_1 \times \dfrac{N_1}{N_2} = T_1 \times \dfrac{1}{i} = 26{,}525.82 \times 4 = 106{,}103.28\text{N}$

（축 II의 회전수 $N_2 = 1{,}800 \times i = 1{,}800 \times \dfrac{1}{4} = 450\text{rpm}$）

$T_2 = F \times \dfrac{D}{2}$ 에서 회전력 $F = \dfrac{2T}{D} = \dfrac{2 \times 106{,}103.28}{160} = 1{,}326.29\text{N}$

추력(트러스트하중) $F_t = F \cdot \tan\beta = 1{,}326.29 \times \tan 30° = 765.73\text{N}$

(5) 총감속비 $\dfrac{1}{20} = \dfrac{1}{4} \times \dfrac{1}{5}$ 이므로 축 II와 축 III의 속비는 $\dfrac{1}{5}$

$\dfrac{1}{5} = \dfrac{D_1}{D_2} \rightarrow D_2 = 5\,D_1 = 5 \times 160 = 800\text{mm}\,(D_1 : \text{헬리컬기어에서 피니언의 피치원지름})$

외경 $D_{O2} = D_2 + 2m_n = D_2 + 2m_s \cos\beta = 800 + 2 \times 4 \times \cos 30° = 806.93\text{mm}$

축간거리 $C = \dfrac{D_2 + D_1}{2} = \dfrac{800 + 160}{2} = 480\text{mm}$

(6) 중간축(축 II), z : 칼라수, $D = 160$, $N = 450\,\text{rpm}$, $d_1 = 40$

$$pV = q \cdot V = \dfrac{4F_t}{\pi(d_2^{\,2} - d_1^{\,2})z} \cdot \dfrac{\pi DN}{60{,}000}\ \text{에서}$$

$$d_2 = \sqrt{d_1^{\,2} + \dfrac{4F_t DN}{q \cdot Vz\,60{,}000}} = \sqrt{40^2 + \dfrac{4 \times 765.73 \times 160 \times 450}{0.1 \times 2 \times 60{,}000}} = 141.34\text{mm}$$

>> 문제 **23**

그림과 같은 에반스 마찰차에서 속도비가 $\frac{1}{3} \sim 3$의 범위로 주동차가 750rpm으로 2kW를 전달시킨다. 양축사이의 중심거리를 300mm라 할 때 다음을 구하시오.(단, 가죽의 허용 접촉면 선압은 14.7N/mm, 마찰계수는 0.2이다.)

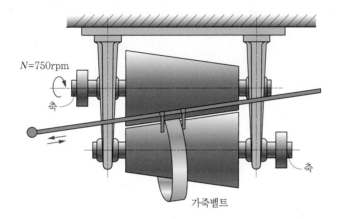

(1) 주동차와 종동차의 지름을 결정하라.(D_1, D_2[mm])

(2) 주동차와 종동차를 밀어 붙이는 최대 힘을 구하라.(N[kN])

(3) 가죽벨트의 폭 b[mm]

해설

(1) 속비 $i = \dfrac{N_2}{N_1} = \dfrac{D_1}{D_2} = \dfrac{1}{3}$ 에서 $D_2 = 3D_1$

중심거리 $C = \dfrac{D_1 + D_2}{2} = \dfrac{D_1 + 3D_1}{2} = \dfrac{4D_1}{2} = 2D_1$

$\therefore D_1 = \dfrac{C}{2} = \dfrac{300}{2} = 150\text{mm}$

$D_2 = 3D_1 = 3 \times 150 = 450\text{mm}$

(2) 최소 원주속도 $V_{\min} = \dfrac{\pi D_1 N_1}{60,000} = \dfrac{\pi \times 150 \times 750}{60,000} = 5.89\text{m/s}$

$H = F_f \cdot V = \mu N V$에서 $N_{\max} = \dfrac{H}{\mu V_{\min}} = \dfrac{2 \times 10^3}{0.2 \times 5.89} = 1,697.79\text{N} = 1.7\text{kN}$

(3) 선압 $f = \dfrac{N_{\max}}{b}$ 에서 $b = \dfrac{N_{\max}}{f} = \dfrac{1.7 \times 10^3}{14.7} = 115.65\text{mm}$

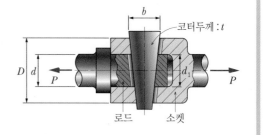

≫ 문제 24

그림과 같은 코터 이음에서 축에 작용하는 인장하중이 30kN이고, 로드의 지름 d =80mm, 소켓 내의 로드지름으로 d_1 =95mm, 코터의 두께 t =25mm, 코터의 나비 b = 100mm, 소켓내의 바깥지름 D =160mm, 소켓 끝에서 코터 구멍까지의 거리 h =50mm일 때, 다음을 구하시오.

(1) 코터(cotter)의 전단응력 [MPa]
(2) 로드의 최대 인장응력 : σ_{max} [MPa]

해설

(1) $\tau = \dfrac{P}{A_\tau} = \dfrac{P}{2bt} = \dfrac{30 \times 10^3}{2 \times 100 \times 25} = 6\text{N/mm}^2 = 6\text{MPa}$

(2) $\sigma_t = \dfrac{P}{A_\sigma} = \dfrac{P}{\dfrac{\pi}{4}d_1{}^2 - d_1 t} = \dfrac{30 \times 10^3}{\dfrac{\pi}{4} \times 95^2 - 95 \times 25} = 6.37\text{N/mm}^2 = 6.37\text{MPa}$

≫ 문제 25

준설선의 종류를 3가지 이상 쓰시오.

① 펌프식 (펌프준설선)	② 버킷식 (버킷준설선)	③ 디퍼식 (디퍼준설선)	④ 그래브식 (그래브준설선)

해설

준설선은 한자로 준(깊게 할 준(浚)), 설(파낼 설(渫)), 선(배 선(船))으로 깊게 파내는 배를 의미한다. 강바닥이나 바다 밑에 쌓인 퇴적물을 퍼내는 데 사용하는 배이다. 펌프준설선, 디퍼준설선, 그래브준설선, 버킷준설선, 호퍼준설선 등이 있다.

≫ 문제 26

배관지지장치의 종류에 대해 쓰시오.

해설

① 행거(Hanger) : 배관계 무게를 지탱하기 위해 천장이나 H빔에 매달아 지지하는 장치

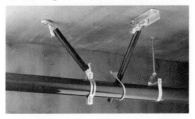

② 서포트(Support) : 배관계 무게를 배관계 아래서 지지하는 장치

③ 레스트레인트(Restraint) : 열팽창에 의한 배관의 변형을 막거나 배관의 움직임을 구속하는 장치이다.

④ 브레이스(Brace) : 펌프에서 발생하는 진동 및 밸브의 급격한 폐쇄에서 발생하는 수격작용을 방지하거나 억제시키는 지지장치를 말한다.

337

⑤ 스너버(Snubber)

배관외력과 지진 등에 의해 발생하는 배관계의 진동을 방지, 감쇠시키기 위해 사용하는 방진장치이다. 스프링식 방진기, 유압식 또는 기계식 방진기, 완충기(Shock Absorber)등이 있다.

≫ 문제 **27**

브레이스(Brace)의 종류에 대해 쓰시오.

해설

① 방진기
② 완충기

≫ 문제 **28**

아래와 같은 이중 열교환기에서 외관의 고온유체가 입구에서 110℃, 출구에서 100℃이며 저온유체가 내관에서 입구온도 20℃, 출구온도가 75℃이다. 평행류 및 대향류의 대수평균온도차($\triangle t_m$)는?

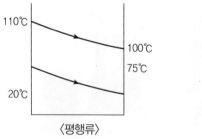

〈평행류〉

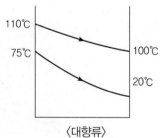

〈대향류〉

해설

외관의 고온유체 – 냉각시키고자 하는 유체
내관의 저온유체 – 냉각액

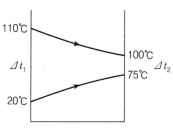

냉각액의 흐름이
고온유체와 같은 방향
〈평행류〉

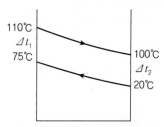

냉각액의 흐름을 반대로 함
(저온유체 입출구 바뀜)
〈대향류〉

입구 온도차 $\triangle t_1 = 90\,℃$

출구 온도차 $\triangle t_2 = 25\,℃$

대수평균온도차($\triangle t_m$)

$$\triangle t_m = \dfrac{90-25}{\ln\dfrac{90}{25}} = 50.7\,℃$$

입구 온도차 $\triangle t_1 = 35\,℃$

출구 온도차 $\triangle t_2 = 80\,℃$

대수평균온도차($\triangle t_m$)

$$\triangle t_m = \dfrac{80-35}{\ln\dfrac{80}{35}} = 54.4\,℃$$

※ 입구 온도차 $\triangle t_1$, 출구 온도차 $\triangle t_2$일 때 대수평균온도차($\triangle t_m$) 아래 수식 적용

$$\dfrac{\triangle t_1}{\triangle t_2} < 2 \text{이면} \Rightarrow \triangle t_m = \dfrac{\triangle t_1 + \triangle t_2}{2}$$

$$\dfrac{\triangle t_1}{\triangle t_2} \geq 2 \text{이면} \Rightarrow \triangle t_m = \dfrac{\triangle t_1 - \triangle t_2}{\ln\dfrac{\triangle t_1}{\triangle t_2}}$$

≫ 문제 **29**

주행장치에 따른 굴삭기를 분류하시오.

해설

① 크롤러(Crawler Type)형(무한궤도형)

② 타이어(Wheel Type : 휠형)형

③ 트럭탑재형

>> 문제 **30**

쇄석기의 종류(Stone Crusher)에 대해 쓰시오.

해설

쇄석기 : 바위나 큰 돌을 작게 부수어 자갈(쇄석)을 만드는 기계로 조크러셔(Jaw Crusher), 자이러토리 크러셔 (Gyratory Crusher), 더블롤 크러셔(Doubleroll Crusher), 싱글롤 등이 포함되며 주로 압쇄작용을 이용한다.

①

〈조크러셔〉

②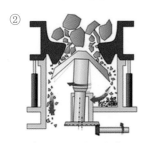

〈자이레토리크러셔〉

③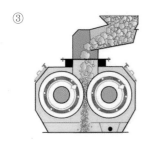

〈더블롤크러셔〉

> **≫ 문제 31**

캐비테이션 방지법에 대해 3가지 기술하시오.

해설

① 액면으로부터 펌프 설치 높이를 최소로 해서 흡입양정을 가능한 한 짧게 한다.
② 임펠러를 수중에 완전히 잠기게 한 다음, 운전한다.
③ 편흡입보다는 양흡입의 펌프를 사용한다.
④ 펌프의 회전수를 낮추면 속도가 조금 빨라지므로 흡입압력이 조금 내려가 캐비테이션이 발생하지 않는다.(회전수를 낮추면 비교회전도가 작아져 공동현상이 일어나기 어렵다.)
⑤ 배관의 경사를 완만하게 하고 짧게 한다.
⑥ 마찰저항이 작은 흡입관을 사용하여 압력강하를 줄인다.
⑦ 고양정일 때 두 대 이상의 펌프를 설치해 사용한다.
⑧ 펌프 입구에 인듀서(Inducer)를 설치한다.

참고

인듀서(Inducer) : 펌프의 캐비테이션 방지를 위한 펌프 입구의 유도 날개로 그림처럼 원심 임펠러의 중심선상에 설치되어 회전성 공기흡입을 유도하는 날개(베인 : Vane)이다.

임펠러   인듀서 (Inducer)

》 문제 32

일반도로, 고속도로, 활주로등을 포장하기 위해 사용하는 아스팔트 포장기계 종류 5가지를 쓰시오.

해설

① 아스팔트 믹싱플랜트
② 아스팔트 살포기
③ 아스팔트 피니셔
④ 아스팔트 디스트리뷰터
⑤ 아스팔트 스프레이

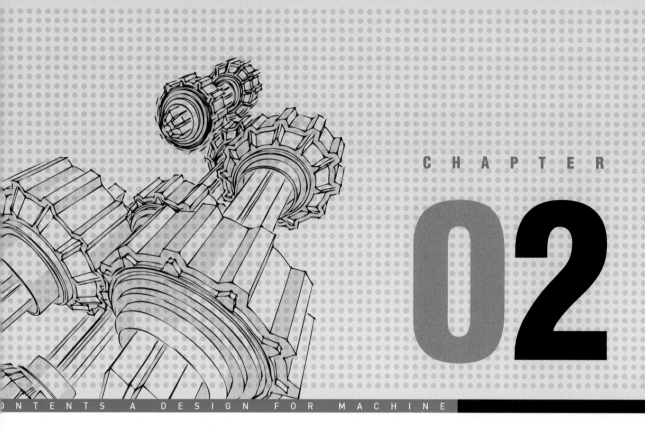

CHAPTER

02

NTENTS A DESIGN FOR MACHINE

과년도 기출문제

건설기계설비기사

피치가 19.05mm인 롤러 체인의 주동축 회전수가 1,200rpm, 종동축 회전수가 400rpm, 평균속도가 5.34m/s, 전달동력이 15kW일 때 파단하중 $[kN]$을 구하시오. (단, 안전율은 10이다.) [4점]

해설

체인의 허용장력 $F_a(N)$, 체인의 속도 5.34m/s

$H = F_a \cdot V(N \cdot m/s = W)$

$F_a = \dfrac{H}{V} = \dfrac{15 \times 10^3 (W)}{5.34} = 2,808.99N = 2.809kN$

$F_a = \dfrac{F_f(파단하중)}{S(안전율)}$ 에서 $F_f = F_a \cdot S = 2.809 \times 10 = 28.09kN$

수압 8MPa, 유량 $5l/sec$를 상온에서 이음매 없는 강관에 흐르게 할 때 다음을 구하시오. (단, 평균유속 3m/s, 부식여유 1mm, 허용인장응력은 80MPa이다.) [4점]

(1) 강관의 내경은 몇 mm인가?
(2) 강관의 두께는 몇 mm인가?

해설

(1) $Q = 5l/sec = 5 \times 10^{-3} m^3/sec$, $V = 3m/s$

$Q = A \cdot V = \dfrac{\pi}{4} d^2 \cdot V$ 에서 $d = \sqrt{\dfrac{4Q}{\pi V}} = \sqrt{\dfrac{4 \times 5 \times 10^{-3}}{\pi \times 3}} = 0.04607m = 46.07mm$

(2) $\sigma_h = \dfrac{p \cdot d}{2t}$ 에서 $t = \dfrac{pd}{2\sigma_h} + C = \dfrac{8 \times 46.07}{2 \times 80} + 1 = 3.30mm$ (여기서 $8MPa = 8 \times 10^6 N/m^2 = 8N/mm^2$)

≫ 문제 **03**

6210의 단열 레이디얼 볼 베어링에서 30,000 시간의 수명을 주려고 한다. 사용회전수가 450rpm일 때 최대 베어링 하중 [N]을 구하시오. (단, 기본동정격하중은 28kN 이다.) [4점]

해설

볼베어링에서 $r = 3$

$$L_h = \left(\frac{C}{P}\right)^r \times \frac{10^6}{60\text{N}} \text{ 에서 } \left(\frac{C}{P}\right)^r = \frac{L_h \cdot 60 \cdot \text{N}}{10^6}$$

$$\frac{C}{P} = \left(\frac{L_h \cdot 60 \cdot \text{N}}{10^6}\right)^{\frac{1}{r}}$$

$$\therefore P = \frac{C}{\sqrt[r]{\dfrac{L_h \times 60 \times \text{N}}{10^6}}} \quad \frac{28 \times 10^3}{\sqrt[3]{\dfrac{30,000 \times 60 \times 450}{10^6}}} = 3,003.74\text{N}$$

≫ 문제 **04**

다음 작업 분류표를 보고 네트워크 공정표를 작성하시오. [6점]

[작업분류표]

작업명	선행작업	작업일수
A	없음	11
B	없음	17
C	없음	5
D	B	9
E	B	15
F	D, E	8

(1) 네트워크 공정표를 작성하고 주공정을 표시하시오.

(2) 총 작업일수는?

해설

(1) 네트워크 공정표

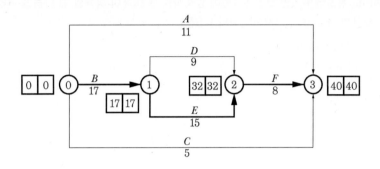

*주공정선 : ⓪ → ① → ② → ③

(2) 총 작업일수 : 17 + 15 + 8 = 40일

≫ 문제 **05**

15kW, 1,250rpm의 동력을 전달하는 축을 M12볼트(골지름 10.106mm) 6개를 사용하여 플랜지 이음을 하였을 때, 볼트에 생기는 전단응력 [MPa]을 구하시오. (단, 플랜지 접촉면에 마찰이 없다고 생각하고 볼트 구멍의 피치원 지름은 140mm이다.) [5점]

해설

$H = T \cdot \omega$

$T = \dfrac{H}{\omega} = \dfrac{H}{\dfrac{2\pi N}{60}} = \dfrac{15 \times 10^3}{\dfrac{2\pi \times 1,250}{60}} = 114.59 \text{N} \cdot \text{m}$

$Z = 6, \quad \delta = 0.012\text{m}, \quad D_b = 0.14\text{m}$

$T = \left(\tau_b \cdot \dfrac{\pi}{4}\delta^2\right) \times Z \times \dfrac{D_b}{2}$

$\therefore \ \tau_b = \dfrac{8T}{\pi \cdot \delta^2 \cdot Z \cdot D_b}$

$= \dfrac{8 \times 114.59}{\pi \times (0.012)^2 \times 6 \times 0.14} = 2,412,376.31 \text{N/m}^2 = 2.41 \text{MPa}$

≫ 문제 **06**

평균 직경 40mm, 유효권수 6인 코일스프링에 압축하중 0.2kN이 작용할 때 다음을 구하시오. (단, 스프링 지수 $C = 8$, 횡탄성 계수 $G = 83\text{GPa}$이다.) [5점]

(1) 소선의 직경은 몇 mm인가?
(2) 수축량은 몇 mm인가?

해설

(1) $C = \dfrac{D}{d}$에서 $d = \dfrac{D}{C} = \dfrac{40}{8} = 5\text{mm}$

(2) $d = 0.005\text{m}$, $D = 0.04\text{m}$

$$\delta = \frac{8\,WD^3 \cdot n}{G \cdot d^4} = \frac{8 \times 0.2 \times 10^3 \times (0.04)^3 \times 6}{83 \times 10^9 \times (0.005)^4} = 0.01184\text{m} = 11.84\text{mm}$$

≫ 문제 **07**

스퍼기어의 모듈이 6, 소기어의 회전수 1,400rpm, 대기어의 회전수 600rpm, 축간거리가 210mm일 때 다음을 구하시오. [4점]

(1) 기어의 잇수 Z_1과 Z_2를 구하시오.
(2) 기어의 원주피치는 몇 mm인가?

해설

(1) $C = \dfrac{D_1 + D_2}{2} = \dfrac{m(Z_1 + Z_2)}{2}$에서 $Z_1 + Z_2 = \dfrac{2C}{m} = \dfrac{2 \times 210}{6} = 70$

$\therefore Z_1 + Z_2 = 70$ ·· ㉠

피니언(소기어)이 원동축이므로

$i = \dfrac{N_2}{N_1} = \dfrac{Z_1}{Z_2}$에서 $\dfrac{600}{1,400} = \dfrac{Z_1}{Z_2}$

$\therefore Z_2 = \dfrac{1,400}{600} Z_1 = \dfrac{7}{3} Z_1$ ······························ ㉡

㉡을 ㉠에 대입하면 $Z_1 + \dfrac{7}{3} Z_1 = 70$

$\therefore \dfrac{10}{3} Z_1 = 70$

$\therefore Z_1 = 21$개, $Z_2 = 49$개

(2) $p = \pi \cdot m = \pi \times 6 = 18.85\text{mm}$

≫ 문제 08

원판과 마찰차의 안지름 100mm, 바깥지름 180mm, 전달회전수 200rpm, 마찰면수 2개, 접촉면 압력이 196kPa일 때 다음을 구하시오. (단, 마찰계수는 0.2이다.) [5점]

(1) 회전토크 $[\text{N}\cdot\text{m}]$

(2) 전달동력 $[\text{kW}]$

해설

(1) 다판 클러치와 동일하므로

$$b = \frac{D_2 - D_1}{2} = \frac{180 - 100}{2} = 40\text{mm} = 0.04\text{m}$$

$$D_m = \frac{D_1 + D_2}{2} = \frac{180 + 100}{2} = 140\text{mm} = 0.14\text{m}$$

$$T = F_f \times \frac{D_m}{2} = \mu P_t \cdot \frac{D_m}{2} (P_t = q \cdot Aq = q \times \pi D_m \cdot b \cdot Z)$$

$$= \mu q \pi D_m \cdot b \cdot Z \cdot \frac{D_m}{2} = 0.2 \times 196 \times 10^3 \times \pi \times 0.14 \times 0.04 \times 2 \times \frac{0.14}{2}$$

$$= 96.55\text{N}\cdot\text{m}$$

(2) $H = T \cdot \omega = T \cdot \frac{2\pi N}{60}$

$$= 96.55 \times \frac{2\pi \times 200}{60} = 2{,}022.14\text{W} = 2.02\text{kW}$$

≫ 문제 09

다음 그림에서 강판의 두께 24mm, 용접부 전단응력이 36.5MPa, 리벳의 전단응력은 41.7MPa, 강판의 인장응력은 27.7MPa, 리벳의 지름이 22mm일 때 다음을 구하시오. [7점]

(단, 복수전단계수는 1.8이다.)

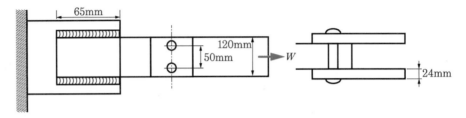

(1) 용접부만 고려 시 최대하중 [kN]
(2) 리벳 전단만 고려 시 최대하중 [kN]
(3) 강판의 인장만 고려 시 최대하중 [kN]
(4) 최대안전하중 [kN]

해설

(1) $h = 0.024$m, $l = 0.065$m, 용접목두께 $t = 0.707h$

$$W_1 = \tau \cdot A_\tau = \tau \cdot 2t \cdot l = \tau \times 2 \times 0.707 \times h \times l$$
$$= 36.5 \times 10^6 \times 2 \times 0.707 \times 0.024 \times 0.065$$
$$= 80,513.16\text{N} = 80.51\text{kN}$$

(2) $d = 0.022$m

$$W_2 = \tau_R \cdot A_R = \tau_R \cdot \frac{\pi d^2}{4} \times 1.8 \times n$$
$$= 41.7 \times 10^6 \times \frac{\pi (0.022)^2}{4} \times 1.8 \times 2$$
$$= 57,065.52\text{N} = 57.07\text{kN}$$

(3) $b = 0.12$m, $d = 0.022$m, $t = 0.024$m, A_t : 강판의 인장파괴면적

$$W_3 = \sigma_t \cdot A_t = \sigma_t (b - 2d) \cdot t$$
$$= 27.7 \times 10^6 (0.12 - 2 \times 0.022) \times 0.024$$
$$= 50,524.8\text{N}$$
$$= 50.52\text{kN}$$

(4) 최대 안전 하중은 가장 작은 값을 선택해야 안전하므로
$$\therefore W_3 = 50.52\text{kN}$$

≫ 문제 **10**

회전수 400rpm으로 1.2kW을 전달하는 회전축을 원추 브레이크로서 제동하려고 한다. $\alpha = 20°$, $\mu = 0.4$, 접촉부압력 $p = 0.294\mathrm{MPa}$, $D = 12\mathrm{cm}$일 때 다음을 구하시오. [6점]

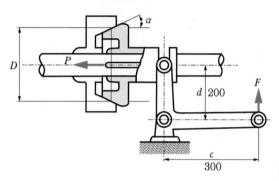

(1) 접촉 폭의 길이 [mm]

(2) F는 몇 N인가?

해설

(1) $T = \dfrac{H}{\omega} = \dfrac{H}{\dfrac{2\pi N}{60}} = \dfrac{1.2 \times 10^3}{\left(\dfrac{2\pi \times 400}{60}\right)} = 28.65\mathrm{N \cdot m}$

상당마찰계수, 원추반각 α

$\mu' = \dfrac{\mu}{\sin\alpha + \mu\cos\alpha} = \dfrac{0.4}{\sin 20 + 0.4\cos 20} = 0.56$

그림에서 $D = D_m = 0.12\mathrm{m}$　　P_t : 트러스트 하중=축하중(P)

$F_f = \mu N = \mu' \cdot P_t$,　$T = \mu' \cdot P_t \cdot \dfrac{D_m}{2}$에서

$P_t = 2 \cdot \dfrac{T}{\mu' \cdot D_m} = \dfrac{2 \times 28.65}{0.56 \times 0.12} = 852.68\mathrm{N}$

접촉부 압력 $p = q = \dfrac{N}{A_f} = \dfrac{\dfrac{P_t}{\sin\alpha + \mu\cos\alpha}}{\pi D_m \cdot b}$

$\therefore b = \dfrac{\dfrac{P_t}{\sin\alpha + \mu\cos\alpha}}{\pi D_m \cdot q} = \dfrac{\dfrac{852.68}{\sin 20 + 0.4 \times \cos 20}}{\pi \times 0.12 \times 0.294 \times 10^6} = 0.010716\mathrm{m} = 10.72\mathrm{mm}$

(2) $F \times 300 = P_t \times 200$에서

$F = P_t \times \dfrac{200}{300} = 852.68 \times \dfrac{200}{300} = 568.45\mathrm{N}$

≫ 문제 **01**

다음 그림과 같은 벨트 풀리 축을 보고 다음을 구하시오. (단, 벨트 풀리의 무게 3,000N, 축지름 $d=70$mm, $L=1,000$mm, $L_1=200$mm로 하고 자중은 무시하며 $E=2.1\times10^5$N/mm^{2}이다.) [6점]

(1) 벨트 무게에 의한 최대 처짐량 [mm]

(2) 위험 속도 [rpm]

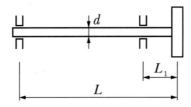

해설

(1) $\delta_{\max} = \dfrac{PL_1^2 \cdot L}{3EI} = \dfrac{3,000\times200^2\times1,000}{3\times2.1\times10^5\times\dfrac{\pi\times70^4}{64}} = 0.16$mm

(2) $\delta = 0.016$cm

$N_c \fallingdotseq 300\sqrt{\dfrac{1}{\delta(\text{cm})}} = 300\sqrt{\dfrac{1}{0.016}} = 2,371.71$rpm

≫ 문제 **02**

안지름 600mm의 파이프를 50N/cm²의 내압에 견디게 하려면 두께를 얼마로 하면 좋은가? (단, 허용응력 20N/mm², 부식 여유 1mm로 한다.) [4점]

해설

$$p = 50\text{N/cm}^2 = 50 \times 10^{-2}\text{N/mm}^2$$

$$\sigma_h = \frac{p \cdot d}{2t} \text{에서 } t = \frac{p \cdot d}{2\sigma_h} + C = \frac{50 \times 10^{-2} \times 600}{2 \times 20} + 1 = 8.5\text{mm}$$

≫ 문제 **03**

축각 80°인 원추마찰차의 원동차 180rpm에서 종동차 90rpm으로 3.7kW을 전달한다. 다음을 구하시오. (단, 종동차의 바깥지름 600mm, 폭 150mm, 마찰계수 0.3이다.) [6점]
(1) 원동차의 원추반각 $\alpha[°]$
(2) 종동축의 축방향하중 $Q[\text{N}]$

해설

(1) 속비 $i = \dfrac{N_2}{N_1} = \dfrac{90}{180} = \dfrac{1}{2}$, 축각 $\theta = 80°$, 원추반각 α, β

$$\tan\alpha = \frac{\sin\theta}{\cos\theta + \dfrac{1}{i}} = \frac{\sin 80°}{\cos 80° + \dfrac{1}{\dfrac{1}{2}}} = 0.4531$$

$$\therefore \alpha = \tan^{-1} 0.4531 = 24.38°$$

(2) $\theta = \alpha + \beta$에서 $\beta = \theta - \alpha = 80 - 24.38 = 55.62°$

⟨원추마찰차 접촉면의 자유물체도⟩
FBD

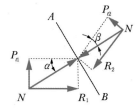

N : AB 면의 수직력
b : $\overline{AB}$의 길이(접촉면 길이)

축방향 하중 $Q = P_{t2}$, 종동차이므로 자유물체도에서 $N\sin\beta = P_{t2}$

D_{out} : 바깥지름, D_m : 평균지름, $\dfrac{D_{\text{out}}}{2} - \dfrac{b}{2}\sin\beta = \dfrac{D_m}{2}$ 에서

$D_m = D_{\text{out}} - b\sin\beta = 600 - 150 \times \sin 55.62 = 476.20\text{mm}$

$H = \mu N \cdot V$ 에서 $N = \dfrac{H}{\mu \cdot V}$ $\left(V = \dfrac{\pi \cdot D_m \cdot N}{60,000} = \dfrac{\pi \times 476.2 \times 90}{60,000} = 2.24\text{m/s}\right)$

$$= \dfrac{3.7 \times 10^3}{0.3 \times 2.24} = 5,505.95\text{N}$$

$\therefore \ P_{t2} = N\sin\beta = 5,505.95 \times \sin 55.62° = 4,544.12\text{N}$

>> 문제 **04**

드럼의 지름 $D = 600\text{mm}$인 밴드 브레이크에 의해 $T = 1\text{kN} \cdot \text{m}$의 제동토크를 얻으려고 한다. 다음을 구하시오. (단, 밴드의 두께 $h = 3\text{mm}$, 마찰계수 $\mu = 0.35$, 접촉각 $\theta = 250°$, 밴드의 허용인장응력 $\sigma_a = 80\text{MPa}$이라 한다.) [5점]

(1) 긴장측 장력 $T_t [\text{N}]$

(2) 밴드 폭 b

해설

T_e : 유효장력 $D = 0.6\text{m}$

(1) $T = T_e \cdot \dfrac{D}{2}$ 에서

$\qquad T_e = \dfrac{2T}{D} = \dfrac{2 \times 1 \times 10^3}{0.6} = 3,333.33\text{N}$

$\qquad$ 장력비 : $e^{\mu\theta} = e^{\left(0.35 \times 250° \times \frac{\pi}{180°}\right)} = 4.61$

$\qquad T_t = T_e \cdot \dfrac{e^{\mu\theta}}{e^{\mu\theta} - 1} = 3,333.33 \times \dfrac{4.61}{4.61 - 1} = 4,256.69\text{N}$

(2) $h = 0.003\text{m}$, $\sigma_a = \dfrac{T_t}{b \cdot h}$ 에서 $b = \dfrac{T_t}{\sigma_a \cdot h} = \dfrac{4,256.69}{80 \times 10^6 \times 0.003} = 0.01774\text{m} = 17.74\text{mm}$

≫ 문제 **05**

하중 $W = 250\text{N}$, 스프링의 처짐 $\delta = 100\text{mm}$, 스프링 지수 $C = 7$, 스프링의 응력 $\tau = 400\text{MPa}$일 때 다음을 계산하시오. (단, $G = 8.2 \times 10^4 \text{MPa}$이다.) [6점]

(1) 소선의 지름 $d[\text{mm}]$
(2) 유효 권수 n

해설

(1) 와알의 응력 수정계수 $K = \dfrac{4C-1}{4C-4} + \dfrac{0.615}{C}$

$$= \dfrac{4 \times 7 - 1}{4 \times 7 - 4} + \dfrac{0.615}{7} = 1.21$$

$C = \dfrac{D}{d}$ 에서 $D = C \cdot d = 7d$

$T = \tau \cdot Z_p = \tau \cdot \dfrac{\pi d^3}{16} = W \cdot \dfrac{D}{2} \rightarrow \tau = \dfrac{8WD}{\pi d^3}$

$\therefore \ \tau = K \cdot \dfrac{8WD}{\pi d^3} = K \cdot \dfrac{8W \cdot 7d}{\pi d^3} = \dfrac{K \cdot 56W}{\pi d^2}$

$\tau = 400 \times 10^6 \text{N/m}^2 = 400 \text{N/mm}^2$

$\therefore \ d = \sqrt{\dfrac{56 \cdot K \cdot W}{\pi \tau}} = \sqrt{\dfrac{56 \times 1.21 \times 250}{\pi \times 400}} = 3.67\text{mm}$

(2) $\delta = \dfrac{8WD^3 \cdot n}{Gd^4}$ 에서 $G = 8.2 \times 10^4 \times 10^6 \text{N/m}^2 = 8.2 \times 10^4 \text{N/mm}^2$

$D = 7 \times 3.67 = 25.69\text{mm}$

$n = \dfrac{Gd^4 \cdot \delta}{8WD^3} = \dfrac{8.2 \times 10^4 \times (3.67)^4 \times 100}{8 \times 250 \times 25.69^3} = 43.87 \fallingdotseq 44$

≫ 문제 **06**

200rpm으로 36.75kW를 전달하는 전동축을 플랜지 커플링을 하였다. 볼트의 전단응력은 19.6N/mm^2, 볼트 6개를 사용했을 경우 다음을 계산하시오. (단, 볼트 구멍의 피치원 지름은 300mm이다.) [5점]

(1) 커플링이 전달하는 토크 $T[\text{N}\cdot\text{m}]$
(2) 볼트의 지름 $\delta[\text{mm}]$

해설

(1) $T = \dfrac{H}{\omega} = \dfrac{H}{\dfrac{2\pi N}{60}} = \dfrac{36.75 \times 10^3}{\dfrac{2\pi \times 200}{60}} = 1,754.68 \text{N} \cdot \text{m}$

(2) $T = (\tau_b \cdot \dfrac{\pi}{4} \delta^2) \times Z \times \dfrac{D_b}{2}$ 에서 $T = 1,754.68 \times 10^3 \text{N} \cdot \text{mm}$

$\delta = \sqrt{\dfrac{8T}{\tau_b \cdot \pi \cdot Z \cdot D_b}} = \sqrt{\dfrac{8 \times 1,754.68 \times 10^3}{19.6 \times \pi \times 6 \times 300}} = 11.25 \text{mm}$

≫ 문제 07

두께가 19mm인 강판을 리벳의 지름이 25mm, 피치가 68mm로 1줄 양쪽 덮개판 맞대기 이음을 하였다. 이 이음에 310kN의 힘이 작용하였을 때 다음을 구하시오. [4점]

(단, 리벳의 전단강도는 판의 인장강도의 80%이다.)

(1) 강판 효율 η_t [%]

(2) 리벳 효율 η_R

해설

d' : 리벳 구멍지름을 리벳 지름으로 본다.

(1) $\eta_t = 1 - \dfrac{d'}{p} = 1 - \dfrac{25}{68} = 0.6324 = 63.24\%$

(2) $\eta_R = \dfrac{\tau \cdot \dfrac{\pi}{4} d^2 \cdot n}{\sigma_t \cdot p \cdot t}$ (n : 줄수) : 양쪽 덮개판이므로 $n \to 1.8n$, $\tau = 0.8\sigma_t$

$= \dfrac{0.8 \times \sigma_t \cdot \dfrac{\pi}{4} d^2 \times 1.8 \times n}{\sigma_t \cdot p \cdot t}$

$= \dfrac{0.8 \times \pi \times d^2 \times 1.8 \times n}{4p \cdot t}$

$= \dfrac{0.8 \times \pi \times 25^2 \times 1.8 \times 1}{4 \times 68 \times 19}$

$= 0.5471 = 54.71\%$

≫ 문제 **08**

회전수 600rpm, 베어링 하중 4,000N을 받는 저널 베어링에서 축지름 [mm]과 베어링과의 접촉 길이[mm]를 계산하시오. (단, $p_a = 0.6\text{N/mm}^2$, $pv = 2\text{N/mm}^2\cdot\text{m/s}$, $\mu = 0.006$이다.) [4점]

해설

압력속도계수 $p\cdot v = q\cdot v$

$q\cdot v = \dfrac{P}{d\cdot l}\cdot\dfrac{\pi dN}{60,000}$에서

$l = \dfrac{P\cdot\pi\cdot N}{60,000\cdot q\cdot v} = \dfrac{4,000\times\pi\times600}{60,000\times2} = 62.83\text{mm}$

$q_a = \dfrac{P}{dl}$에서

$d = \dfrac{P}{q_a\cdot l} = \dfrac{4,000}{0.6\times62.83} = 106.11\text{mm}$

≫ 문제 **09**

나사의 유효지름 63.5mm, 피치 3.17mm의 나사잭으로 50kN의 중량을 들어 올리려 할 때 다음을 구하시오. (단, 레버를 누르는 힘을 200N, 마찰계수를 0.1로 한다.) [5점]

(1) 회전토크 $T[\text{N}\cdot\text{m}]$
(2) 레버의 길이 $L[\text{mm}]$

해설

(1) $d_e = 0.0635\text{m}$

$\tan\rho = \mu$에서 $\rho = \tan^{-1}0.1 = 5.7106°$, $\tan\alpha = \dfrac{p}{\pi d_e}$에서

$\alpha = \tan^{-1}\left(\dfrac{p}{\pi\cdot d_e}\right) = \tan^{-1}\left(\dfrac{3.17}{\pi\times63.5}\right) = 0.9104°$

$T = P\cdot\dfrac{d_e}{2} = Q\tan(\rho+\alpha)\cdot\dfrac{d_e}{2}$

$= 50\times10^3\tan(5.7106+0.9104)\cdot\dfrac{0.0635}{2}$

$= 184.27\text{N}\cdot\text{m}$

(2) $T = F\cdot L$에서

$L = \dfrac{T}{F} = \dfrac{184.27\text{N}\cdot\text{m}}{200\text{N}} = 0.9214\text{m} = 921.4\text{mm}$

≫ 문제 **10**

전위기어의 사용목적 5가지를 적으시오. [5점]

해설

1) 이의 간섭에 따른 언더컷을 방지
2) 두 기어 사이의 중심거리를 변화시키고자 할 때
3) 치의 강도를 증가시키고자 할 때
4) 물림률을 증가시키고자 할 때
5) 최소 잇수를 적게 하고자 할 때

건설기계설비기사

≫ 문제 **01**

마찰계수가 0.25인 주철제 블록 브레이크에서 압력이 0.88MPa이고 브레이크 용량이 0.98MPa·m/s인 브레이크로 드럼 직경 450mm를 제동하고자 할 때, 드럼의 원주속도 [rpm]는 얼마인지 구하시오.

해설

브레이크 용량은 단위면적당 제동동력이므로

$$\frac{F_f \cdot V}{A_q} = \frac{\mu N \cdot V}{A_q} = \mu q \cdot V = 0.98 \times 10^6 \text{N/m}^2 \cdot \text{m/s 에서}$$

$$0.25 \times 0.88 \times 10^6 \times \frac{\pi \times 450 \times N}{60,000} = 0.98 \times 10^6$$

$$\therefore \ N = 189.1 \text{rpm}$$

≫ 문제 **02**

안지름 5m인 용기압력이 1.96MPa이고, 리벳의 이음효율이 80%이다. 판의 인장강도가 441.45MPa일 때 두께를 구하시오. (단, 안전율은 6이고, 부식여유는 1.5mm로 한다.)

해설

$$\text{허용응력} \ \sigma_a = \frac{\sigma_u (\text{인장강도})}{S(\text{안전율})} = \frac{441.45}{6} = 73.58 \text{MPa}$$

$$\sigma_a = \frac{p \cdot d}{2 \cdot t} \text{에서} \ t = \frac{p \cdot d}{2\sigma_a \eta} + C = \frac{1.96 \times 5 \times 10^3}{2 \times 73.58 \times 0.8} + 1.5 = 84.74 \text{mm}$$

≫ 문제 **03**

폭이 18mm 높이가 11mm인 묻힘 키가 직경이 63mm인 축에 표준 스퍼기어로 고정되어 있다. 회전수가 350rpm이고 전달동력이 4.7kW일 때, 키의 강도 중 전단강도가 53.97MPa, 압축강도가 90.25MPa일 때 키의 길이를 구하시오.

(1) 키의 전달토크
(2) 전단강도를 고려한 키의 길이
(3) 압축강도를 고려한 키의 길이
(4) 키의 최소길이 선정

해설

(1) $H = T \cdot \omega$ 에서 $T = \dfrac{H}{\omega} = \dfrac{H}{\dfrac{2\pi N}{60}} = \dfrac{4.7 \times 10^3}{\dfrac{2\pi \times 350}{60}} = 128.23 \text{N} \cdot \text{m}$

(2) $T = \tau_k \cdot A_\tau \cdot \dfrac{d}{2} = \tau_k \cdot b \cdot l \times \dfrac{d}{2}$ 에서

$\therefore \; l = \dfrac{2T}{\tau_k \cdot b \cdot d} = \dfrac{2 \times 128.23 \times 10^3}{53.97 \times 18 \times 63} = 4.19 \text{mm}$

(3) $T = \sigma_c \cdot A_c \cdot \dfrac{d}{2} = \sigma_c \times \dfrac{h}{2} \times l \times \dfrac{d}{2}$ 에서

$\therefore \; l = \dfrac{4T}{\sigma_c \cdot h \cdot d} = \dfrac{4 \times 128.23 \times 10^3}{90.25 \times 11 \times 63} = 8.2 \text{mm}$

(4) 안전한 동력전달을 위해 큰 키의 길이로 설계해야 한다.
$\therefore \; l = 8.2 \text{mm}$

≫ 문제 **04**

원동 풀리의 지름이 100mm이고 종동 풀리의 지름이 300mm이다. 축의 허용 응력이 1.96MPa인 평벨트에 3.75kW의 동력을 전달하는 풀리를 설계하고자 한다. 축간거리가 2m이고 원동 풀리의 회전수가 1,200rpm일 때 마찰계수가 0.25라 하고 엇걸기로 할 경우 다음을 구하시오.

(1) 유효장력 : P_e [N]

(2) 긴장측 장력 : T_t [N]

(3) 이완측 장력 : T_s [N]

해설

(1) $P_e = T_e$, $V = \dfrac{\pi DN}{60,000} = \dfrac{\pi \times 100 \times 1,200}{60,000} = 6.28 \mathrm{m/s}$

$H = T_e \cdot V$에서 $T_e = \dfrac{H}{V} = \dfrac{3.75 \times 10^3}{6.28} = 597.13 \mathrm{N}$

(2) 접촉각 $\theta = 180° + 2\phi$, $c\sin\phi = \dfrac{D_2 + D_1}{2}$에서

$\phi = \sin^{-1}\dfrac{D_2 + D_1}{2C} = \sin^{-1}\dfrac{300 + 100}{2 \times 2,000} = 5.74$

$\therefore \theta = 180° + 2 \times 5.74° = 191.48°$

장력비 $e^{\mu\theta} = e^{0.25 \times 191.48° \times \frac{\pi}{180°}} = 2.31$

긴장측 장력 $T_t = T_e \cdot \dfrac{e^{\mu\theta}}{e^{\mu\theta} - 1} = 597.13 \times \dfrac{2.31}{2.31 - 1} = 1,052.95 \mathrm{N}$

(3) $e^{\mu\theta} = \dfrac{T_t}{T_s}$에서 $\therefore T_s = \dfrac{T_t}{e^{\mu\theta}} = \dfrac{1,052.95}{2.31} = 455.82 \mathrm{N}$

≫ 문제 **05**

코일의 지름이 60mm, 스프링 지수가 7인 원통형 코일 스프링에서 196.25N의 축방향 하중이 작용할 때 처짐이 20mm, 탄성계수가 $78.08 \times 10^3 \mathrm{MPa}$라고 할 때 다음을 구하시오.

(1) 소선의 직경 [mm]

(2) 코일의 최대 전단응력 [MPa]

(3) 코일의 감김 수

해설

(1) 스프링지수 $C = \dfrac{D}{d}$ 에서 $d = \dfrac{D}{C} = \dfrac{60}{7} = 8.57\text{mm}$

(2) 와알의 응력수정계수

$$K = \frac{4C-1}{4C-4} + \frac{0.615}{C} = \frac{4 \times 7 - 1}{4 \times 7 - 4} + \frac{0.615}{7} = 1.21$$

$$T = \tau \cdot Z_P = \tau \cdot \frac{\pi d^3}{16} = W \cdot \frac{D}{2} \text{에서}$$

$$\therefore \tau = K \cdot \frac{8WD}{\pi d^3} = 1.21 \times \frac{8 \times 196.25 \times 60}{\pi \times 8.57^3} = 57.64\text{N/mm}^2$$

$$= 57.64 \times 10^6 \text{N/m}^2 = 57.64\text{MPa}$$

(3) $\delta = \dfrac{8WD^3 \cdot n}{Gd^4}$ 에서 $n = \dfrac{Gd^4 \cdot \delta}{8WD^3} = \dfrac{78.08 \times 10^3 \times 8.57^4 \times 20}{8 \times 196.25 \times 60^3} = 24.84 \fallingdotseq 25$

≫ 문제 **06**

페트로프식(Petroff)을 유도하시오.

해설

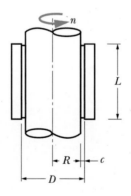

가해지는 힘 F

$F = \dfrac{\mu \cdot A \cdot u}{h}$: 뉴턴의 점성법칙, μ : 점성계수

여기서, 마찰토크 $T_f = F \times R = \dfrac{\mu \cdot A \cdot u}{h} \times R$

$A = 2\pi R \cdot L$

$u = R \cdot \omega = R \cdot \dfrac{2\pi N}{60} = 2\pi R n \ \left(n = \dfrac{N(\text{rev})}{60} : \text{초당회전수} \right)$

$$h = C(틈새 = \frac{D}{2} - R)$$

$$\therefore \ T_f = \frac{\mu \cdot 2\pi R \cdot L \cdot 2\pi Rn \times R}{C} = \frac{\mu \cdot 4\pi^2 nLR^3}{C} \ \dots\dots\dots\dots\dots \ ①$$

반지름 방향 하중 W 가 축에 작용하면 마찰항력 fW (f : 마찰계수)에서

$$T_f = fW \cdot R = f(PDL)R \ \dots\dots\dots\dots\dots\dots\dots\dots\dots\dots\dots\dots \ ②$$

($W = P \cdot A = P \cdot D \cdot L$, P : 베어링 압력, DL : 투사면적, $D = 2R$)

①＝②에서 $f(P \cdot 2R \cdot L)R = \dfrac{\mu \cdot 4\pi^2 \cdot n \cdot LR^3}{C}$ 에서

$$f = \frac{2\pi^2 \mu \cdot nR}{PC} : 페트로프식$$

≫ **문제 07**

한줄 미터나사 볼트에서 M68을 이용하여 10kN인 중량을 들어 올리는 장치를 만들고자 한다. 나사를 8회전할 때 48mm 전진하는 경우 나사를 들어 올리는데 레버에 가하는 힘이 300N, 중량물과 접촉되는 칼라부의 접촉 지름이 105mm, 나사산의 높이가 3.248mm, 유효직경이 64.103mm, 칼라부와 나사면의 마찰계수가 0.2라 할 때 다음을 구하시오.

(1) 나사의 효율 [%]
(2) 중량물을 들어 올리는 데 필요한 레버의 길이 [mm]

해설

(1) $T = T_1$ (나사의 회전토크) $+ T_2$ (자리면 마찰토크)

$$= Q\tan(\rho' + \alpha) \cdot \frac{d_e}{2} + \mu_m \cdot Q \cdot \frac{D_m}{2}$$

여기서, 미터나사이므로 나사산의 각도 $\beta = 60°$

상당마찰계수 $\mu' = \dfrac{\mu}{\cos \dfrac{\beta}{2}} = \dfrac{0.2}{\cos 30°} = 0.23$

$\tan\rho' = \mu'$ 에서 $\rho' = \tan^{-1}\mu' = \tan^{-1} 0.23 = 12.95$

$\tan\alpha = \dfrac{p}{\pi d_e}$, $l = np$ 에서 $p = \dfrac{l}{n} = \dfrac{48}{8} = 6mm$

$\therefore$ 리드각 $\alpha = \tan^{-1}\dfrac{p}{\pi d_e} = \tan^{-1}\left(\dfrac{6}{\pi \times 64.103}\right) = 1.71°$

$$T = 10 \times 10^3 \tan(12.95 + 1.71) \cdot \frac{64.103}{2} + 0.2 \times 10 \times 10^3 \times \frac{105}{2} = 188,846.42 \text{N} \cdot \text{mm}$$

나사의 효율 $\eta = \dfrac{Q \cdot p}{2\pi T} = \dfrac{10 \times 10^3 \times 6}{2\pi \times 188,846.42} = 0.0506 = 5.06\%$

≫ 문제 08

크라운 마찰차에서 $D_1 = 420\text{mm}$, $D_2 = 200\text{mm}$, $N_1 = 1,200\text{rpm}$, 마찰계수가 0.25, 마찰차의 폭이 40mm, 허용선압이 26N/mm, 2차의 이동 범위가 35∼150mm일 때 다음을 구하시오.

(1) ① N_2의 최대값 [rpm]

   ② $V_{2\max}$ [m/s]

(2) 최대전달동력 [kW]

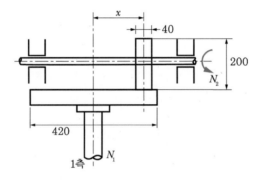

해설

(1) ① $i = \dfrac{N_2}{N_1} = \dfrac{x}{r}$ 에서

$$N_{2\max} = N_1 \cdot \frac{x_{\max}}{r} = 1,200 \times \frac{150}{100} = 1,800 \text{rpm}$$

② $V_{2\max} = \dfrac{\pi D_2 N_{2\max}}{60,000} = \dfrac{\pi \times 200 \times 1,800}{60,000} = 18.85 \text{m/s}$

(2) 선압 $f = \dfrac{N}{l}$ 에서

수직력 $N = f \cdot l$

$H = F_f \cdot V = \mu N V = \mu \cdot f \cdot l \cdot V$

   $= 0.25 \times 26 \times 40 \times 18.85$

   $= 4,901\text{W} = 4.9\text{kW}$

03

> 문제 **09**

원주피치 12.56mm, 감속비 1/3, 중심거리 200mm인 한 쌍의 표준 평기어에서 다음을 구하시오.

(1) 모듈[mm]
(2) 작은 기어와 큰 기어의 잇수
(3) 작은 기어와 큰 기어의 피치원 직경[mm]

해설

(1) $p = \pi m$ 에서 $m = \dfrac{p}{\pi} = \dfrac{12.56}{\pi} \fallingdotseq 4 = 4\text{mm}$

(2) 속비, $i = \dfrac{N_2}{N_1} = \dfrac{D_1}{D_2} = \dfrac{Z_1}{Z_2}$ 에서 $\dfrac{1}{3} = \dfrac{Z_1}{Z_2}$ 에서 $Z_2 = 3Z_1$ ················ ①

축간거리 $C = \dfrac{D_1 + D_2}{2} = \dfrac{m(Z_1 + Z_2)}{2}$ 에 ①대입하면

$C = \dfrac{m(Z_1 + 3Z_1)}{2} = \dfrac{m4Z_1}{2}$ 에서

$\therefore Z_1 = \dfrac{C}{2m} = \dfrac{200}{2 \times 4} = 25$개

$Z_2 = 3Z_1 = 3 \times 25 = 75$개

(3) $D_1 = mZ_1 = 4 \times 25 = 100\text{mm}$

$D_2 = mZ_2 = 4 \times 75 = 300\text{mm}$

그림과 같은 블록 브레이크 장치에서 레버 끝에 147.15N의 힘으로 제동하여 자유낙하를 방지하고자 한다. 블록의 허용압력은 196.2kPa, 브레이크 용량 $0.98N/mm^2 \cdot m/s$일 때, 다음을 계산하시오.

(1) 제동토크 $T[N \cdot m]$ (단, 블록과 드럼의 마찰계수는 0.3이다.)
(2) 이 브레이크 드럼의 최대회전수 $N[rpm]$

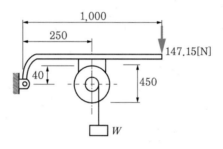

해설

(1) 드럼에 힘을 표시하고 문제를 해석하면

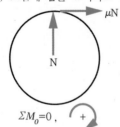

$\Sigma M_O = 0$,

$147.15 \times 1,000 - N \times 250 + \mu N \times 40 = 0$

$147.15 \times 1,000 - N \times 250 + 0.3 \times N \times 40 = 0$

$\therefore N = \dfrac{147.15 \times 1,000}{(250 - 0.3 \times 40)} = 618.28N$

$T = F_f \cdot \dfrac{d}{2} = \mu N \times \dfrac{d}{2} = 0.3 \times 618.28 \times \dfrac{450}{2}$

$\quad = 41,733.9N \cdot mm = 41.73N \cdot m$

(2) 브레이크 용량은 단위면적당 제동 동력이므로

$q = 196.2 \times 10^3 \text{N/m}^2 = 196.2 \times 10^{-3} \text{N/mm}^2$

$\dfrac{\mu N \cdot V}{A_q} = \mu \cdot q \cdot V = 0.98$ 에서

$V = \dfrac{0.98}{\mu \cdot q} = \dfrac{0.98}{0.3 \times 196.2 \times 10^{-3}} = 16.65 \text{m/s}$

$V = \dfrac{\pi d N}{60,000}$ 에서

$N = \dfrac{60,000 \cdot V}{\pi \cdot d} = \dfrac{60,000 \times 16.65}{\pi \times 450} = 706.65 \text{rpm}$

04

≫ 문제 **02**

모듈 $m = 5$, 이 폭 $b = 40 \text{mm}$, 한 쌍의 외접 스퍼기어에서 작은 기어(피니언)의 허용굽힘응력은 180MPa이고, 기어잇수 $Z_1 = 20$개, 큰 기어의 허용굽힘응력 120MPa, $Z_2 = 100$개, $N_1 = 1,500 \text{rpm}$으로 동력을 전달한다. (단, 속도계수 $f_v = \dfrac{3.05}{3.05 + v}$, 하중계수 $f_w = 0.8$, 치형계수 $Y_1 = \pi y_1 = 0.322$, $Y_2 = \pi y_2 = 0.446$이다.)

(1) 작은 기어의 최대전달하중 $P_1 [\text{N}]$

(2) 큰 기어의 최대전달하중 $P_2 [\text{N}]$

(3) 면압강도를 고려한 기어장치의 최대전달하중 $P_3 [\text{N}]$ (단, 접촉면 응력계수 $K = 0.382 \text{N/mm}^2$이다.)

(4) 기어장치에서의 최대전달동력 $H [\text{kW}]$

해설

(1) $V = \dfrac{\pi \cdot D_1 \cdot N_1}{60,000} = \dfrac{\pi \cdot m Z_1 \cdot N_1}{60,000} = \dfrac{\pi \times 5 \times 20 \times 1,500}{60,000} = 7.85 \text{m/s}$

$f_v = \dfrac{3.05}{3.05 + v} = \dfrac{3.05}{3.05 + 7.85} = 0.28$

$P_1 \Rightarrow F_1, \quad \sigma_{b_1} = 180 \times 10^6 \text{N/m}^2 = 180 \text{N/mm}^2$

피니언의 회전력 $F_1 = \sigma_b \cdot b \cdot p \cdot y$

$\qquad\qquad\qquad = f_v \cdot f_w \cdot \sigma_b \cdot bpy$

$\qquad\qquad\qquad = f_v \cdot f_w \cdot \sigma_b \cdot b \cdot \pi \cdot m y \quad (Y = \pi y)$

$\qquad\qquad\qquad = f_v \cdot f_w \cdot \sigma_{b_1} \cdot b \cdot m Y_1$

$\qquad\qquad\qquad = 0.28 \times 0.8 \times 180 \times 40 \times 5 \times 0.322$

$\qquad\qquad\qquad = 2,596.61 \text{N}$

(2) $P_2 \to F_2$, $\sigma_{b_2} = 120 \times 10^6 \text{N/m}^2 = 120 \text{N/mm}^2$

$$\begin{aligned} F_2 &= \sigma_b \cdot b \cdot py \\ &= f_v \cdot f_w \cdot \sigma_b \cdot b \cdot \pi m \cdot y \\ &= f_v \cdot f_w \cdot \sigma_{b_2} \cdot b \cdot m \, Y_2 \\ &= 0.28 \times 0.8 \times 120 \times 40 \times 5 \times 0.446 \\ &= 2,397.7 \text{N} \end{aligned}$$

(3) $P_3 \to F_3 = f_v \cdot K \cdot b \cdot m \left(\dfrac{2Z_1 Z_2}{Z_1 + Z_2} \right)$

$$\begin{aligned} &= 0.28 \times 0.382 \times 40 \times 5 \times \left(\dfrac{2 \times 20 \times 100}{20 + 100} \right) \\ &= 713.07 \text{N} \end{aligned}$$

(4) 안전한 동력을 전달하기 위해서는 가장 작은 회전력으로 설계해야 되므로 F_1, F_2, F_3중 가장 작은 값 F_3를 선택

$\therefore H = F_3 \cdot V = 713.07 \times 7.85 = 5,597.6\text{W} = 5.6\text{kW}$

≫ 문제 03

한 줄 겹치기 리벳이음에서 리벳허용전단응력 $\tau_a = 49.05\text{MPa}$, 강판의 허용인장응력 $\sigma_t = 117.72\text{MPa}$, 리벳지름 $d = 16\text{mm}$일 때 다음을 구하시오.

(1) 리벳의 허용전단응력을 고려하여 가할 수 있는 최대하중 $W[\text{kN}]$
(2) 리벳의 허용하중과 강판의 허용하중이 같다고 할 때 강판의 너비 $b[\text{mm}]$
(3) 강판의 효율 [%]

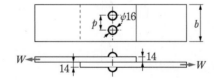

해설

(1) $W_1 = \tau \cdot A_\tau (1\text{피치에 걸리는 전단하중})$

$$= \tau \cdot \dfrac{\pi d^2}{4} \, (\tau_a = 49.05 \times 10^6 \text{N/m}^2 = 49.05 \text{N/mm}^2)$$

최대하중 $W = W_1 \times 2(\text{전단면적 } 2\text{개} \to \text{횡줄 수})$

$$= \tau \cdot \dfrac{\pi}{4} d^2 \times 2$$

$$= 49.05 \times \frac{\pi}{4} \times 16^2 \times 2$$

$$= 19,724.18\text{N} = 19.72\text{kN}$$

(2) $W = \sigma_t A_\sigma = \sigma_t(b-2d)t$ 에서 $(\sigma_t = 117.72 \times 10^6 \text{N/m}^2 = 117.72 \text{N/mm}^2)$

$$\therefore \ b = \frac{W}{\sigma_t \cdot t} + 2d$$

$$= \frac{19.72 \times 10^3}{117.72 \times 14} + 2 \times 16$$

$$= 43.97\text{mm}$$

(3) $\eta_t = \dfrac{\text{구멍이 있는 강판의 인장력}}{\text{구멍이 없는 강판의 인장력}}(\because \text{피치가 주어지지 않았으므로})$

$$= \frac{\sigma_t(b-2d)t}{\sigma_t \cdot bt}$$

$$= 1 - \frac{2d}{b}$$

$$= 1 - \frac{2 \times 16}{43.97}$$

$$= 0.2722 = 27.22\%$$

≫ 문제 04

두 축의 중심거리 2,000mm, 원동축 풀리 지름 400mm, 종동축 풀리 600mm인 평벨트 전동장치가 있다. 원동축 $N_1 = 600$rpm으로 120kW 동력전달시 다음을 구하시오.

(1) 원동축 풀리의 벨트 접촉각 $\theta[°]$
(2) 벨트에 걸리는 긴장측 장력 $T_t[\text{kN}]$

　(단, 벨트와 풀리의 마찰계수 0.3, 벨트 재료의 단위 길이당 질량은 0.36kg/m이다.)

(3) 벨트의 최소폭 $b[\text{mm}]$ (단, 벨트의 허용응력 2.5MPa, 벨트의 두께는 10mm이다.)

해설

(1) 접촉각 $\theta = 180° - 2\phi$, $c\sin\phi = \dfrac{D_2 - D_1}{2}$ 에서

$$\phi = \sin^{-1}\frac{D_2 - D_1}{2C}$$

$$= \sin^{-1}\frac{600 - 400}{2 \times 2,000} = 2.87°$$

$$\therefore \theta = 180° - 2 \times 2.87° = 174.26°$$

(2) $V = \dfrac{\pi D_1 N_1}{60,000} = \dfrac{\pi \times 400 \times 600}{60,000} = 12.57 \mathrm{m/s}$

V가 10m/s 이상이므로 원심력에 의한 부가장력 C를 고려해야 한다.

$C = m \cdot \dfrac{V^2}{r} = \dfrac{m}{r} \cdot V^2 = m' V^2 (m' = 길이당 \ 질량 : \mathrm{kg/m})$

$= 0.36 \times 12.57^2 = 56.88 \mathrm{N}$

$\therefore \ T_e$: 유효장력, $\theta = 174.26° \times \dfrac{\pi}{180°} = 3.04141 \mathrm{rad}$

$H = T_e \cdot V$에서

$T_e = \dfrac{H}{V} = \dfrac{120 \times 10^3}{12.57} = 9,546.54 \mathrm{N}$

$T_e = (T_t - C) \dfrac{e^{\mu\theta - 1}}{e^{\mu\theta}}$ 에서

$\therefore \ T_t = \dfrac{T_e \cdot e^{\mu\theta}}{e^{\mu\theta} - 1} + C \ (e^{\mu\theta} = e^{0.3 \times 3.04141} = 2.4903)$

$= \dfrac{9,546.54 \times 2.4903}{2.4903 - 1} + 56.88 = 16,009.2 \mathrm{N} = 16.01 \mathrm{kN}$

(3) $\sigma_t = \dfrac{T_t}{b \cdot t}, \ \sigma_t = 2.5 \times 10^6 \mathrm{N/m}^2 = 2.5 \mathrm{N/mm}^2$

$b = \dfrac{T_t}{\sigma_t \cdot t} = \dfrac{16.01 \times 10^3}{2.5 \times 10} = 640.4 \mathrm{mm}$

≫ 문제 05

두 개의 회전체가 붙어있는 축 자체 위험속도 $N_0 = 400\mathrm{rpm}$, 회전체 단독으로 붙어있을 때 위험속도 $N_1 = 900\mathrm{rpm}$, $N_2 = 1,800\mathrm{rpm}$ 이다. 이 축의 전체 위험속도는 몇 rpm인지 구하시오.

해설

던커레이 실험식에서

$\dfrac{1}{N_{cr}^2} = \dfrac{1}{N_0^2} + \dfrac{1}{N_1^2} + \dfrac{1}{N_2^2}$

$= \dfrac{1}{400^2} + \dfrac{1}{900^2} + \dfrac{1}{1,800^2} = 7.79321 \times 10^{-6}, \ N_{cr} = \sqrt{\dfrac{1}{7.79321 \times 10^{-6}}}$

$\therefore \ N_{cr} = 358.21 \mathrm{rpm}$

≫ 문제 **06**

중실축과 중공축이 동일한 비틀림 모멘트 T를 받고 있을 때 두 축에 발생하는 비틀림 응력이 동일하도록 제작하고자 한다. 지름 100mm의 중실축과 재질이 같고 내외경비가 0.7인 중공축의 바깥지름[mm]을 구하시오.

해설

비틀림 응력이 동일하므로 $\tau_{실} = \tau_{중}$에서 $\dfrac{T}{Z_{p실}} = \dfrac{T}{Z_{p중}}$ (T가 동일하므로)

$Z_{p실} = Z_{p중}$, x : 내외경비

$\dfrac{\pi}{16} d^3 = \dfrac{\pi d_2^{\,3}}{16}(1 - x^4)$

$\therefore d_2 = \sqrt[3]{\dfrac{d^3}{1 - x^4}}$

$\qquad = \sqrt[3]{\dfrac{100^3}{1 - 0.7^4}} = 109.58 \text{mm}$

≫ 문제 **07**

다음과 같은 두께 10mm인 사각형의 강판에 M16(골지름 13.835mm) 볼트 4개를 사용하여 채널에 고정하고 끝단에 20kN의 하중을 수직으로 가하였을 때 볼트에 작용하는 최대전단응력[MPa]을 구하시오.

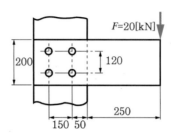

해설

(자유물체도) *F.B.D*

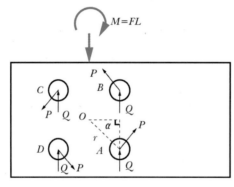

$L = 250 + 50 + \dfrac{150}{2} = 375\text{mm}$

$r = \sqrt{75^2 + 60^2} = 96.05\text{mm}$

$\cos\alpha = \dfrac{75}{r}$

1) 직접전단에 의한 순수전단력(Q)

$$Q = \frac{F}{4} = \frac{20 \times 10^3}{4} = 5{,}000\text{N}$$

2) 굽힘모멘트에 의한 부가전단력(P)

$$F \cdot L = 4Pr$$

$$\therefore P = \frac{F \cdot L}{4r} = \frac{20 \times 10^3 \times 375}{4 \times 96.05} = 19{,}521.08\text{N}$$

3) 자유물체도에서 A, B볼트에 걸리는 하중이 최대이다. (A, B는 α가 동일)

(∵ 두 힘 m, n이 θ각을 이룰 때 합력 $= \sqrt{m^2 + n^2 + 2mn\cos\theta}$ 로 $\cos\theta$의 함수)

$$F_A = \sqrt{P^2 + Q^2 + 2PQ\cos\alpha}$$

$$= \sqrt{19{,}521.08^2 + 5{,}000^2 + 2 \times 19{,}521.08 \times 5{,}000 \times \frac{75}{96.05}}$$

$$= 23{,}632.64\text{N}$$

4) 최대전단응력 $\tau_{\max} = \dfrac{F_A}{A_\tau} = \dfrac{23{,}632.64}{\dfrac{\pi}{4} \times 13.835^2} = 157.2\text{N/mm}^2 = 157.2 \times 10^6 \text{N/m}^2 = 157.2\text{MPa}$

≫ 문제 **08**

플라이 휠 직경 170mm, 회전수 600rpm, 비중 7.3, 회전에 의한 플라이 휠 가장자리에서 발생하는 인장응력 [kPa]을 구하시오.

해설

γ_w : 물의 비중량, ρ_w : 물의 밀도, S_x : 비중

$\sigma_t = \dfrac{\gamma_x \cdot V^2}{g}$, $S_x = \dfrac{\gamma_x}{\gamma_w}$ 에서 $\gamma_x = \gamma_w \cdot S_x = \rho_w \cdot g S_x$ 에서

$\sigma_t = \dfrac{\rho_w \cdot g \cdot S_x \cdot V^2}{g} = \rho_w \cdot S_x \cdot V^2$

$= 1{,}000 \dfrac{N \cdot S^2}{m^4} \times 7.3 \times \left(\dfrac{\pi \times 170 \times 600}{60{,}000}\right)^2 \cdot \dfrac{m^2}{S^2}$

$= 208{,}219.04 N/m^2 = 208.22 kPa$

≫ 문제 **09**

지름 7mm의 강선으로 코일의 평균지름 85mm인 하중 10N이 작용한다. 이 코일스프링이 6mm 늘어나도록 유효감김수와 소선의 길이를 구하시오. (단, 전단탄성계수 $G = 90GPa$이다.)

해설

(1) $d = 0.007m$, $D = 0.085m$, $\delta = 0.006m$

$\delta = \dfrac{8WD^3 \cdot n}{Gd^4}$ 에서

$n = \dfrac{G \cdot d^4 \cdot \delta}{8WD^3} = \dfrac{90 \times 10^9 \times (0.007)^4 \times 0.006}{8 \times 10 \times (0.085)^3}$

$= 26.39 \fallingdotseq 27$

(2) 소선의 길이 $l = \pi D \cdot n = \pi \times 85 \times 27 = 7{,}209.96mm$

≫ 문제 **10**

단열 레이디얼 볼베어링(동적하중 $C = 32\text{kN}$)이 650rpm으로 레이디얼 하중 4kN을 받는 경우 수명은 몇 시간인지 구하시오.

해설

볼베어링이므로 $r = 3$

$$L_h = \left(\frac{C}{P}\right)^3 \times \frac{10^6}{60 \cdot N}(\text{hr})$$

$$= \left(\frac{32 \times 10^3}{4 \times 10^3}\right)^3 \times \frac{10^6}{60 \times 650}$$

$$= 13{,}128.21\text{hr}$$

≫ 문제 **11**

외접하는 마찰 전동차에서 원동차의 회전속도는 500rpm, 종동차 300rpm, 중심거리 500mm, 마찰차 간의 마찰계수 0.2, 마찰차 폭 75mm, 허용접촉압력 20N/mm이다. 다음을 구하시오.

(1) 두 마찰차의 지름 D_A, D_B[mm]

(2) 전달 가능한 최대동력[kW]

해설

(1) 중심거리 $C = \dfrac{D_1 + D_2}{2}$ 에서

$D_1 + D_2 = 2C = 2 \times 500 = 1{,}000\text{mm}$ ·············· ㉠

속비 $i = \dfrac{N_2}{N_1} = \dfrac{D_1}{D_2}$ 에서

$\rightarrow \dfrac{300}{500} = \dfrac{D_1}{D_2}$ $\therefore D_2 = \dfrac{500}{300} \cdot D_1 = \dfrac{5}{3}D_1$ ····················· ㉡

㉡을 ㉠에 대입하면 $D_1 + \dfrac{5}{3}D_1 = 1{,}000$ 에서 $D_1 = 375\text{mm}$, $D_2 = 625\text{mm}$

(2) 선압 $f = \dfrac{N}{b}$ 에서

$N = f \cdot b = 20 \times 75 = 1{,}500\text{N}$

F_f : 마찰력

전달동력 $H = F_f \cdot V = \mu N \cdot V = 0.2 \times 1{,}500 \times \dfrac{\pi \times 375 \times 500}{60{,}000} = 2{,}945.24\text{W} = 2.95\text{kW}$

≫ 문제 **12**

접촉면의 안지름 75mm, 바깥지름 125mm, 접촉면수 4개인 다판 클러치의 평균마찰계수 0.1, 5,000N의 힘을 다판 클러치에 가할 때 균일압력으로 가정하여 다음을 구하시오.

(1) 마찰판에 가해지는 압력 $q[\text{MPa}]$

(2) 전달토크 $T[\text{N} \cdot \text{m}]$

해설

(1) $D_m = \dfrac{D_2 + D_1}{2} = \dfrac{125 + 75}{2} = 100\text{mm}$

$b = \dfrac{D_2 - D_1}{2} = \dfrac{125 - 75}{2} = 25\text{mm}$

$q = \dfrac{P_t}{A_q} = \dfrac{P_t}{\pi D_m \cdot b \cdot Z}$

$= \dfrac{5,000}{\pi \times 100 \times 25 \times 4}$

$= 0.15915494\text{N/mm}^2$

$= 159,154.94\text{N/m}^2 = 0.16\text{MPa}$

다른 풀이

$D_m = 0.1\text{m}, \ b = 0.025\text{m}$

$q = \dfrac{5,000}{\pi \times 0.1 \times 0.025 \times 4} = 159,154.94\text{N/m}^2 = 0.16\text{MPa}$

(2) $T = F_f \times \dfrac{D_m}{2} = \mu \cdot P_t \cdot \dfrac{D_m}{2} = 0.1 \times 5,000 \times \dfrac{0.1}{2} = 25\text{N} \cdot \text{m}$

≫ 문제 01

코터 이음에서 축에 작용하는 인장하중 39.24kN, 소켓의 바깥지름 130mm, 로드의 지름 65mm, 코터의 나비 65mm, 코터의 두께 20mm, 축지름 60mm일 때, 다음을 구하시오.

(1) 로드의 코터 구멍부분의 인장응력 $\sigma_t[\text{MPa}]$

(2) 코터의 굽힘응력 $\sigma_b[\text{MPa}]$

해설

(1) A_r : 로드의 인장파괴면적, $d_2 = 130\text{mm}$, $d_1 = 65\text{mm}$

$$\sigma_t = \frac{P}{A_r} = \frac{P}{\frac{\pi}{4}d_1{}^2 - d_1 t} = \frac{39.24 \times 10^3}{\frac{\pi}{4} \times 65^2 - 65 \times 20}$$

$$= 19.44\text{N/mm}^2 = 19.44 \times 10^6 \text{N/m}^2 = 19.44\text{MPa}$$

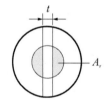

(2) $$\sigma_b = \frac{M_{\max}}{Z} = \frac{\frac{P \cdot d_2}{8}}{\frac{tb^2}{6}} = \frac{3Pd_2}{4tb^2}$$

$$= \frac{3 \times 39.24 \times 10^3 \times 130}{4 \times 20 \times 65^2}$$

$$= 45.28\text{N/mm}^2 = 45.28 \times 10^6 \text{N/m}^2 = 45.28\text{MPa}$$

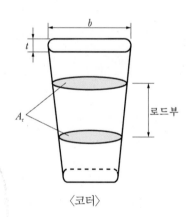

〈코터〉

8장 베어링의 중간저널에서 $M_{\max}$값 해석

≫ 문제 **02**

안지름 1,000mm, 두께 12mm의 강관을 어느 정도의 압력까지 사용이 가능한지 구하시오.[MPa] (단, 허용응력은 78.48MPa, 이음효율은 75%, 부식여유는 1mm이다.)

해설

$\sigma_a = 78.48 \times 10^6 \text{N/mm}^2 = 78.48 \text{N/mm}^2$

$t = \dfrac{p \cdot d}{2\sigma_a \cdot \eta} + C$ 에서 $p = \dfrac{2\sigma_a \cdot \eta}{d}(t - C)$

$\quad = \dfrac{2 \times 78.48 \times 0.75}{1,000}(12 - 1) = 1.29 \text{N/mm}^2$

$\quad = 1.29 \times 10^6 \text{N/m}^2 = 1.29 \text{MPa}$

05

≫ 문제 **03**

매분 120회전을 하는 출력 0.75kW의 모터 축에 설치되어 있는 지름 250mm의 풀리에 의하여 벨트구동을 할 때 다음을 구하시오. (단, 마찰계수는 0.3이고, 접촉각은 168°이다.)

(1) 벨트의 원주속도 $V[\text{m/s}]$
(2) 유효장력 $P_e[\text{N}]$
(3) 긴장측 장력과 이완측 장력[N]

해설

(1) $V = \dfrac{\pi d N}{60,000} = \dfrac{\pi \times 250 \times 120}{60,000} = 1.57 \text{m/s}$

(2) 유효장력 $P_e = T_e$

전달동력 $H = T_e \cdot V$ 에서 $T_e = \dfrac{H}{V} = \dfrac{0.75 \times 10^3}{1.57} = 477.71 \text{N}$

(3) 장력비 $e^{\mu\theta} = e^{0.3 \times 168° \times \frac{\pi}{180°}} = 2.41$

$T_e = T_t - T_s, \; e^{\mu\theta} = \dfrac{T_t}{T_s}$ 에서 $T_t = T_s \cdot e^{\mu\theta}$

$T_e = T_s e^{\mu\theta} - T_s = T_s(e^{\mu\theta} - 1)$

$\therefore T_s = \dfrac{T_e}{e^{\mu\theta} - 1} = \dfrac{477.71}{2.41 - 1} = 338.80 \text{N}$

$T_t = T_s \cdot e^{\mu\theta} = 338.80 \times 2.41 = 816.51 \text{N}$

≫ 문제 **04**

블록 브레이크에서 196N·m의 토크를 지지하고 있을 때 다음을 구하시오. (단, $D = 800\text{mm}$, $a = 1,800\text{mm}$, $b = 600\text{mm}$, $c = 80\text{mm}$, $\mu = 0.2$이다.)

(1) 누르는 힘 $W[\text{N}]$
(2) 브레이크 레버에 가하는 힘 $F[\text{N}]$

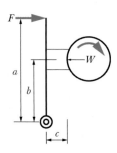

해설

〈자유물체도〉

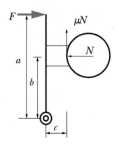

$W = N$, $D = d = 0.8\text{m}$

(1) $T = F_f \cdot \dfrac{d}{2} = \mu N \times \dfrac{d}{2}$ 에서 $N = \dfrac{2T}{\mu \cdot d} = \dfrac{2 \times 196}{0.2 \times 0.8} = 2,450\text{N}$

(2) $\Sigma M_0 = 0$ 에서

$F \cdot a - Nb - \mu Nc = 0$

$\therefore F = \dfrac{N(b + \mu c)}{a}$

$= \dfrac{2,450(600 + 0.2 \times 80)}{1,800} = 838.44\text{N}$

≫ 문제 05

그림과 같이 축의 중앙에 539.55N의 기어를 설치하였을 때, 축의 자중을 무시하고 축의 위험속도를 구하시오. (단, 종탄성계수 $E = 2.06\text{GPa}$이다.)

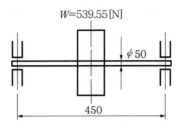

$W = 539.55\,[\text{N}]$

$\phi\,50$

450

해설

$W = P, \quad E = 2.06 \times 10^9 \text{N/m}^2 = 2.06 \times 10^3 \text{N/mm}^2$

처짐량 $\delta = \dfrac{Pl^3}{48EI}$

$\quad\quad = \dfrac{539.55 \times 450^3}{48 \times 2.06 \times 10^3 \times \dfrac{\pi \times 50^4}{64}}$

$\quad\quad = 1.62\text{mm} = 0.162\text{cm}$

$N_c = 300\sqrt{\dfrac{1}{\delta_{(\text{cm})}}}$

$\quad\quad = 300\sqrt{\dfrac{1}{0.162}} = 745.36\text{rpm}$

» 문제 **06**

유효지름 14.7mm, 피치 2mm 되는 사각나사를 길이 350mm 의 스패너에 200N 의 힘을 가해서 회전시키면 몇 kN 의 물체를 올릴 수 있는지 구하시오. (단, 마찰계수 $\mu = 0.1$ 이다.)

해설

$T = F \cdot l = P \cdot \dfrac{d_e}{2}$ 에서,

$\rho = \tan^{-1}\mu = 5.711°$

$\alpha = \tan^{-1}\dfrac{p}{\pi d_e} = \tan^{-1}\dfrac{2}{\pi \times 14.7} = 2.48°$

$F \cdot l = Q \tan(\rho + \alpha) \cdot \dfrac{d_e}{2}$

$\therefore\ Q = \dfrac{2F \cdot l}{\tan(\rho + \alpha) \cdot d_e}$

$\quad = \dfrac{2 \times 200 \times 350}{\tan(5.711 + 2.48) \times 14.7}$

$\quad = 66{,}164.28\text{N} = 66.16\text{kN}$

» 문제 **07**

접촉면의 바깥지름 750mm, 안지름 450mm 인 다판 클러치로 $1{,}450\text{rpm}$, $7{,}500\text{kW}$ 를 전달할 때 다음을 구하시오. (단, 마찰계수 $\mu = 0.25$, 접촉면 압력 $p = 0.2\text{MPa}$ 이다.)

(1) 전달토크 $T[\text{N} \cdot \text{m}]$
(2) 접촉면의 수 Z

해설

(1) $T = \dfrac{H}{\omega} = \dfrac{7{,}500 \times 10^3}{\dfrac{2\pi \times 1{,}450}{60}} = 49{,}392.91\text{N} \cdot \text{m}$

(2) $T = F_f \times \dfrac{D_m}{2} = \mu P_t \cdot \dfrac{D_m}{2}$, $(P_t = q \cdot \pi \cdot D_m \cdot b \cdot Z)$

$T = \mu \cdot q \cdot \pi D_m \cdot b \cdot Z \dfrac{D_m}{2}$ $\left(q = 0.2 \times 10^6 \text{N/m}^2,\ D_m = \dfrac{D_2 + D_1}{2} = 0.6\text{m},\ b = \dfrac{D_2 - D_1}{2} = 0.15\right)$

$\therefore\ Z = \dfrac{2T}{\mu g \pi D_m^2 b} = \dfrac{2 \times 49{,}392.91}{0.25 \times 0.2 \times 10^6 \times \pi \times 0.6^2 \times 0.15} = 11.65 ≒ 12\text{개}$

≫ 문제 08

지름 32mm의 축에 $D_B = 300$mm인 풀리 B에 긴장측 장력 300N, 이완측 장력 100N이 작용하고 있다. 축은 2,000rpm으로 회전하며 $D_A = 250$mm인 풀리 A에는 이완측 장력 $P_2 = 0.25P_1$이 작용하고 있을 때 다음을 구하시오. (단, P_1은 풀리 A의 긴장측 장력이고, $G = 80.5$GPa이다.)

(1) 풀리 B의 전달토크 $T[\text{N} \cdot \text{m}]$
(2) 축의 전 길이에 대한 비틀림각 $\theta[\text{deg}]$
(3) 풀리 A의 긴장측 장력과 이완측 장력 [N]

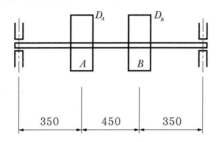

해설

(1) $T = T_e \cdot \dfrac{D_B}{2} = (T_t - T_s) \cdot \dfrac{D_B}{2}$

$\qquad = (300 - 100) \cdot \dfrac{300}{2} = 30{,}000 \text{N} \cdot \text{mm} = 30 \text{N} \cdot \text{m}$

(2) $\theta = \dfrac{T \cdot l}{G \cdot I_P} = \dfrac{T \cdot l}{G \times \dfrac{\pi}{32} d^4} \quad (d = 0.032\text{m}, l = 1.15\text{m})$

$\qquad = \dfrac{30 \times 1.15}{80.5 \times 10^9 \times \dfrac{\pi}{32}(0.032)^4} = 0.004163\text{rad} \times \dfrac{180°}{\pi} = 0.24°$

(3) $P_1 = T_t, \ P_2 = T_s = 0.25 T_t, \ D_A = 0.25\text{m}$

$\quad T = T_e \cdot \dfrac{D_A}{2} = (T_t - T_s) \cdot \dfrac{D_A}{2}$

$\qquad = (T_t - 0.25 T_t) \cdot \dfrac{D_A}{2}$

$\qquad = 0.75 T_t \cdot \dfrac{D_A}{2}$

$\quad \therefore \ T_t = \dfrac{2T}{0.75 \times D_A} = \dfrac{2 \times 30}{0.75 \times 0.25} = 320\text{N}$

$\quad \therefore \ T_s = 0.25 \times T_t = 0.25 \times 320 = 80\text{N}$

≫ 문제 **09**

기어 A의 잇수가 30개, B의 잇수가 20개인 그림과 같은 유성 기어에는 A는 고정되어 있고 B가 시계방향으로 10회전할 때, 암 H의 회전수는 어떻게 되는지 구하시오.

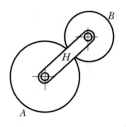

해설

구분	A	B	H(암)
(1) 전체 고정	$+1$	$+1$	$+1$
(2) 암 고정	-1	$+\dfrac{3}{2}$	0(암 고정)
(3) 합계(정미회전수)	0	$+\dfrac{5}{2}$	$+1$

(1) 전체 고정한 다음 $+1$(우) 회전하면 모두 $+1$(우) 회전하게 된다.

(2) 암고정($H=0$)하고 속비 $i=\dfrac{N_B}{N_A}=\dfrac{z_A}{z_B}$에서 A를 -1(좌) 회전하면 B는 $N_B=N_A \cdot \dfrac{z_A}{z_B}$에서 $+\left(1 \times \dfrac{30}{20}\right)$, 즉 $+\dfrac{3}{2}$(우회전)하게 된다.

(3) 정미회전수에서는 A를 고정하고 B를 회전시켰으므로 A의 정미회전수를 0으로 만들어야 한다. ((2)에서 기어 A를 -1회전시킨 이유)

정미회전수 $B:H \rightarrow \dfrac{5}{2}:1=10:x$ $\therefore x=4$

$\therefore$ 암 H는 $+4$(우) 회전하게 된다.

≫ 문제 **10**

너트 풀림방지법 7가지를 적으시오.

해설

1) 와셔에 의한 방법   2) 로크너트에 의한 방법
3) 분할 핀에 의한 방법   4) 자동 죔 너트에 의한 방법
5) 플라스틱 플러그에 의한 방법   6) 멈춤나사에 의한 방법
7) 스프링 너트에 의한 방법

06 일반기계기사

베어링 번호 6312의 단열 레이디얼 볼베어링의 그리스(Grease) 윤활로 30,000시간의 수명을 주려고 한다. 다음을 구하시오. (단, dN의 값은 $180,000$, C의 값은 $81,550$N이다.) [4점]

(1) 최대 사용회전수 $N[\text{rpm}]$은?

(2) 이때 베어링 하중은 몇 kN인가? (단, 하중계수 $f_w = 1.0$이다.)

해설

(1) 베어링 내경은 63<u>12</u>에서

$$d = 12 \times 5 = 60\text{mm}$$

$$N_{\max} = \frac{dN}{d} = \frac{180,000}{60} = 3,000\text{rpm}$$

(2) $L_h = \left(\dfrac{C}{P}\right)^r \times \dfrac{10^6}{60N}$, 볼베어링 $r = 3$

$$\left(\frac{C}{P}\right)^r = \frac{L_h \cdot 60 \cdot N}{10^6},$$

$$\frac{C}{P} = \left(\frac{L_h \cdot 60 \cdot N}{10^6}\right)^{\frac{1}{r}}$$

$$\therefore \; P = \frac{C}{\sqrt[r]{\dfrac{L_h \cdot 60 \cdot N}{10^6}}}$$

$$= \frac{81,550}{\sqrt[3]{\dfrac{30,000 \times 60 \times 3,000}{10^6}}}$$

$$= 4,648.28\text{N} = 4.65\text{kN}$$

≫ 문제 02

나사 풀림방지법 5가지를 적으시오. [3점]

해설

1) 와셔에 의한 방법
2) 로크너트에 의한 방법
3) 분할 핀에 의한 방법
4) 자동 죔 너트에 의한 방법
5) 플라스틱 플러그에 의한 방법
6) 멈춤나사에 의한 방법
7) 스프링 너트에 의한 방법

≫ 문제 03

그림과 같은 브레이크에서 $98.1\text{N} \cdot \text{m}$의 토크를 지지하고 있다. 레버 끝에 가하는 힘 F는 몇 N인지 구하시오. (단, 마찰계수 $\mu = 0.2$로 한다.) [3점]

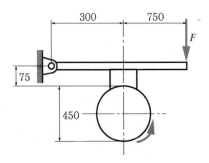

해설

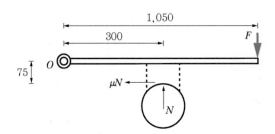

$d = 0.45 \text{m}$

$T = F_f \times \dfrac{d}{2} = \mu N \times \dfrac{d}{2}$

$\therefore N = \dfrac{2T}{\mu \cdot d} = \dfrac{2 \times 98.1}{0.2 \times 0.45} = 2{,}180 \text{N}$

$\Sigma M_O = 0 :$ ⟳ +

$F \times 1{,}050 - N \times 300 + \mu N \times 75 = 0$ 에서

$\therefore F = \dfrac{N(300 - \mu \times 75)}{1{,}050}$

$\qquad = \dfrac{2{,}180(300 - 0.2 \times 75)}{1{,}050} = 591.71 \text{N}$

》 문제 04

길이 2m의 연강제 중실 둥근축이 3.68kW, 200rpm 으로 회전하고 있다. 비틀림각이 전 길이에 대하여 0.25° 이내로 하기 위해서는 지름을 얼마로 하면 되는지 구하시오. (단, 가로탄성계수 $G = 81.42 \times 10^3 \text{N}/\text{mm}^2$ 이다.) [3점]

해설

$T = \dfrac{H}{\omega} = \dfrac{3.68 \times 10^3}{\dfrac{2\pi \times 200}{60}} = 175.71 \text{N} \cdot \text{m} = 175.71 \times 10^3 \text{N} \cdot \text{mm}$

$\theta = 0.25° \times \dfrac{\pi}{180°} = 0.004363 \text{rad}, \quad l = 2{,}000 \text{mm}$

$\theta = \dfrac{T \cdot l}{G \cdot I_P} = \dfrac{T \cdot l}{G \times \dfrac{\pi d^4}{32}}$

$\therefore d = \sqrt[4]{\dfrac{32 \cdot T \cdot l}{G \cdot \theta \cdot \pi}} = \sqrt[4]{\dfrac{32 \times 175.71 \times 10^3 \times 2{,}000}{81.42 \times 10^3 \times 0.004363 \times \pi}} = 56.34 \text{mm}$

>> 문제 05

7.5kW, 480rpm으로 회전하는 스퍼기어의 모듈이 5, 압력각이 20°이다. 축간거리 250mm, 소기어의 회전수는 1,440rpm, 치폭이 50mm일 때, 다음을 구하시오. (단, π를 포함한 치형계수는 0.369이다.) [6점]

(1) 피니언과 기어의 잇수 Z_1과 Z_2?
(2) 전달하중 F는 몇 N?
(3) 굽힘응력 σ_b는 몇 N/mm²?

해설

소기어 = 피니언(원동)

(1) 속비 $i = \dfrac{N_2}{N_1} = \dfrac{480}{1,440} = \dfrac{1}{3}$

$i = \dfrac{N_2}{N_1} = \dfrac{Z_1}{Z_2}$ 에서 $Z_2 = \dfrac{Z_1}{i}$

$C = \dfrac{D_1 + D_2}{2} = \dfrac{m(Z_1 + Z_2)}{2} = \dfrac{m}{2}\left(Z_1 + \dfrac{Z_1}{i}\right) = \dfrac{mZ_1}{2}\left(1 + \dfrac{1}{i}\right)$

$\therefore Z_1 = \dfrac{2C}{m\left(1 + \dfrac{1}{i}\right)} = \dfrac{2 \times 250}{5 \times \left(1 + \dfrac{1}{\frac{1}{3}}\right)} = \dfrac{2 \times 250}{20} = 25$개

$Z_2 = \dfrac{Z_1}{i} = \dfrac{25}{\frac{1}{3}} = 75$개

(2) $V = \dfrac{\pi d_1 N_1}{60,000} = \dfrac{\pi m Z_1 N_1}{60,000} = \dfrac{\pi \times 5 \times 25 \times 1,440}{60,000} = 9.42\text{m/s}$

$H = F \cdot V$ 에서 $F = \dfrac{H}{V} = \dfrac{7.5 \times 10^3}{9.42} = 796.18\text{N}$

(3) $f_v = \dfrac{3.05}{3.05 + v} = \dfrac{3.05}{3.05 + 9.42} = 0.24$

$P = \pi m$, $Y = \pi y$

$F = \sigma_b \cdot b \cdot p \cdot y = f_v \cdot f_w \cdot \sigma_b \cdot b \cdot \pi m \cdot y$ (f_w : 무시)

$\therefore \sigma_b = \dfrac{F}{f_v \cdot bm\,Y} = \dfrac{796.18}{0.24 \times 50 \times 5 \times 0.369} = 35.96\text{N/mm}^2$

≫ 문제 **06**

외접원통 마찰차의 축간 거리 300mm, $N_1 = 200$rpm, $N_2 = 100$rpm인 마찰차의 지름 $D_1(\text{mm})$, $D_2(\text{mm})$는 각각 얼마인지 구하시오. [3점]

해설

속비 $i = \dfrac{N_2}{N_1} = \dfrac{100}{200} = \dfrac{1}{2}$

$i = \dfrac{N_2}{N_1} = \dfrac{D_1}{D_2}$에서 $D_1 = iD_2$

$C = \dfrac{D_1 + D_2}{2} = \dfrac{iD_2 + D_2}{2} = \dfrac{D_2}{2}(i+1)$에서

$D_2 = \dfrac{2C}{i+1} = \dfrac{2 \times 300}{\dfrac{1}{2}+1} = 400\text{mm}$

$D_1 = iD_2 = \dfrac{1}{2} \times 400 = 200\text{mm}$

≫ 문제 **07**

스플라인 안지름 82mm, 바깥지름 88mm, 잇수 6개, 200rpm으로 회전할 때 다음을 구하시오. (단, 이 측면의 허용접촉면압력은 19.62N/mm², 보스길이 150mm, 접촉효율은 0.75이다.) [4점]

(1) 전달토크 $T[\text{N} \cdot \text{m}]$
(2) 전달동력 $H[\text{kW}]$

해설

(1) $D_m = \dfrac{D_1 + D_2}{2} = \dfrac{82+88}{2} = 85\text{mm}$,

$h = \dfrac{D_2 - D_1}{2} = \dfrac{88-82}{2} = 3\text{mm}$

$T = q \cdot A_q \times Z \times \dfrac{D_m}{2}$

$\quad = \eta \cdot q \times h \times l \times Z \times \dfrac{D_m}{2}$ (접촉효율 고려, 모따기 C 없음)

$\quad = 0.75 \times 19.62 \times 3 \times 150 \times 6 \times \dfrac{85}{2} = 1,688,546.25\text{N} \cdot \text{mm} = 1,688.55\text{N} \cdot \text{m}$

(2) $H = T \cdot \omega = 1,688.55 \times \dfrac{2\pi \times 200}{60} = 35,364.91\,W = 35.36\text{kW}$

≫ 문제 08

접촉면의 평균지름 300mm, 원추각 30°의 주철제 원추 클러치가 있다. 이 클러치의 축방향으로 누르는 힘이 588.6N일 때 회전토크는 몇 N·m인지 구하시오. (단, 마찰계수는 0.3이다.) [3점]

해설

힘이 일정각(원추반각) $\alpha = \dfrac{30°}{2} = 15°$를 가지고 들어오므로

상당마찰계수 $\mu' = \dfrac{\mu}{\sin\alpha + \mu\cos\alpha} = \dfrac{0.3}{\sin15 + 0.3\cos15} = 0.54685$

$D_m = 0.3\text{m}$

$$T = F_f \times \frac{D_m}{2} = \mu N \times \frac{D_m}{2} = \mu' \cdot P_t \cdot \frac{D_m}{2}$$

$$= 0.54685 \times 588.6 \times \frac{0.3}{2} = 48.28\text{N·m}$$

≫ 문제 09

리벳의 구멍지름 25mm, 피치 68mm, 판 두께 19mm인 양쪽 덮개판 1줄 리벳 맞대기이음의 효율을 계산하시오. (단, 리벳의 전단강도는 판의 인장강도의 85%이다. 리벳 1개에 대한 전단면이 2개인 복전단으로 1.8배로 계산하시오.) [6점]

(1) 판의 효율 $\eta_p[\%]$

(2) 리벳 효율 $\eta_r[\%]$

(3) 리벳 이음의 효율 $[\%]$

해설

(1) $\eta_p = \eta_t = 1 - \dfrac{d'}{p} = 1 - \dfrac{25}{68} = 0.6324 = 63.24\%$

(2) $n = 1, \quad \tau = 0.85\sigma_t$

$$\eta_R = \frac{\tau \cdot \dfrac{\pi}{4}d^2 \times 1.8n}{\sigma_t \cdot p \cdot t} = \frac{0.85\sigma_t \times \dfrac{\pi}{4}d^2 \times 1.8 \times n}{\sigma_t \cdot p \cdot t}$$

$$= \frac{0.85 \times \dfrac{\pi}{4}d^2 \times 1.8 \times n}{p \cdot t}$$

$$= \frac{0.85 \times \frac{\pi}{4} \times 25^2 \times 1.8 \times 1}{68 \times 19} = 0.5813 = 58.13\%$$

(3) 리벳 이음의 효율은 둘 중 낮은 효율로서 리벳 이음의 강도를 결정하므로 58.13%이다.

≫ 문제 **10**

스팬의 길이 2,500mm, 강판의 폭 60mm, 두께 15mm, 강판의 수 6개, 허리 조임의 폭 120mm인 겹판 스프링에서 스프링의 허용굽힘응력을 $350\mathrm{N/mm^2}$, 세로탄성계수를 $206 \times 10^3 \mathrm{N/mm^2}$라 할 때 다음을 구하시오. [4점]

(단, $l_e = l - 0.6e$로 계산하고 여기서 l은 스팬의 길이 e는 허리 조임의 폭이다.)

(1) 스프링이 받칠 수 있는 최대하중은 몇 kN인가?
(2) 처짐은 몇 mm인가?

[해설]

(1) $l_e = 2,500 - 0.6 \times 120 = 2,428\mathrm{mm}$

$$\sigma_{\max} = \frac{M_{\max}}{Z} = \frac{\frac{P}{2} \cdot \frac{l_e}{2}}{n \cdot \frac{bh^2}{6}} = \frac{3}{2} \frac{P \cdot l_e}{nbh^2} \text{에서}$$

$$\therefore P = \frac{2 \cdot \sigma_{\max} \cdot n \cdot b \cdot h^2}{3 \cdot l_e}$$

$$= \frac{2 \times 350 \times 6 \times 60 \times 15^2}{3 \times 2,428} = 7,784.18\mathrm{N} = 7.78\mathrm{kN}$$

(2) $\delta = \frac{3 \cdot P \cdot l_e^{\,3}}{8Enb \cdot h^3} = \frac{3 \times 7.78 \times 10^3 \times 2,428^3}{8 \times 206 \times 10^3 \times 6 \times 60 \times 15^3} = 166.85\mathrm{mm}$

>> 문제 **11**

지름이 40mm인 축의 회전수 800rpm, 동력 20kW를 전달시키고자 할 때, 이 축에 작용하는 묻힘키의 길이를 결정하시오. (단, 키의 $b \times h = 12 \times 8$이고, 묻힘깊이 $t = \dfrac{h}{2}$이며 키의 허용전단응력은 $29.43\mathrm{N/mm^2}$, 허용 압축응력은 $78.48\mathrm{N/mm^2}$이다.) [5점]

(1) 키의 허용전단응력을 이용하여 키의 길이를 mm로 구하시오.
(2) 키의 허용압축응력을 이용하여 키의 길이를 mm로 구하시오.
(3) 묻힘 키의 최대 길이를 결정하시오.

[길이 l의 표준값]

6	8	10	12	14	16	18	20	22	25	28	32	36
40	45	50	56	63	70	80	90	100	110	125	140	160

해설

(1) $T = \dfrac{H}{\omega} = \dfrac{20 \times 10^3}{\dfrac{2\pi \times 800}{60}}$

$= 238.73\mathrm{N \cdot m} = 238.73 \times 10^3 \mathrm{N \cdot mm}$

$T = \tau_k \cdot A_\tau \cdot \dfrac{d}{2} = \tau_k \cdot b \cdot l \cdot \dfrac{d}{2}$ 에서

$\therefore\ l = \dfrac{2T}{\tau_k \cdot b \cdot d} = \dfrac{2 \times 238.73 \times 10^3}{29.43 \times 12 \times 40} = 33.8\mathrm{mm}$

(2) $T = \sigma_c \cdot A_c \cdot \dfrac{d}{2} = \sigma_c \cdot \dfrac{h}{2} \times l \times \dfrac{d}{2}$

$\therefore\ l = \dfrac{4T}{\sigma_c \cdot h \cdot d} = \dfrac{4 \times 238.73 \times 10^3}{78.48 \times 8 \times 40} = 38.02\mathrm{mm}$

(3) 두 길이 중 큰 키의 길이로 설계해야 안전하게 동력을 전달할 수 있으므로 $l = 38.02\mathrm{mm}$ 이다. 표에서 길이 l의 표준값을 결정하면 38.02mm 보다 큰 40mm로 선정해야 한다.

>> 문제 **12**

1,500rpm, 150mm의 평벨트 풀리가 300rpm의 축으로 8kW를 전달하고 있다. 마찰계수가 0.3이고 단위 길이당 질량이 0.35kg/m일 때 다음을 구하시오. (단, 축간거리는 1,800mm이다.) [6점]

(1) 종동풀리의 지름 D_2[mm]

(2) 긴장측 장력 T_t[N]

(3) 벨트의 길이 L[mm] (벨트는 바로 걸기이다.)

해설

(1) 속비 $i = \dfrac{N_2}{N_1} = \dfrac{D_1}{D_2}$ 에서

$$D_2 = D_1 \times \dfrac{N_1}{N_2} = 150 \times \dfrac{1,500}{300} = 750\text{mm}$$

(2) $V = \dfrac{\pi d_1 N_1}{60,000} = \dfrac{\pi \times 150 \times 1,500}{60,000} = 11.78\text{m/s}$

$V > 10\text{m/s}$ 이상이므로 원심력에 의한 부가장력 C를 고려해야 한다.

$$C = m \cdot \dfrac{V^2}{r} = \dfrac{m}{r} \cdot V^2 = 0.35 \times 11.78^2 = 48.57\text{N}$$

바로걸기에서 원동축 접촉각 $\theta = 180° - 2\phi$

$\left(C\sin\phi = \dfrac{D_2 - D_1}{2} \text{에서} \right)$

$\therefore \ \phi = \sin^{-1}\dfrac{D_2 - D_1}{2C} = \sin^{-1}\dfrac{750 - 150}{2 \times 1,800} = 9.5941°$

$\therefore \ \theta = 180° - 2 \times 9.5941° = 160.81°$

장력비 $e^{\mu\theta} = e^{0.3 \times 160.81° \times \frac{\pi}{180°}} = 2.321$

$H = T_e \cdot V$ 에서 $T_e = \dfrac{H}{V} = \dfrac{8 \times 10^3}{11.78} = 679.12\text{N}$

$T_e = (T_t - C)\dfrac{e^{\mu\theta} - 1}{e^{\mu\theta}}$ 에서

$\therefore \ T_t = \dfrac{e^{\mu\theta} \cdot T_e}{e^{\mu\theta} - 1} + C = \dfrac{2.321 \times 679.12}{2.321 - 1} + 48.57 = 1,241.79\text{N}$

(3) $L = 2C + \dfrac{\pi(D_2 + D_1)}{2} + \dfrac{(D_2 - D_1)^2}{4C}$

$= 2 \times 1,800 + \dfrac{\pi(750 + 150)}{2} + \dfrac{(750 - 150)^2}{4 \times 1,800} = 5,063.72\text{mm}$

>> 문제 01

다음과 같은 기계 설비를 설치하기 위한 요소 작업의 선행 작업표를 보고 다음을 작성하시오.

[작업요소 목록표]

작업명	선행작업	작업일수	작업명	선행작업	작업일수
A	없음	5	E	A, B, C	6
B	없음	4	F	C	7
C	없음	2	G	D, E, F	3
D	A	3			

각 단계의 결합점 표시

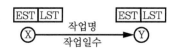

(단, 종료점에는 $\boxed{EFT}\boxed{LFT}$ 를 표시할 것)

(1) 네트워크 공정도를 작성하시오.

(단, 주 공정은 아주 굵은 실선으로 표시하고, 이벤트 번호는 규칙대로 가입하여 시작 시점은 ⓪으로 시작하여, 다음 단계로 연결되지 아니하는 모든 작업은 하나의 최종 종료점으로 연결하여야 하며, 각 단계 결합점에 표시하는 EST는 그 작업을 착수하는 데 필요한 가장 빠른 시간이고, LST는 그 작업을 착수할 수 있는 한계시간이며, EFT는 EST로 그 활동을 착수하는 경우 완료 예정시간이며, LFT는 그 활동을 완료해야 하는 한계시간이고, 명목상의 활동(Dummy Activity : 한쪽 방향의 화살표를 가진 점선(┈►)을 사용하여 활동 상호간의 교차를 피하여야 한다.)

(2) 작업 중심의 총 일정 계산표를 구하고 각 작업의 여유시간을 계산하시오.

(단, TF는 총 여유시간으로 전체 공정에 영향을 주지 않고 지연될 수 있는 최대여유시간이며, FF는 자유여유시간으로 후속작업에 영향을 주지 않는 여유시간이고, DF는 간섭여유시간으로 후속작업에 영향을 주는 여유시간이며, 해당 작업이 주공정이면 CP란에 ☆표로 표시하시오.)

해설

(1)

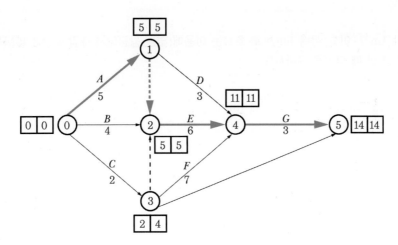

주공정선 : ⓪ → ① ┈ ② → ④ → ⑤

(2) 아래첨자 i는 작업 전 단계, j는 작업 후 단계, de(Duration Time) : 활동의 경과시간

계산법	작업시간				여유시간			주공정
	EST	LST	EFT	LFT	TF	FF	DF (IF)	CP
계산법	TEi	TLj − de	TEi + de	TLj	LFT−EFT	후속작업 EST (후속작업 TEi) − 현재작업EFT	TF−FF	
A	0	0	5	5	0	0	0	★
B	0	1	4	5	1	1	0	
C	0	2	2	4	2	0	2	
D	5	8	8	11	3	3	0	
E	5	5	11	11	0	0	0	★
F	2	4	9	11	2	2	0	
G	11	11	14	14	0	0	0	★

>> 문제 **02**

관내의 유량이 $1\mathrm{m}^3/\mathrm{s}$ 이고, 유속 $5\mathrm{m/s}$로 흐르는 이음매 없는 강관에서 내압 $p = 2.45\mathrm{MPa}$에 견디는 관을 제작하려고 할 때 다음을 구하시오.

(1) 관 내경 $D[\mathrm{mm}]$
(2) 허용인장응력을 고려한 관의 최소 두께 $[\mathrm{mm}]$
　　(단, 강관의 허용인장응력$(\sigma_a) = 58.86\mathrm{MPa}$, 부식여유$(C) = 1\mathrm{mm}$이다.)

해설

(1) $Q = A \cdot V = \dfrac{\pi}{4}d^2 \times V$에서

$$\therefore d = \sqrt{\dfrac{4Q}{\pi V}} = \sqrt{\dfrac{4 \times 1}{\pi \times 5}} = 0.50463\mathrm{m} = 504.63\mathrm{mm}$$

(2) $\sigma_a = \dfrac{pd}{2t}$에서

$$t = \dfrac{p \cdot d}{2\sigma_a} + c = \dfrac{2.45 \times 504.63}{2 \times 58.86} + 1 = 11.5\mathrm{mm}$$

최소두께 $t = 11.5\mathrm{mm}$

≫ 문제 **03**

약간의 진동이 작용하는 곳에 63계열의 단열 레이디얼 볼베어링을 사용하여 1,150rpm으로 회전하는 축을 지지하려고 한다. 레이디얼 하중 2.26kN, 스러스트 하중 0.98kN이 작용하는 베어링의 수명을 15,000시간으로 할 때 가장 적당한 베어링 번호를 다음 표에서 선택하시오. (단, 레이디얼 계수 $X = 0.56$, 스러스트 계수 $Y = 1.71$, 하중계수 $f_w = 1.6$으로 하고, 베어링 번호가 클 경우 제작 가격은 상승한다.)

볼베어링의 기본부하용량 C					
번호	$C[\text{N}]$	번호	$C[\text{N}]$	번호	$C[\text{N}]$
6300	6076	6308	31360	6316	94080
6301	7840	6309	41650	6317	100940
6302	8575	6310	47040	6318	108780
6303	10290	6311	54390	6319	117600
6304	12250	6312	62230	6320	135240
6305	15974	6313	71050	6321	140140
6306	21364	6314	79870	6322	152880
6307	25382	6315	87220	6324	157780

07

해설

이론에 의한 등가하중

$P_{th} = XF_r + YF_t$

$= 0.56 \times 2.26 \times 10^3 + 1.71 \times 0.98 \times 10^3 = 2{,}941.4\text{N}$

실제 베어링 하중

$P = f_w \cdot P_{th}$

$= 1.6 \times 2{,}941.4 = 4{,}706.24\text{N}$

볼베어링 $r = 3$

$L_h = \left(\dfrac{C}{P}\right)^r \times \dfrac{10^6}{60 \cdot \text{N}}$ 에서

기본부하용량 : $C = P \times \sqrt[r]{\dfrac{L_h \times 60 \times N}{10^6}}$

$= 4{,}706.24 \times \sqrt[3]{\dfrac{15{,}000 \times 60 \times 1{,}150}{10^6}}$

$= 47{,}605.18\text{N}$

주어진 표에서 C값이 47,605.18N보다 큰 54,390N인 베어링 6,311을 선정한다.

≫ 문제 **04**

지름이 10mm이고 허용전단강도가 40MPa인 리벳을 이용하여 50kN의 하중을 받는 두께가 12mm, 폭이 700mm인 강판을 1줄 겹치기 리벳 이음(단일 전단면)하려고 할 때 다음을 구하시오.

(1) 리벳의 허용전단강도를 고려하여 적용 가능한 최소 리벳의 수 n[개]
(2) 강판이 받는 인장응력 σ_t[MPa]

해설

(1) 강도설계(허용응력을 기초로 한 설계)에서

$$W = \tau_a \cdot \frac{\pi}{4} d^2 \cdot n$$

$$\therefore n = \frac{4 \cdot W}{\tau_a \cdot \pi \cdot d^2} = \frac{4 \times 50 \times 10^3}{40 \times \pi \times 10^2} = 15.92 \text{개}$$

최소 15.92개 이상 필요하므로 $n = 16$개

(2) $W = \sigma_t \cdot A_\sigma$(강판의 인장파괴면적)

$\quad = \sigma_t \cdot (b - nd)t$에서

$$\therefore \sigma_t = \frac{W}{(b - nd)t} = \frac{50 \times 10^3}{(700 - 16 \times 10) \times 12} = 7.72 \text{N/mm}^2$$

$$\quad = 7.72 \times 10^6 \text{N/m}^2 = 7.72 \text{MPa}$$

> **문제 05**

동력 1.5kW를 감속비 1/2로 감속하여 전달하는 원뿔 마찰차의 두 축이 서로 직교하여 동력을 전달한다. 원동차의 지름 $D_A = 300\text{mm}$이고, 회전수 $N_A = 500\text{rpm}$일 때 다음을 구하시오. (단, 단위 길이당 허용 접촉면 압력 $f = 14.72\text{N/mm}$, 마찰계수는 $\mu = 0.3$이다.)

(1) 허용 접촉면 압력을 고려하여 적용 가능한 마찰차의 최소 접촉 길이 $b[\text{mm}]$
(2) 두 원추마찰차의 꼭지각 $(\alpha°, \beta°)$
(3) 원동차 축 방향으로 밀어 붙이는 힘 $F_x[\text{N}]$와 종동차 축방향으로 밀어붙이는 힘 $F_y[\text{N}]$

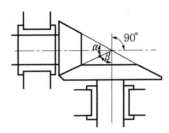

해설

(1) 속비 $i = \dfrac{N_B}{N_A} = \dfrac{D_A}{D_B}$ 에서

$$N_B = i \cdot N_A = \frac{1}{2} \times 500 = 250\text{rpm}$$

$$D_B = \frac{D_A}{i} = \frac{300}{\frac{1}{2}} = 600\text{mm}$$

$$V = \frac{\pi D_A N_A}{60,000} = \frac{\pi \times 300 \times 500}{60,000} = 7.85\text{m/s}$$

$H = F_f \cdot V = \mu N V$에서

$$N = \frac{H}{\mu \cdot V} = \frac{1.5 \times 10^3}{0.3 \times 7.85} = 636.94\text{N}$$

선압 $f = \dfrac{N}{b}$ 에서

$$\therefore b = \frac{N}{f} = \frac{636.94}{14.72} = 43.27\text{mm}$$

(2) θ : 축각, 원동차 원추반각 α, 종동차 원추반각 β,

$\theta = \alpha + \beta$

$$\tan\alpha = \frac{\sin\theta}{\cos\theta + \frac{1}{i}} \text{ 에서 } \alpha = \tan^{-1}\left(\frac{\sin 90°}{\cos 90° + \frac{1}{\frac{1}{2}}}\right) = 26.57°$$

$$\beta = \theta - \alpha = 90° - 26.57 = 63.43°$$

(3) $F_x = P_{t_1} = N\sin\alpha = 636.94 \times \sin 26.57° = 284.9\text{N}$

$\quad\ F_y = P_{t_2} = N\sin\beta = 636.94 \times \sin 63.43° = 569.67\text{N}$

≫ 문제 06

39ton의 하중을 지탱할 수 있는 나사 프레스에서 사각나사의 바깥지름이 100mm, 골지름은 80mm, 피치가 16mm이다. 이 나사에 적용할 강재 너트의 높이를 구하고자 할 때, 다음을 구하시오. (단, 너트 재료의 허용 접촉면 압력 $q = 19.62\text{MPa}$이다.)

(1) 필요한 최소 나사산 수 n[개] (나사산 수는 정수로 나타내시오.)
(2) 너트의 높이 $H[\text{mm}]$

해설

(1) $n \Rightarrow Z$, $Q = 39t = 39 \times 10^3 \text{kg}_f = 39 \times 10^3 \times 9.8\text{N}$

$\quad q = \dfrac{Q}{A_q} = \dfrac{Q}{\dfrac{\pi}{4}(d_2{}^2 - d_1{}^2) \cdot Z}$ 에서

$\quad Z = \dfrac{Q}{q \cdot \dfrac{\pi}{4}(d_2{}^2 - d_1{}^2)} = \dfrac{39 \times 10^3 \times 9.8}{19.62 \times \dfrac{\pi}{4}(100^2 - 80^2)} = 6.89$

$\quad$ 최소 나사산 수 $Z = 7$개

(2) $H = Z \cdot p = 7 \times 16 = 112\,\text{mm}$

그림과 같이 잇수가 6개, 보스의 길이가 170mm, 평균지름이 62mm, 이의 높이 (h)가 3mm이 너비(b)가 12mm인 스플라인(Spline) 축이 1,350rpm으로 95kW의 동력을 전달할 때 다음을 구하시오.

(1) 회전 토크 $T[\mathrm{N \cdot m}]$
(2) 스플라인 이의 측면에 발생하는 접촉면 압력 $[\mathrm{MPa}]$
　　(단, 잇면의 모떼기 $c = 0.5\mathrm{mm}$, 접촉효율 $\eta = 0.75$이다.)

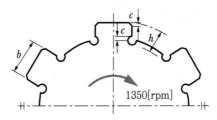

1350[rpm]

해설

(1) $H = T \cdot \omega$에서 $T = \dfrac{H}{\omega} = \dfrac{H}{\dfrac{2\pi N}{60}} = \dfrac{95 \times 10^3}{\dfrac{2\pi \times 1,350}{60}} = 671.99\mathrm{N \cdot m}$

(2) $T = q \times A_q \times Z \times \dfrac{D_m}{2} = \eta \cdot q(h - 2c) \times l \times Z \times \dfrac{D_m}{2}$에서

$q = \dfrac{2T}{\eta(h - 2c) \times l \times Z \times D_m}$

$= \dfrac{2 \times 671.99 \times 10^3}{0.75 \times (3 - 2 \times 0.5) \times 170 \times 6 \times 62}$

$= 14.17\mathrm{N/mm^2} = 14.17 \times 10^6 \mathrm{N/m^2}$

$= 14.17\mathrm{MPa}$

≫ 문제 **08**

코일 스프링의 평균지름은 소선(와이어) 지름의 7배로 하고, 스프링 재료의 최대전단응력이 372.78MPa이며, 최대 245.25N의 하중이 작용할 때 100mm 늘어나는 코일 스프링을 만들려고 한다. 이때 다음을 구하시오.

(단, 스프링의 가로탄성계수 $G = 80.44\text{GPa}$이고, Wahl의 응력수정계수(K_W)는 $K_W = \dfrac{4C-1}{4C-4} + \dfrac{0.615}{C}$

(여기서, C는 스프링 지수)이다.)

(1) 최대전단응력을 고려하여 적용 가능한 와이어(소선)의 최소 지름 $d[\text{mm}]$
(2) 코일의 감김수 $n[\text{권}]$

해설

(1) $C = \dfrac{D}{d} = 7, \ D = 7d$

$K_W = \dfrac{4C-1}{4C-4} + \dfrac{0.615}{C} = \dfrac{4 \times 7 - 1}{4 \times 7 - 4} + \dfrac{0.615}{7} = 1.21$

$T = \tau \cdot Z_P = \tau \cdot \dfrac{\pi}{16} d^3 = W \cdot \dfrac{D}{2}$ 에서

$\tau = \dfrac{K_W \cdot 8WD}{\pi d^3} = \dfrac{K_W \cdot 8 \cdot W \cdot 7d}{\pi d^3} = \dfrac{56 \cdot K_W \cdot W}{\pi \cdot d^2}$ 에서

$\therefore$ 최소 지름 $d = \sqrt{\dfrac{56 \cdot K_W \cdot W}{\pi \cdot \tau_a}} = \sqrt{\dfrac{56 \times 1.21 \times 245.25}{\pi \times 372.78}} = 3.77\text{mm}$

(2) $\delta = \dfrac{8WD^3 \cdot n}{Gd^4}$ 에서

$n = \dfrac{G \cdot d^4 \cdot \delta}{8W(7d)^3} = \dfrac{G \cdot d \cdot \delta}{8 \times 7^3 \times W} = \dfrac{80.44 \times 10^3 \times 3.77 \times 100}{8 \times 7^3 \times 245.25} = 45.06 \fallingdotseq 46\text{권}$

≫ 문제 09

이직각 모듈은 4, 비틀림각 30°, 압력각 20°, 이직각 방식 헬리컬 기어에 피니언의 잇수가 21, 기어의 잇수가 80일 때, 피니언이 330rpm으로 회전하며 5kW의 동력을 전달할 때 다음을 구하시오.

(1) 중심거리 $C[\mathrm{mm}]$
(2) 피니언의 피치원 지름 $D_1[\mathrm{mm}]$
(3) 축방향의 트러스트 하중 $F_t[\mathrm{N}]$

해설

(1) $m_s \cos\beta = m_n$, $C = \dfrac{D_{S_1} + D_{S_2}}{2} = \dfrac{m_s(Z_1 + Z_2)}{2}$

$\qquad = \dfrac{m_n}{\cos\beta} \cdot \dfrac{(Z_1 + Z_2)}{2}$

$\qquad = \dfrac{4}{\cos 30°} \cdot \dfrac{(21 + 80)}{2} = 233.25\mathrm{mm}$

(2) $D_{s_1} = m_s \cdot Z_1$

$\qquad = \dfrac{m_n}{\cos\beta} \cdot Z_1 = \dfrac{4}{\cos 30°} \times 21 = 96.99\mathrm{mm}$

(3) $V = \dfrac{\pi \cdot D_{s_1} \cdot N_1}{60,000} = \dfrac{\pi \times 96.99 \times 330}{60,000} = 1.68\mathrm{m/s}$

$\quad H = F \cdot V$에서 회전력 $F = \dfrac{H}{V} = \dfrac{5 \times 10^3}{1.68} = 2,976.19\mathrm{N}$

$\quad F_t = F \cdot \tan\beta = 2,976.19 \times \tan 30° = 1,718.3\mathrm{N}$

07

≫ 문제 10

평벨트 전동장치의 평균 지름 $d = 200\mathrm{mm}$, 회전 속도 $N = 1,500\mathrm{rpm}$으로 5.89kW의 동력을 전달하는 장치가 있다. 이 벨트 장치의 장력비($e^{\mu\theta}$)가 2.41이라고 할 때 다음을 구하시오.

(1) 긴장측 장력 $T_t[\mathrm{N}]$ (단, 벨트의 단위길이당 질량 $m' = 0.2\mathrm{kg/m}$이다.)
(2) 풀리의 림부에 발생하는 응력 $\sigma[\mathrm{MPa}]$ (단, 풀리의 비중량(γ) $= 7.87 \times 10^4 \mathrm{N/m^3}$이다.)

해설

(1) $V = \dfrac{\pi D N}{60,000} = \dfrac{\pi \times 200 \times 1,500}{60,000} = 15.7 \text{m/s}$ (10m/s 이상이므로 원심력에 의한 부가장력 C를 고려)

$C = m \cdot \dfrac{V^2}{r} = \dfrac{m}{r} \cdot V^2 = m'V^2 = 0.2 \times 15.7^2 = 49.3 \text{N}$

$H = (T_t - C) \cdot \dfrac{e^{\mu\theta} - 1}{e^{\mu\theta}} \cdot V$ 에서

$T_t = \dfrac{e^{\mu\theta}}{e^{\mu\theta} - 1} \cdot \dfrac{H}{V} + C = \dfrac{2.41}{2.41 - 1} \times \dfrac{5.89 \times 10^3}{15.7} + 49.3 = 690.53 \text{N}$

(2) $\sigma_t = \dfrac{\gamma \cdot V^2}{g} = \dfrac{7.87 \times 10^4 \times 15.7^2}{9.8} = 1.98 \times 10^6 \text{N/m}^2 = 1.98 \text{MPa}$

≫ 문제 11

구동기어의 잇수가 19, 피동기어의 잇수가 61이며, 압력각이 $14.5°$, 모듈 4인 표준 평 기어에서 언더컷을 일으키지 않도록 이론적 전위계수와 전위량을 구하시오.

(1) 이론적인 전위계수 : ① 구동기어 전위계수(x_1), ② 피동기어 전위계수(x_2)

(2) 전위량 : ① 구동기어 전위량, ② 피동기어 전위량

해설

(1) 한계잇수 $Z_g = \dfrac{2}{\sin^2\alpha} = \dfrac{2}{\sin^2 14.5°} = 31.9 ≒ 32$

전위계수 $x = 1 - \dfrac{Z}{Z_g}$ 에서

① 구동기어 전위계수 $x_1 = 1 - \dfrac{Z_1}{32} = 1 - \dfrac{19}{32} = 0.41$

② 피동기어 전위계수 $x_2 = 1 - \dfrac{Z_2}{32} = 1 - \dfrac{61}{32} = -0.91$

$\therefore x_2 = 0$ (언더컷이 발생하지 않음)

(2) 전위량 $= x \cdot m$ 에서

1) 구동기어 전위량 $x_1 m = 0.41 \times 4 = 1.64$

2) 피동기어 전위량 $x_2 \cdot m = 0$

≫ 문제 **01**

다음 그림과 같은 내부확장식 브레이크에서 600rpm, 10kW의 동력을 제동하려고 한다.

(단, 마찰계수는 0.35이다.) [6점]

(1) 브레이크 제동력 Q는 몇 N인가?
(2) 실린더를 미는 조작력 F는 몇 N인가?
(3) 제동에 필요한 실린더 작용압력은 몇 MPa인가?

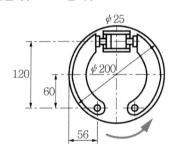

해설

(1) $H = T \cdot \omega$에서

$$T = \frac{H}{\omega} = \frac{10 \times 10^3}{\frac{2\pi \times 600}{60}} = 159.15 \text{N} \cdot \text{m}$$

$Q = F_f, \quad T = 159.15 \times 10^3 \text{N} \cdot \text{mm}$

$T = F_f \times \dfrac{D}{2}$에서

$$F_f = \frac{2T}{D} = \frac{2 \times 159.15 \times 10^3}{200} = 1,591.5 \text{N}$$

(2)

〈자유물체도〉

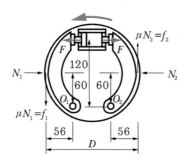

제동력 $F_f = f_1 + f_2 = \mu N_1 + \mu N_2 = \mu(N_1 + N_2)$

$N_1 + N_2 = \dfrac{F_f}{\mu} = \dfrac{1{,}591.5}{0.35} = 4{,}547.14\text{N}$ .... ㉠

자유물체도에서 $\Sigma M_{0_1} = 0$:

$-F \times 120 + N_1 \times 60 - \mu N_1 \times 56 = 0$

$\therefore \ N_1 = \dfrac{F \times 120}{(60 - \mu \times 56)} = \dfrac{F \times 120}{(60 - 0.35 \times 56)} = 2.97F$

$\Sigma M_{0_2} = 0$:

$F \times 120 - N_2 \times 60 - \mu N_2 \times 56 = 0$

$\therefore \ N_2 = \dfrac{F \times 120}{(60 + \mu \times 56)} = \dfrac{F \times 120}{(60 + 0.35 \times 56)} = 1.51F$

㉠에 N_1, N_2 대입하면 $4.48F = 4{,}547.14$

$\therefore \ F = 1{,}014.99\text{N}$

(3) $d = 0.025\text{m}$

$q = \dfrac{F}{A} = \dfrac{1{,}014.99\text{N}}{\dfrac{\pi}{4} \times (0.025)^2}$

$\quad = 2{,}067{,}679.91\text{N/m}^2(\text{Pa}) = 2.07\text{MPa}$

≫ 문제 **02**

지름이 80mm인 축의 회전수가 초당 4회전하며, 동력 66.22kW를 전달시키고자 할 때 다음을 구하시오. (단, 키의 길이는 56mm, 키의 허용전단응력은 49.05MPa, 키의 허용압축응력은 147.15MPa이다.) [4점]

(1) 키의 폭을 구하여라. [mm]
(2) 키의 높이를 구하여라. [mm]

해설

(1) $N = 4\text{rev/s} = \dfrac{4\text{rev}}{1\text{s} \times \dfrac{1\text{min}}{60\text{s}}} = 240\text{rev/min} = 240\text{rpm}$

$T = \dfrac{H}{\omega} = \dfrac{66.22 \times 10^3}{\dfrac{2\pi \times 240}{60}} = 2{,}634.81\text{N} \cdot \text{m} = 2{,}634.81 \times 10^3 \text{N} \cdot \text{mm}$

$\tau_k = 49.05 \times 10^6 \text{N/m}^2 = 49.05\text{N/mm}^2$

$T = \tau_k \cdot A_\tau \times \dfrac{d}{2} = \tau_k \cdot b \cdot l \times \dfrac{d}{2}$ 에서

$b = \dfrac{2T}{\tau_k \cdot l \cdot d} = \dfrac{2 \times 2{,}634.81 \times 10^3}{49.05 \times 56 \times 80} = 23.98\text{mm}$

(2) $\sigma_c = 147.15 \times 10^6 \text{N/m}^2 = 147.15\text{N/mm}^2$

$T = \sigma_c \cdot A_\sigma \cdot \dfrac{d}{2} = \sigma_c \times \dfrac{h}{2} \times l \times \dfrac{d}{2}$ 에서

$h = \dfrac{4T}{\sigma_c \cdot l \cdot d} = \dfrac{4 \times 2{,}634.81 \times 10^3}{147.15 \times 56 \times 80} = 15.99\text{mm}$

08

≫ 문제 **03**

유효경 51mm, 피치 8mm, 나사산의 각 $30°$인 미터사다리꼴(TM) 나사잭의 줄 수 1, 축하중 $6,000\text{N}$이 작용한다. 너트부 마찰계수는 0.15이고, 자립면 마찰계수는 0.01, 자립면 평균지름은 64mm일 때 다음을 구하여라. [6점]

(1) 회전토크는 T는 몇 N·m인가?
(2) 나사잭의 효율은 몇 %인가?
(3) 축하중을 들어올리는 속도가 0.6m/min일 때 전달동력은 몇 kW인가?

해설

(1) TM : 사다리꼴 나사, 나사산의 각도 $\beta = 30°$

상당마찰계수 $\mu' = \dfrac{\mu}{\cos\dfrac{\beta}{2}} = \dfrac{0.15}{\cos\dfrac{30}{2}} = 0.1553$

$\tan\rho' = \mu'$

$\therefore \ \rho' = \tan^{-1}\mu' = \tan^{-1}(0.1553) = 8.8275°$

$\tan\alpha = \dfrac{n \cdot p}{\pi d_e}$ 에서 $\alpha = \tan^{-1}\left(\dfrac{1 \times 8}{\pi \times 51}\right) = 2.8585°$

$T = Q\tan(\rho' + \alpha) \cdot \dfrac{d_e}{2} + \mu_m Q \dfrac{D_m}{2}$

$\quad = 6,000\tan(8.8275 + 2.8585) \cdot \dfrac{51}{2} + 0.01 \times 6,000 \times \dfrac{64}{2}$

$\quad = 33,565.79\text{N·mm}$

$\quad = 33.57\text{N·m}$

(2) $\eta = \dfrac{Q \cdot p}{2\pi T} = \dfrac{6,000 \times 8}{2\pi \times 33.57 \times 10^3}$

$\quad = 0.2276 = 22.76\%$

(3) $V = 0.6\text{m/min} = 0.6 \times \dfrac{1}{60}\text{m/s} = 0.01\text{m/s}$

실제전달동력 $H = Q \cdot \dfrac{V}{\eta} = \dfrac{6,000 \times 0.01}{0.2276} = 263.62\text{W} = 0.26\text{kW}$

≫ 문제 **04**

코일스프링에 작용하는 압축하중 $P = 2.94\text{kN}$, 수축량 15mm, 코일의 평균직경 $D = 70\text{mm}$이며, 스프링 지수 5, 전단탄성계수 $G = 78.48\text{GPa}$이다. 다음을 구하시오. [5점]

(1) 유효 감김수 n을 정수로 구하시오.
(2) 비틀림에 의한 최대전단응력은 몇 MPa인가?

해설

(1) 스프링 지수 $C = \dfrac{D}{d}$에서 소선의 지름 $d = \dfrac{D}{C} = \dfrac{70}{5} = 14\text{mm}$

$G = 78.48 \times 10^9 \text{N/m}^2 = 78.48 \times 10^3 \text{N/mm}^2$

$\delta = \dfrac{8PD^3 \cdot n}{Gd^4}$에서

$n = \dfrac{G \cdot d^4 \cdot \delta}{8PD^3} = \dfrac{78.48 \times 10^3 \times 14^4 \times 15}{8 \times 2.94 \times 10^3 \times 70^3} = 5.61 \fallingdotseq 6회$

(2) $K = \dfrac{4C-1}{4C-4} + \dfrac{0.615}{C} = \dfrac{4 \times 5 - 1}{4 \times 5 - 4} + \dfrac{0.615}{5} = 1.3105$

$T = P \times \dfrac{D}{2} = \tau \cdot Z_P = \tau \cdot \dfrac{\pi d^3}{16}$에서

$$\tau_{\max} = K \cdot \dfrac{16P}{\pi d^3} \times \dfrac{D}{2} = \dfrac{K \cdot 8 \cdot P \cdot D}{\pi d^3}$$

$$= \dfrac{1.3105 \times 8 \times 2.94 \times 10^3 \times 70}{\pi \times 14^3}$$

$$= 250.29 \text{N/mm}^2$$

$$= 250.29 \times 10^6 \text{N/m}^2$$

$$= 250.29 \text{MPa}$$

08

≫ 문제 **05**

복열 자동조심 볼베어링을 사용하여 200rpm으로 레이디얼 하중 4.91kN, 스러스트 하중 2.96kN을 동시에 받게 하고 기본동정격하중 $C = 47.58kN$, $C_0 = 35.32kN$이다. [5점]

[볼베어링과 롤러베어링의 V, X 및 Y값]

베어링 형식		내륜회전하중 V	외륜회전하중 V	단 열 $F_a/VF_r > e$		복 열 $F_a/VF_r \leq e$		복 열 $F_a/VF_r > e$		e
				X	Y	X	Y	X	Y	
깊은홈 볼베어링	$F_a/C_0 = 0.014$	1	1.2	0.56	2.30	1	0	0.56	2.30	0.19
	$= 0.028$				1.99				1.99	0.22
	$= 0.056$				1.71				1.71	0.26
	$= 0.084$				1.55				1.55	0.28
	$= 0.11$				1.45				1.45	0.30
	$= 0.17$				1.31				1.31	0.34
	$= 0.28$				1.15				1.15	0.38
	$= 0.42$				1.04				1.04	0.42
	$= 0.56$				1.00				1.00	0.44
앵귤러 볼베어링	$\alpha = 20°$	1	1.2	0.43	1.00	1	1.09	0.70	1.63	0.57
	$= 25°$			0.41	0.87		0.92	0.67	1.41	0.68
	$= 30°$			0.39	0.76		0.78	0.63	1.24	0.80
	$= 35°$			0.37	0.56		0.66	0.60	1.07	0.95
	$= 40°$			0.35	0.57		0.55	0.57	0.93	1.14
자동조심볼베어링		1	1	0.4	0.4× cotα	1	0.42× cotα	0.65	0.65× cotα	1.5× tanα
매그니토볼베어링		1	1							0.2

e : 하중변화에 따른 계수, α : 볼의 접촉각

(1) 레이디얼 계수 X, 스러스트 계수 Y를 구하시오. (단, $\alpha = 10.57°$이다.)

(2) 등가 레이디얼 하중 P_r을 구하시오. [kN]

(3) 베어링 수명시간 L_h을 구하시오. (hr) (하중계수는 1.2이다.)

해설

(1) 표의 자동조심 볼 베어링의 값에서

$V = 1$, $F_a = F_t$(트러스트 하중)

e값은 $e = 1.5 × \tan\alpha = 1.5 × \tan(10.57°) = 0.28$

$$\frac{F_a}{VF_r} = \frac{F_t}{VF_r} = \frac{2.96 × 10^3}{1 × 4.91 × 10^3} = 0.603$$

복열표에서 $\dfrac{F_a}{VF_r} > e$ 이므로

$X = 0.65$, $Y = 0.65 \times \cot\alpha$

$\qquad = 0.65 \times \dfrac{1}{\tan(10.57°)} = 3.48$

(2) 등가 레이디얼 하중

$P_r = XVF_r + YF_t$

$\qquad = 0.65 \times 1 \times 4.91 \times 10^3 + 3.48 \times 2.96 \times 10^3$

$\qquad = 13,492.3\text{N}$

$\qquad = 13.49\text{kN}$

(3) 볼베어링 $r = 3$

$L_h = \left(\dfrac{C}{f_w \cdot P_r}\right)^r \times \dfrac{10^6}{60 \cdot N}$

$\qquad = \left(\dfrac{47.58 \times 10^3}{1.2 \times 13.49 \times 10^3}\right)^3 \times \dfrac{10^6}{60 \times 200} = 2,115.98\text{hr}$

> **≫ 문제 06**

축간 거리 40m의 로프 풀리에서 로프가 750mm 쳐졌다. 로프 단위 길이당 무게 $w = 7.85\text{N/m}$ 이다. 다음을 구하시오. [4점]

(1) 로프에 생기는 인장력 T는 몇 N인가?

(2) 풀리와 로프의 접촉점에서 접촉점까지의 길이 L은 몇 m인가?

해설

(1) $h = 0.75\text{m}$

$T = \dfrac{wl^2}{8h} + wh$

$\qquad = \dfrac{7.85 \times 40^2}{8 \times 0.75} + 7.85 \times 0.75 = 2,099.22\text{N}$

(2) $L = l\left(1 + \dfrac{8h^2}{3l^2}\right)$

$\qquad = 40\left(1 + \dfrac{8 \times 0.75^2}{3 \times 40^2}\right) = 40.04\text{m}$

≫ 문제 07

언더컷 방지법 3가지를 서술하시오. [3점]

해설

① 압력각을 증가시킨다.
② 피니언의 잇수를 최소 잇수로 한다.
③ 전위 기어를 사용한다.
④ 한계 잇수 이상으로 만든다.

≫ 문제 08

롤러체인의 피치 19.05mm, 파단하중 31.38kN, 안전율 8이고, 잇수 $Z_1 = 40$, $Z_2 = 25$이고 구동 스프로킷의 회전수는 300rpm, 축간거리는 650mm이다. [5점]

(1) 구동 스프로킷의 피치원 지름 D_1을 구하시오. [mm]

(2) 전달동력 H[kW]

(3) 체인의 링크 수 L_n을 구하시오. (단, 짝수로 결정하시오.)

해설

(1) $D_1 = \dfrac{p}{\sin\left(\dfrac{180}{Z_1}\right)} = \dfrac{19.05}{\sin\left(\dfrac{180}{40}\right)} = 242.80\text{mm}$

(2) $\pi D_1 = p Z_1$

$V = \dfrac{\pi D_1 N_1}{60,000} = \dfrac{p \cdot Z_1 \cdot N_1}{60,000}$

$= \dfrac{19.05 \times 40 \times 300}{60,000} = 3.81\text{m/s}$

허용하중 $F_a = \dfrac{F_f}{S}$

$= \dfrac{31.38 \times 10^3}{8} = 3{,}922.5\text{N}$

$H = F_a \cdot V$

$= 3{,}922.5 \times 3.81 = 14{,}944.73\text{W} = 14.94\text{kW}$

(3) $L_n = \dfrac{2C}{P} + \dfrac{Z_1 + Z_2}{2} + \dfrac{0.0257p(Z_2 - Z_1)^2}{C}$

$\quad = \dfrac{2 \times 650}{19.05} + \dfrac{(40 + 25)}{2} + \dfrac{0.0257 \times 19.05 \times (25 - 40)^2}{650}$

$\quad = 100.91$

$\quad \fallingdotseq 102개$

> ≫ 문제 **09**

20mm 두께의 강판이 그림과 같이 용접다리길이(h) 8mm로 필렛용접되어 하중을 받고 있다. 용접부 허용전단응력이 140MPa이라면 허용하중 $F[\text{N}]$을 구하시오. (단, $b = d = 50\text{mm}$, $a = 150\text{mm}$이고 용접부 단면의 극단면모멘트 $I_P = 0.707h\dfrac{(3d^2 + b^2)b}{6}$)이다.) [4점]

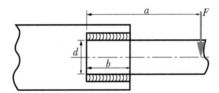

해설

(1) 목두께 $t = 0.707h$, F에 의한 직접전단응력 τ_1

〈자유물체도〉

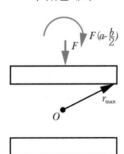

$\tau_1 = \dfrac{F}{A} = \dfrac{F}{2tb} = \dfrac{F}{2 \times 0.707 \times 8 \times 50}$

$\quad = 1,768.03 \times 10^{-6} F \ \text{N/mm}^2$

$\quad = 1,768.03 F \ \text{N/m}^2$

(2) 모멘트에 의한 부가 전단응력 τ_2

$$T = M = F\left(a - \frac{b}{2}\right) = F(150 - 25) = 125F$$

$$r_{max} = \sqrt{\left(\frac{b}{2}\right)^2 + \left(\frac{d}{2}\right)^2} = \sqrt{25^2 + 25^2}$$

$$\tau_2 = \frac{T \cdot r_{max}}{I_P}$$

$$= \frac{125 \times F \times \sqrt{25^2 + 25^2}}{0.707 \times 8 \times \dfrac{(3 \times 50^2 + 50^2) \times 50}{6}}$$

$$= 9,376.42 \times 10^{-6} F \, \text{N/mm}^2$$

$$= 9,376.42 F \, \text{N/m}^2$$

(3)

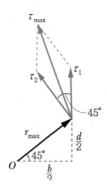

$$\tau_{max} = \tau_a = 140 \times 10^6 \text{N/m}^2$$

$$\tau_{max} = \sqrt{\tau_1^2 + \tau_2^2 + 2 \cdot \tau_1 \cdot \tau_2 \cos\theta} = \sqrt{(1,768.03F)^2 + (9,376.42F)^2 + 2 \times 1,768.03F \times 9,376.42F \times \cos 45°}$$

$$= 10,699.89F$$

$$\therefore \ F = \frac{140 \times 10^6}{10,699.89} = 13,084.25 \text{N}$$

≫ 문제 **10**

동일한 회전토크를 가했을 시, 지름 80mm인 중실축과 비틀림 응력이 같은 안과 밖의 지름비 0.6인 중공축의 바깥지름 [mm]을 구하시오. [3점]

해설

$$T = \tau \cdot Z_P \ \rightarrow \ Z_P = \frac{T}{\tau} \ \text{에서} \ T, \ \tau \text{가 일정하므로} \ Z_P \text{도 일정}$$

$Z_{P_1} = Z_{P_2}$, 내외경비 $x = 0.6$

$$\frac{\pi d^3}{16} = \frac{\pi d_2^{\,3}}{16}(1 - x^4)$$

$$\therefore\ d_2 = \frac{d}{\sqrt[3]{1 - x^4}}$$

$$= \frac{80}{\sqrt[3]{1 - 0.6^4}} = 83.79\text{mm}$$

≫ 문제 11

표준 평기어에서 모듈은 4, 회전수 700rpm, 잇수 25, 이 나비가 35mm, 굽힘응력 294.3MPa, 치형계수 $Y = \pi y = 0.32$인 피니언이 있다. [5점]

(1) 속도를 구하시오. [m/sec]

(2) 전달하중 F를 구하시오. [N]

(3) 전달동력을 구하시오. [kW]

해설

(1) $V = \dfrac{\pi DN}{60,000} = \dfrac{\pi \cdot m \cdot Z \cdot N}{60,000}$

$\qquad = \dfrac{\pi \times 4 \times 25 \times 700}{60,000} = 3.67\text{m/s}$

(2) 속도계수 $f_v = \dfrac{3.05}{3.05 + V}$

$\qquad\qquad\quad = \dfrac{3.05}{3.05 + 3.67} = 0.4539$

$\sigma_b = 294.3 \times 10^6 \text{N/m}^2 = 294.3\text{N/mm}^2$

굽힘강도에 의한 전달하중

$F = \sigma_b \cdot b \cdot p \cdot y$

$\quad = f_v \cdot f_w \cdot \sigma_b \cdot b \cdot \pi m \cdot y$

$\quad = f_v \cdot \sigma_b \cdot b \cdot m \cdot Y$

$\quad = 0.4539 \times 294.3 \times 35 \times 4 \times 0.32$

$\quad = 5,984.51\text{N}$

(3) $H = F \cdot V = 5,984.51 \times 3.67 = 21,963.15\text{W} = 21.96\text{kW}$

≫ 문제 01

그림과 같은 밴드 브레이크에서 마찰계수 0.4, 밴드두께 3mm, 브레이크 길이 $l = 700$mm, 링크와 밴드길이 $a = 50$mm, 드럼이 직경 400mm, 작용하는 힘 $F = 353.2$N이다. 다음을 구하여라. [5점]

(1) 제동력은 몇 kN인가? (단, 접촉각은 270°이다.)

(2) 이완측 장력은 몇 kN인가?

(3) 밴드 폭은 몇 mm인가?
  (단, 인장응력은 100MPa이고 이음효율은 0.9이다.)

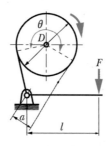

해설

(1) 〈자유물체도〉

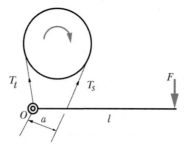

$$\Sigma M_0 = 0 \; : \; -T_s a + F \cdot l = 0 \text{에서}$$

$$T_s = \frac{F \cdot l}{a} = \frac{353.2 \times 700}{50} = 4{,}944.8\text{N}$$

장력비 $e^{\mu\theta} = e^{\left(0.4 \times 270° \times \frac{\pi}{180°}\right)} = 6.5861$

제동력은 유효장력이므로

$T_e = T_t - T_s$와 $e^{\mu\theta} = \dfrac{T_t}{T_s}$에서

$\begin{aligned} T_e &= T_s e^{\mu\theta} - T_s = T_s(e^{\mu\theta} - 1) \\ &= 4{,}944.8(6.5861 - 1) \\ &= 27{,}622.15\text{N} \\ &= 27.62\text{kN} \end{aligned}$

(2) $T_s = 4{,}944.8\text{N} = 4.94\text{kN}$

(3) $\sigma_t = 100\text{N/mm}^2, \quad T_t = T_s \cdot e^{\mu\theta}$

$\qquad = 4.94 \times 10^3 \times 6.5861 = 32{,}535.33\text{N}$

$\sigma_t = \dfrac{T_t}{b \cdot t \cdot \eta}$에서

$b = \dfrac{T_t}{\sigma_t \cdot t \cdot \eta} = \dfrac{32{,}535.33}{100 \times 3 \times 0.9} = 120.50\text{mm}$

≫ 문제 **02**

스팬의 길이 1,500mm, 하중 14.7kN, 폭 100mm, 밴드의 나비 100mm, 두께 12mm, 판 수 5, 스프링의 유효길이 $l_e = l - 0.6e$, 종탄성계수 206GPa인 겹판스프링의 처짐과 굽힘응력을 계산하시오. [4점]

(1) 처짐 δ는 몇 m인가?
(2) 굽힘응력은 몇 MPa인가?

해설

(1) $l_e = l - 0.6e = 1{,}500 - 0.6 \times 100 = 1{,}440\text{mm}$

$E = 206 \times 10^9\text{N/m}^2 = 206 \times 10^3\text{N/mm}^2$

$\delta = \dfrac{3Pl_e^3}{8Enbh^3} = \dfrac{3 \times 14.7 \times 10^3 \times 1{,}440^3}{8 \times 206 \times 10^3 \times 5 \times 100 \times 12^3} = 92.48\text{mm}$

(2) $\sigma_{\max} = \dfrac{M_{\max}}{Z} = \dfrac{\dfrac{P}{2} \cdot \dfrac{l_e}{2}}{\dfrac{nbh^2}{6}}$

$\qquad = \dfrac{3}{2}\dfrac{P \cdot l_e}{nbh^2} = \dfrac{3 \times 14.7 \times 10^3 \times 1{,}440}{2 \times 5 \times 100 \times 12^2}$

$\qquad = 441\text{N/mm}^2 = 441 \times 10^6\text{N/m}^2$

$\qquad = 441\text{MPa}$

≫ 문제 **03**

나사의 유효지름 63.5mm, 피치 3.17mm의 나사잭으로 3ton의 중량을 올리기 위해 렌치에 작용하는 힘 294.3N, 마찰계수 0.1일 때 다음을 구하여라. [5점]

(1) 나사잭을 돌리는 토크는 몇 N·m인가?

(2) 렌치의 길이는 몇 mm인가?

(3) 렌치의 직경은 몇 mm인가? (단, 렌치의 굽힘응력은 100MPa이다.)

해설

(1) $Q = 3,000 \mathrm{kgf} = 3,000 \times 9.8 = 29,400 \mathrm{N}$

$\tan\rho = \mu$ 에서

$\rho = \tan^{-1}\mu = \tan^{-1} 0.1 = 5.7106°$

$\tan\alpha = \dfrac{p}{\pi d_e}$ 에서

$\alpha = \tan^{-1}\dfrac{p}{\pi d_e} = \tan^{-1}\dfrac{3.17}{\pi \times 63.5} = 0.9104°$

$T = Q\tan(\rho + \alpha) \times \dfrac{d_e}{2}$

$= 29,400\tan(5.7106° + 0.9104°) \times \dfrac{63.5}{2}$

$= 108,350.57 \mathrm{N \cdot mm}$

$= 108.35 \mathrm{N \cdot m}$

(2) $T = F \cdot l$ 에서 $l = \dfrac{T}{F} = \dfrac{108.35}{294.3}$

$= 0.36816 \mathrm{m} = 368.16 \mathrm{mm}$

(3) $\sigma_b = 100 \times 10^6 \mathrm{N/m^2} = 100 \mathrm{N/mm^2}$, $T = M$

$M = \sigma_b \cdot Z = \sigma_b \cdot \dfrac{\pi d^3}{32}$ 에서

$d = \sqrt[3]{\dfrac{32M}{\pi\sigma_b}} = \sqrt[3]{\dfrac{32 \times 108,350.57}{\pi \times 100}} = 22.26 \mathrm{mm}$

≫ 문제 04

한 줄 겹치기 리벳이음에서 판두께 12mm, 리벳직경 25mm, 피치 50mm, 리벳중심에서 판 끝까지의 길이 35mm이다. 1피치당 하중을 24.5kN으로 할 때 다음을 계산하시오. [5점]

(1) 판의 인장응력은 몇 N/mm²인가?
(2) 리벳의 전단응력은 몇 N/mm²인가?
(3) 리벳이음의 효율은 몇 %인가?

해설

(1) $\sigma_t = \dfrac{W_1}{A_t} = \dfrac{W_1}{(p-d)t}$

$\qquad = \dfrac{24.5 \times 10^3}{(50-25) \times 12} = 81.67 \text{N/mm}^2$

(2) $\tau = \dfrac{W_1}{A_\tau} = \dfrac{W_1}{\dfrac{\pi}{4}d^2 \times n}$

$\qquad = \dfrac{24.5 \times 10^3}{\dfrac{\pi}{4} \times 25^2 \times 1} = 49.91 \text{N/mm}^2$

(3) 리벳효율 $\eta_R = \dfrac{\tau \cdot \dfrac{\pi}{4}d^2 \times n}{\sigma_t \cdot p \cdot t}$

$\qquad = \dfrac{49.91 \times \dfrac{\pi}{4} \times 25^2 \times 1}{81.67 \times 50 \times 12} = 0.5 = 50\%$

강판효율 $\eta_t = 1 - \dfrac{d}{P} = 1 - \dfrac{25}{50} = 0.5 = 50\%$

두 값이 동일하므로 리벳 이음의 효율은 50%이다.

09

≫ 문제 05

평벨트 바로걸기 전동에서 지름이 각각 150mm, 450mm의 풀리가 2m 떨어진 두 축 사이에 설치되어 1,800rpm으로 5kW를 전달할 때 다음을 계산하시오. 벨트의 폭과 두께를 140mm, 5mm, 벨트의 단위 길이당 무게는 $w = 0.001bh[\mathrm{kg_f/m}]$, 마찰계수는 0.25이다. [6점]

(1) 유효장력 P_e는 몇 N인가?

(2) 긴장측 장력과 이완측 장력은 몇 N인가?

(3) 벨트에 의하여 축이 받는 최대 힘은 몇 N인가?

해설

(1) $V = \dfrac{\pi D_1 N_1}{60,000}$

$= \dfrac{\pi \times 150 \times 1,800}{60,000} = 14.14\mathrm{m/s}$

$P_e = T_e, \ H = T_e \cdot V$에서

$T_e = \dfrac{H}{V} = \dfrac{5 \times 10^3}{14.14} = 353.61\mathrm{N}$

(2) V가 10m/s 이상이므로 원심력에 의한 부가장력 C를 고려해야 한다.

$w = 0.001bh\mathrm{kgf/m} = 0.001b \cdot h \times 9.8\mathrm{N/m}$

$C = \dfrac{w \cdot V^2}{g} = \dfrac{0.001 \times 140 \times 5 \times 9.8 \times 14.14^2}{9.8} = 139.96\mathrm{N}$

바로걸기에서 원동축 접촉각 θ, 축간거리 C

$C\sin\phi = \dfrac{D_2 - D_1}{2}$에서

$\phi = \sin^{-1}\dfrac{D_2 - D_1}{2C} = \sin^{-1}\dfrac{450 - 150}{2 \times 2,000} = 4.3012°$

$\theta = 180° - 2\phi = 180° - 2 \times 4.3012° = 171.4°$

장력비 $e^{\mu\theta} = e^{\left(0.25 \times 171.4° \times \frac{\pi}{180°}\right)} = 2.11$

$T_e = (T_t - C)\dfrac{e^{\mu\theta} - 1}{e^{\mu\theta}}$에서

$T_t = \dfrac{e^{\mu\theta} \cdot T_e}{e^{\mu\theta} - 1} + C = \dfrac{2.11 \times 353.61}{2.11 - 1} + 139.96 = 812.14\mathrm{N}$

$T_s = \dfrac{T_e}{e^{\mu\theta} - 1} + C = \dfrac{353.61}{2.11 - 1} + 139.96 = 458.53\mathrm{N}$

(3)

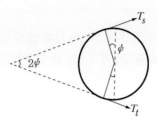

T_t와 T_s가 이루는 각은 $2\phi = 8.6°$, 합력 F는

$$F = \sqrt{T_t^2 + T_s^2 + 2\,T_t T_s \cos 8.6°}$$
$$= \sqrt{812.14^2 + 458.53^2 + 2 \times 812.14 \times 458.53 \times \cos 8.6}$$
$$= 1,267.37\text{N}$$

≫ 문제 **06**

복렬 자동조심 롤러베어링의 접촉각 $\alpha = 25°$, 레이디얼 하중 2kN, 스러스트 하중 1.5kN, 1,500rpm으로 60,000hr의 베어링 수명을 갖는다. 하중계수가 1.2일 때 다음을 계산하시오. 하중은 내륜회전하중이다. [4점]

(1) 등가 레이디얼 하중은 몇 N인가?
(2) 베어링의 기본동정격하중은 몇 N인가?

[베어링의 계수 V, X 및 Y값]

베어링 형식		내륜회전하중	외륜회전하중	단열 $F_a/VF_r > e$		복열 $F_a/VF_r \leq e$		복열 $F_a/VF_r > e$		e
		V		X	Y	X	Y	X	Y	
깊은홈 볼베어링	$F_a/C_0 = 0.014$	1	1.2	0.56	2.30	1	0	0.56	2.30	0.19
	$= 0.028$				1.99				1.99	0.22
	$= 0.056$				1.71				1.71	0.26
	$= 0.084$				1.55				1.55	0.28
	$= 0.11$				1.45				1.45	0.30
	$= 0.17$				1.31				1.31	0.34
	$= 0.28$				1.15				1.15	0.38
	$= 0.42$				1.04				1.04	0.42
	$= 0.56$				1.00				1.00	0.44
앵귤러 볼베어링	$\alpha = 20°$	1	1.2	0.43	1.00	1	1.09	0.70	1.63	0.57
	$= 25°$			0.41	0.87		0.92	0.67	1.41	0.58
	$= 30°$			0.39	0.76		0.78	0.63	1.24	0.80
	$= 35°$			0.37	0.56		0.66	0.60	1.07	0.95
	$= 40°$			0.35	0.57		0.55	0.57	0.93	1.14
자동조심볼베어링		1	1	0.4	$0.4 \times \cot\alpha$	1	$0.42 \times \cot\alpha$	0.65	$0.65 \times \cot\alpha$	$1.5 \times \tan\alpha$
매그니토볼베어링		1	1	0.5	2.5	–	–	–	–	0.2
자동조심롤러베어링 원추롤러베어링 $\alpha \neq 0$		1	1.2	0.4	$0.4 \times \cot\alpha$	1	$0.45 \times \cot\alpha$	0.67	$0.67 \times \cot\alpha$	$1.5 \times \tan\alpha$
스러스트 볼베어링	$\alpha = 45°$	–	–	0.66	1.18	1	0.59	0.66	1.25
	$= 60°$			0.92	1.90		0.54	0.92	1	2.17
	$= 70°$			1.66	3.66		0.52	1.66		4.67
스러스트롤러베어링		–	–	$\tan\alpha$	1	$1.5 \times \tan\alpha$	0.67	$\tan\alpha$	1	$1.5 \times \tan\alpha$

해설

(1) 표에서 자동조심롤러 베어링의 값들을 찾으면,

$V = 1$, $e = 1.5 \times \tan\alpha = 1.5 \times \tan 25° = 0.7$

$F_a = F_t$, $\dfrac{F_a}{VF_r} = \dfrac{1.5 \times 10^3}{1 \times 2 \times 10^3} = 0.75 > e$ 이므로, 복열에서

$X = 0.67$, $Y = 0.67 \times \cot\alpha = 0.67 \times \left(\dfrac{1}{\tan 25°}\right) = 1.44$

$P_r = XVF_r + YF_t$

$\quad = 0.67 \times 1 \times 2 \times 10^3 + 1.44 \times 1.5 \times 10^3 = 3,500\text{N}$

(2) 롤러 베어링 $r = \dfrac{10}{3}$

$L_h = \left(\dfrac{C}{P_r}\right)^r \times \dfrac{10^6}{60N}$ 에서 하중계수(f_w)를 고려하면,

$\left(\dfrac{C}{f_w \cdot P_r}\right)^r = \dfrac{L_h \times 60 \times N}{10^6}$ 에서

$\therefore \; C = f_w \cdot P_r \times \left(\dfrac{L_h \times 60 \times N}{10^6}\right)^{\frac{1}{r}}$

$\quad = 1.2 \times 3,500 \times \left(\dfrac{60,000 \times 60 \times 1,500}{10^6}\right)^{\frac{3}{10}}$

$\quad = 55,330.86\text{N}$

09

≫ 문제 07

500rpm, 1.1kW를 전달하는 외접 평마찰차가 있다. 축간거리 250mm, 속도비 $\frac{1}{3}$, 접촉허용선 압력 9.8N/mm, 마찰계수 0.3일 때 다음을 구하시오. [4점]

(1) 마찰차의 회전속도는 몇 m/sec인가?
(2) 마찰차를 누르는 힘은 몇 N인가?
(3) 마찰차의 길이(폭)는 몇 mm인가?

해설

(1) $i = \dfrac{N_2}{N_1} = \dfrac{D_1}{D_2} = \dfrac{1}{3}$ $\qquad \therefore D_1 = iD_2$

$C = \dfrac{D_1 + D_2}{2} = \dfrac{iD_2 + D_2}{2} = \dfrac{D_2(i+1)}{2}$ 에서

$\therefore D_2 = \dfrac{2C}{i+1} = \dfrac{2 \times 250}{\frac{1}{3}+1} = 375\text{mm}$

$D_1 = \dfrac{1}{3} \times 375 = 125\text{mm}$

$V = \dfrac{\pi D_1 N_1}{60,000} = \dfrac{\pi \times 125 \times 500}{60,000} = 3.27\text{m/s}$

(2) $H = F_f \cdot V = \mu N \cdot V$ 에서

수직력 $N = \dfrac{H}{\mu \cdot V} = \dfrac{1.1 \times 10^3}{0.3 \times 3.27} = 1,121.30\text{N}$

(3) $N = f \cdot b$ 에서 $b = \dfrac{N}{f} = \dfrac{1,121.3}{9.8} = 114.42\text{mm}$

》문제 08

내경 700mm인 원관에 1MPa의 물이 흐를 때 관 두께는 몇 mm인가? (단, 관의 허용인장응력은 80MPa이고 부식여유 1mm의 관효율은 0.85이다.) [3점]

해설

$p = 1 \times 10^6 \text{N/m}^2 = 1\text{N/mm}^2$,

$\sigma_h = 80 \times 10^6 \text{N/m}^2 = 80\text{N/mm}^2$

$\sigma_h = \dfrac{p \cdot d}{2t}$ 에서

$t = \dfrac{p \cdot d}{2\sigma_h \cdot \eta} + C = \dfrac{1 \times 700}{2 \times 80 \times 0.85} + 1 = 6.15\text{mm}$

》문제 09

지름 90mm인 축을 볼트 8개의 클램프커플링으로 체결하였다. 축이 120rpm, 36.8kW의 동력을 받을 때 다음을 구하시오. (단, 마찰계수는 0.25이고, 마찰력만으로 동력을 전달하고 있다.) [4점]

(1) 클램프가 축을 누르는 힘은 몇 N인가?
(2) 볼트지름은 몇 mm인가? (단, 볼트의 허용인장응력은 142.1MPa이다.)

해설

(1) $T = \dfrac{H}{\omega} = \dfrac{36.8 \times 10^3}{\dfrac{2\pi \times 120}{60}} = 2{,}928.45\text{N} \cdot \text{m} = 2{,}928.45 \times 10^3 \text{N} \cdot \text{mm}$

$T = \mu\pi Q\dfrac{d}{2}$ 에서

$Q = \dfrac{2T}{\mu \cdot \pi \cdot d} = \dfrac{2 \times 2{,}928.45 \times 10^3}{0.25 \times \pi \times 90} = 82{,}858.19\text{N}$

(2) $\sigma_t = 142.1 \times 10^6 \text{N/m}^2 = 142.1\text{N/mm}^2$, $Z' = \dfrac{Z}{2} = \dfrac{8}{2} = 4$(한쪽 축을 죄는 볼트 수)

$Q = \sigma_t \cdot \dfrac{\pi \cdot \delta^2}{4} \cdot Z'$ 에서

$\delta = \sqrt{\dfrac{4Q}{\sigma_t \cdot \pi \cdot Z'}} = \sqrt{\dfrac{4 \times 82{,}858.19}{142.1 \times \pi \times 4}} = 13.62\text{mm}$

≫ 문제 **10**

헬리컬기어의 이직각 모듈 5, 압력각 20°, 비틀림각 30°, 피니언 잇수 30, 기어 잇수 90, 피니언의 회전수 500rpm, 굽힘응력 108MPa, 접촉면 응력계수 $1.84\text{N}/\text{mm}^2$, 하중계수 0.8, 치폭이 60mm, 피니언과 기어의 각각 치형계수 $Y_{e1} = 0.414$, $Y_{e2} = 0.457$일 때 다음을 계산하시오. (단, 면압계수 $C_w = 0.75$, 속도계수 $f_v = \dfrac{3.05}{3.05 + v}$이다.) [5점]

(1) 피니언의 굽힘강도에 의한 전달하중은 몇 N인가?
(2) 기어의 굽힘강도에 의한 전달하중은 몇 N인가?
(3) 면압강도에 의한 전달하중은 몇 N인가?

해설

β : 비틀림 각, m_s : 축직각 모듈, m_n : 치직각 모듈
$\sigma_b = 108 \times 10^6 \text{N}/\text{m}^2 = 108 \text{N}/\text{mm}^2$

(1) $m_s \cos\beta = m_n$, $p_s \cos\beta = p_n$ (치직각 피치)

$$V = \frac{\pi \cdot D_{s1} \cdot N_1}{60,000} = \frac{\pi \cdot m_s \cdot Z_1 \cdot N_1}{60,000} = \frac{\pi \cdot \dfrac{m_n}{\cos\beta} \cdot Z_1 \cdot N_1}{60,000}$$

$$= \frac{\pi \times \dfrac{5}{\cos 30°} \times 30 \times 500}{60,000} = 4.53 \text{m/s}$$

$$f_v = \frac{3.05}{3.05 + V} = \frac{3.05}{3.05 + 4.53} = 0.4024$$

$$F_1 = \sigma_b \cdot b \cdot p_n \cdot y$$
$$= f_v f_w \sigma_b \cdot b \cdot \pi m_n \cdot y$$
$$= f_v \cdot f_w \cdot \sigma_b \cdot b \cdot m_n \cdot Y_{e_1}$$
$$= 0.4024 \times 0.8 \times 108 \times 60 \times 5 \times 0.414 = 4,318.11\text{N}$$

(2) $F_2 = \sigma_b \cdot b \cdot p_n \cdot y = f_v \cdot f_w \sigma_b \cdot b \cdot m_n \cdot Y_{e_2}$
$$= 0.4024 \times 0.8 \times 108 \times 60 \times 5 \times 0.457$$
$$= 4,766.61\text{N}$$

(3) $F = f_v \cdot K \cdot b \cdot m_s \cdot \dfrac{C_w}{\cos^2\beta} \cdot \dfrac{2Z_1 Z_2}{Z_1 + Z_2}$
$$= f_v \cdot K \cdot b \cdot \frac{m_n}{\cos\beta} \cdot \frac{C_w}{\cos^2\beta} \cdot \frac{2Z_1 Z_2}{Z_1 + Z_2}$$
$$= 0.4024 \times 1.84 \times 60 \times \frac{5 \times 0.75}{\cos^3 30°} \left(\frac{2 \times 30 \times 90}{30 + 90} \right)$$
$$= 11,541.94\text{N}$$

≫ 문제 **11**

지름이 100mm인 축에 보스를 끼웠을 때 사용한 묻힘 키의 길이가 300mm, 나비가 28mm, 높이가 16mm 이다. 이 축을 500rpm, 4kW로 운전할 때 키의 전단응력과 압축응력은 몇 MPa인가? [4점]

해설

$$T = \frac{H}{\omega} = \frac{4 \times 10^3}{\frac{2\pi \times 500}{60}}$$

$$= 76.39 \text{N} \cdot \text{m} = 76.39 \times 10^3 \text{N} \cdot \text{mm}$$

$$T = \tau_k \cdot A_\tau \cdot \frac{d}{2} = \tau_k \cdot b \cdot l \cdot \frac{d}{2}$$

$$\therefore \ \tau_k = \frac{2T}{b \cdot l \cdot d} = \frac{2 \times 76.39 \times 10^3}{28 \times 300 \times 100}$$

$$= 0.1819 \text{N/mm}^2$$

$$= 0.1819 \times 10^6 \text{N/m}^2$$

$$= 0.18 \text{MPa}$$

$$T = \sigma_c \cdot A_\sigma \cdot \frac{d}{2} = \sigma_c \cdot \frac{h}{2} \cdot l \cdot \frac{d}{2} \text{ 에서}$$

$$\sigma_c = \frac{4T}{h \cdot l \cdot d} = \frac{4 \times 76.39 \times 10^3}{16 \times 300 \times 100}$$

$$= 0.6366 \text{N/mm}^2$$

$$= 0.6366 \times 10^6 \text{N/m}^2$$

$$= 0.64 \text{MPa}$$

09

>> 문제 **01**

그림과 같이 전동기와 플랜지 커플링으로 연결된 평벨트 전동장치가 있다. 원동풀리의 접촉각은 162°로 35kW, 1200rpm은 바로걸기로 종동풀리에 전달하고 있으며 플랜지 커플링의 볼트 전단응력은 19.6MPa, 볼트의 피치원 직경 80mm, 볼트 수 4개일 때 다음을 구하시오. [8점]

(1) 플랜지 커플링의 볼트지름은 몇 mm인가?

(2) 긴장측 장력은 몇 N인가? (단, 벨트풀리를 운전하는데 마찰계수는 0.2이다.)

(3) 베어링 A에 걸리는 베어링 하중은 몇 N인가? (단, 풀리의 자중은 637N이고 장력과 직각 방향이다.)

(4) 베어링의 동정격하중은 몇 kN인가? (단, 베어링은 볼베어링으로 수명시간은 60,000시간이고 하중계수는 1.8이다.)

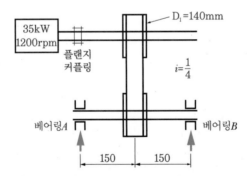

해설

(1) $\tau = 19.6 \times 10^6 \text{N/m}^2 = 19.6 \text{N/mm}^2$

$$T = \frac{H}{\omega} = \frac{35 \times 10^3}{\dfrac{2\pi \times 1,200}{60}}$$

$$= 278.52 \text{N·m} = 278.52 \times 10^3 \text{N·mm}$$

$$T = \tau \cdot A_\tau \cdot \frac{D_B}{2} = \tau \cdot \frac{\pi \delta^2}{4} \times Z \times \frac{D_B}{2} \text{에서}$$

$$\therefore \delta = \sqrt{\frac{8T}{\tau \times \pi \times Z \times D_B}}$$

$$= \sqrt{\frac{8 \times 278.52 \times 10^3}{19.6 \times \pi \times 4 \times 80}} = 10.63\text{mm}$$

(2) $V = \dfrac{\pi D_1 N_1}{60,000} = \dfrac{\pi \times 140 \times 1,200}{60,000} = 8.8\text{m/s}$ ⟨10m/s 이하이므로 원심력에 의한 부가장력 무시⟩

$e^{\mu\theta} = e^{\left(0.2 \times 162° \times \frac{\pi}{180°}\right)} = 1.76$

$H = T_e \cdot V$에서 $T_e = \dfrac{H}{V} = \dfrac{35 \times 10^3}{8.8} = 3,977.27\text{N}$

$T_t = T_e \cdot \dfrac{e^{\mu\theta}}{e^{\mu\theta}-1} = 3,977.27 \times \dfrac{1.76}{1.76-1} = 9,210.52\text{N}$

$e^{\mu\theta} = \dfrac{T_t}{T_s}$에서 $T_s = \dfrac{T_t}{e^{\mu\theta}} = \dfrac{9,210.52}{1.76} = 5,233.25\text{N}$

T_t와 T_s에 의한 장력의 합 $T = \sqrt{T_t^2 + T_s^2 + 2T_t \cdot T_s \cos 18°}$

$$= \sqrt{9,210.52^2 + 5,233.25^2 + 2 \times 9,210.52 \times 5,233.25 \times \cos 18°}$$

$$= 14,279.5\text{N}$$

베어링 A의 축에 작용하는 힘(F)은 장력 T와 폴리 자중이 직각으로 되어 발생하는 합력이므로

$F = \sqrt{14,279.5^2 + 637^2} = 14,293.7\text{N}$

이므로 베어링 하중 $P_r = R_A = \dfrac{F}{2} = \dfrac{14,293.7}{2} = 7,146.85\text{N}$

(3) 속비 $i = \dfrac{1}{4}$에서 베어링 A의 축 회전수는 300rpm, $L_h = \left(\dfrac{C}{P_r}\right)^r \times \dfrac{10^6}{60N}$, 하중계수를 고려하여 정리하면

$C = f_w \cdot P_r \times \sqrt[r]{\dfrac{L_h \cdot 60 \cdot N}{10^6}} = 1.8 \times 7,146.85 \times \sqrt[3]{\dfrac{60,000 \times 60 \times 300}{10^6}}$

$$= 131,986.17\text{N} = 131.99\text{kN}$$

10

≫ 문제 **02**

폭 25mm, 평균지름 100mm인 원판 클러치가 있다. 접촉면 압력이 0.49MPa, 마찰계수 0.15, 600rpm으로 회전할 때 다음을 구하시오. [4점]

(1) 축 하중은 몇 N인가?
(2) 전달동력은 몇 kW인가?

해설

(1) $q = 0.49 \times 10^6 \text{N/m}^2 = 0.49 \text{N/mm}^2$
$P_t = q \cdot A_q = q\pi D_m b = 0.49 \times \pi \times 100 \times 25 = 3,848.45 \text{N}$

(2) $V = \dfrac{\pi \cdot D_m \cdot N}{60,000} = \dfrac{\pi \times 100 \times 600}{60,000} = 3.14 \text{m/s}$
$H = F_f \cdot V = \mu P_t \cdot V = 0.15 \times 3,848.45 \times 3.14$
$\quad = 1,812.62 \text{W} = 1.81 \text{kW}$

≫ 문제 **03**

나비 90mm, 두께 10mm의 스프링 강을 사용하여 최대하중 1ton일 때, 허용굽힘응력이 337MPa인 겹판 스프링을 만들고자 한다. 판의 길이가 780mm, 밴드의 나비가 80mm, 유효 스팬의 길이 $l_e = l - 0.6e$이다. 판의 수는 몇 개인가? [4점]

해설

$l_e = l - 0.6e, = 780 - 0.6 \times 80 = 732 \text{mm}, \quad P = 1,000 \text{kgf} = 1,000 \times 9.8 \text{N}$

$\sigma_b = \dfrac{3}{2} \dfrac{P l_e}{n b h^2}$ 에서 $\therefore n = \dfrac{3 P l_e}{2 \sigma_b \cdot b h^2} = \dfrac{3 \times 1,000 \times 9.8 \times 732}{2 \times 337 \times 90 \times 10^2} = 3.55 \fallingdotseq 4$

≫ 문제 **04**

엔드저널 베어링에서 베어링 하중 5ton, 저널 지름 100mm, 마찰계수 0.15, 200rpm으로 회전할 때 마찰열은 몇 kcal/min인가? [3점]

해설

$V = \dfrac{\pi DN}{60,000} = \dfrac{\pi \times 100 \times 200}{60,000} = 1.05\text{m/s}, \quad N = 5,000\text{kgf}$

마찰일률 $= F_f \cdot V = \mu N V = 0.15 \times 5,000 \times 1.05 = 787.5\text{kgf} \cdot \text{m/s}$

마찰열 $Q = 787.5\text{kgf} \cdot \text{m/s} \times \dfrac{1\text{Kcal}}{427\text{kgf} \cdot \text{m}} = 1.8443\text{Kcal/s} = 110.66\text{Kcal/min}$

≫ 문제 **05**

축간거리 12m의 로프풀리에서 로프가 0.3m 처졌다. 로프의 지름은 19mm이고 1m당 무게가 0.34kgf일 때 다음을 구하시오. [5점]

(1) 로프에 작용하는 장력은 몇 N인가?
(2) 접촉점부터 접촉점까지의 로프의 길이는 몇 mm인가?

해설

(1) $w = 0.34\text{kgf/m} = 0.34 \times 9.8\text{N/m} = 3.332\text{N/m}$

   로프장력 $T = \dfrac{wl^2}{8h} + w \cdot h = \dfrac{3.332 \times 12^2}{8 \times 0.3} + 3.332 \times 0.3 = 200.92\text{N}$

(2) $L = l\left(1 + \dfrac{8h^2}{3l^2}\right) = 12\left(1 + \dfrac{8 \times 0.3^2}{3 \times 12^2}\right) = 12.02\text{m} = 12,020\text{mm}$

10

≫ 문제 06

직경 600mm의 회전하고 있는 드럼을 밴드브레이크로 제동하려고 한다. 밴드의 긴장측 장력이 1.18kN일 때 제동 토크는 몇 N·m인가? (단, 장력비 $e^{\mu\theta} = 3.2$이다.) [3점]

해설

$$T_e = T_t \cdot \frac{e^{\mu\theta} - 1}{e^{\mu\theta}}$$

$$= 1.18 \times 10^3 \times \frac{3.2 - 1}{3.2} = 811.25\text{N}$$

$$T = T_e \cdot \frac{D}{2}$$

$$= 811.25 \times \frac{0.6}{2} = 243.38\text{N·m}$$

≫ 문제 07

TM50($d = 50\text{mm}$, $d_2 = 46\text{mm}$, $p = 8\text{mm}$, $\theta = 30°$)인 나사잭으로 4ton의 하중물을 들어 올리려고 한다. 나사부 마찰계수는 0.15, 자릿면 마찰계수는 0.01, 자릿면 평균지름 50mm일 때, 다음을 구하여라. [6점]

(1) 회전 토크는 몇 N·m인가?
(2) 나사잭의 효율은 몇 %인가?
(3) 소요 동력은 몇 kW인가? (단, 나사를 들어 올리는 속도는 0.3m/min이며 효율은 0.2478이다.)

해설

(1) TM : 사다리꼴 나사 $\theta = \beta = 30°$, $\mu' = \dfrac{\mu}{\cos\dfrac{\beta}{2}} = \dfrac{0.15}{\cos\dfrac{30°}{2}} = 0.1553$

$\tan\rho' = \mu'$에서 $\rho' = \tan^{-1}\mu' = \tan^{-1}0.1553 = 8.8275°$
KS규격집에서 $d_2 = d_e$, $Q = 4,000\text{kgf} = 4,000 \times 9.8\text{N}$

$\tan\alpha = \dfrac{P}{\pi \cdot d_e}$에서 $\alpha = \tan^{-1}\dfrac{P}{\pi d_e} = \dfrac{8}{\pi \times 46} = 3.1686°$

나사부 토크 $T_1 = Q\tan(\rho' + \alpha) \times \dfrac{d_e}{2}$

$$= 4,000 \times 9.8\tan(8.8275 + 3.1686) \times \frac{46}{2}$$

$$= 191,576.85\text{N·mm} = 191.58\text{N·m}$$

자리면 마찰토크 $T_2 = \mu_m \times Q \times \dfrac{D_m}{2}$

$$= 0.01 \times 4{,}000 \times 9.8 \times \frac{50}{2}$$

$$= 9{,}800 \text{N} \cdot \text{mm} = 9.8 \text{N} \cdot \text{m}$$

$T = T_1 + T_2 = 201.38 \text{N} \cdot \text{m}$

(2) $\eta = \dfrac{Q \cdot p}{2\pi T} = \dfrac{4{,}000 \times 9.8 \times 0.008}{2\pi \times 201.38} = 0.2478 = 24.78\%$

(3) $V = 0.3 \text{m}/60 \text{s} = 0.005 \text{m/s}$

$H = \dfrac{Q \cdot V}{\eta} = \dfrac{4{,}000 \times 9.8 \times 0.005}{0.2478} = 790.96 \text{W} = 0.79 \text{kW}$

≫ 문제 **08**

36.79kW, 400rpm, 속도비 $\dfrac{1}{1.5}$ 로 동력을 전달하는 외접 스퍼기어가 있다. 다음을 구하시오. (단, 축간거리 90mm, 허용굽힘응력 490.50MPa, 치폭 $b = 1.5 \times m$, 치형계수 $Y = \pi y = \pi \times 0.125$, 속도계수 $f_v = \dfrac{3.05}{3.05 + v}$ 이고 면압강도는 고려하지 않는다.) [6점]

(1) 전달하중은 몇 kN인가?
(2) 모듈은 얼마인가?
(3) 잇수는 몇 개인가?

해설

(1) $i = \dfrac{N_2}{N_1} = \dfrac{D_1}{D_2}$ 에서 $D_1 = iD_2$

$C = \dfrac{D_1 + D_2}{2} = \dfrac{iD_2 + D_2}{2}$ 에서

$\therefore D_2 = \dfrac{2C}{i+1} = \dfrac{2 \times 90}{\dfrac{1}{1.5} + 1} = 108 \text{mm}$

$D_1 = \dfrac{1}{1.5} \times 108 = 72 \text{mm}$

$V = \dfrac{\pi D_1 N_1}{60{,}000} = \dfrac{\pi \times 72 \times 400}{60{,}000} = 1.51 \text{m/s}$

$H = F \cdot V$ 에서 $F = \dfrac{H}{V} = \dfrac{36.79 \times 10^3}{1.51} = 24{,}364.24 \text{N} = 24.36 \text{kN}$

(2) $f_v = \dfrac{3.05}{3.05 + V} = \dfrac{3.05}{3.05 + 1.51} = 0.67$

$\sigma_b = 490.5 \times 10^6 \text{N/m}^2 = 490.5 \text{N/mm}^2$

$F = \sigma_b \cdot b \cdot p \cdot y = f_v \cancel{f_w} \cdot \sigma_b \cdot b \cdot \pi m \cdot y$

$\quad = f_v \cdot \sigma_b \cdot 1.5 \text{mm Y}$ 에서

$m = \sqrt{\dfrac{F}{f_v \times \sigma_b \times 1.5 \times Y}}$

$\quad = \sqrt{\dfrac{24.36 \times 10^3}{0.67 \times 490.5 \times 1.5 \times \pi \times 0.125}}$

$\quad = 11.22 \text{mm}$

(3) $D_1 = m Z_1$ 에서 $Z_1 = \dfrac{D_1}{m} = \dfrac{72}{11.22} = 6.42 \fallingdotseq 6$개

$i = \dfrac{N_2}{N_1} = \dfrac{D_1}{D_2} = \dfrac{Z_1}{Z_2}$ 에서 $Z_2 = \dfrac{Z_1}{i} = \dfrac{6}{\dfrac{1}{1.5}} = 9$개

참고

실제 기어 설계에서는 모듈(m)은 이의 크기를 나타내는 설계인자로 보통 다음과 같은 표준화된 값(mm)이 사용되며 3.0, 3.25, 3.5, 3.75, 4.0, 4.5, 5.0, 5.5, 6.0, 6.5, 7.0, 8.0, 9.0, 10, 11, 12, 14, 16, 18, 20이다.

(2)에서 계산된 모듈 값 11.22mm → 표준화된 모듈 값 12mm로 설계하면 $Z_1 = \dfrac{72}{12} = 6$개로 나온다.

≫ 문제 09

웜기어 장치에서 웜의 피치가 31.4mm, 4줄 나사이며 피치원 지름이 64mm, 웜의 회전수 900rpm으로 22kW를 전달한다. 압력각이 14.5°, 마찰계수가 0.1일 때 다음을 구하시오. [7점]

(1) 웜의 리드각 β는 몇 도인가?
(2) 웜의 피치원에 작용하는 접선력은 몇 N인가?
(3) 웜 휠에 작용하는 접선력은 몇 N인가?

해설

(1) $\beta = \alpha$, n줄 수

$\tan\alpha = \dfrac{l}{\pi D_w} = \dfrac{nP}{\pi D_w}$ 에서

$\alpha = \tan^{-1}\left(\dfrac{nP}{\pi D_w}\right)$

$\quad = \tan^{-1}\left(\dfrac{4 \times 31.4}{\pi \times 64}\right)$

$\quad = 31.99°$

(2) $V = \dfrac{\pi D_w N_w}{60,000}$

$\quad = \dfrac{\pi \times 64 \times 900}{60,000} = 3.02\,\mathrm{m/s}$

웜의 피치원에 작용하는 접선력은 웜 기어의 트러스트 하중이므로 P_t

$H = P_t \cdot V$ 에서 $P_t = \dfrac{H}{V} = \dfrac{22 \times 10^3}{3.02} = 7,284.77\,\mathrm{N}$

$P_t = F_{wt}$(웜기어 힘 해석 참조)

(3) 웜기어 잇면에 수직한 힘

$F_n = \dfrac{P_t}{\cos\phi_n \cdot \sin\alpha + \mu\cos\alpha}$

$\quad = \dfrac{7,284.77}{\cos 14.5 \times \sin 31.99 + 0.1 \times \cos 31.99}$

$\quad = 12,187.78\,\mathrm{N}$

웜 휠(기어)에 작용하는 접선력 F_{gt}(웜기어 힘 해석 참조)

$F_{gt} = F_n \cos\phi_n \cdot \cos\alpha - \mu \cdot F_n \cdot \sin\alpha$

$\quad = 12,187.78 \times \cos 14.5 \times \cos 31.99 - 0.1 \times 12,187.78 \times \sin 31.99$

$\quad = 9,362.02\,\mathrm{N}$

10

≫ 문제 **10**

1줄 겹치기 리벳 이음에서 강판의 두께가 12mm, 리벳의 지름 14mm일 때, 효율을 최대로 하기 위한 피치를 mm로 구하고 강판의 효율은 몇 %인가? [4점]
(단, 강판의 인장응력은 $39.2\mathrm{N/mm^2}$, 리벳의 전단응력은 $29.4\mathrm{N/mm^2}$이다.)

해설

(1) $n=1$, 리벳전단강도＝강판인장강도

$$\tau \cdot \frac{\pi}{4}d^2 \cdot n = \sigma_t(p-d)t \text{에서}$$

$$p = \frac{\tau \cdot \pi d^2 \times n}{4 \cdot \sigma_t \cdot t} + d$$

$$= \frac{29.4 \times \pi \times 14^2 \times 1}{4 \times 39.2 \times 12} + 14 = 23.62\mathrm{mm}$$

(2) 강판효율 $\eta_t = 1 - \dfrac{d}{p} = 1 - \dfrac{14}{23.62} = 0.4073 = 40.73\%$

>> 문제 **01**

원판 무단 변속 마찰차에서 원동차의 지름이 420mm, 회전수가 $1,200\text{rpm}$ 이며 종동차의 지름은 200mm, 폭 35mm 종동차의 이동범위 $x = 35 \sim 150\text{mm}$, 마찰계수 0.22, 허용선압력 $q_a = 26\text{N/mm}$ 일 때 다음을 구하시오. [6점]

(1) 종동차의 최대 회전수 $N_{2\text{max}}[\text{rpm}]$
(2) 종동차의 최소 회전수 $N_{2\text{min}}[\text{mm}]$
(3) 최대전달동력은 몇 $[\text{kW}]$ 인가?
(4) 최소전달동력은 몇 $[\text{kW}]$ 인가?

해설

(1) $i = \dfrac{N_2}{N_1} = \dfrac{x}{r}$ (r : 종동차 반지름)

$N_{2\text{max}} = N_1 \cdot \dfrac{x_{\text{max}}}{r_2} = 1,200 \times \dfrac{150}{100} = 1,800\text{rpm}$

(2) $N_{2\text{min}} = N_1 \cdot \dfrac{x_{\text{min}}}{r_2} = 1,200 \times \dfrac{35}{100} = 420\text{rpm}$

(3) $V_{\text{max}} = \dfrac{\pi D_2 N_{2\text{max}}}{60,000} = \dfrac{\pi \times 200 \times 1,800}{60,000} = 18.85\text{m/s}$, $q_a = f$ (선압)

$f = \dfrac{N}{b}$ 에서 $N = b \cdot f = 35 \times 26 = 910\text{N}$

$H_{\text{max}} = \mu N V_{\text{max}}$
$\quad\quad = 0.22 \times 910 \times 18.85$
$\quad\quad = 3,773.77\text{W}$
$\quad\quad = 3.77\text{kW}$

(4) $V_{\min} = \dfrac{\pi D_2 N_{2\min}}{60,000} = \dfrac{\pi \times 200 \times 420}{60,000} = 4.4\text{m/s}$

$\begin{aligned}
H_{\min} &= \mu N V_{\min} \\
&= 0.22 \times 910 \times 4.4 \\
&= 880.88\text{W} \\
&= 0.88\text{kW}
\end{aligned}$

≫ 문제 **02**

지름 45mm인 축을 1,760rpm으로 30kW를 전달하고자 할 때 성크키 $b \times h = 12 \times 8$인 키의 길이를 구하시오. 축의 묻힘 깊이는 $\dfrac{h}{2}$이며 키의 허용전단응력은 44.15MPa이고 허용압축응력은 73.56MPa이다. [4점]

해설

$\tau_k = 44.15 \times 10^6 \text{N/m}^2 = 44.15\text{N/mm}^2, \ \sigma_c = 73.56\text{N/mm}^2$

$T = \dfrac{H}{\omega} = \dfrac{30 \times 10^3}{\dfrac{2\pi \times 1,760}{60}} = 162.77\text{N·m} = 162.77 \times 10^3 \text{N·mm}$

$T = \tau_k \cdot A_\tau \cdot \dfrac{d}{2} = \tau_k \cdot b \cdot l_1 \cdot \dfrac{d}{2}$에서 전단 견지 키의 길이 l_1

$l_1 = \dfrac{2T}{\tau_k \cdot b \cdot d} = \dfrac{2 \times 162.77 \times 10^3}{44.15 \times 12 \times 45} = 13.65\text{mm}$

$T = \sigma_c \cdot A_\sigma \cdot \dfrac{d}{2} = \sigma_c \times \dfrac{h}{2} \times l_2 \times \dfrac{d}{2}$에서 면압 견지 키의 길이 l_2

$l_2 = \dfrac{4T}{\sigma_c \cdot h \cdot d} = \dfrac{4 \times 162.77 \times 10^3}{73.56 \times 8 \times 45} = 24.59\text{mm}$

l_1과 l_2 중 안전을 고려하여 큰 값인 $l = 24.59\text{mm}$로 설계해야 한다.

≫ 문제 **03**

보스길이 80mm, 잇수 6개인 스플라인 축이 1,100rpm으로 회전하며 스플라인 안지름 36mm, 40mm일 때 회전 토크와 전달동력을 구하시오. (단, 허용면압력 23.54MPa이고, 접촉효율은 75%이다.) [5점]

(1) 회전 토크는 몇 $[\text{N·mm}]$인가?
(2) 전달동력은 몇 $[\text{kW}]$인가?

해설

(1) $h = \dfrac{D_2 - D_1}{2} = \dfrac{40 - 36}{2} = 2\text{mm}$, C : 모따기 없음

$D_m = \dfrac{D_2 + D_1}{2} = \dfrac{40 + 36}{2} = 38\text{mm}$, $q = 23.54\text{N/mm}^2$

$T = q \cdot A_q \times \dfrac{D_m}{2}$

$\quad = \eta \cdot q \cdot h \cdot l \cdot Z \times \dfrac{D_m}{2}$

$\quad = 0.75 \times 23.54 \times 2 \times 80 \times 6 \times \dfrac{38}{2}$

$\quad = 322{,}027.2\text{N} \cdot \text{mm}$

(2) $T = 322.03\text{N} \cdot \text{m}$

$H = T \cdot \omega = 322.03 \times \dfrac{2\pi \times 1{,}100}{60} = 37{,}095.19\text{W} = 37.1\text{kW}$

≫ 문제 04

다음과 같은 조건의 한 쌍의 외접 스퍼기어가 있다. 하중계수 $f_w = 0.8$, 속도계수 $f_v = \dfrac{3.05}{3.05 + v}$이다. 다음을 구하시오. [6점]

구분	회전 [rpm]	잇수	σ_b [MPa]	치형계수 Y (π 포함)	압력각 α[°]	모듈	폭	허용면압계수 [MPa]
피니언	600	40	400	0.42	20°	6	46	0.86
기어		70	150	0.56				

(1) 굽힘강도에 의한 피니언의 전달하중 F_1[N]

(2) 굽힘강도에 의한 기어의 전달하중 F_2[N]

(3) 면압강도에 의한 전달하중 F_3[N]

(4) 전달동력 [kW]

해설

(1) $V = \dfrac{\pi D_1 N_1}{60{,}000} = \dfrac{\pi \cdot m \cdot Z_1 \cdot N_1}{60{,}000} = \dfrac{\pi \times 6 \times 40 \times 600}{60{,}000} = 7.54\text{m/s}$

$f_v = \dfrac{3.05}{3.05 + V} = \dfrac{3.05}{3.05 + 7.54} = 0.288$, $\sigma_b = 400\text{N/mm}^2$

$F_1 = \sigma_b \cdot b \cdot p \cdot y = f_v \cdot f_w \cdot \sigma_b \cdot b \cdot \pi m \cdot y = f_v \cdot f_w \cdot \sigma_b \cdot b \cdot m \, Y_1$

$$= 0.288 \times 0.8 \times 400 \times 46 \times 6 \times 0.42$$
$$= 10,683.19\text{N}$$

(2) $F_2 = f_v \cdot f_w \cdot \sigma_b \cdot bm\, Y_2$
$$= 0.288 \times 0.8 \times 150 \times 46 \times 6 \times 0.56$$
$$= 5,341.59\text{N}$$

(3) $F_3 = f_v \cdot k \cdot b \cdot m \left(\dfrac{2Z_1 Z_2}{Z_1 + Z_2} \right)$
$$= 0.288 \times 0.86 \times 46 \times 6 \times \left(\frac{2 \times 40 \times 70}{40 + 70} \right)$$
$$= 3,480.13\text{N}$$

(4) $H = F_3 \cdot V = 3,480.13 \times 7.54 = 26,240.18\text{W} = 26.24\text{kW}$
안전한 동력 전달을 위해 F_1, F_2, F_3 중 가장 작은 값을 선택하여 설계한다.

≫ 문제 05

그림과 같은 필릿 용접이음에서 허용전단응력이 80MPa일 때, 안전한지를 검토하시오. (단, 용접 사이즈는 12mm이다.) [4점]

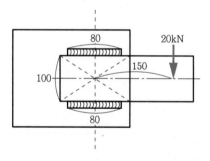

해설

〈자유물체도〉

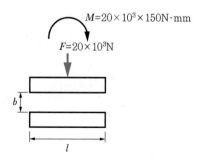

(1) $t = h\cos 45°$

F 에 의한 직접 전단응력 τ_1

$$\tau_1 = \frac{F}{A_r} = \frac{F}{2tl}$$

$$= \frac{F}{2 \times h\cos 45° \times l}$$

$$= \frac{20 \times 10^3}{2 \times 12\cos 45° \times 80}$$

$$= 14.73 \mathrm{N/mm^2} = 14.73 \times 10^6 \mathrm{N/m^2} = 14.73 \mathrm{MPa}$$

(2) M 에 의한 부가 전단응력 τ_2

$$T = M, \ r_{\max} = \sqrt{40^2 + 50^2} = 64.03 \mathrm{mm}$$

$$I_P = t \cdot l \frac{(3b^2 + l^2)}{6}$$

$$= 12\cos 45° \times 80 \times \frac{(3 \times 100^2 + 80^2)}{6} = 4{,}118{,}189.89 \mathrm{mm^4}$$

$$\tau_2 = \frac{T \cdot r_{\max}}{I_P} = \frac{20 \times 10^3 \times 150 \times 64.03}{4{,}118{,}189.89}$$

$$= 46.64 \mathrm{N/mm^2} = 46.64 \times 10^6 \mathrm{N/m^2} = 46.64 \mathrm{MPa}$$

(3) 최대합성전단응력 $\tau_{\max}$

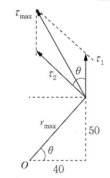

$$\cos\theta = \frac{40}{r_{\max}} = \frac{40}{64.03}$$

$$\tau_{\max} = \sqrt{\tau_1^2 + \tau_2^2 + 2 \cdot \tau_1 \cdot \tau_2 \cos\theta}$$

$$= \sqrt{14.73^2 + 46.64^2 + 2 \times 14.73 \times 46.64 \times \frac{40}{64.03}}$$

$$= 57.01 \mathrm{MPa}$$

$\tau_{\max} < \tau_a(80\mathrm{MPa})$, 허용응력 이내에 있으므로 안전하다.

11

≫ 문제 **06**

그림과 같은 밴드 브레이크에 의하여 $H = 7.36$kW, $N = 200$rpm을 제동하려고 한다. $D = 400$mm로 하였을 때 $\mu = 0.3$, $\theta = 225°$, $c = 200$mm이다. 다음을 구하시오. (단, $F = 196.2$N이다.) [5점]

(1) 제동토크 T는 몇 [N·m]인가?
(2) 이완측 장력 T_s는 몇 [N]인가?
(3) 레버의 길이 l은 몇 [mm]인가?

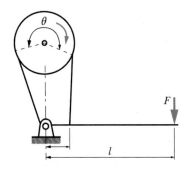

해설

(1) 제동토크 $T = \dfrac{H}{\omega} = \dfrac{7.36 \times 10^3}{\dfrac{2\pi \times 200}{60}} = 351.41\text{N·m}$

(2) $T = T_e \cdot \dfrac{D}{2}$ 에서

유효장력 $T_e = \dfrac{2T}{D} = \dfrac{2 \times 351.41}{0.4} = 1{,}757.05\text{N}$

장력비 $e^{\mu\theta} = e^{\left(0.3 \times 225° \times \frac{\pi}{180°}\right)} = 3.25$

$T_s = T_e \cdot \dfrac{1}{e^{\mu\theta} - 1} = 1{,}757.05 \times \dfrac{1}{3.25 - 1} = 780.91\text{N}$

(3) $\Sigma M_0 = 0$:

$Fl - T_s \cdot C = 0$

$\therefore l = \dfrac{T_s \cdot C}{F} = \dfrac{780.91 \times 200}{196.2} = 796.03\text{mm}$

〈자유물체도〉

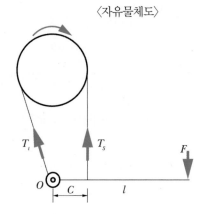

≫ 문제 **07**

다음과 같은 작업분류표를 보고 계획공정표를 완성하고 주공정은 아주 굵은 실선으로 표시하고 데이터 네트워크 공정표를 완성하시오. [6점]

[작업분류표]

작업명	선행작업	작업일수
A	없음	5
B	없음	8
C	없음	7
D	A	3
E	B, C	8
F	B, C	9
G	D, E, F	7
H	F	6

해설

(1) 계획공정표

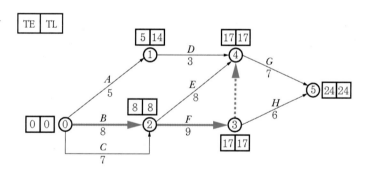

주공정 : ⓪ ② ③ ④ ⑤

(2) 네트워크 공정표
아래첨자 i는 작업 전 단계, j는 작업 후 단계, de(Duration Time) : 활동의 경과시간

기호	활동	작업시간				여유시간			주공정
		EST	LST	EFT	LFT	TF	FF	DF (IF)	CP
	계산법 →	TEi	TLj − de	TEi + de	TLj	LFT − EFT	후속작업 EST (후속작업 TEi) − 현재작업 EFT	TF − FF	
A	⓪ → ①	0	9	5	14	9	0	9	
B	⓪ → ②	0	0	8	8	0	0	0	★
C	⓪ → ②	0	1	7	8	1	1	0	
D	① → ④	5	14	8	17	9	9	0	
E	② → ④	8	9	16	17	1	1	0	
F	② → ③	8	8	17	17	0	0	0	★
	③ → ④	17	17	17	17	0	0	0	★
G	④ → ⑤	17	17	24	24	0	0	0	★
H	③ → ⑤	17	18	23	24	1	1	0	

》문제 08

축의 중앙에 무게 300N의 플라이휠이 매달려 있다. 축의 길이는 150cm, 축의 지름은 60mm이다. 축의 세로탄성계수가 200GPa일 때 축의 위험 속도는 몇 [rpm]인가? [4점]

해설

$E = 200 \times 10^9 \text{N/m}^2 = 200 \times 10^3 \text{N/mm}^2,\ l = 1,500\text{mm}$

$\delta = \dfrac{Pl^3}{48EI} = \dfrac{300 \times 1,500^3}{48 \times 200 \times 10^3 \times \dfrac{\pi \times 60^4}{64}} = 0.1658\text{mm} = 0.01658\text{Cm}$

$N_{cr} = 300\sqrt{\dfrac{1}{\delta(\text{Cm})}} = 300\sqrt{\dfrac{1}{0.01658}} = 2,329.86\text{rpm}$

≫ 문제 **09**

코일스프링으로 9.8kN의 건설기계를 4개의 스프링이 지지한다. 코일스프링은 50mm 수축되어 있을 때 다음을 구하시오. (단, 소선의 직경은 16mm이고 전단탄성계수는 $78.4 \times 10^3 \text{N/mm}^2$, 스프링지수 $C = 9$ 이다.) [5점]

(1) 코일스프링의 유효 권수
(2) 최대전단응력은 몇 [MPa]인가? (왈의 응력수정계수 $K = 1.16$이다.)

해설

(1) $C = \dfrac{D}{d}$에서 $D = C \cdot d = 9 \times 16 = 144\text{mm}$, 스프링 한 개당 하중 $P = \dfrac{9.8 \times 10^3}{4} = 2{,}450\text{N}$

$\delta = \dfrac{8P \cdot D^3 \cdot n}{Gd^4}$에서 $n = \dfrac{Gd^4 \cdot \delta}{8PD^3} = \dfrac{78.4 \times 10^3 \times 16^4 \times 50}{8 \times 2{,}450 \times 144^3} = 4.39 \fallingdotseq 5$회

(2) $T = \tau \cdot Z_P = P \cdot \dfrac{D}{2}$에서

$\tau \cdot \dfrac{\pi d^3}{16} = P \cdot \dfrac{D}{2}$

$\therefore \ \tau_{\max} = K \cdot \dfrac{8PD}{\pi d^3}$

$= 1.16 \times \dfrac{8 \times 2{,}450 \times 144}{\pi \times 16^3}$

$= 254.43\text{N/mm}^2 = 254.43 \times 10^6 \text{N/m}^2 = 254.43\text{MPa}$

≫ 문제 **10**

No. 6308 볼베어링의 부하용량 $C = 31.4\text{kN}$, 한계속도지수 $dN = 200{,}000$, 수명시간 $L_h = 25{,}000\text{hr}$ 일 때 다음을 구하시오. [5점]

(1) 최대사용 회전수는 몇 [rpm]인가?
(2) 최대사용 회전수일 때 베어링 하중은 몇 [N]인가?

해설

(1) $d = 5\text{mm} \times 8 = 40\text{mm}$ (63 : 깊은 홈 볼베어링, 08→8)

$N_{\max} = \dfrac{dN}{d} = \dfrac{200{,}000}{40} = 5{,}000\text{rpm}$

11

(2) 볼베어링 $r = 3$

$$L_h = \left(\frac{C}{P}\right)^r \times \frac{10^6}{60N} \text{ 에서}$$

$$\left(\frac{C}{P}\right)^r = \frac{L_h \cdot 60N}{10^6}$$

$$\frac{C}{P} = \sqrt[r]{\frac{L_h \cdot 60 \cdot N}{10^6}}$$

$$\therefore P = \frac{C}{\sqrt[r]{\dfrac{L_h \cdot 60 \cdot N}{10^6}}} = \frac{31.4 \times 10^3}{\sqrt[3]{\dfrac{25,000 \times 60 \times 5,000}{10^6}}} = 1,604.14\text{N}$$

≫ 문제 01

하중 20kN을 들어올리기 위한 나사산의 각 30°인 사다리꼴 나사잭이 있다. 수나사봉의 유효지름은 35mm, 골지름은 30mm, 피치는 5mm이고, 마찰계수가 0.1, 허용전단응력이 50MPa인 한줄나사이다. 다음을 결정하시오. [5점]

(1) 볼트에 걸리는 토크 $T_B[\text{J}]$는?

(2) 볼트에 걸리는 최대전단응력 $\tau_{\max}[\text{MPa}]$은?

(3) 안전계수 S는?

해설

(1) 나사산의 각도 $\beta = 30°$

상당마찰계수 $\mu' = \dfrac{\mu}{\cos\dfrac{\beta}{2}} = \dfrac{0.1}{\cos\dfrac{30°}{2}} = 0.1035$

$\tan\rho' = \mu'$ $\quad \therefore \rho' = \tan^{-1} 0.1035 = 5.9091°$

$\tan\alpha = \dfrac{nP}{\pi d_e}$ 에서 $\alpha = \tan^{-1}\left(\dfrac{1\times5}{\pi\times35}\right) = 2.6036°$

$T_B = Q\tan(\rho'+\alpha)\cdot\dfrac{d_e}{2}$

$\quad = 20\times10^3\tan(5.9091°+2.6036°)\cdot\dfrac{35}{2}$

$\quad = 52,387.17\text{N}\cdot\text{mm}$

$\quad = 52.39\text{N}\cdot\text{m}$

(2) 축방향 인장력과 비틀림을 동시에 받으므로

$\sigma_t = \dfrac{Q}{A} = \dfrac{Q}{\dfrac{\pi}{4}d_1^{\ 2}} = \dfrac{20\times10^3}{\dfrac{\pi}{4}\times30^2} = 28.29\text{N/mm}^2$

$\tau = \dfrac{T_B}{Z_P} = \dfrac{T_B}{\dfrac{\pi}{16}d_1^{\ 3}} = \dfrac{52.39\times10^3}{\dfrac{\pi}{16}\times30^3} = 9.88\text{N/mm}^2$

최대전단응력설에 의한 $\tau_{\max} = \dfrac{1}{2}\sqrt{\sigma_t{}^2 + 4\tau^2}$ 이므로

$$\tau_{\max} = \dfrac{1}{2}\sqrt{(28.29)^2 + 4(9.88)^2}$$
$$= 17.25\text{N}/\text{mm}^2$$
$$= 17.25 \times 10^6 \text{N}/\text{m}^2$$
$$= 17.25\text{MPa}$$

(3) $S = \dfrac{\tau_a}{\tau_{\max}} = \dfrac{50}{17.25} = 2.9$

≫ 문제 **02**

3.7kW, 2,000rpm을 전달하는 전동축에 묻힘 키를 설계하고자 한다. 축의 허용전단응력은 19.6MPa이고, 키의 허용전단응력은 11.76MPa, 키의 허용압축응력은 23.52MPa이다. 이론적으로 축의 지름과 키의 길이를 같게 하여 묻힘키를 설계하고 축에 키의 묻힘 깊이는 키의 높이에 $\dfrac{1}{2}$로 하여 다음을 구하시오. [6점]

(1) 묻힘키의 깊이를 고려하지 말고 전동축의 지름 $d_0[\text{mm}]$는?

(2) 묻힘키의 폭 $b[\text{mm}]$는?

(3) 묻힘키의 높이 $h[\text{mm}]$는?

(4) 묻힘 깊이를 고려한 축 직경 $d = \dfrac{d_0}{\beta}$이다. β가 다음과 같을 때 $d[\text{mm}]$는?

$$\beta = 1.0 + 0.2\left(\dfrac{b}{d_0}\right) - 1.1\left(\dfrac{t}{d_0}\right)$$

(여기서, t는 키의 묻힘 깊이이다.)

해설

(1) $T = \dfrac{H}{\omega} = \dfrac{3.7 \times 10^3}{\dfrac{2\pi \times 2,000}{60}} = 17.6662\text{N}\cdot\text{m} = 17,666.2\text{N}\cdot\text{mm}$

$T = \tau \cdot Z_P = \tau \cdot \dfrac{\pi d^3}{16}$ 에서 $d_0 = \sqrt[3]{\dfrac{16T}{\pi\tau}} = \sqrt[3]{\dfrac{16 \times 17,666.2}{\pi \times 19.6}} = 16.62\text{mm}$

(2) $\tau_k = 11.76\text{N}/\text{mm}^2$, $l = d_0$

$T = \tau_k \cdot A_\tau \cdot \dfrac{d_0}{2} = \tau_k \cdot b \cdot l \cdot \dfrac{d_0}{2}$ 에서

$b = \dfrac{2T}{\tau_k \cdot l \cdot d_0} = \dfrac{2 \times 17,666.2}{11.76 \times 16.62 \times 16.62} = 10.88\text{mm}$

(3) $T = \sigma_c \cdot A_\sigma \cdot \dfrac{d_0}{2} = \sigma_c \cdot \dfrac{h}{2} \cdot l \cdot \dfrac{d_0}{2}$ 에서

$h = \dfrac{4T}{\sigma_c \cdot l \cdot d_0} = \dfrac{4 \times 17{,}666.2}{23.52 \times 16.62 \times 16.62} = 10.88\text{mm}$

(4) $\beta = 1.0 + 0.2\left(\dfrac{b}{d_0}\right) - 1.1\left(\dfrac{t}{d_0}\right)$

$= 1.0 + 0.2\left(\dfrac{10.88}{16.62}\right) - 1.1\left(\dfrac{10.88}{16.62 \times 2}\right) = 0.77$

$\therefore \; d = \dfrac{d_0}{\beta} = \dfrac{16.62}{0.77} = 21.58\text{mm}$

》 문제 03

접촉면의 평균 지름이 100mm, 원추각이 $30°$인 원추 클러치에서 $1{,}200\text{rpm}$, 3.68kW를 전달한다. 접촉면의 허용면압력이 343kPa, 마찰계수가 0.1일 때 다음을 구하시오. [4점]

(1) 접촉폭(너비) $b[\text{mm}]$는?
(2) 축방향으로 누르는 힘 $W[\text{kN}]$는?

해설

(1) $q = 343 \times 10^3 \text{N/m}^2 = 343 \times 10^{-3} \text{N/mm}^2$

$T = \dfrac{H}{\omega} = \dfrac{3.68 \times 10^3}{\dfrac{2\pi \times 1{,}200}{60}} = 29.28451\text{N} \cdot \text{m} = 29{,}284.51\text{N} \cdot \text{mm}$

$T = \mu N \times \dfrac{D_m}{2} = \mu \cdot q \cdot \pi \cdot D_m \cdot b \times \dfrac{D_m}{2}$ 에서

$b = \dfrac{2T}{\mu \cdot q \cdot \pi \cdot D_m^2} = \dfrac{2 \times 29{,}284.51}{0.1 \times 343 \times 10^{-3} \times \pi \times 100^2} = 54.35\text{mm}$

(2) 원추반각 $\alpha = \dfrac{30°}{2} = 15°$, $\quad W = P_t$, $\quad P_t = N(\sin\alpha + \mu\cos\alpha)$

$= q \cdot \pi \cdot D_m \cdot b(\sin\alpha + \mu\cos\alpha)$

$= 343 \times 10^{-3} \times \pi \times 100 \times 54.35 \times (\sin 15° + 0.1\cos 15°)$

$= 2{,}081.49\text{N}$

$= 2.08\text{kN}$

≫ 문제 04

50kN의 베어링 하중을 받는 엔드저널 베어링의 허용굽힘응력이 49.05MPa, 허용베어링 압력은 3.92MPa
일 때 다음을 구하시오. [4점]

(1) 저널의 지름 $d[\text{mm}]$는?
(2) 저널의 폭 $l[\text{mm}]$은?

해설

(1) $M = P \cdot \dfrac{l}{2} = \sigma_b \cdot Z = q \times dl \times \dfrac{l}{2} = \sigma_b \cdot \dfrac{\pi d^3}{32}$ 에서

$\left(\dfrac{l}{d}\right)^2 = \dfrac{2\sigma_b \cdot \pi}{32 \cdot q}$

$\therefore$ 폭경비 $\dfrac{l}{d} = \sqrt{\dfrac{\pi\sigma_b}{16q}} = \sqrt{\dfrac{\pi \times 49.05}{16 \times 3.92}} = 1.57$

$l = 1.57d,\ q = 3.92\text{N/mm}^2$

$q = \dfrac{P}{A_q} = \dfrac{P}{dl} = \dfrac{P}{d \times 1.57 \times d}$ 에서

$d = \sqrt{\dfrac{P}{1.57 \times q}} = \sqrt{\dfrac{50 \times 10^3}{1.57 \times 3.92}} = 90.13\text{mm}$

(2) $l = 1.57d = 1.57 \times 90.13 = 141.50\text{mm}$

≫ 문제 05

용접작업 시 용접부에 생기는 잔류응력을 없애는 방법 3가지를 적으시오. [3점]

해설

① 풀림처리
② 피닝법
③ 기계적 응력완화법

≫ 문제 **06**

원동차의 회전속도는 $1,800\text{rpm}$, 지름은 150mm, 축간거리는 $1,100\text{mm}$인 V벨트 풀리가 있다. 전달동력은 5kW, 속도비는 $\dfrac{1}{4}$, 마찰계수는 0.32, 벨트 길이당 질량은 0.12kg/m, 홈의 각도는 $40°$이다. 다음을 구하시오. [5점]

(1) 벨트의 길이 $L[\text{mm}]$?
(2) 벨트의 접촉각 $\theta[\text{deg}]$?
(3) 벨트의 긴장측 장력 $T_t[\text{kN}]$?

해설

(1) $i = \dfrac{N_2}{N_1} = \dfrac{D_1^{'}}{D_2}$ 에서 $D_2 = \dfrac{D_1}{i} = \dfrac{150}{\dfrac{1}{4}} = 600\text{mm}$

$L = 2C + \dfrac{\pi(D_2 + D_1)}{2} + \dfrac{(D_2 - D_1)^2}{4C}$

$\quad = 2 \times 1,100 + \dfrac{\pi}{2}(600 + 150) + \dfrac{(600 - 150)^2}{4 \times 1,100}$

$\quad = 3,424.12\text{mm}$

(2) $C\sin\phi = \dfrac{D_2 - D_1}{2}$ 에서 $\phi = \sin^{-1}\left(\dfrac{D_2 - D_1}{2C}\right) = \sin^{-1}\left(\dfrac{600 - 150}{2 \times 1,100}\right) = 11.8029°$

원동축 접촉각 : $\theta_1 = 180° - 2\phi = 180° - 2 \times 11.8029° = 156.39°$

종동축 접촉각 : $\theta_2 = 180° + 2\phi = 180° + 2 \times 11.8029° = 203.61°$

(3) $V = \dfrac{\pi D_1 N_1}{60,000} = \dfrac{\pi \times 150 \times 1,800}{60,000} = 14.14\text{m/s}\,(V > 10\text{m/s}$ 이상으로 부가장력 C 고려$)$

$C = m \cdot a = m \cdot \dfrac{V^2}{r} = \dfrac{m}{r} \cdot V^2 = 0.12 \times 14.14^2 = 23.99\text{N}$

홈의 반각 : $\alpha = \dfrac{40°}{2} = 20°$

상당마찰계수 $\mu' = \dfrac{\mu}{\sin\alpha + \mu\cos\alpha} = \dfrac{0.32}{\sin 20° + 0.32\cos 20°} = 0.4979$

$e^{\mu'\theta} = e^{\left(0.4979 \times 156.39° \times \frac{\pi}{180°}\right)} = 3.8924$

$H = T_e \cdot V = (T_t - C) \cdot \dfrac{e^{\mu'\theta} - 1}{e^{\mu'\theta}} \cdot V$에서

$T_t = C + \dfrac{e^{\mu'\theta}}{e^{\mu'\theta} - 1} \times \dfrac{H}{V}$

$\quad = 23.99 + \left(\dfrac{3.8924}{3.8924 - 1}\right) \times \dfrac{5 \times 10^3}{14.14} = 499.85\text{N} \fallingdotseq 0.5\text{kN}$

≫ 문제 **07**

홈붙이 마찰차에서 원동차의 지름이 300mm, 회전수 300rpm, 전달동력 3.68kW, 속도비 $\dfrac{1}{1.5}$, 홈의 각도 $40°$, 허용선압력 24.4N/mm, 마찰계수 0.25, 홈의 높이 12mm일 때 다음을 구하여라. [5점]

(1) 축간거리 $C[\text{mm}]$는?
(2) 마찰차를 밀어 붙이는 힘 $W[\text{N}]$는?
(3) 홈의 수 Z는?

해설

(1) $i = \dfrac{N_2}{N_1} = \dfrac{D_1}{D_2}$ 에서 $D_2 = \dfrac{D_1}{i} = \dfrac{300}{\dfrac{1}{1.5}} = 450\text{mm}$

$C = \dfrac{D_1 + D_2}{2} = \dfrac{300 + 450}{2} = 375\text{mm}$

(2) $\alpha = \dfrac{\text{홈의 각도}}{2} = \dfrac{40°}{2} = 20°$, $W = Q$

상당마찰계수 $\mu' = \dfrac{\mu}{\sin\alpha + \mu\cos\alpha} = \dfrac{0.25}{\sin 20° + 0.25 \times \cos 20°} = 0.4333$

$V = \dfrac{\pi D_1 N_1}{60,000} = \dfrac{\pi \times 300 \times 300}{60,000} = 4.71\text{m/s}$

$H = \mu N \cdot V = \mu' \cdot Q \cdot V$에서

$Q = \dfrac{H}{\mu' \cdot V} = \dfrac{3.68 \times 10^3}{0.4333 \times 4.71} = 1,803.18\text{N}$

(3) $\mu N = \mu' Q$ 에서 수직력 $N = \dfrac{\mu' Q}{\mu} = \dfrac{0.4333 \times 1,803.18}{0.25} = 3,125.27\text{N}$

접촉선압 $f = \dfrac{N}{l} \fallingdotseq \dfrac{N}{2h \cdot Z}$

홈의 수 $Z = \dfrac{N}{2 \cdot h \cdot f} = \dfrac{3,125.27}{2 \times 12 \times 24.4} = 5.34 \fallingdotseq 6$개

>> 문제 **08**

1,500rpm, 44kW를 전달하는 베벨기어의 피니언 지름이 150mm, 속도비 $\frac{1}{2}$ 일 때, 다음을 구하시오.

(단, 각각의 반원추각 $\alpha = 26°$, $\beta = 63°$이다.) [5점]

(1) 종동기어의 피치원 지름 $D_2[\text{mm}]$는?

(2) 모선의 길이 $L[\text{mm}]$은?

(3) 전달력 $P[\text{N}]$는?

해설

(1) $i = \dfrac{N_2}{N_1} = \dfrac{D_1}{D_2}$ 에서 $D_2 = \dfrac{D_1}{i} = \dfrac{150}{\dfrac{1}{2}} = 300\text{mm}$

(2) $L\sin\alpha = \dfrac{D_1}{2}$ 에서

$L = \dfrac{D_1}{2\sin\alpha} = \dfrac{150}{2\sin26°} = 171.09\text{mm}$

(3) $V = \dfrac{\pi D_1 N_1}{60,000} = \dfrac{\pi \times 150 \times 1,500}{60,000} = 11.78\text{m/s}$

$P = F$

$H = F \cdot V$ 에서 $F = \dfrac{H}{V} = \dfrac{44 \times 10^3}{11.78} = 3,735.14\text{N}$

>> 문제 **09**

드럼 축에 100rpm, 8.21kW의 전달동력이 작용하고 있는 그림과 같은 차동식 밴드 브레이크 장치가 있다. 마찰계수 0.3, 밴드 접촉각 240°, 장력비 $e^{\mu\theta} = 3.5$일 때, 다음을 구하시오. [6점]

(1) 긴장 측 장력 $T_t[\mathrm{N}]$는?

(2) 그림에서 브레이크 레버에 걸리는 조작력 $F[\mathrm{N}]$는 얼마인가?

(3) 브레이크를 자동 제동시키려면 $a[\mathrm{mm}]$의 길이를 얼마로 해야 하는가?

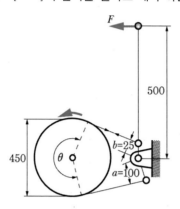

해설

(1) $T = \dfrac{H}{\omega} = \dfrac{8.21 \times 10^3}{\dfrac{2\pi \times 100}{60}} = 784\mathrm{N \cdot m}$

$T = T_e \cdot \dfrac{D}{2}$ 에서

유효장력 $T_e = \dfrac{2T}{D} = \dfrac{2 \times 784}{0.45} = 3,484.44\mathrm{N}$

$T_t = T_e \cdot \dfrac{e^{\mu\theta}}{e^{\mu\theta}-1} = 3,484.44 \times \dfrac{3.5}{3.5-1} = 4,878.22\mathrm{N}$

(2) 〈자유물체도〉

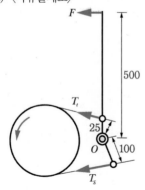

$$T_s = T_e \cdot \frac{1}{e^{\mu\theta} - 1} = 3{,}484.44 \times \frac{1}{3.5 - 1} = 1{,}393.78\text{N}$$

$$\Sigma M_0 = 0 :$$

$$-F \times 500 - T_t \times 25 + T_s \times 100 = 0$$

$$\therefore \ F = \frac{T_s \times 100 - T_t \times 25}{500}$$

$$= \frac{1{,}393.78 \times 100 - 4{,}878.22 \times 25}{500} = 34.85\text{N}$$

(3) 자동제동조건은 조작력 F 가 없이 제동되므로

   $T_t \times 25 \geq T_s \times a$이 되어야 하므로

$$\therefore \ a \leq 25 \times \frac{T_t}{T_s}$$

$$a \leq 25 \times e^{\mu\theta}$$

$$a \leq 25 \times 3.5$$

$$a = 25 \times 3.5 = 87.5\text{mm}$$

≫ 문제 **10**

600rpm으로 1.47kN을 지지하는 단열 레디얼 볼 베어링의 베어링 수명시간을 계산하시오. 기본동정격하중은 18.4kN, 하중계수는 1.5이다. [3점]

해설

볼베어링 $r = 3$

$$L_h = \left(\frac{C}{f_w \cdot P}\right)^r \times \frac{10^6}{60\text{N}}$$

$$= \left(\frac{18.4 \times 10^3}{1.5 \times 1.47 \times 10^3}\right)^3 \times \frac{10^6}{60 \times 600} = 16{,}140.8\text{hr}$$

≫ 문제 **11**

강선의 지름이 10mm인 정방형 코일 스프링이 있다. 스프링의 평균지름은 100mm, 감김 수 $n = 8$, 전단탄성 계수 G는 76.41GPa, 허용전단응력은 300MPa이다. 다음을 구하시오. [4점]

(1) 최대안전하중 P는 몇 $[\text{kN}]$인가?
(2) 그때의 처짐 δ는 몇 $[\text{mm}]$인가?

해설

(1) $C = \dfrac{D}{d} = \dfrac{100}{10} = 10$

     와알의 응력수정계수 $K = \dfrac{4C-1}{4C-4} + \dfrac{0.615}{C}$

$$= \frac{4 \times 10 - 1}{4 \times 10 - 4} + \frac{0.615}{10} = 1.1448$$

     $\tau_{\max} \leq \tau_a = 300\text{N}/\text{mm}^2$

     $T = \tau_a \cdot Z_P = P \times \dfrac{D}{2}$

     $\tau_a = \dfrac{P \cdot D}{2Z_P} = \dfrac{P \cdot D}{2 \times \dfrac{\pi}{16}d^3}$ 에서

     $\tau_a = K \cdot \dfrac{8 \cdot P \cdot D}{\pi d^3}$

     $\therefore \ P \leq \dfrac{\tau_a \cdot \pi d^3}{8KD} = \dfrac{300 \times \pi \times 10^3}{8 \times 1.1448 \times 100}$

     $P \leq 1,029.09\text{N}$ 이므로
     최대안전하중은 1.03kN이다.

(2) $\delta = \dfrac{8PD^3 \cdot n}{Gd^4} = \dfrac{8 \times 1.03 \times 10^3 \times 100^3 \times 8}{76.41 \times 10^3 \times 10^4} = 86.27\text{mm}$

>> 문제 **01**

250rpm, 7.5kW의 동력을 전달하는 외접 스퍼기어에서 속도비 $\frac{1}{5}$, 굽힘강도 200MPa, 치형 계수 $Y = \pi y = 0.35$, 비응력 계수 $K = 1.05\text{MPa}$, 치폭 $b = 10 \times m$, $f_v = \dfrac{3.05}{3.05 + V}$, 피니언의 피치원 지름 $D_1 = 100\text{mm}$일 때 다음을 계산하시오. [5점]

(1) 굽힘강도에 의한 모듈(모듈을 올림하여 정수로 결정한다.)
(2) 면압강도에 의한 모듈
(3) 이 나비는 몇 [mm]가 적합한가?

해설

(1) $\sigma_b = 200 \times 10^6 \text{N/m}^2 = 200\text{N/mm}^2$

$V = \dfrac{\pi D_1 N_1}{60,000} = \dfrac{\pi \times 100 \times 250}{60,000} = 1.31\text{m/s}$, $f_v = \dfrac{3.05}{3.05 + v} = \dfrac{3.05}{3.05 + 1.31} = 0.7$

$H = F \cdot V$에서 회전력 $F = \dfrac{H}{V} = \dfrac{7.5 \times 10^3}{1.31} = 5,725.19\text{N}$

$F = \sigma_b \cdot b \cdot p \cdot y = f_v \cdot f_w \cdot \sigma_b \cdot 10m \cdot \pi \cdot my = f_v \cdot \sigma_b \cdot 10 \cdot m^2 \cdot Y$에서

$m = \sqrt{\dfrac{F}{f_v \cdot \sigma_b \cdot 10 \cdot Y}} = \sqrt{\dfrac{5,725.19}{0.7 \times 200 \times 10 \times 0.35}} = 3.42\text{mm} = 4\text{mm}$

(2) $D = mZ$와 $i = \dfrac{N_2}{N_1} = \dfrac{D_1}{D_2}$에서 $D_2 = \dfrac{D_1}{i} = \dfrac{100}{\frac{1}{5}} = 500\text{mm}$

$F = f_v \cdot K \cdot b \cdot m \left(\dfrac{2Z_1 Z_2}{Z_1 + Z_2} \right)$

$= f_v \cdot K \cdot 10m \cdot m \left(\dfrac{2 \cdot \dfrac{D_1}{m} \times \dfrac{D_2}{m}}{\dfrac{D_1}{m} + \dfrac{D_2}{m}} \right) = f_v \cdot K \cdot 10m \left(\dfrac{2D_1 D_2}{D_1 + D_2} \right)$에서

$$m = \dfrac{F}{f_v \cdot K \cdot 10 \cdot \left(\dfrac{2D_1 D_2}{D_1 + D_2} \right)}$$

$$= \dfrac{5,725.19}{0.7 \times 1.05 \times 10 \times \left(\dfrac{2 \times 100 \times 500}{100 + 500} \right)} = 4.67 = 5\text{mm}$$

(3) 굽힘과 면압을 고려한 동력전달을 위해 굽힘과 면압에 의한 모듈 중 큰 값인 $m = 5$mm로 설계해야 하므로 폭 $b = 10$m에서 $b = 10 \times 5 = 50$mm

≫ 문제 **02**

그림과 같은 아이볼트에 $F_1 = 6$kN, $F_2 = 8$kN의 하중과 $F = 15$kN이 작용할 때 다음을 구하시오. [4점]

(1) T의 각도 θ[deg]와 크기 [kN]는?

(2) 호칭지름 10cm, 피치 3cm, 골지름 8cm일 때 최대인장응력은 몇 [MPa]인가?

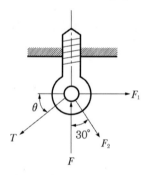

해설

(1) 〈힘분석〉

정역학적 평형상태 방정식

$$\Sigma F_x = 0 : -T\cos\theta + F_2\sin 30° + F_1 = 0$$
$$-T\cos\theta + 8\sin 30° + 6 = 0$$
$$\therefore\ T\cos\theta = 10\text{kN} \quad\cdots\cdots\cdots\cdots\cdots\cdots\cdots\cdots\cdots\cdots\cdots\cdots\ ①$$

$$\Sigma F_y = 0 : -T\sin\theta + F - F_2\cos 30° = 0$$
$$-T\sin\theta + 15 - 8\cos 30° = 0$$

$$\therefore \ T\sin\theta = 8.07\text{kN} \ \cdots\cdots\cdots\cdots\cdots\cdots\cdots\cdots\cdots\cdots \ ②$$

②÷①에서 $\tan\theta = \dfrac{8.07}{10}$ 에서 $\therefore \ \theta = \tan^{-1}0.807 = 38.9°$

$T\cos 38.9° = 10$ 에서 $T = \dfrac{10}{\cos 38.9°} = 12.85\text{kN}$

(2) $\sigma_{\max} = \dfrac{F}{A} = \dfrac{F}{\dfrac{\pi}{4}d_1^{\,2}} = \dfrac{15 \times 10^3}{\dfrac{\pi}{4} \times 80^2} = 2.9842\text{N/mm}^2$

$\qquad\quad = 2.98 \times 10^6 \text{N/m}^2 = 2.98\text{MPa}$

> **문제 03**

스프링 지수가 8인 코일스프링에 압축하중이 $800 \sim 300\text{N}$ 사이에서 변동할 때 수축량은 25mm이며 최대전단 응력은 300MPa, 스프링의 전단탄성계수는 80GPa이다. 왈의 응력수정계수는 $K = \dfrac{4C-1}{4C-4} + \dfrac{0.615}{C}$, 최대하중이 800N일 때 다음을 구하시오. [5점]

(1) 코일 스프링의 소선의 최소지름은 몇 $[\text{mm}]$인가?
(2) 코일 스프링의 평균유효지름은 몇 $[\text{mm}]$인가?
(3) 코일 스프링의 유효 감김수는?

해설

(1) $K = \dfrac{4C-1}{4C-4} + \dfrac{0.615}{C} = \dfrac{4 \times 8 - 1}{4 \times 8 - 4} + \dfrac{0.615}{8} = 1.184$

$\tau_{\max}$ 일 때 최소지름이므로 $T = \tau_{\max} \cdot Z_P = \tau_{\max} \cdot \dfrac{\pi d^3}{16} = P \cdot \dfrac{D}{2}$ 와 $C = \dfrac{D}{d}$ 에서 $D = Cd$

$\tau_{\max} = K \cdot \dfrac{8P \cdot D}{\pi d^3} = K \cdot \dfrac{8PC}{\pi d^2}$ 에서

$d = \sqrt{\dfrac{K \cdot 8 \cdot P \cdot C}{\pi \cdot \tau_{\max}}} = \sqrt{\dfrac{1.184 \times 8 \times 800 \times 8}{\pi \times 300}} = 8.02\text{mm}$

(2) $C = \dfrac{D}{d}$ 에서 $\therefore \ D = Cd = 8 \times 8.02 = 64.16\text{mm}$

(3) $\delta_1 - \delta_2 = \dfrac{8(P_1 - P_2)D^3 \cdot n}{G \cdot d^4}$

$25 = \dfrac{8(800 - 300) \times 64.16^3 \times n}{80 \times 10^3 \times 8.02^4}$ 에서 $\therefore \ n = 7.83 ≒ 8$

≫ 문제 **04**

4측 필렛 용접이음에 편심하중이 50kN이 작용할 때 최대전단응력은 몇 [MPa]인가?

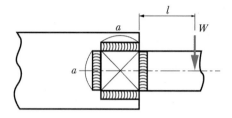

그림에서 $a = 250\mathrm{mm}$, 용접사이즈 $8\mathrm{mm}$, 편심거리 $l = 375\mathrm{mm}$ 이다. [5점]

해설

〈자유물체도〉

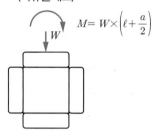

$M = W \times \left(\ell + \dfrac{a}{2}\right)$

(1) W에 의한 직접전단응력 τ_1

$$\tau_1 = \frac{W}{A} = \frac{W}{4 \cdot t \cdot a} = \frac{W}{4 \times h\cos 45° \times a}$$

$$= \frac{50 \times 10^3}{4 \times 8\cos 45° \times 250}$$

$$= 8.84\,\mathrm{N/mm^2}$$

$$= 8.84 \times 10^6\,\mathrm{N/m^2}$$

$$= 8.84\,\mathrm{MPa}$$

(2) M에 의한 부가전단응력 τ_2, $M = T$

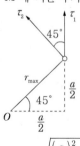

$$r_{max} = \sqrt{\left(\frac{a}{2}\right)^2 + \left(\frac{a}{2}\right)^2} = \sqrt{125^2 + 125^2} = 176.78\,\mathrm{mm}$$

$$I_P = t \cdot \frac{(l+b)^3}{6} = h\cos45° \times \frac{(a+a)^3}{6} = 8\cos45° \times \frac{(2 \times 250)^3}{6} = 117.85 \times 10^6 \mathrm{mm}^4$$

$$\tau_2 = \frac{T \cdot r_{\max}}{I_P} = \frac{50 \times 10^3 \times (375 + \frac{250}{2}) \times 176.78}{117.85 \times 10^6}$$
$$= 37.5\mathrm{N/mm}^2 = 37.5 \times 10^6 \mathrm{N/m}^2 = 37.5\mathrm{MPa}$$

(3) 최대전단응력 $\tau_{\max}$

$$\tau_{\max} = \sqrt{\tau_1^2 + \tau_2^2 + 2 \cdot \tau_1 \cdot \tau_2\cos\theta}$$
$$= \sqrt{8.84^2 + 37.5^2 + 2 \times 8.84 \times 37.5 \times \cos45°}$$
$$= 44.2\mathrm{MPa}$$

》 문제 05

4kW, 250rpm으로 회전하고 있는 250mm의 드럼을 제동시키기 위한 블록브레이크가 있다. 다음을 구하시오. [5점]

(1) 제동토크 T는 몇 [J]인가? (단, 마찰계수는 0.25이다.)
(2) 제동력 Q는 몇 [N]인가?
(3) 조작대에 작용하는 힘 F는 몇 [N]인가?

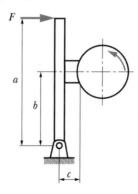

$a = 850\mathrm{mm}, \; b = 320\mathrm{mm}, \; c = 60\mathrm{mm}$

해설

(1) $T = \dfrac{H}{\omega} = \dfrac{4 \times 10^3}{\dfrac{2\pi \times 250}{60}} = 152.79\mathrm{N} \cdot \mathrm{m} = 152.79\mathrm{J}$

(2) $Q = F_f$

$T = F_f \cdot \dfrac{D}{2}$에서

$F_f = \dfrac{2T}{D} = \dfrac{2 \times 152.79}{0.25} = 1,222.32\text{N}$

(3) $F_f = \mu N$

〈자유물체도〉

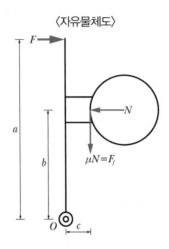

$\Sigma M_0 = 0 \; : \; F \cdot a - Nb + \mu Nc = 0$

$\therefore \; F = \dfrac{N(b - \mu c)}{a} = \dfrac{\dfrac{F_f}{\mu}(b - \mu c)}{a} = \dfrac{\dfrac{1,222.32}{0.25}(320 - 0.25 \times 60)}{850} = 1,754.39\text{N}$

≫ 문제 06

길이 $l = 200\text{cm}$인 축이 900rpm, 33.1kW를 전달한다. 무게 65kg의 풀리를 축의 중앙에 붙일 때 이 축의 지름을 결정하고자 한다. 축 재료는 연강이고 키홈은 무시하고 허용전단응력은 34.3MPa이다. 다음 순서에 따라 계산하시오. [5점]

(1) 축 토크는 몇 [J]인가?
(2) 굽힘 모멘트는 몇 [J]인가?
(3) 상당비틀림 모멘트를 고려하면 축 지름은 몇 [mm]인가?

해설

(1) $T = \dfrac{H}{\omega} = \dfrac{33.1 \times 10^3}{\dfrac{2\pi \times 900}{60}} = 351.2\text{N} \cdot \text{m} = 351.2\text{J}$

(2) $M = W \cdot \dfrac{l}{4} = \dfrac{65 \times 9.8 \times 2}{4} = 318.5\text{N} \cdot \text{m} = 318.5\text{J}$

(3) $T_e = \sqrt{M^2 + T^2} = \sqrt{318.5^2 + 351.2^2} = 474.11\text{N} \cdot \text{m}$

$T_e = \tau_a \cdot Z_P = \tau_a \cdot \dfrac{\pi}{16} d^3$ 에서

$d = \sqrt[3]{\dfrac{16\,T_e}{\pi\tau_a}} = \sqrt[3]{\dfrac{16 \times 474.11}{\pi \times 34.3 \times 10^6}} = 0.04129\text{m} = 41.29\text{mm}$

≫ 문제 07

단열 레이디얼 볼 베어링 6308을 레이디얼 하중 1.6kN, 기본동정격 하중 C의 값은 32kN, 한계속도지수 dN은 200,000mm·rpm일 때 다음을 구하시오. [5점]

(1) 베어링의 안지름은 몇 [mm]인가?

(2) 최대회전수는 몇 [rpm]인가?

(3) 하중계수가 1.5일 때 수명시간은 몇 [hr]인가?

해설

(1) 호칭 6308에서 $d = 8 \times 5\text{mm} = 40\text{mm}$

(2) $N_{\max} = \dfrac{dN}{d} = \dfrac{200,000}{40} = 5,000\text{rpm}$

(3) $L_h = \left(\dfrac{C}{f_w \cdot P}\right)^r \times \dfrac{10^6}{60N} = \left(\dfrac{32 \times 10^3}{1.5 \times 1.6 \times 10^3}\right)^3 \times \dfrac{10^6}{60 \times 5,000} = 7,901.23\text{hr}$

>> 문제 **08**

50번 룰러 체인의 평균속도가 $7\mathrm{m/sec}$일 때 다음을 구하시오. [3점] (단, 안전율 $S=20$, 부하계수 $k=1.0$, 파단하중 $P=14\mathrm{kN}$이다.)

(1) 허용장력 F는 몇 [N]인가?
(2) 최대전달동력은 몇 [kW]인가?

해설

(1) $F_a = \dfrac{F_f}{S \cdot K} = \dfrac{14 \times 10^3}{20 \times 1} = 700\mathrm{N}$

(2) $H = F_a \cdot V = 700 \times 7 = 4{,}900\mathrm{W} = 4.9\mathrm{kW}$

>> 문제 **09**

1,500rpm, 8kW를 800rpm, 510mm의 종동폴리로 동력을 전달하는 바로 걸기의 평벨트 전동장치가 있다. 마찰계수는 0.28, 주동폴리의 접촉각 165°, $m'=0.3\mathrm{kg/m}$일 때 다음을 구하시오. [5점]

(1) 회전속도 v는 몇 [m/sec]인가?
(2) 긴장측 장력 T_t는 몇 [N]인가?
(3) 벨트의 폭 b는 몇 [mm]인가?
   (단, 벨트의 두께는 5mm, 허용인장강도가 2MPa, 전달효율 80%이다.)

해설

(1) $V = \dfrac{\pi D_2 N_2}{60{,}000} = \dfrac{\pi \times 510 \times 800}{60{,}000} = 21.36\mathrm{m/s}$ (10m/s 이상이므로 부가장력 고려)

(2) $e^{\mu\theta} = e^{0.28 \times 165° \times \frac{\pi}{180°}} = 2.24$

$C = m \cdot a = m \cdot \dfrac{V^2}{r} = \dfrac{m}{r} \cdot V^2 = m' \cdot V^2 = 0.3 \times (21.36)^2 = 136.87\mathrm{N}$

$H = T_e \cdot V = (T_t - C)\left(\dfrac{e^{\mu\theta}-1}{e^{\mu\theta}}\right) \cdot V$에서

$T_t = C + \dfrac{H}{V}\left(\dfrac{e^{\mu\theta}}{e^{\mu\theta}-1}\right) = 136.87 + \dfrac{8 \times 10^3}{21.36}\left(\dfrac{2.24}{2.24-1}\right) = 813.44\mathrm{N}$

(3) $\sigma_a = \dfrac{T_t}{b \cdot t \cdot \eta}$에서 $b = \dfrac{T_t}{\sigma_a \cdot t \cdot \eta} = \dfrac{813.44}{2 \times 5 \times 0.8} = 101.68\mathrm{mm}$

≫ 문제 **10**

지름이 70mm인 축에 보스를 끼웠을 때 사용한 묻힘 키의 호칭이 $18 \times 12 \times 100mm$ 이다. 이 축이 350rpm, 7.35kW로 회전할 때 키의 전단응력과 압축응력은 각각 몇 $[N/mm^2]$인가? [4점]

해설

(1) $T = \dfrac{H}{\omega} = \dfrac{7.35 \times 10^3}{\dfrac{2\pi \times 350}{60}} = 200.53523N \cdot m = 200,535.23N \cdot mm$, 키의 호칭 $b \times h \times \ell = 18 \times 12 \times 100mm$

$T = \tau_k \cdot A_\tau \cdot \dfrac{d}{2} = \tau_k \cdot b \cdot l \cdot \dfrac{d}{2}$ 에서

$\tau_k = \dfrac{2T}{b \cdot l \cdot d} = \dfrac{2 \times 200,535.23}{18 \times 100 \times 70} = 3.18N/mm^2$

(2) $T = \sigma_c \cdot A_\sigma \cdot \dfrac{d}{2} = \sigma_c \cdot \dfrac{h}{2} \cdot l \cdot \dfrac{d}{2}$ 에서

$\sigma_c = \dfrac{4T}{h \cdot l \cdot d} = \dfrac{4 \times 200,535.23}{12 \times 100 \times 70} = 9.55N/mm^2$

≫ 문제 **11**

축간거리 $C = 500\text{mm}$, $N_A = 500\text{rpm}$, $N_B = 300\text{rpm}$인 외접원통마찰차가 있다. 선압 $20\text{N}/\text{mm}$, 폭 75mm, 마찰계수 0.2일 때 다음을 구하시오. [4점]

(1) 주동차와 종동차의 직경 [mm]

(2) 최대전달동력 [kW]

해설

(1) $i = \dfrac{N_B}{N_A} = \dfrac{D_A}{D_B} = \dfrac{300}{500} = \dfrac{3}{5}$ 에서 $D_A = \dfrac{3}{5}D_B$

$C = \dfrac{D_A + D_B}{2} = \dfrac{\dfrac{3}{5}D_B + D_B}{2}$ 에서

$\dfrac{8}{5}D_B = 2C$

$\therefore D_B = \dfrac{5}{4}C = \dfrac{5}{4} \times 500 = 625\text{mm}$

$D_A = \dfrac{3}{5}D_B = \dfrac{3}{5} \times 625 = 375\text{mm}$

(2) $H = \mu \cdot N \cdot V = \mu \cdot fb \cdot V$

$\quad\quad = 0.2 \times 20 \times 75 \times \dfrac{\pi \times 375 \times 500}{60,000}$

$\quad\quad = 2,945.24\text{W} = 2.95\text{kW}$

≫ 문제 **01**

코일 스프링에서 2,000N의 하중이 작용할 때 처짐이 26mm 늘어났다. 허용 전단응력은 320MPa이라고 할 때 다음을 구하시오. (단, 가로 탄성계수는 83GPa, 스프링 지수 $C = 8$)

(1) 소선의 직경 $d[\text{mm}]$

(2) 감김수 n

해설

(1) $K = \dfrac{4C-1}{4C-4} + \dfrac{0.615}{C} = \dfrac{4 \times 8 - 1}{4 \times 8 - 4} + \dfrac{0.615}{8} = 1.184$

스프링 지수 $C = \dfrac{D}{d}$ 에서 $8 = \dfrac{D}{d}$ ∴ $D = 8d$

$\tau = K \cdot \dfrac{8WD}{\pi d^3}$

$= K \cdot \dfrac{8 \cdot W \cdot 8d}{\pi d^3}$

$= K \cdot \dfrac{64 \cdot W}{\pi d^2}$

∴ $d = \sqrt{\dfrac{64 \cdot K \cdot W}{\pi \tau}} = \sqrt{\dfrac{64 \times 1.184 \times 2,000}{\pi \times 320 \times 10^6}} = 0.01227\text{m} = 12.27\text{mm}$

(2) $D = 8 \cdot d = 8 \times 12.27 = 98.16\text{mm}$

$G = 83GPa$

$= 83 \times 10^9 \text{ N/m}^2$

$= 83 \times 10^9 \text{ N/}(1,000\text{mm})^2$

$= 83 \times 10^3 \text{ N/mm}^2$

$\delta = \dfrac{8WD^3 \cdot n}{Gd^4}$ 에서

$n = \dfrac{G \cdot d^4 \cdot \delta}{8WD^3} = \dfrac{83 \times 10^3 \times 12.27^4 \times 26}{8 \times 2,000 \times 98.16^3} = 3.24 ≒ 4$

≫ 문제 **02**

지름이 38mm인 전동축에 760rpm으로 28kW를 전달하는 벨트를 묻힘 키로 결합한다. 키 폭 $b = 10$mm일 때 길이 l를 구하시오. (단, 전단강도는 25MPa이다.)

해설

$b = 0.01$m, $d = 0.038$m, $\tau_k = 25 \times 10^6 \text{Pa} = 25 \times 10^6 \text{N/m}^2$

$H = T \cdot \omega$

$T = \dfrac{H}{\omega} = \dfrac{H}{\dfrac{2\pi N}{60}} = \dfrac{28 \times 10^3}{\dfrac{2\pi \times 760}{60}} = 351.82 \text{N} \cdot \text{m}$

$T = \tau_k \times A_\tau \times \dfrac{d}{2}$

$\quad = \tau_k \times b \cdot l \times \dfrac{d}{2}$

$\therefore \; l = \dfrac{2T}{\tau_k \cdot b \cdot d} = \dfrac{2 \times 351.82}{25 \times 10^6 \times 0.01 \times 0.038} = 0.07407\text{m} = 74.07\text{mm}$

≫ 문제 **03**

두께 12mm의 강판을 연결한 겹치기 이음에서 리벳의 지름이 14mm인 강판의 허용 인장응력 $\sigma_a = 12$MPa, 리벳 허용전단응력 $\tau_a = 9$MPa일 때 다음을 구하시오. (단, 인장하중 = 전단하중)

(1) 리벳의 전단하중 $W[\text{N}]$
(2) 효율을 최대로 하는 피치 $p[\text{mm}]$
(3) 판의 효율 $[\%]$

해설

(1) 1줄 겹치기 이음($n = 1$), $d = 0.014$m

$\quad W = \tau \cdot A_\tau$

$\qquad = \tau \cdot \dfrac{\pi d^2}{4} \cdot n$

$\qquad = 9 \times 10^6 \times \dfrac{\pi}{4} \times 0.014^2 \times 1$

$\qquad = 1385.44\text{N}$

(2) 주어진 조건에서 인장하중은 전단하중과 같다. $d' = d$로 본다.

$$\therefore \; W = \sigma_t \cdot A_t = \sigma_t \cdot (p-d)t$$

$$p = d + \frac{W}{\sigma_t \cdot t} = 0.014 + \frac{1,385.44}{12 \times 10^6 \times 0.012}$$

$$= 0.02362\text{m}$$

$$= 23.62\text{mm}$$

(3) $\eta_t = 1 - \dfrac{d'}{p} = 1 - \dfrac{d}{p} = 1 - \dfrac{14}{23.62}$

$$= 0.4073 = 40.73\%$$

14

≫ 문제 04

내압 1.5MPa, 안지름 0.68m인 실린더의 커버를 12개의 볼트를 사용하여 조이려고 한다. 다음을 구하시오.
(단, 볼트와 커버의 허용 인장응력 $\sigma_a = 52\text{MPa}$이며 $d_1 = 0.8d_2$이다.)

(1) 볼트에 걸리는 하중 $W[\text{N}]$
(2) 볼트의 골지름 (d_1)과 외경 (d_2)

해설

(1) 전압력(전하중)

$$Q = p \cdot A$$

$$= p \cdot \frac{\pi}{4}d^2 = 1.5 \times 10^6 \times \frac{\pi}{4} \times 0.68^2$$

$$= 544,752.17\text{N}$$

(2) 12개의 볼트로 죄므로 볼트 1개당 하중 $W = \dfrac{Q}{12} = \dfrac{544,752.17}{12} = 45,396.01\text{N}$

$$W = \sigma_a \cdot \frac{\pi}{4}d_1{}^2$$

$$\therefore \; d_1 = \sqrt{\frac{4W}{\pi\sigma_a}} = \sqrt{\frac{4 \times 45,396.01}{\pi \times 52 \times 10^6}} = 0.033\text{m} = 33\text{mm}$$

$$d_2 = \frac{d_1}{0.8} = \frac{33}{0.8} = 41.25\text{mm}$$

>> 문제 **05**

단열 레이디얼 볼 베어링 6310에 그리스 윤활방식으로 50,000시간 수명을 주려할 때 다음을 구하시오.
(단, 한계속도지수(dN)는 210,000, 기본 부하용량(C)은 180,000N)

(1) 최대 사용 회전수 $N_{\max}[\text{rpm}]$

(2) 베어링 하중 $P[\text{N}]$

해설

(1) 베어링 기호 6310은 깊은 홈 볼 베어링(63)
 베어링 내경 $(10 \times 5 = 50\text{mm})$

$$N_{\max} = \frac{dN}{d} = \frac{210,000}{50} = 4,200\text{rpm}$$

(2) $L_h = \left(\dfrac{C}{P}\right)^r \times \dfrac{10^6}{60 N_{\max}}$ 에서 볼베어링이므로 $r = 3$

 베어링 하중 $P = \dfrac{C}{\sqrt[3]{\dfrac{L_h \times 60 \times N_{\max}}{10^6}}}$

$$= \frac{180,000}{\sqrt[3]{\dfrac{50,000 \times 60 \times 4,200}{10^6}}}$$

$$= 7,735.39 N$$

>> 문제 **06**

250rpm으로 회전하는 홈 마찰 동력 전달장치가 2.8kW 동력을 전달한다. 다음을 구하시오. (단, 마찰계수는 0.35이다.)

(1) 지름이 500$[\text{mm}]$인 원통 마찰차를 사용할 경우 밀어붙이는 힘 $[\text{kN}]$

(2) 피치원 지름 320$[\text{mm}]$인 V홈 마찰차인 경우 밀어붙이는 힘 $[\text{kN}]$ (단, 홈의 각도 $\alpha = 30°$)

해설

(1) $V = \dfrac{\pi dN}{60,000} = \dfrac{\pi \times 500 \times 250}{60,000} = 6.545\text{m/s}$

 $H_{kW} = F_f \cdot V = \mu \cdot N \cdot V$

 수직력 $N = \dfrac{H}{\mu \cdot V} = \dfrac{2.8 \times 10^3}{0.35 \times 6.545} = 1,222.31\text{N} = 1.22\text{kN}$

(2) 힘이 각을 가지고 들어오면 원추 클러치에서와 같이 상당마찰계수 μ'가 나온다.

α가 홈의 각도이므로 $\theta = \dfrac{\text{홈의 각도}}{2} = \dfrac{30°}{2} = 15°$

$\mu' = \dfrac{\mu}{\sin\theta + \mu\cos\theta} = \dfrac{0.35}{\sin15 + 0.35 \cdot \cos15} = 0.586$

$V = \dfrac{\pi dN}{60,000} = \dfrac{\pi \times 320 \times 250}{60,000} = 4.19\text{m/s}$

$H_{kW} = F_f \cdot V = \mu'Q \cdot V$에서

$Q = \dfrac{H}{\mu' \cdot V} = \dfrac{2.8 \times 10^3}{0.586 \times 4.19} = 1,140.37\text{N} = 1.14\text{kN}$

14

≫ 문제 07

축 동력 4.8kW, 730rpm으로 회전하는 축이 그림과 같이 브레이크 드럼의 지름 $D = 310\text{mm}$인 블록브레이크를 사용할 경우 브레이크 레버 $F = 280\text{N}$의 힘을 작용시켜 제동할 때 다음을 구하시오. (단, $a = 300\text{mm}$, 마찰계수 $\mu = 0.2$)

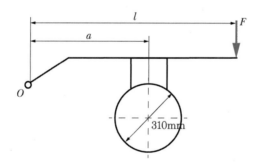

(1) 제동력 $f[\text{N}]$
(2) 레버 길이 $l[\text{mm}]$

해설

(1) 축의 토크와 제동토크가 같아야 하므로

$T = \dfrac{H}{\omega} = \dfrac{H}{\dfrac{2\pi N}{60}} = \dfrac{4.8 \times 10^3}{\dfrac{2\pi \times 730}{60}} = 62.79\text{N} \cdot \text{m}$

$T = F_f \cdot \dfrac{D}{2} = f \cdot \dfrac{D}{2}$에서 $D = 0.31\text{m}$

제동력 $f = \dfrac{2T}{D} = \dfrac{2 \times 62.79}{0.31} = 405.1\text{N}$

(2) 자유물체도

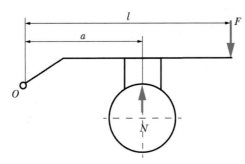

제동력 $f = \mu N$ 에서 $N = \dfrac{f}{\mu} = \dfrac{405.1}{0.2} = 2,025.5\text{N}$

$\Sigma M_0 = 0$ 에서

$F \cdot l - N \cdot a = 0$

$\therefore l = \dfrac{N \cdot a}{F} = \dfrac{2,025.5 \times 300}{280} = 2,170.18\text{mm}$

≫ 문제 08

베어링으로 양단이 지지되어 있는 길이 1.2m, 지름 $d = 56\text{mm}$ 인 축의 중앙에 무게 420N인 풀리가 달려 있다. 다음을 구하시오. (단, 축의 비중$(S) = 8.9$, 세로탄성계수$(E) = 210\text{GPa}$, 양단은 고정된 것으로 가정)

(1) 축의 자중만 고려한 처짐량 $\delta[\text{mm}]$

(2) 자중만 고려한 위험속도 $N_c[\text{rpm}]$

(3) 풀리 무게만 고려한 처짐량 $\delta[\text{mm}]$

(4) 풀리 무게만 고려한 위험속도 $N_c[\text{rpm}]$

(5) 축자중과 풀리 무게를 모두 고려한 위험속도 $N_c[\text{rpm}]$(단, 던커레이 공식을 적용하여 계산)

해설

(1) 비중 $S_{축} = \dfrac{\gamma_{축}}{\gamma_{물}}$

$\therefore \gamma_{축} = S_{축} \times \gamma_{물} = 8.9 \times 9,800 = 87,220\text{N/m}^3$

축의 자중에 의한 분포는 등분포하중의 단순보이므로

처짐량 $\delta = \dfrac{5wl^4}{384EI}$, $d = 0.056\text{m}$, $l = 1.2\text{m}$

등분포하중 $w = \gamma_{축} \times A = \gamma_{축} \times \dfrac{\pi d^2}{4}$

$= 87,220 \times \dfrac{\pi \times (0.056)^2}{4}$

$$= 214.82 \text{N/m}$$

$$\therefore \delta = \frac{5 \times 214.82 \times 1.2^4}{384 \times 210 \times 10^9 \times \dfrac{\pi \times (0.056)^4}{64}}$$

$$= 0.0000572 \text{m}$$

$$= 0.057 \text{mm}$$

(2) $N_c = 300 \times \sqrt{\dfrac{1}{\delta(\text{cm})}} = 300 \times \sqrt{\dfrac{1}{0.0057}} = 3{,}973.6 \text{rpm}$

(3)

P=420N

단순보에서 $\delta = \dfrac{Pl^3}{48EI}$

$$= \frac{420 \times (1.2)^3}{48 \times 210 \times 10^9 \times \dfrac{\pi \times (0.056)^4}{64}}$$

$$= 0.0001491 \text{m}$$

$$= 0.1491 \text{mm}$$

(4) $N_c = 300 \times \sqrt{\dfrac{1}{\delta(\text{cm})}} = 300 \times \sqrt{\dfrac{1}{0.01491}} = 2{,}456.87 \text{rpm}$

(5) $\dfrac{1}{N_{cr}^2} = \dfrac{1}{N_0^2} + \dfrac{1}{N_1^2}$

$$= \frac{1}{(3{,}973.6)^2} + \frac{1}{(2{,}456.87)^2}$$

$$= 0.229 \times 10^{-6}$$

$$N_{cr} = \sqrt{\frac{1}{0.229 \times 10^{-6}}}$$

$$= 2{,}089.69 \text{rpm}$$

(N_0 : 축 자중에 의한 위험속도, N_1 : 풀리를 장착했을 때 위험속도)

>> 문제 **09**

직경 230mm의 평벨트의 원동 풀리가 380rpm으로 11kW를 축에 속비 1/4로 전달하고 있다. 마찰계수(μ)는 0.35이고, 축 간 거리는 2,100mm일 때 다음을 구하시오.(단, 벨트는 엇걸기이다.)

(1) 전달토크 $T[\text{N}\cdot\text{m}]$
(2) 긴장 측 장력 $T_t[\text{N}]$
(3) 이완 측 장력 $T_s[\text{N}]$

해설

(1) $T=\dfrac{H}{\omega}=\dfrac{H}{\dfrac{2\pi N}{60}}=\dfrac{11\times10^3}{\dfrac{2\pi\times380}{60}}=276.43\text{N}\cdot\text{m}$

(2) T_e : 유효장력, $D=0.23\text{m}$

$T=T_e\cdot\dfrac{D}{2}$ ∴ $T_e=\dfrac{2T}{D}=\dfrac{2\times276.43}{0.23}=2,403.74\text{N}$

$T_t-T_s=T_e$와 $e^{\mu\theta}=\dfrac{T_t}{T_s}$에서

$T_t=T_e\cdot\dfrac{e^{\mu\theta}}{e^{\mu\theta}-1}$

엇걸기 접촉각 $\theta=180°+2\phi$, $i=\dfrac{D_1}{D_2}$에서 $D_2=\dfrac{D_1}{i}=\dfrac{230}{\dfrac{1}{4}}=920\text{mm}$

$\sin\phi=\dfrac{D_2+D_1}{2C}$에서 $\phi=\sin^{-1}\left(\dfrac{D_2+D_1}{2C}\right)$

$\quad=\sin^{-1}\left(\dfrac{920+230}{2\times2,100}\right)=15.89°$

$\theta=180°+2\times15.89°=211.78°$

$211.78°\times\dfrac{\pi\text{rad}}{180°}=3.696\text{rad}$

$T_t=T_e\cdot\dfrac{e^{\mu\theta}}{e^{\mu\theta}-1}$

$\quad=2,403.74\times\dfrac{e^{0.35\times3.696}}{e^{0.35\times3.696}-1}$

$\quad=3,312.22\text{N}$

(3) $T_s=\dfrac{T_t}{e^{\mu\theta}}=\dfrac{3,312.22\text{N}}{e^{0.35\times3.696}}=908.48\text{N}$

≫ **문제 10**

피니언의 지름 120mm가 22kW의 속비 $\left(i = \dfrac{1}{6}\right)$로 기어로 동력을 전달한다. 평기어표를 확인하여 다음을 구하시오. (단, 하중계수 무시)

구분	회전수(rpm)	허용굽힘응력	치형계수	허용접촉면응력
피니언	500	180MPa	0.33	2MPa
기어	100	120MPa	0.37	

(1) 굽힘강도 견지를 고려한 $b[\text{mm}]$(단, $b = 10 \times m$이며 소수점 올림정수로 선정)
(2) 면압견지를 고려하여 $b[\text{mm}]$를 선정하고, 굽힘강도 견지와 비교하여 굽힘강도 견지를 고려한 $b[\text{mm}]$ 값의 적합/부적합을 판별하시오.

해설

(1) $T_1 = \dfrac{H}{\omega} = \dfrac{H}{\dfrac{2\pi N_1}{60}} = \dfrac{22 \times 10^3}{\dfrac{2\pi \times 500}{60}} = 420.17 \text{N} \cdot \text{m}$

$D_1 = 0.12\text{m}$, 회전력 F

$T_1 = F \times \dfrac{D_1}{2}$

$\therefore F = \dfrac{2T_1}{D_1} = \dfrac{2 \times 420.17}{0.12} = 7{,}002.83\text{N}$

$V = \dfrac{\pi D_1 N_1}{60{,}000} = \dfrac{\pi \times 120 \times 500}{60{,}000} = 3.142\text{m/s}$

$f_v = \dfrac{3.05}{3.05 + V} = \dfrac{3.05}{3.05 + 3.142} = 0.493$

$F = \sigma_b \cdot b \cdot p \cdot y$

$\quad = f_v \cdot f_w \cdot \sigma_b \cdot b \cdot \pi m y$ (하중계수 무시)

$\quad = f_v \cdot \sigma_b \cdot 10m \cdot \pi m y$

$\quad = f_v \cdot \sigma_b 10\pi m^2 y$

$\therefore m = \sqrt{\dfrac{F}{f_v \cdot \sigma_b \cdot 10 \cdot \pi \cdot y}}$

$\quad = \sqrt{\dfrac{7{,}002.83}{0.493 \times 180 \times 10^6 \times 10 \times \pi \times 0.33}}$

$\quad = 0.00276\text{m} = 2.76\text{mm}$

$\quad \fallingdotseq 3\text{mm}$

$b = 10 \cdot m$

$\quad = 10 \times 3 = 30\text{mm}$

(2) $D_1 = mZ_1$, $D_2 = mZ_2$에서 $Z_1 = \dfrac{D_1}{m} = \dfrac{120}{3} = 40$

$i = \dfrac{Z_1}{Z_2}$에서 $Z_2 = \dfrac{Z_1}{i} = \dfrac{40}{\dfrac{1}{6}} = 240$

$F = f_v \cdot K \cdot b \cdot m \left(\dfrac{2Z_1 \cdot Z_2}{Z_1 + Z_2} \right)$

$\therefore\ b = \dfrac{F(Z_1 + Z_2)}{f_v \cdot K \cdot m \cdot 2Z_1 \cdot Z_2} = \dfrac{7,002.83(40+240)}{0.493 \times 2 \times 10^6 \times 0.003 \times 2 \times 40 \times 240}$

$= 0.0345\text{m} = 34.52\text{mm}$

면압견지고려 $b(34.52\text{mm}) >$ 굽힘강도 견지 $b(30\text{mm})$이므로 이 폭 b는 부적합하다.

참고

굽힘강도가 잇면의 내구한도(면압강도) 보다는 커야 한다.

≫ 문제 **11**

(1) 작업목록표를 보고 네트워크 공정표를 작성하시오. (단, 주공정선은 굵은 실선으로 표시하고, 시작점은 ⓪으로 하며 명목상의 활동 Dummy Activity는 점선으로 한다.)

작업	선행작업	작업일수	작업	선행작업	작업일수
A	없음	7	E	A	9
B	없음	3	F	B	11
C	없음	18	G	CDF	14
D	A	8	H	C	8

(2) 작업중심의 총 일정시간표와 여유시간을 작성하시오. (단, 해당 작업이 주 공정이면 CP란에는 ☆로 표시한다.)

	작업시간				여유시간			주공정
	EST	LST	EFT	LFT	TF	FF	DF	CP
A								
B								
C								
D								
E								
F								
G								
H								

해설

[네트워크 공정표]

TE TE

7 10
①

A 7
B 3
C 18

D 8
F 11
E 9
G 14
H 8

0 0 ⓪
3 7 ②
18 18 ④ (18 18)
18 18 ③
32 32 ⑤

아래첨자 i는 작업 전 단계, j는 작업 후 단계, d_e(Duration Time) 활동의 경과시간

계산법	작업시간				여유시간			주공정
	EST	LST	EFT	LFT	TF	FF	DF	CP
	TE_i	$TL_j - d_e$	$TE_i + d_e$	TL_j	LET－EFT	후속작업 EST－현재작업 EFT (후속작업 TE_i)	TF－FF	
A	0	$10-7=3$	$0+7=7$	10	$10-7=3$	$7-7=0$	$3-0=3$	
B	0	$7-3=4$	$0+3=3$	7	$7-3=4$	$3-3=0$	$4-0=4$	
C	0	$18-18=0$	$0+18=18$	18	$18-18=0$	$18-18=0$	$0-0=0$	★
D	7	$18-8=10$	$7+8=15$	18	$18-15=3$	$18-15=3$	$3-3=0$	
E	7	$32-9=23$	$7+9=16$	32	$32-16=16$	$32-16=16$	$16-16=0$	
F	3	$18-11=7$	$3+11=14$	18	$18-14=4$	$18-14=4$	$4-4=0$	
G	18	$32-14=18$	$18+14=32$	32	$32-32=0$	$32-32=0$	$0-0=0$	★
H	18	$32-8=24$	$18+8=26$	32	$32-26=6$	$32-26=6$	$6-6=0$	

자유여유시간을 계산해보면
FF＝후속작업 EST(후속작업 TEi)－현재작업 EFT
A＝A의 후속작업 D의 EST(7)－A작업 EFT(7)＝0
B＝B의 후속작업 F의 EST(3)－B작업 EFT(3)＝0
C＝C의 후속작업 H의 EST(18)－C작업 EFT(18)＝0
D＝D의 후속작업 G의 EST(18)－D작업 EFT(15)＝3
E＝후속작업 없음(완료)(32)－E작업 EFT(16)＝16
F＝F의 후속작업 G의 EST(18)－F작업 EFT(14)＝4
G＝후속작업 없음(32)－G작업 EFT(32)＝0
H＝후속작업 없음(32)－H작업 EFT(26)＝6

>> 문제 **01**

그림과 같은 블록브레이크에서 조작력이 150N일 때 다음을 구하시오.
(단, 허용면압력 0.2MPa, 마찰계수 0.25, 블록의 길이 $e = 120\text{mm}$ 이다.) [4점]

(1) 블록의 나비 $b[\text{mm}]$
(2) 제동력 $Q[\text{N}]$

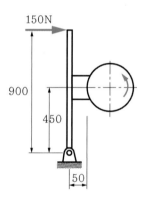

해설

(1) $\Sigma M_0 = 0 : 150 \times 900 - N \times 450 + \mu N \times 50 = 0$에서

$$N = \frac{150 \times 900}{(450 - 0.25 \times 50)} = 308.57\text{N}$$

$$q = \frac{N}{A_q} = \frac{N}{b \cdot e} \text{에서}$$

$$b = \frac{N}{q \cdot e} = \frac{308.57}{0.2 \times 120} = 12.86\text{mm}$$

(2) 제동력 $Q = F_f = \mu N = 0.25 \times 308.57 = 77.14\text{N}$

<자유물체도>

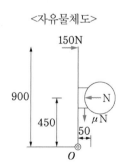

>> 문제 **02**

750rpm으로 회전하는 V벨트를 사용한 컴프레서에서 풀리의 지름 300mm, 긴장측 장력 840N, 접촉각 $\theta = 130°$, 마찰계수 0.1, 전달동력 12kW, 단위길이당 하중 5.5N/m, V벨트 홈 각 36°, 부하수정계수 0.75, 접촉각 수정계수 0.85이다. 다음을 구하시오. [6점]

(1) 부가장력 $C[\mathrm{N}]$
(2) 가닥수 Z

해설

(1) $V = \dfrac{\pi DN}{60,000} = \dfrac{\pi \times 300 \times 750}{60,000} = 11.78\mathrm{m/s}$

$C = m \cdot \dfrac{V^2}{r} = \dfrac{m}{r} \cdot V^2 = \dfrac{mg}{r \cdot g} \cdot V^2 = \dfrac{W}{r} \cdot \dfrac{V^2}{g}$

$\quad = 5.5 \times \dfrac{11.78^2}{9.8} = 77.88\mathrm{N}$

(2) 홈의 반각 $\alpha = \dfrac{36°}{2} = 18°$

상당마찰계수

$\mu' = \dfrac{\mu}{\sin\alpha + \mu\cos\alpha} = \dfrac{0.1}{\sin 18° + 0.1 \times \cos 18°} = 0.25$

$e^{\mu'\theta} = e^{(0.25 \times 130° \times \frac{\pi}{180°})} = 1.76$

벨트 1개의 전달동력

$H_0 = T_e \cdot V = (T_t - C)\dfrac{e^{\mu'\theta} - 1}{e^{\mu'\theta}} \cdot V$

$\quad = (840 - 77.88) \times \left(\dfrac{1.76 - 1}{1.76}\right) \times 11.78 = 3,876.77\mathrm{W}$

$Z = \dfrac{H}{H_0 \cdot K_1 \cdot K_2} = \dfrac{12 \times 10^3}{3,876.77 \times 0.85 \times 0.75} = 4.86 = 5개$

∴ 벨트 가닥수는 올림하여 $Z = 5개$

≫ 문제 03

750rpm의 원동축으로부터 250rpm의 종동축으로 동력을 전달하는 롤러체인이 있다. 이 롤러체인의 파단하중은 31.36kN이고 피치는 19.05mm이며 안전율은 15, 체인의 평균속도가 3m/sec이다. 다음을 결정하시오. [4점]

(1) 전달동력은 몇 kW인가?

(2) 스프로킷의 잇수 Z_1, Z_2는 몇 개인가?

해설

체인의 허용장력

(1) $F_a = \dfrac{F_f}{S} = \dfrac{31.36 \times 10^3}{15} = 2,090.67\text{N}$

$H = F_a \cdot V = 2,090.67 \times 3 = 6,272.01\,W = 6.27\text{kW}$

(2) $V = \dfrac{\pi D_1 N_1}{60,000} = \dfrac{p Z_1 N_1}{60,000}$ 에서

$\therefore Z_1 = \dfrac{60,000 \cdot V}{p N_1} = \dfrac{60,000 \times 3}{19.05 \times 750} = 12.6 = 13$개

속비 $i = \dfrac{N_2}{N_1} = \dfrac{Z_1}{Z_2}$ 에서 $Z_2 = Z_1 \times \dfrac{N_1}{N_2} = 13 \times \dfrac{750}{250} = 39$개

≫ 문제 04

리벳의 지름 20mm, 강판의 두께 14mm, 피치 54mm의 1줄 겹치기 리벳이음이 있다. 1피치당 하중 13.23kN이 작용할 때 다음을 결정하시오. [4점]

(1) 강판의 인장응력 $\sigma_t (\text{MPa})$?

(2) 리벳의 전단응력 $\tau_r (\text{MPa})$?

해설

(1) 리벳구멍지름 $d' = d$

$W_1 = \sigma_t \cdot A_t (A_t : 1$피치 내의 인장파괴면적$)$

$= \sigma_t (p - d')t = \sigma_t (p - d)t$에서

$\therefore \sigma_t = \dfrac{W_1}{(p - d)t} = \dfrac{13.23 \times 10^3}{(54 - 20) \times 14} = 27.79\text{N/mm}^2$

$= 27.79 \times 10^6 \text{N/m}^2 = 27.79\text{MPa}$

(2) $W_1 = \tau \cdot \dfrac{\pi}{4} d^2$ 에서

$$\tau = \frac{4 W_1}{\pi \cdot d^2} = \frac{4 \times 13.23 \times 10^3}{\pi \times 20^2} = 42.11 \text{N/mm}^2 = 42.11 \text{MPa}$$

> **문제 05**

바깥지름 36mm, 골지름 32mm, 피치 4mm인 한 줄 4각 나사의 연강제 나사봉을 갖는 나사 잭으로 19.6kN 의 하중을 올리려고 한다. 나사산의 마찰계수는 0.1, 접촉허용면압이 19.6MPa일 때 다음을 결정하시오. [6점]

(1) 최대 주응력 $\sigma_{\max}(\text{MPa})$은?

(2) 너트의 높이 $H(\text{mm})$는?

해설

(1) $\sigma = \dfrac{Q}{\dfrac{\pi}{4} d_1^2} = \dfrac{4 \times 19.6 \times 10^3}{\pi \times 32^2} = 24.37 \text{N/mm}^2 = 24.37 \text{MPa}$

$d_e = \dfrac{d_1 + d_2}{2} = \dfrac{32 + 36}{2} = 34 \text{mm}$

$\tan\rho = \mu$ 에서 $\rho = \tan^{-1}\mu = \tan^{-1}0.1 = 5.71°$

$\tan\alpha = \dfrac{P}{\pi d_e}$ 에서 $\alpha = \tan^{-1}\left(\dfrac{4}{\pi \times 34}\right) = 2.14°$

$T = Q\tan(\rho+\alpha) \cdot \dfrac{d_e}{2}$

$\quad = 19.6 \times 10^3 \times \tan(5.71° + 2.14°) \cdot \dfrac{34}{2} = 45,938.99 \text{N} \cdot \text{mm}$

$T = \tau \cdot Z_P = \tau \cdot \dfrac{\pi}{16} d_1^{\,3}$ 에서

$\therefore \tau = \dfrac{16 T}{\pi d_1^{\,3}} = \dfrac{16 \times 45,938.99}{\pi \times 32^3} = 7.14 \text{N/mm}^2 = 7.14 \text{MPa}$

최대주응력설에 의한 최대응력

$\sigma_{\max} = \dfrac{\sigma}{2} + \dfrac{1}{2}\sqrt{\sigma^2 + 4\tau^2}$

$\quad = \dfrac{24.37}{2} + \dfrac{1}{2}\sqrt{24.37^2 + 4 \times 7.14^2} = 26.31 \text{MPa}$

(2) $q = \dfrac{Q}{A_q} = \dfrac{Q}{\dfrac{\pi}{4}(d_2^{\,2} - d_1^{\,2}) \cdot Z}$ 에서

$$나사산 \ 수 \ Z = \frac{Q}{q \times \frac{\pi}{4}(d_2{}^2 - d_1{}^2)} = \frac{19.6 \times 10^3}{19.6 \times \frac{\pi}{4}(36^2 - 32^2)} = 4.68$$

$$H = Z \cdot P = 4.68 \times 4 = 18.72 \text{mm}$$

> **문제 06**

지름이 72mm인 축에 보스를 끼웠을 때 사용한 묻힘 키의 길이가 108mm, 나비가 20mm, 높이가 13mm이다. 이 축이 300rpm으로 66kW를 전달하고자 한다면 키의 전단응력과 압축응력은 각각 몇 MPa인지 구하시오. [4점]

해설

(1) $T = \dfrac{H}{\omega} = \dfrac{H}{\dfrac{2\pi N}{60}} = \dfrac{66 \times 10^3}{\left(\dfrac{2\pi \times 300}{60}\right)} = 2{,}100.85 \text{N} \cdot \text{m}$

$T = \tau_k \cdot A_\tau \cdot \dfrac{d}{2} = \tau_k \times b \times l \times \dfrac{d}{2}$ 에서

$\tau_k = \dfrac{2T}{b \cdot l \cdot d} = \dfrac{2 \times 2{,}100.85 \times 10^3}{20 \times 108 \times 72}$

$\quad = 27.02 \text{N/mm}^2 = 27.02 \text{MPa}$

(2) $T = \sigma_c \times A_c \times \dfrac{d}{2} = \sigma_c \times \dfrac{h}{2} \times l \times \dfrac{d}{2}$ 에서

$\therefore \ \sigma_c = \dfrac{4T}{h \times l \times d} = \dfrac{4 \times 2{,}100.85 \times 10^3}{13 \times 108 \times 72} = 83.13 \text{N/mm}^2 = 83.13 \text{MPa}$

≫ 문제 **07**

그림과 같이 베어링 간격 $2,000\text{mm}$, 축지름 50mm인 연강축의 중앙에 784N의 회전체가 설치되어 있다. 축의 종탄성 계수는 210GPa, 밀도가 0.00786kg/cm^3이다. [5점]

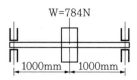

(1) 자중만 고려 시 처짐 $\delta(\mu m)$?

(2) 회전체 만의 처짐 $\delta(\mu m)$?

(3) 축의 위험속도 $N_{cr}(\text{rpm})$? (단, 축의 자중 고려 시 균등 분포하중을 받고 양단이 자유로이 지지되어 있는 것으로 가정한다.)

해설

(1) $I = \dfrac{\pi d^4}{64} = \dfrac{\pi \times 50^4}{64} = 306{,}796.16\text{mm}^4$

$E = 210 \times 10^3\text{MPa} = 210 \times 10^3\text{N/mm}^2$

$\rho = 0.00786 \times 10^{-3}\text{kg/mm}^3$,

$\gamma = \rho \cdot g = 0.00786 \times 10^{-3} \times 9.8\text{N/mm}^3$

등분포하중 $w = \gamma \cdot A = \gamma \cdot \dfrac{\pi}{4}d^2 = 0.00786 \times 10^{-3} \times 9.8 \times \dfrac{\pi}{4} \times 50^2 = 0.15124\text{N/mm}$

$\delta = \dfrac{5wl^4}{384EI} = \dfrac{5 \times 0.15124 \times 2{,}000^4}{384 \times 210 \times 10^3 \times 306{,}796.16} = 0.48905\text{mm}$

$\quad = 0.48905 \times 10^{-3}\text{m}$

$\quad = 489.05 \times 10^{-6}\text{m}$

$\quad = 489.05\mu m$

(2) 집중하중 $W = P = 784N$

$\delta = \dfrac{Pl^3}{48EI} = \dfrac{784 \times 2{,}000^3}{48 \times 210 \times 10^3 \times 306{,}796.16}$

$\quad = 2.02813\text{mm} = 2.02813 \times 10^{-3}\text{m}$

$\quad = 2{,}028.13 \times 10^{-6}\text{m} = 2{,}028.13\mu m$

(3) 축 자중에 의한 위험속도 N_0

$\delta = 0.048905\text{cm}$

$N_0 = 300\sqrt{\dfrac{1}{\delta}} = 300\sqrt{\dfrac{1}{0.048905}} = 1{,}356.58\text{rpm}$

$784N$의 회전체만 장착한 축의 위험속도 N_1, $\delta = 0.202813\text{cm}$

$$N_1 = 300 \sqrt{\frac{1}{\delta}} = 300 \sqrt{\frac{1}{0.202813}} = 666.15 \text{rpm}$$

$$\therefore \frac{1}{N_{cr}^2} = \frac{1}{N_0^2} + \frac{1}{N_1^2} = \frac{1}{1,356.58^2} + \frac{1}{666.15^2} = 2.79687 \times 10^{-6}$$

$$\therefore N_c = \sqrt{\frac{1}{2.79687 \times 10^{-6}}} = 597.95 \text{rpm}$$

≫ 문제 08

강선의 지름이 1.6mm인 코일스프링에서 코일의 평균지름과 소선의 지름의 비가 6이다. 44.1N의 축하중을 받을 때 다음을 결정하시오. (단, 코일의 유효감김수는 43권이며 횡탄성계수는 80GPa이다) [4점]

(1) 최대전단응력 τ_{max}를 구하고 아래 표에서 사용 가능한 모든 스프링의 재질을 선택하시오.
코일 스프링의 안전율은 2이다.

재료	기호	전단항복강도(N/mm^2)
스프링강선	SPS	705.6
경강선	HSW	896.7
피아노선	PWR	896.7
스테인레스 강선	STS	637

(2) 코일 스프링의 처짐 δ(cm)을 구하시오.

해설

(1) $C = \dfrac{D}{d} = 6$에서 $D = 6d = 6 \times 1.6 = 9.6 \text{mm}$

$$K = \frac{4C-1}{4C-4} + \frac{0.615}{C} = \frac{4 \times 6 - 1}{4 \times 6 - 4} + \frac{0.615}{6} = 1.2525$$

$$T = \tau \cdot Z_P = \tau \cdot \frac{\pi d^3}{16} = W \cdot \frac{D}{2}$$

$$\therefore \tau_{max} = K \cdot \frac{8WD}{\pi d^3} = 1.2525 \times \frac{8 \times 44.1 \times 9.6}{\pi \times 1.6^3} = 329.66 \text{N/mm}^2$$

$$\tau_a = \frac{\tau_f(\text{전단항복강도})}{S(\text{안전율})} \text{에서}$$

스프링 강선의 허용응력 $= \dfrac{705.6}{2} = 352.8 \text{N/mm}^2$

경 강선의 허용응력 $= \dfrac{896.7}{2} = 448.35 \text{N/mm}^2$

피아노선의 허용응력 $= \dfrac{896.7}{2} = 448.35 \text{N/mm}^2$

스테인레스 강선의 허용응력 $= \dfrac{637}{2} = 318.5\text{N/mm}^2$

$\tau_{\max}\,(329.66\text{N/mm}^2) < \tau_a$ 인 재료를 선택하면

SPS, HSW, PWR을 선택

(2) $\delta = \dfrac{8\,WD^3 \cdot n}{Gd^4} = \dfrac{8 \times 44.1 \times 9.6^3 \times 43}{80 \times 10^3 \times 1.6^4} = 25.6\text{mm}$

≫ 문제 09

축간거리 20m의 로프 풀리에서 접촉점에서 접촉점까지 로프의 길이가 20.03m이다. 이 때 로프에서 생기는 인장력 T, 그리고 로프의 처짐 h를 구하시오. (단, 로프의 단위 길이당 무게는 4.9N/m이다.) [4점]

(1) 로프의 처짐 $h\,(\text{m})$

(2) 로프의 인장력 $T\,(\text{N})$

해설

(1) 로프의 길이 $L = 20.03\text{m}$, 축간거리 $l = 20\text{m}$

$L = l\left(1 + \dfrac{8h^2}{3l^2}\right)$ 에서

$h^2 = \dfrac{3l^2}{8}\left(\dfrac{L}{l} - 1\right)$

$\therefore\ h = \sqrt{\dfrac{3}{8}l^2\left(\dfrac{L}{l} - 1\right)} = \sqrt{\dfrac{3}{8} \times 20^2 \times \left(\dfrac{20.03}{20} - 1\right)} = 0.47\text{m}$

(2) $T = \dfrac{w \cdot l^2}{8h} + w \cdot h$ (w : 로프 단위길이당 무게)

$\quad = \dfrac{4.9 \times 20^2}{8 \times 0.47} + 4.9 \times 0.47 = 523.58\text{N}$

≫ 문제 **10**

전달동력 3kW, 회전수 $N_1 = 480\text{rpm}$, $N_2 = 1,440\text{rpm}$의 주철제 기어와 강제 피니언 한 쌍의 중심거리가 250mm이다. 이 스퍼기어의 압력각이 20°일 때 다음을 결정하시오. [5점]

(1) 기어와 피니언의 피치원 지름 $D_1(\text{mm})$, $D_2(\text{mm})$

(2) 전달하중 $F(\text{N})$

(3) 축의 수직방향으로 작용하는 하중 $F_v(\text{N})$

(4) 전하중 $F_n(\text{N})$

해설

(1) $i = \dfrac{N_2}{N_1} = \dfrac{1,440}{480} = 3 = \dfrac{D_1}{D_2}$, $D_1 = 3D_2$

$C = \dfrac{D_1 + D_2}{2} = \dfrac{3D_2 + D_2}{2} = 2D_2$에서 $D_2 = \dfrac{C}{2} = \dfrac{250}{2} = 125\text{mm}$

$\therefore D_1 = 3 \times 125 = 375\text{mm}$

(2) $V = \dfrac{\pi D_1 N_1}{60,000} = \dfrac{\pi \times 375 \times 480}{60,000} = 9.42\text{m/s}$

$H = F \cdot V$에서 $F = \dfrac{H}{V} = \dfrac{3 \times 10^3}{9.42} = 318.47\text{N}$

(3) $F_v = F \cdot \tan\alpha = 318.47 \times \tan 20° = 115.91\text{N}$

(4) $F_n = \dfrac{F}{\cos\alpha} = \dfrac{318.47}{\cos 20°} = 338.91\text{N}$

≫ 문제 **11**

4,000N의 베어링 하중을 받는 엔드저널 베어링이 600rpm으로 회전하고 있다. 허용베어링 압력 6MPa, 허용압력속도계수 2MPa·m/s, 마찰계수 0.006일 때 다음을 구하시오. [4점]

(1) 베어링 저널 길이 $l(\mathrm{mm})$
(2) 베어링 저널 지름 $d(\mathrm{mm})$

해설

(1) $q \cdot V = \dfrac{P}{\not{d} \cdot l} \cdot \dfrac{\pi \not{d} N}{60,000} = 2$ 에서

$l = \dfrac{P \pi N}{60,000 \times 2} = \dfrac{4,000 \times \pi \times 600}{60,000 \times 2} = 62.83 \mathrm{mm}$

(2) $q_a = \dfrac{P}{d \cdot l}$ 에서

$d = \dfrac{P}{q_a \cdot l} = \dfrac{4,000}{6 \times 62.83} = 10.61 \mathrm{mm}$

10kW, 450rpm으로 동력을 전달하는 와이어 로프 풀리가 있다. 양 로프 풀리의 지름이 500mm, 와이어 로프 사이의 마찰계수는 0.15이다. 다음을 구하시오. (단, 와이어 로프의 종탄성계수는 196GPa이다.) [6점]

(1) 로프의 속도 $V(\mathrm{m/sec})$
(2) 로프의 작용하는 인장력 $T_t(\mathrm{N})$
(3) 1개의 로프에 걸리는 최대응력 $\sigma_{\max}(\mathrm{MPa})$

해설

(1) $V = \dfrac{\pi D N}{60,000} = \dfrac{\pi \times 500 \times 450}{60,000} = 11.78\mathrm{m/s}$

(2) $\theta = 180°$ (풀리 지름 동일)

$e^{\mu\theta} = e^{\left(0.15 \times 180° \times \frac{\pi}{180°}\right)} = 1.6$

$H = T_e \cdot V$ 와 $T_e = T_t \cdot \dfrac{e^{\mu\theta} - 1}{e^{\mu\theta}}$

$\therefore H = T_t \cdot \left(\dfrac{e^{\mu\theta} - 1}{e^{\mu\theta}}\right) \cdot V$ 에서

$T_t = \dfrac{H}{V}\left(\dfrac{e^{\mu\theta}}{e^{\mu\theta} - 1}\right) = \dfrac{10 \times 10^3}{11.78} \cdot \left(\dfrac{1.6}{1.6 - 1}\right) = 2,263.72\mathrm{N}$

(3) 와이어 로프의 사용조건에서 $D \geq 150d$, $d \leq \dfrac{D}{150}$ 에서

$d \leq \dfrac{500}{150}$, $d \leq 3.33$

$\therefore d = 3.33\mathrm{mm}$

인장응력 $\sigma_t = \dfrac{T_t}{\dfrac{\pi}{4}d^2} = \dfrac{4 \times 2,263.72}{\pi \times 3.33^2} = 259.92\mathrm{N/mm^2} = 259.92\mathrm{MPa}$

굽힘응력 $\sigma_b = E \cdot \varepsilon = E \cdot \dfrac{y}{\rho} = E \cdot \dfrac{d}{D} = 196 \times 10^3 \times \dfrac{3.33}{500} = 1,305.36\,\text{N/mm}^2 = 1,305.36\,\text{MPa}$

$\sigma_{\max} = \sigma_t + \sigma_b = 259.92 + 1,305.36 = 1,565.28\,\text{MPa}$

>> 문제 **02**

최대축하중 $Q = 49\text{kN}$으로 최대양정 200mm인 나사잭이 있다. 나사의 마찰계수는 0.1, 하중받침대와 스러스트 칼라 사이의 구름 마찰계수는 0.01이고 스러스트 칼라 평균지름은 60mm이다. 다음을 구하시오. (단, 나사산의 허용접촉압력은 14.7MPa, 핸들의 허용굽힘응력은 137.2MPa) [6점]

(1) 수나사의 호칭을 다음 표로부터 결정하시오. (단, 압축강도만 고려하고 허용압축응력은 49MPa이다)

호칭	p	d	d_2	d_1
TM36	6	36	33.0	29.5
TM40	6	40	37.0	33.5
TM45	8	45	41.0	36.5
TM50	8	50	46.0	41.5
TM55	8	55	51.0	46.5

(2) 암나사부의 높이 $H(\text{mm})$

(3) 나사를 돌리는 핸들의 길이 $l(\text{mm})$와 지름 $\delta(\text{mm})$ (단, 핸들을 돌리는 힘은 392N이다)

해설

(1) $\sigma_c = \dfrac{Q}{\dfrac{\pi}{4} d_1^{\,2}}$ 에서

$d_1 = \sqrt{\dfrac{4Q}{\pi \sigma_c}} = \sqrt{\dfrac{4 \times 49 \times 10^3}{\pi \times 49}} = 35.68\,\text{mm}$

표에서 d_1값이 35.68mm보다 큰 36.5mm를 선택

∴ TM45 선택

(2) $q = \dfrac{Q}{\dfrac{\pi}{4}(d_2^{\,2} - d_1^{\,2}) \cdot Z}$ 에서

$Z = \dfrac{4Q}{\pi(d_2^{\,2} - d_1^{\,2}) \cdot q} = \dfrac{4 \times 49 \times 10^3}{\pi(45^2 - 36.5^2) \times 14.7} = 6.13$

표에서 TM45의 피치 $p = 8\text{mm}$

∴ $H = Z \cdot p = 6.13 \times 8 = 49.04\,\text{mm}$

(3) TM 나사이므로 나사산의 각도 $\beta = 30°$, $d_e = 41\text{mm}$

$$\mu' = \frac{\mu}{\cos\dfrac{\beta}{2}} = \frac{0.1}{\cos 15°} = 0.10353$$

$$\rho' = \tan^{-1}\mu' = \tan^{-1}0.10353 = 5.91°$$

$$\alpha = \tan^{-1}\frac{p}{\pi d_e} = \tan^{-1}\left(\frac{8}{\pi \times 41}\right) = 3.55°$$

$$\begin{aligned}
T = T_1 + T_2 &= Q\tan(\rho' + \alpha) \cdot \frac{d_e}{2} + \mu_m \cdot Q \cdot \frac{D_m}{2} \\
&= 49 \times 10^3 \tan(5.91° + 3.55°) \cdot \frac{41}{2} + 0.01 \times 49 \times 10^3 \times \frac{60}{2} \\
&= 182,074.82\text{N} \cdot \text{mm}
\end{aligned}$$

$T = F \cdot l$에서 $\quad l = \dfrac{T}{F} = \dfrac{182,074.82}{392} = 464.48\text{mm}$

$M = T$이며 $\delta = d$, $M = \sigma_b \cdot Z = \sigma_b \cdot \dfrac{\pi d^3}{32}$에서

$$d = \sqrt[3]{\frac{32M}{\pi \cdot \sigma_b}} = \sqrt[3]{\frac{32 \times 182,074.82}{\pi \times 137.2}} = 23.82\text{mm}$$

≫ 문제 **03**

축간거리 2m의 직경 100mm, 500mm인 두 풀리에 1겹 가죽벨트를 사용하여 바로걸기로 1.8kW를 전달하려고 한다. 가죽벨트와 풀리 사이의 마찰계수가 0.3, 벨트의 허용응력이 1.96MPa, 벨트의 이음효율이 60%, 벨트의 폭이 127mm이다. 작은 풀리의 회전수가 1,150rpm일 때 다음을 구하시오. [5점]

(1) 유효장력 $P_e(\text{N})$

(2) 긴장측장력 $T_t(\text{N})$, 이완측장력 $T_s(\text{N})$

(3) 축에 걸리는 벨트의 총 하중 $W(\text{N})$

해설

(1) $V = \dfrac{\pi D_1 N_1}{60,000} = \dfrac{\pi \times 100 \times 1,150}{60,000} = 6.02\text{m/s}$

$P_e = T_e$

$H = T_e \cdot V$에서

$T_e = \dfrac{H}{V} = \dfrac{1.8 \times 10^3}{6.02} = 299.0\text{N}$

(2) 작은 풀리접촉각 $\theta_1 = 180° - 2\phi$, $C \cdot \sin\phi = \dfrac{D_2 - D_1}{2}$ 에서

$$\phi = \sin^{-1}\frac{D_2 - D_1}{2C} = \sin^{-1}\left(\frac{500 - 100}{2 \times 2,000}\right) = 5.74°$$

$$\therefore \ \theta_1 = 180° - 2 \times 5.74° = 168.52°$$

$$e^{\mu\theta} = e^{\left(0.3 \times 168.52° \times \frac{\pi}{180°}\right)} = 2.42$$

$$T_t = T_e \cdot \frac{e^{\mu\theta}}{e^{\mu\theta} - 1} = 299 \times \frac{2.42}{2.42 - 1} = 509.56\text{N}$$

$$T_s = \frac{T_t}{e^{\mu\theta}} = \frac{509.56}{2.42} = 210.56\text{N}$$

(3) $\ W = \sqrt{T_t^{\,2} + T_s^{\,2} + 2T_t T_s \cos 2\phi}$

$$= \sqrt{509.56^2 + 210.56^2 + 2 \times 509.56 \times 210.56 \times \cos\left(2 \times 5.74\right)}$$

$$= 717.13\text{N}$$

≫ 문제 **04**

65kW, 300rpm으로 회전하는 축의 허용전단응력 $\tau_a = 29.4\text{N}/\text{mm}^2$이고 묻힘 키의 폭 b와 높이 h가 같을 때 다음을 구하시오. (단, 묻힘 키의 허용전단응력은 축의 허용전단응력과 같고 길이 l은 축 지름의 1.5배이다.) [4점]

(1) 축의 직경 $d(\text{mm})$

(2) 묻힘 키의 호칭 $b \times h \times l(\text{mm})$

해설

(1) $\ T = \dfrac{H}{\omega} = \dfrac{H}{\dfrac{2\pi N}{60}} = \dfrac{65 \times 10^3}{\dfrac{2\pi \times 300}{60}} = 2,069.01\text{N} \cdot \text{m}$

$$T = \tau_a \cdot Z_P = \tau_a \cdot \frac{\pi d^3}{16} \text{에서} \ d = \sqrt[3]{\frac{16T}{\pi\tau_a}} = \sqrt[3]{\frac{16 \times 2,069.01 \times 10^3}{\pi \times 29.4}} = 71.03\text{mm}$$

(2) $\ T = \tau_k \cdot A_\tau \cdot \dfrac{d}{2} = \tau_k \cdot b \cdot l \times \dfrac{d}{2}(l = 1.5d) = \tau_k \cdot b \times 1.5 \times \dfrac{d^2}{2}$ 에서

$$\therefore \ b = \frac{2T}{1.5 \times \tau_k \times d^2} = \frac{2 \times 2,069.01 \times 10^3}{1.5 \times 29.4 \times 71.03^2} = 18.6\text{mm}$$

$$h = b, \ l = 1.5 \times 71.03 = 106.55\text{mm}$$

$$\therefore \ \text{키의 호칭} \ b \times h \times l = 18.6 \times 18.6 \times 106.55$$

≫ 문제 **05**

표준스퍼기어의 피니언 회전수 600rpm, 기어의 회전수 200rpm, 기어의 굽힘강도 127.4MPa, 치형 계수 0.11, 중심거리 300mm, 압력각 14.5°, 전달동력 18.5kW일 때 다음을 결정하시오. (단, 치폭 $b = 3.18p$로 계산한다.) [5점]

(1) 전달속도 $V(\mathrm{m/sec})$

모듈 m				
	3	4	5	6
	3.5	4.5	5.5	6.5
	3.8	—	—	—

(2) 루이스 굽힘강도식을 이용하여 모듈 m을 표에서 선정하시오.

해설

(1) 속비 $i = \dfrac{N_2}{N_1} = \dfrac{200}{600} = \dfrac{D_1}{D_2} = \dfrac{1}{3}, \quad D_2 = 3D_1$

$C = \dfrac{D_1 + D_2}{2} = \dfrac{3D_1 + D_1}{2} = 2D_1$에서 $D_1 = \dfrac{C}{2} = \dfrac{300}{2} = 150\mathrm{mm}$

$V = \dfrac{\pi D_1 N_1}{60,000} = \dfrac{\pi \times 150 \times 600}{60,000} = 4.71\mathrm{m/s}$

(2) $H = F \cdot V$에서 $F = \dfrac{H}{V} = \dfrac{18.5 \times 10^3}{4.71} = 3,927.81\mathrm{N}$

$f_v = \dfrac{3.05}{3.05 + v} = \dfrac{3.05}{3.05 + 4.71} = 0.39$

$F = \sigma_b \cdot b \cdot p \cdot y$

$\quad = f_v \cdot f_w \cdot \sigma_b \cdot 3.18p \cdot p \cdot y$

$\quad = f_v \times \sigma_b \times 3.18 \times p^2 \cdot y(p = \pi m) \quad (f_w : 하중계수\ 무시)$

$\quad = f_v \times \sigma_b \times 3.18 \times \pi^2 \times m^2 \times y$에서

$m = \sqrt{\dfrac{F}{f_v \times \sigma_b \times 3.18 \times \pi^2 \times y}} = \sqrt{\dfrac{3,927.81}{0.39 \times 127.4 \times 3.18 \times \pi^2 \times 0.11}} = 4.79\mathrm{mm}$

표의 m에서 4.79보다 큰 값을 취하면 5이므로 $m = 5$로 선정

≫ 문제 **06**

500rpm, 300mm 지름의 원통마찰차에서 3kW을 전달하려 할 때, 다음을 구하시오. (단, 허용접촉선압 9.8N/mm, 마찰계수 0.25로 외접상태이다.) [4점]

(1) 원주속도 $V(\mathrm{m/sec})$
(2) 마찰차의 폭 $b(\mathrm{mm})$

해설

(1) $V = \dfrac{\pi DN}{60,000} = \dfrac{\pi \times 300 \times 500}{60,000} = 7.85\mathrm{m/s}$

(2) $H = F_f \cdot V = \mu N \cdot V$와 $f = \dfrac{N}{b}$에서

$H = \mu \cdot b \cdot f \cdot V$

$\therefore\ b = \dfrac{H}{\mu \cdot f \cdot V} = \dfrac{3 \times 10^3}{0.25 \times 9.8 \times 7.85} = 155.99\mathrm{mm}$

≫ 문제 **07**

베어링 하중 17.64kN, 회전수 600rpm의 엔드저널 베어링에서 저널의 지름은 얼마인지 구하시오. (단, 허용베어링 압력은 0.98MPa이며 저널의 길이 $l = 2.5d$, d는 저널의 지름이다.) [3점]

해설

$q = \dfrac{P}{d \cdot l} = \dfrac{P}{d \times 2.5d}$에서

$d = \sqrt{\dfrac{P}{2.5 \times q}} = \sqrt{\dfrac{17.64 \times 10^3}{2.5 \times 0.98}} = 84.85\mathrm{mm}$

≫ 문제 **08**

겹판 스프링에서 스팬이 1,400mm, 강판의 나비 80mm, 두께 15mm, 판의 수 4개이고 밴드의 나비가 100mm일 경우 다음을 구하시오. (단, 스프링에 작용하는 하중은 3,310N이고 마찰계수가 0.2, 스팬의 유효길이 $l_e = l - 0.5e$, 스프링의 종탄성 계수 $E = 20.58 \times 10^4 \text{N/mm}^2$이다.) [5점]

(1) 허용굽힘응력 $\sigma_b (\text{MPa})$

(2) 처짐 $\delta (\text{mm})$

(3) 고유진동수 $f (\text{Hz})$

해설

(1) $\sigma_b = \dfrac{3Wl_e}{2nbh^2} = \dfrac{3 \times 3,310 \times (1,400 - 0.5 \times 100)}{2 \times 4 \times 80 \times 15^2} = 93.09 \text{N/mm}^2$

(2) $\delta = \dfrac{3Wl_e^3}{8Enbh^3} = \dfrac{3 \times 3,310 \times (1,400 - 0.5 \times 100)^3}{8 \times 20.58 \times 10^4 \times 4 \times 80 \times 15^3} = 13.74 \text{mm}$

(3) 스프링 질량계의 진동수 $f = \dfrac{1}{2\pi}\sqrt{\dfrac{k}{m}} = \dfrac{1}{2\pi}\sqrt{\dfrac{W}{m\delta}}$

$= \dfrac{1}{2\pi}\sqrt{\dfrac{mg}{m\delta}} = \dfrac{1}{2\pi}\sqrt{\dfrac{g}{\delta}} = \dfrac{1}{2\pi}\sqrt{\dfrac{9.8 \times 1,000}{13.74}} = 4.25 \text{Hz}$

≫ 문제 **09**

클램프 커플링으로 지름 50mm인 축을 연결하여 200rpm, 5kW의 동력을 전달하려고 한다. 다음을 구하시오. (단, 마찰계수 0.25, 볼트 6개, 볼트의 지름 18mm(골지름 15.294mm)이다.) [5점]

(1) 커플링으로 전달한 토크 $T(\text{N} \cdot \text{m})$

(2) 볼트 1개가 받는 힘 $Q(\text{kN})$

(3) 볼트 1개에 작용하는 인장응력 $\sigma_t (\text{MPa})$

해설

(1) $T = \dfrac{H}{\omega} = \dfrac{H}{\dfrac{2\pi N}{60}} = \dfrac{5 \times 10^3}{\dfrac{2\pi \times 200}{60}} = 238.73 \text{N} \cdot \text{m}$

(2) $T = F_f \times \dfrac{d}{2} = \mu \cdot \pi W \cdot \dfrac{d}{2}$ 와 $W = Z'Q$ $\left(Z' : \text{한쪽 축에 대한 볼트 수 } \dfrac{Z}{2}\right)$

$T = \mu \pi Z' Q \cdot \dfrac{d}{2}$ 에서

$Q = \dfrac{2T}{\mu \pi Z' d} = \dfrac{2 \times 238.73 \times 10^3}{0.25 \times \pi \times 3 \times 50} = 4,052.81 \text{N} = 4.05 \text{kN}$

(3) $\sigma_t = \dfrac{Q}{A} = \dfrac{Q}{\dfrac{\pi}{4} d_1^{\,2}} = \dfrac{4 \times 4.05 \times 10^3}{\pi \times 15.294^2} = 22.05 \text{N/mm}^2 = 22.05 \text{MPa}$

≫ 문제 **10**

그림과 같은 측면 필렛 용접이음에서 허용전단응력이 49MPa일 때 길이 l를 구하시오. (단, 용접 사이즈는 14mm이고, 하중 W는 135kN이다.) [3점]

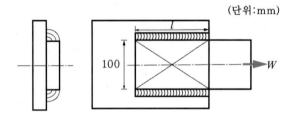

(단위:mm)

해설

$\tau = \dfrac{W}{A_\tau} = \dfrac{W}{2tl} = \dfrac{W}{2h\cos 45° \cdot l}$ 에서

$l = \dfrac{W}{2h\cos 45° \times \tau} = \dfrac{135 \times 10^3}{2 \times 14\cos 45° \times 49} = 139.15 \text{mm}$

》 문제 **11**

안지름 400mm, 내압 0.65MPa의 실린더 커버를 8개의 볼트로 체결하려고 한다. 볼트 재료의 허용인장응력을 47.04MPa로 할 때 다음을 구하시오. [4점]

(1) 볼트 1개가 받는 하중 $Q(\mathrm{kN})$
(2) 볼트의 규격을 표에서 선정하시오.

호칭	M10	M11	M12	M14	M16	M18	M20
골지름	8.316	9.376	10.106	11.835	13.835	15.294	17.294

해설

(1) 전하중 $P = q \cdot A = 0.65 \times \dfrac{\pi \times 400^2}{4} = 81,681.41\mathrm{N}$

$Q = \dfrac{P}{Z(볼트수)} = \dfrac{81,681.41}{8} = 10,210.18\mathrm{N} = 10.21\mathrm{kN}$

(2) $\sigma_a = \dfrac{Q}{A_\sigma} = \dfrac{Q}{\dfrac{\pi}{4}d_1^2}$ 에서

$d_1 = \sqrt{\dfrac{4Q}{\pi \cdot \sigma_a}} = \sqrt{\dfrac{4 \times 10.21 \times 10^3}{\pi \times 47.04}} = 16.62\mathrm{mm}$

표에서 골지름이 16.62보다 큰 것을 선택하면 M20 선정

>> 문제 01

50번 롤러 체인의 파단하중이 21,658N, 피치 19.05mm, 중심거리 750mm, 잇수 16 및 48인 체인 전동장치가 있다. 다음을 구하시오. (단, 안전율은 15이고, 부하계수는 1.0이다.) [4점]

(1) 허용인장력 $P(\mathrm{kN})$

(2) 링크의 수 L_n

해설

(1) $P = F_a = \dfrac{F_f}{S \cdot K} = \dfrac{21,658}{15 \times 1.0} = 1,443.87\mathrm{N} = 1.44\mathrm{kN}$

(2) $L_n = \dfrac{2C}{p} + \dfrac{Z_1 + Z_2}{2} + \dfrac{0.0257p(Z_2 - Z_1)^2}{C}$

$\quad = \dfrac{2 \times 750}{19.05} + \dfrac{16 + 48}{2} + \dfrac{0.0257 \times 19.05 \times (48 - 16)^2}{750} = 111.41 = 112$개

>> 문제 02

600rpm으로 15kW의 동력을 전달하는 전동축에 작용하는 굽힘모멘트가 294J인 경우 축지름을 구하시오. (단, 축 재료의 허용전단응력을 49MPa로 하고 동적 효과계수 $K_M = 1.6$, $K_T = 1.2$이다.) [3점]

해설

$M = 294\mathrm{N \cdot m}, \quad T = \dfrac{H}{\omega} = \dfrac{H}{\dfrac{2\pi N}{60}} = \dfrac{15 \times 10^3}{\dfrac{2\pi \times 600}{60}} = 238.73\mathrm{N \cdot m}$

굽힘과 비틀림이 동시에 작용하므로 상당 비틀림 모멘트 $T_e = \sqrt{M^2 + T^2}$ 에서

효과계수를 고려하면 $T_e = \sqrt{(K_M \times M)^2 + (K_T \times T)^2}$

$$= \sqrt{(1.6 \times 294)^2 + (1.2 \times 238.73)^2} = 550.77 \mathrm{N \cdot m}$$

$T_e = \tau_a \cdot Z_P = \tau_a \times \dfrac{\pi}{16} d^3$ 에서 $d = \sqrt[3]{\dfrac{16 T_e}{\pi \tau_a}} = \sqrt{\dfrac{16 \times 550.77 \times 10^3}{\pi \times 49}} = 38.54 \mathrm{mm}$

≫ 문제 **03**

No. 6210 깊은 홈 볼 베어링을 사용하여 850rpm으로 레이디얼 하중 2,450N, 스러스트 하중 1,176N을 동시에 받게 할 때 다음을 결정하시오. (단, 기본 정정격하중 $C_0 = 20,678\mathrm{N}$ 이고 기본 동정격하중 $C = 26,950\mathrm{N}$ 이다. V, X 및 Y값은 아래 표를 이용하여 내륜하중에 복렬 베어링으로 한다. 그리고 하중계수 $f_w = 1.0$ 이다.) [5점]

〈베어링의 계수 V, X 및 Y값〉

베어링 형식		내륜회전하중	외륜회전하중	단 열 $F_a/VF_r > e$		복 열 $F_a/VF_r \leq e$		복 열 $F_a/VF_r > e$		e
		V	V	X	Y	X	Y	X	Y	
깊은홈 볼베어링	$F_a/C_0 = 0.014$	1	1.2	0.56	2.30	1	0	0.56	2.30	0.19
	$= 0.028$				1.99				1.99	0.22
	$= 0.056$				1.71				1.71	0.26
	$= 0.084$				1.55				1.55	0.28
	$= 0.11$				1.45				1.45	0.30
	$= 0.17$				1.31				1.31	0.34
	$= 0.28$				1.15				1.15	0.38
	$= 0.42$				1.04				1.04	0.42
	$= 0.56$				1.00				1.00	0.44
앵귤러 볼베어링	$\alpha = 20°$	1	1.2	0.43	1.00	1	1.09	0.70	1.63	0.57
	$= 25°$			0.41	0.87		0.92	0.67	1.41	0.58
	$= 30°$			0.39	0.76		0.78	0.63	1.24	0.80
	$= 35°$			0.37	0.56		0.66	0.60	1.07	0.95
	$= 40°$			0.35	0.57		0.55	0.57	0.93	1.14
자동조심볼베어링		1	1	0.4	$0.4 \times \cot\alpha$	1	$0.42 \times \cot\alpha$	0.65	$0.65 \times \cot\alpha$	$1.5 \times \tan\alpha$
매그니토볼베어링		1	1	0.5	2.5	—	—	—	—	0.2
자동조심롤러베어링 원추롤러베어링 $\alpha \neq 0$		1	1.2	0.4	$0.4 \times \cot\alpha$	1	$0.45 \times \cot\alpha$	0.67	$0.67 \times \cot\alpha$	$1.5 \times \tan\alpha$

17

스트러트 볼베어링	$\alpha = 45°$	–	–	0.66	1	1.18	0.59	0.66	1	1.25
	$= 60°$			0.92		1.90	0.54	0.92		2.17
	$= 70°$			1.66		3.66	0.52	1.66		4.67
스러스트롤러베어링		–	–	$\tan\alpha$	1	$1.5 \times \tan\alpha$	0.67	$\tan\alpha$	1	$1.5 \times \tan\alpha$

(1) 등가 레이디얼 하중 $P_r(\text{kN})$

(2) 수명시간 $L_h(\text{hr})$

해설

(1) $P_r = P_{th}$, 표에서 $F_a = F_t$, $\dfrac{F_a}{C_o} = \dfrac{1,176}{20,678} = 0.0568$

표의 깊은 홈 볼베어링에서 $\dfrac{F_a}{C_o}$ 값 0.056을 기준으로 $V = 1$, $e = 0.26$ 선택

$\dfrac{F_a}{VF_r} = \dfrac{1,176}{1 \times 2,450} = 0.48 > e$ 이므로 복렬 열에서 $X = 0.56$, $Y = 1.71$ 선택

$\therefore\ P_{th} = XVF_r + YF_t$

$\qquad = 0.56 \times 1.0 \times 2,450 + 1.71 \times 1,176 = 3,382.96\text{N}$

(2) 베어링 지수 $r = 3$(볼 베어링)

$L_h = \left(\dfrac{C}{P}\right)^r \times \dfrac{10^6}{60N} = \left(\dfrac{C}{f_w \cdot P_{th}}\right)^r \times \dfrac{10^6}{60 \cdot N}$

$\quad = \left(\dfrac{26,950}{1.0 \times 3,382.96}\right)^3 \times \dfrac{10^6}{60 \times 850} = 9,913.24\text{hr}$

≫ 문제 **04**

0.82kW를 전달하는 외접 원추마찰차의 축각이 80°이다. 원동 차의 회전수는 500rpm, 평균지름은 300mm 속도비는 $\dfrac{1}{2}$이다. 다음을 결정하시오. [4점]

(1) 원동차의 원추 반각 $\alpha(\deg)$

(2) 회전력 $F(\mathrm{N})$

해설

(1) $\theta = 80°$

$$\tan\alpha = \frac{\sin\theta}{\cos\theta + \dfrac{1}{i}} \text{ 에서 } \alpha = \tan^{-1}\frac{\sin 80°}{\cos 80° + \dfrac{1}{\dfrac{1}{2}}} = 24.37°$$

(2) $H = F \cdot V$에서

$$F = \frac{H}{V} = \frac{H}{\dfrac{\pi \cdot D_1 \cdot N_1}{60,000}} = \frac{0.82 \times 10^3}{\dfrac{\pi \times 300 \times 500}{60,000}} = 104.4\mathrm{N}$$

17

≫ 문제 **05**

1.84kW, 1,750rpm인 동력을 웜기어 장치에 의해서 $\dfrac{1}{12.25}$로 감속하려고 한다. 웜은 4줄 나사이고 압력각은 20°, 모듈 3.5, 축간거리 110mm일 때 다음을 구하시오. (단, 치면의 마찰계수는 0.1이다.) [6점]

(1) 리드각 $\beta(°)$

(2) 웜 휠의 회전력 $F(\mathrm{N})$

(3) 웜기어의 접선력 $F_x(\mathrm{N})$

해설

(1) $i = \dfrac{N_g}{N_w} = \dfrac{n(\text{웜 줄수})}{Z_g(\text{웜기어의 잇수})}$ 에서 $Z_g = \dfrac{n}{i} = \dfrac{4}{\dfrac{1}{12.25}} = 49$개

$D_g = m \cdot Z_g = 3.5 \times 49 = 171.5\text{mm}$

$C = \dfrac{D_g + D_w}{2}$ 에서 $D_w = 2C - D_g = 2 \times 110 - 171.5 = 48.5\text{mm}$

$\beta = \alpha$, 리드 $l = n \cdot p = n \cdot \pi \cdot m = 4 \times \pi \times 3.5 = 43.98\text{mm}$

$\tan\alpha = \dfrac{l}{\pi D_w}$ 에서 $\alpha = \tan^{-1}\left(\dfrac{l}{\pi D_w}\right) = \tan^{-1}\left(\dfrac{43.98}{\pi \times 48.5}\right) = 16.1°$

(2) 속비에서 $N_g = iN_w = \dfrac{1}{12.25} \times 1{,}750 = 142.86\text{rpm}$

$V_g = \dfrac{\pi D_g \cdot N_g}{60{,}000} = \dfrac{\pi \times 171.5 \times 142.86}{60{,}000} = 1.28\text{m/s}$

웜 휠(기어)에 전달되는 동력(H')은 나사인 웜에 의해 전달되므로

$H' = \eta \cdot H = 0.7083 \times 1.84 = 1.3\text{kW}$

(여기서, $\tan\rho' = \dfrac{\mu}{\cos\alpha_n}$ (α_n : 압력각)에서 $\rho' = \tan^{-1}\left(\dfrac{0.1}{\cos 20°}\right) = 6.07°$

웜 효율 $\eta = \dfrac{W \cdot l}{2\pi T} = \dfrac{\tan\alpha}{\tan(\rho' + \alpha)} = \dfrac{\tan(16.1°)}{\tan(6.07° + 16.1°)} = 0.70834 = 70.83\%$)

$H' = F \cdot V$에서 웜 휠(기어)의 회전력(웜 나사의 축방향 추력)

$F = \dfrac{H'}{V} = \dfrac{1.3 \times 10^3}{1.28} = 1{,}015.63\text{N}$

(3) 웜기어의 접선력 F_x는

$\tan\rho = \mu = 0.1$에서 $\rho = 5.71°$

웜기어의 접선력은 웜기어의 축방향 추력이므로

$F_x = F\tan(\rho + \alpha)$

$\quad = 1{,}015.63 \times \tan(5.71° + 16.1°)$

$\quad = 406.43\text{N}$

≫ 문제 **06**

66kW, 300rpm을 전달하는 축의 지름이 30mm일 때 묻힘 키를 설계하려고 한다. 묻힘 키의 폭과 높이는 22×14이고 키 재료의 항복강도는 333.2MPa이다. 다음을 구하시오. (단, 키의 안전율은 2이다.) [4점]

(1) 회전토크 $T(\mathrm{N \cdot m})$
(2) 허용전단응력과 안전율을 고려하여 키의 길이 $l(\mathrm{mm})$을 구하시오.

해설

(1) $T = \dfrac{H}{\omega} = \dfrac{H}{\dfrac{2\pi N}{60}} = \dfrac{66 \times 10^3}{\dfrac{2\pi \times 300}{60}} = 2{,}100.85\,\mathrm{N \cdot m}$

(2) $\tau_a = \dfrac{\tau_y}{S} = \dfrac{333.2}{2} = 166.6\,\mathrm{N/mm^2}$

$T = \tau_a \cdot A_\tau \cdot \dfrac{d}{2} = \tau_a \cdot b \cdot l \cdot \dfrac{d}{2}$ 에서

$l = \dfrac{2T}{\tau_a \cdot b \cdot d} = \dfrac{2 \times 2{,}100.85 \times 10^3}{166.6 \times 22 \times 30} = 38.21\,\mathrm{mm}$

≫ 문제 **07**

나사의 유효지름 63.5mm, 피치 4mm의 나사 잭으로 49kN의 중량을 들어올리는 나사 잭이 있다. 다음을 구하시오. (단, 레버에 작용하는 힘을 294N, 마찰계수 0.11로 한다.) [4점]

(1) 회전토크 $T(\mathrm{N \cdot m})$
(2) 레버의 길이(mm)

해설

(1) $\alpha = \tan^{-1}\!\left(\dfrac{p}{\pi d_e}\right) = \tan^{-1}\!\left(\dfrac{4}{\pi \times 63.5}\right) = 1.15°$

$\rho = \tan^{-1}\mu = \tan^{-1}0.11 = 6.28°$

$T = Q\tan(\rho + \alpha) \cdot \dfrac{d_e}{2}$

$\quad = 49 \times 10^3 \times \tan(6.28° + 1.15°) \times \dfrac{63.5}{2}$

$\quad = 202{,}885.03\,\mathrm{N \cdot mm} = 202.89\,\mathrm{N \cdot m}$

(2) $T = F \cdot l$ 에서 $l = \dfrac{T}{F} = \dfrac{202.89 \times 10^3}{294} = 690.1\,\mathrm{mm}$

≫ 문제 **08**

1,150rpm의 전동기 축에서 300rpm의 종동축으로 D형 V − belt를 이용하여 동력을 전달하는 기계장치가 있다. V풀리의 지름을 300mm, 1,150mm로 하고 축간거리는 1,500mm일 때 다음을 구하시오. (단, 마찰계수는 0.4, 벨트의 밀도는 1,500kg/m^3, 접촉각 수정계수 $K_1 = 1.0$, 부하 수정계수 $K_2 = 0.7$, 벨트가 닥수는 2가닥이다.) [6점]

〈V벨트의 치수 및 강도〉

형	$a(mm)$	$b(mm)$	단면적 $A(mm^2)$	$\alpha°$	인장강도 (N)	허용장력 (N)
M	10.0	5.5	44.0	40	784 이상	78.4
A	12.5	9.0	83.0	40	1,470 이상	147
B	16.5	11.0	137.5	40	2,352 이상	235.2
C	22.0	14.0	236.7	40	3,920 이상	392
D	31.5	19.0	467.1	40	8,428 이상	842.8
E	38.0	25.5	732.3	40	11,760 이상	1,176

(1) 벨트 1가닥의 허용장력 $T_t(N)$
(2) 전체 전달동력 $H(kW)$

해설

(1) 주어진 표에서 D형 벨트의 허용장력을 찾으면 $T_t = 842.8N$

(2) $V = \dfrac{\pi D_1 N_1}{60,000} = \dfrac{\pi \times 300 \times 1,150}{60,000} = 18.06\text{m/s}$

($V > 10\text{m/s}$ 이상이므로 원심력에 의한 부가장력 C를 고려)

$\alpha = 40°,\ A = 467.1\text{mm}^2 = 467.1 \times 10^{-6}\text{m}^2$

$W = \gamma \cdot V = \gamma \cdot A \cdot l,\ \gamma = \rho \cdot g$

$w = \dfrac{W}{l} = \gamma \cdot A = \rho \cdot g \cdot A$ (단위길이당 무게)

$C = \dfrac{w \cdot V^2}{g} = \dfrac{\rho \cdot g \cdot A V^2}{g} = \rho \cdot A V^2 = 1,500 \times 467.1 \times 10^{-6} \times 18.06^2 = 228.53\text{N}$

$\theta = 180° - 2\phi = 180° - 2\sin^{-1}\left(\dfrac{D_2 - D_1}{2C}\right) = 180° - 2\sin^{-1}\left(\dfrac{1,150 - 300}{2 \times 1,500}\right) = 147.08°$

상당마찰계수 $\mu' = \dfrac{\mu}{\sin\dfrac{\alpha}{2} + \mu\cos\dfrac{\alpha}{2}} = \dfrac{0.4}{\sin20° + 0.4 \times \cos20°} = 0.56$

$e^{\mu'\theta} = e^{\left(0.56 \times 147.08° \times \frac{\pi}{180°}\right)} = 4.21$

$$H_0 = (T_t - C) \cdot \left(\frac{e^{\mu\theta} - 1}{e^{\mu\theta}} \right) \cdot V = (842.8 - 228.53) \times \left(\frac{4.21 - 1}{4.21} \right) \times 18.06 = 8,458.63\text{W}$$

$$Z = \frac{H}{H_0 \cdot K_1 \cdot K_2} \text{에서} \quad H = Z \cdot H_0 \cdot K_1 \cdot K_2 = 2 \times 8,458.63 \times 1.0 \times 0.7$$

$$= 11,842.08\text{W} = 11.84\text{kW}$$

≫ 문제 09

그림과 같은 1줄 겹치기 리벳 이음에서 $t = 12\text{mm}$, $d = 19\text{mm}$, $p = 75\text{mm}$ 이다. 1피치의 하중이 11.76kN이라 할 때 다음을 구하시오. [5점]

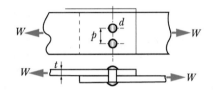

(1) 강판의 인장응력 $\sigma_t(\text{MPa})$ (강판의 이음부 인장응력이다.)

(2) 리벳의 전단응력 $\tau_r(\text{MPa})$

(3) 리벳 이음의 효율 $\eta(\%)$ (강판의 허용인장응력은 $\sigma_a = 39.2\text{MPa}$이다.)

해설

(1) 1피치의 인장하중 W_1

$$W_1 = \sigma_t \cdot A_\sigma = \sigma_t (p - d)t \text{에서}$$

$$\sigma_t = \frac{W_1}{(p-d)t} = \frac{11.76 \times 10^3}{(75-19) \times 12} = 17.5\text{N/mm}^2 = 17.5\text{MPa}$$

(2) $W_1 = \tau_r \cdot A_\tau = \tau_r \cdot \dfrac{\pi}{4} d^2 \text{에서}$

$$\tau_r = \frac{4 W_1}{\pi d^2} = \frac{4 \times 11.76 \times 10^3}{\pi \times 19^2} = 41.48\text{N/mm}^2 = 41.48\text{MPa}$$

(3) $\eta_R = \dfrac{\text{1피치 내 리벳의 전단력}}{\text{1피치 내 구멍 없는 강판의 인장력}} = \dfrac{\tau \cdot \dfrac{\pi}{4} d^2}{\sigma_a \cdot p \cdot t}$

$$= \frac{41.48 \times \dfrac{\pi}{4} \times 19^2}{39.2 \times 75 \times 12}$$

$$= 0.3334 = 33.34\%$$

≫ 문제 **10**

전체 중량이 9.8kN인 일반기계장치를 4개소에 균등하게 지지하여 처짐 50mm가 생기는 코일 스프링의 소선의 지름은 16mm이다. 다음을 구하시오. (단, 스프링 지수 $C = 9$, 횡탄성 계수 $G = 78.4 \times 10^3 \text{MPa}$이다.) [5점]

(1) 스프링의 유효권수 n
(2) 소선에 작용하는 전단응력 $\tau(\text{MPa})$

해설

(1) $C = \dfrac{D}{d} = 9$에서 $D = 9 \times d = 9 \times 16 = 144\text{mm}$

$\delta = \dfrac{8WD^3 n}{Gd^4}$, $W = \dfrac{9.8 \times 10^3}{4} = 2,450\text{N}$

$n = \dfrac{Gd^4 \cdot \delta}{8WD^3} = \dfrac{78.4 \times 10^3 \times 16^4 \times 50}{8 \times 2,450 \times 144^3} = 4.39 ≒ 5$회

(2) $K = \dfrac{4C-1}{4C-4} + \dfrac{0.615}{C} = \dfrac{4 \times 9 - 1}{4 \times 9 - 4} + \dfrac{0.615}{9} = 1.16$

$T = \tau \cdot Z_P = \tau \cdot \dfrac{\pi}{16} d^3 = W \cdot \dfrac{D}{2}$에서

$\tau = K \cdot \dfrac{8WD}{\pi d^3} = 1.16 \times \dfrac{8 \times 2,450 \times 144}{\pi \times 16^3} = 254.43\text{N/mm}^2 = 254.43\text{MPa}$

>> 문제 **11**

그림과 같은 밴드브레이크에서 3.7kW, 100rpm의 동력을 제동하려고 한다. 레버에 작용시키는 힘 200N, 레버길이 800mm, 밴드의 접촉각 225°일 때 다음을 구하시오. (단, 마찰계수는 0.3이다.) [4점]

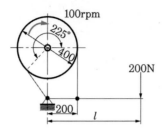

(1) 제동력 $Q(\mathrm{kN})$
(2) 긴장측 장력 $T_t(\mathrm{kN})$

해설

(1) $Q = T_e$, $H = T_e \cdot V$에서 $T_e = \dfrac{H}{V} = \dfrac{H}{\dfrac{\pi DN}{60,000}} = \dfrac{3.7 \times 10^3}{\dfrac{\pi \times 400 \times 100}{60,000}} = 1{,}766.62\mathrm{N}$

(2)

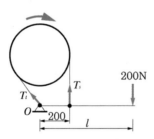

$\Sigma M_0 = 0 : 200 \times l - T_s \times 200 = 0$

$\therefore \ T_s = \dfrac{200l}{200} = \dfrac{200 \times 800}{200} = 800\mathrm{N}$

$e^{\mu\theta} = e^{\left(0.3 \times 225° \times \frac{\pi}{180°}\right)} = 3.25$

$e^{\mu\theta} = \dfrac{T_t}{T_s}$에서 $T_t = T_s \cdot e^{\mu\theta} = 800 \times 3.25 = 2{,}600\mathrm{N} = 2.6\mathrm{kN}$

≫ 문제 01

외경 50mm로서 19.05mm 전진시키는데 3회전을 요하는 나사잭으로 하중 Q를 올리는 데 쓰인다. 나사부 마찰계수가 0.3일 때 다음을 계산하시오. (단, 너트의 유효지름은 $0.74d$로 한다.) [5점]

(1) 너트에 110mm 길이의 레버를 25kN의 힘으로 돌리면 몇 kN의 하중을 올릴 수 있는가?
(2) 나사의 효율 $\eta(\%)$

해설

(1) $l = np$에서 $p = \dfrac{l}{n} = \dfrac{19.05}{3} = 6.35\text{mm}$

유효지름 $d_e = 0.74 \times 50 = 37\text{mm}$

$T = F \cdot l = Q \cdot \tan(\rho + \alpha) \cdot \dfrac{d_e}{2}$ 에서

$\alpha = \tan^{-1}\left(\dfrac{p}{\pi d_e}\right) = \tan^{-1}\left(\dfrac{6.35}{\pi \times 37}\right) = 3.13°$

$\rho = \tan^{-1}\mu = \tan^{-1}0.3 = 16.7°$

$\therefore\ Q = \dfrac{2 \cdot F l}{\tan(\rho + \alpha) \cdot d_e} = \dfrac{2 \times 25 \times 10^3 \times 110}{\tan(16.7° + 3.13°) \times 37}$

$\quad = 412,210.17\text{N} = 412.21\text{kN}$

(2) $\eta = \dfrac{Q \cdot p}{2\pi T} = \dfrac{412.21 \times 10^3 \times 6.35}{2\pi \times 25 \times 10^3 \times 110} = 0.1515 = 15.15\%$

≫ 문제 **02**

보스 길이 100mm, 잇수 6, 모따기 0.4mm, 이 너비 9mm인 스플라인 축이 1,100rpm으로 회전할 때 다음을 구하시오. (단, 허용접촉면압력은 30N/cm^2, 접촉효율은 75%, $d_1 = 46\text{mm}$, $d_2 = 50\text{mm}$이다.) [4점]

(1) 전달토크 $T(\text{N}\cdot\text{m})$
(2) 최대 전달동력 $H(\text{kW})$

해설

(1) $h = \dfrac{d_2 - d_1}{2} = \dfrac{50 - 46}{2} = 2\text{mm}, \quad D_m = \dfrac{d_2 + d_1}{2} = \dfrac{50 + 46}{2} = 48\text{mm}$

$q = 30\text{N/cm}^2 = 30 \times 10^{-2}\text{N/mm}^2, \quad l = 100\text{mm}$

$T = q \cdot A_q \cdot Z \cdot \dfrac{D_m}{2} = \eta \cdot q(h - 2c) \times l \times Z \times \dfrac{D_m}{2}$

$\quad = 0.75 \times 30 \times 10^{-2} \times (2 - 2 \times 0.4) \times 100 \times 6 \times \dfrac{48}{2}$

$\quad = 3,888.0\text{N}\cdot\text{mm} = 3.89\text{N}\cdot\text{m}$

(2) $H = T \cdot \omega = T \cdot \dfrac{2\pi N}{60} = 3.89 \times \dfrac{2\pi \times 1,100}{60} = 448.1\,W = 0.45\text{kW}$

≫ 문제 **03**

지름 600mm, 내압 1.22MPa인 보일러에서 강판의 두께를 구하시오. (단, 최대 인장강도 350MPa, 리벳이음의 효율 75%, 안전율은 5이다.) [3점]

해설

$\sigma_a = \dfrac{p \cdot d}{2t}$ 와 $\sigma_a = \dfrac{\sigma_u}{S} = \dfrac{350}{5} = 70\text{N/mm}^2$에서

$t = \dfrac{p \cdot d}{2\sigma_a \cdot \eta} = \dfrac{1.22 \times 600}{2 \times 70 \times 0.75} = 6.97\text{mm}$

>> 문제 04

그림과 같이 900rpm으로 25kW를 전달하는 벨트 전동장치가 있다. 풀리의 자중 $W = 650\mathrm{N}$, 벨트의 긴장측 장력 $T_t = 1,500\mathrm{N}$, 이완측 장력 $T_s = 750\mathrm{N}$일 때 다음을 구하시오. [6점]

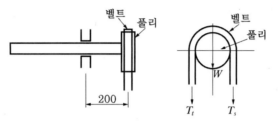

(1) 축에 작용하는 굽힘 모멘트 $M(\mathrm{N \cdot m})$
(2) 축에 작용하는 비틀림 모멘트 $T(\mathrm{N \cdot m})$
(3) 축의 허용전단응력이 38MPa일 때 축의 지름 $d(\mathrm{mm})$

[표] 30, 32, 38, 40, 42, 45, 48, 50, 55, 60, 63

해설

(1) 하중 $P = W + T_t + T_s = 650 + 1,500 + 750 = 2,900\mathrm{N}$

$M = P \cdot l = 2,900 \times 200 = 580,000\mathrm{N \cdot mm} = 580\mathrm{N \cdot m}$

(2) $T = \dfrac{H}{\omega} = \dfrac{H}{\dfrac{2\pi N}{60}} = \dfrac{25 \times 10^3}{\dfrac{2\pi \times 900}{60}} = 265.26\mathrm{N \cdot m}$

(3) 축에는 굽힘과 비틀림을 동시에 고려한 상당 비틀림 모멘트가 작용

$T_e = \sqrt{M^2 + T^2} = \sqrt{580^2 + 265.26^2} = 637.78\mathrm{N \cdot m}$

$T_e = \tau_a \cdot Z_P = \tau_a \cdot \dfrac{\pi}{16} d^3$

$\therefore d = \sqrt[3]{\dfrac{16 T_e}{\pi \tau_a}} = \sqrt[3]{\dfrac{16 \times 637.78 \times 10^3}{\pi \times 38}} = 44.05\mathrm{mm}$

≫ 문제 **05**

레이디얼 하중 1,764N을 받는 단열 홈형 볼베어링(No.6311)의 한계속도지수는 200,000mm·rpm이다. 다음을 구하시오. (단, 하중계수 1.5, 기본동정격하중 31.5kN이다.) [4점]

(1) 베어링의 최대 사용회전수 $N_{\max}(\mathrm{rpm})$
(2) 베어링의 수명시간 $L_h(\mathrm{hr})$

해설

(1) 베어링 호칭 6311에서 베어링 내경 $d = 11 \times 5 = 55\mathrm{mm}$

$$N_{\max} = \frac{dN}{d} = \frac{200,000}{55} = 3,636.36\mathrm{rpm}$$

(2) $r = 3$(볼베어링)

$$L_h = \left(\frac{C}{P}\right)^r \times \frac{10^6}{60N} = \left(\frac{C}{f_w P}\right)^r \times \frac{10^6}{60N} = \left(\frac{31.5 \times 10^3}{1.5 \times 1,764}\right)^3 \times \frac{10^6}{60 \times 3,636.36} = 7,732.93\mathrm{hr}$$

≫ 문제 **06**

축지름 120mm인 플랜지 커플링이 300rpm, 220kW의 동력을 전달한다. 플랜지 커플링의 볼트 수는 6개, 볼트 중심의 피치원 지름은 315mm일 때 다음을 구하시오. (단, 볼트의 허용전단응력은 20MPa이다.) [5점]

(1) 축의 전달토크 $T(\mathrm{J})$
(2) 볼트의 지름 $\delta(\mathrm{mm})$

해설

(1) $T = \dfrac{H}{\omega} = \dfrac{H}{\dfrac{2\pi N}{60}} = \dfrac{220 \times 10^3}{\dfrac{2\pi \times 300}{60}} = 7,002.82\mathrm{N \cdot m} = 7,002.82\mathrm{J}$

(2) $T = \left(\tau_b \cdot \dfrac{\pi}{4}\delta^2\right) \cdot Z \cdot \dfrac{D_b}{2}$ 에서

$$\delta = \sqrt{\frac{8T}{\tau_b \cdot \pi \cdot Z \cdot D_b}} = \sqrt{\frac{8 \times 7,002.82 \times 10^3}{20 \times \pi \times 6 \times 315}} = 21.72\mathrm{mm}$$

≫ 문제 **07**

5.88kW의 동력을 전달하는 중심거리 450mm의 두 축이 홈마찰차로 연결되어 주동축 회전수가 400rpm, 종동축 회전수는 150rpm이며 홈각이 40°, 허용접촉선압은 38N/mm, 마찰계수는 0.3이다. 다음을 구하시오. [4점]

(1) 홈마찰차를 미는 힘 $W(\mathrm{N})$
(2) 홈의 수 Z (단, $h = 0.3\sqrt{\mu' \cdot W}$로 계산하시오.)

해설

(1) 속비 $i = \dfrac{N_2}{N_1} = \dfrac{150}{400} = \dfrac{D_1}{D_2}$, $D_2 = \dfrac{D_1}{i}$

$C = \dfrac{D_1 + D_2}{2} = \dfrac{D_1 + \dfrac{D_1}{i}}{2} = \dfrac{D_1\left(1 + \dfrac{1}{i}\right)}{2}$에서

$D_1 = \dfrac{2C}{1 + \dfrac{1}{i}} = \dfrac{2 \times 450}{1 + \dfrac{400}{150}} = 245.45\mathrm{mm}$

$V = \dfrac{\pi D_1 N_1}{60,000} = \dfrac{\pi \times 245.45 \times 400}{60,000} = 5.14\mathrm{m/s}$

홈의 반각 $\alpha = \dfrac{40°}{2} = 20°$

상당마찰계수 $\mu' = \dfrac{\mu}{\sin\alpha + \mu\cos\alpha}$

$\qquad\qquad = \dfrac{0.3}{\sin 20° + 0.3 \times \cos 20°} = 0.48$

$H = F_f \cdot V = \mu N V = \mu' W V$에서

$W = \dfrac{H}{\mu' V} = \dfrac{5.88 \times 10^3}{0.48 \times 5.14} = 2,383.27\mathrm{N}$

(2) $h = 0.3\sqrt{0.48 \times 2,383.27} = 10.15\mathrm{mm}$

$\mu N = \mu' W$, 접촉선 길이 $l = Z \cdot 2h$와 $f = \dfrac{N}{l} = \dfrac{\mu' W}{l\mu}$에서

$f = \dfrac{\mu' \cdot W}{Z \cdot 2h \cdot \mu}$

$\therefore Z = \dfrac{\mu' \cdot W}{f \cdot 2h \cdot \mu} = \dfrac{0.48 \times 2,383.27}{38 \times 2 \times 10.15 \times 0.3} = 4.94 = 5$개

≫ 문제 **08**

드럼 축에 100rpm, 8.21kW의 전달동력이 작용하고 있는 그림과 같은 차동식 밴드브레이크 장치가 있다.
다음을 구하시오. (단, 마찰계수 0.3, 밴드 접촉각 120°이다.) [5점]

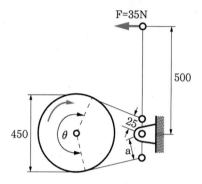

(1) 이완측 장력 $T_s(\mathrm{N})$

(2) 긴장측 장력 $T_t(\mathrm{N})$

(3) 밴드의 조작거리 $a(\mathrm{mm})$

18

해설

(1) $V = \dfrac{\pi DN}{60,000} = \dfrac{\pi \times 450 \times 100}{60,000} = 2.36 \mathrm{m/s}$

장력비 $e^{\mu\theta} = e^{\left(0.3 \times 120° \times \frac{\pi}{180°}\right)} = 1.87$

$H = T_e \cdot V$ 에서 유효장력 $T_e = \dfrac{H}{V} = \dfrac{8.21 \times 10^3}{2.36} = 3,474.58 \mathrm{N}$

$T_s = T_e \cdot \dfrac{1}{e^{\mu\theta} - 1} = 3,474.58 \times \dfrac{1}{1.87 - 1} = 3,993.77 \mathrm{N}$

(2) $e^{\mu\theta} = \dfrac{T_t}{T_s}$ 에서 $T_t = T_s \cdot e^{\mu\theta} = 3,993.77 \times 1.87 = 7,468.35 \mathrm{N}$

(3) $\Sigma M_0 = 0 : T_t \cdot a - T_s \times 25 - 35 \times 500 = 0$ 에서

$a = \dfrac{T_s \times 25 + 35 \times 500}{T_t}$

$= \dfrac{3,993.77 \times 25 + 35 \times 500}{7,468.35} = 15.71 \mathrm{mm}$

<자유물체도>

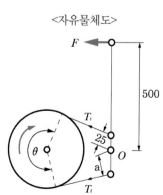

≫ 문제 **09**

웜기어 동력전달장치에서 감속비가 $\dfrac{1}{20}$, 웜 축의 회전수 1,500rpm, 웜의 모듈 6, 압력각 20°, 줄수 3, 피치원 지름 56mm, 웜 휠의 치폭 45mm, 유효 이 나비는 36mm이다. 다음을 구하시오. 단, 웜의 재질은 담금질 강, 웜 휠은 인청동을 사용한다.) [6점]

(1) 웜의 리드 각 $\beta(\deg)$

(2) 웜의 치직각 피치 $p_n(\mathrm{mm})$

(3) 최대 전달동력 $H(\mathrm{kW})$
   - 웜 휠의 굽힘응력 $\sigma_b = 166.6\mathrm{N/mm^2}$
   - 치형 계수 $y = 0.125$
   - 웜의 리드 각에 의한 계수 $\phi = 1.25°$, $\beta = 10 \sim 25°$

〈내마멸 계수 K〉

웜의 재료	웜 휠의 재료	$K(\mathrm{N/mm^2})$
강	인청동	411.6×10^{-3}
담금질 강	주철	343×10^{-3}
"	인청동	548.8×10^{-3}
"	합성수지	833×10^{-3}
주철	인청동	$1,038.8 \times 10^{-3}$

해설

(1) Z_W : 웜 줄수, 리드 각 β

$$l = p \cdot Z_w = \pi m Z_w = \pi \times 6 \times 3 = 56.55\mathrm{mm}$$

$$\tan\beta = \frac{l}{\pi D_w} \text{에서} \ \beta = \tan^{-1}\left(\frac{l}{\pi D_w}\right) = \tan^{-1}\left(\frac{56.55}{\pi \times 56}\right) = 17.82°$$

(2) $p_n = p\cos\beta = \pi m \cos\beta = \pi \times 6 \times \cos(17.82°) = 17.95\mathrm{mm}$

(3) ① 굽힘강도에 의한 전달하중

$$\text{속비} \ i = \frac{N_g}{N_w} = \frac{Z_w}{Z_g} \text{에서} \ Z_g = \frac{Z_w}{i} = \frac{3}{\dfrac{1}{20}} = 60\text{개}$$

$$N_g = i \cdot N_w = \frac{1}{20} \times 1,500 = 75\mathrm{rpm}$$

$$D_g = m Z_g = 6 \times 60 = 360\mathrm{mm}$$

$$V_g = \frac{\pi D_g \cdot N_g}{60,000} = \frac{\pi \times 360 \times 75}{60,000} = 1.41\mathrm{m/s}$$

금속재료의 경우 $f_v = \dfrac{6}{6+v_g} = \dfrac{6}{6+1.41} = 0.81$

$F_1 = f_v \cdot \sigma_b \cdot b \cdot p_n \cdot y = 0.81 \times 166.6 \times 45 \times 17.95 \times 0.125 = 13,625.33\text{N}$

② 면압강도에 의한 전달하중
인청동 내마멸 계수 K
$F_2 = f_v \cdot K \cdot b_e \cdot D_g \cdot \phi$

$\quad = 0.81 \times 548.8 \times 10^{-3} \times 36 \times 360 \times 1.25 = 7,201.35\text{N}$

F_1과 F_2 중 안전한 동력 전달을 위해 작은값 F_2를 사용

$H = F_2 \cdot V = 7,201.35 \times 1.41 = 10,153.9\,W = 10.15\text{kW}$

≫ 문제 **10**

압력각 14.5°, 속도비 $\dfrac{1}{3.5}$, 피니언이 720rpm으로 22.05kW를 전달하는 스퍼기어 전동장치가 있다. 이 스퍼기어의 모듈이 5.0, 치폭이 50mm, 피치원상의 원주 속도 2.64m/s일 때 다음을 구하시오. 단, 치형 계수는 아래 표를 이용한다. [5점]

(1) 피니언과 기어의 잇수 Z_1, Z_2

(2) 전달하중 $F(\text{N})$

(3) 피니언과 기어의 재질을 결정하기 위한 굽힘강도 $\sigma_1(\text{N/mm}^2)$, $\sigma_2(\text{N/mm}^2)$

〈치형계수 πy〉

Z \ α	14.5°	20°
12	0.237	0.277
13	0.249	0.292
14	0.261	0.308
15	0.270	0.319
⋮	⋮	⋮
43	0.352	0.411
49	0.357	0.422
60	0.369	0.433

해설

(1) $V = \dfrac{\pi D_1 N_1}{60,000} = \dfrac{\pi \cdot m Z_1 N_1}{60,000}$ 에서

$Z_1 = \dfrac{60,000 V}{\pi m N_1} = \dfrac{60,000 \times 2.64}{\pi \times 5 \times 720} = 14$개

$i = \dfrac{N_2}{N_1} = \dfrac{Z_1}{Z_2}$ 에서 $Z_2 = \dfrac{Z_1}{i} = \dfrac{14}{\dfrac{1}{3.5}} = 49$개

(2) $H = F \cdot V$ 에서 $F = \dfrac{H}{V} = \dfrac{22.05 \times 10^3}{2.64} = 8,352.27\text{N}$

(3) 표에서 $Z_1 = 14$일 때 $Y_1 = 0.261$, $Z_2 = 49$일 때 $Y_2 = 0.357$

$f_v = \dfrac{3.05}{3.05 + v} = \dfrac{3.05}{3.05 + 2.64} = 0.54$

$F = \sigma_1 \cdot b \cdot p \cdot y$

$\quad = f_v \cdot f_w \cdot \sigma_1 \cdot b \cdot \pi \cdot m \cdot y$

$\quad = f_v \cdot \sigma_1 \cdot b \cdot m\, Y_1$ 에서

피니언의 굽힘강도 $\sigma_1 = \dfrac{F}{f_v \cdot b \cdot m \cdot Y_1} = \dfrac{8,352.27}{0.54 \times 50 \times 5 \times 0.261} = 237.04\text{N/mm}^2$

기어의 굽힘강도 $\sigma_2 = \dfrac{F}{f_v \cdot b \cdot m \cdot Y_2} = \dfrac{8,352.27}{0.54 \times 50 \times 5 \times 0.357} = 173.3\text{N/mm}^2$

≫ 문제 11

147kN 의 인장하중을 받는 양쪽 덮개판 맞대기 이음에서 리벳 지름이 22mm 이다. 리벳의 허용전단응력을 68.6MPa이라 할 때 리벳은 몇 개가 필요한지 구하시오. [3점]

해설

양쪽 덮개판이므로 파괴면적 2개 ⇒ $2n$대신 $1.8n$대입

$W = \tau_a \times \dfrac{\pi}{4} d^2 \times 1.8n$에서

$n = \dfrac{4W}{1.8 \times \tau_a \cdot \pi \cdot d^2} = \dfrac{4 \times 147 \times 10^3}{1.8 \times 68.6 \times \pi \times 22^2} = 3.13 = 4$개

≫ 문제 **01**

겹판 스프링에서 스팬의 길이 $l = 1,500$mm, 스프링의 나비 $b = 120$mm, 밴드의 나비 120mm, 판 두께 12mm, $3,600$N의 하중이 작용하여 150MPa의 굽힘응력이 발생할 때 다음을 구하시오.

(단, 세로탄성계수 $E = 209$GPa이며 유효길이 $l_e = l - 0.6e$이다.) [5점]

(1) 굽힘응력을 고려하여 판의 수 n을 구하시오.
(2) 처짐 δ[mm]
(3) 고유 진동수 f[Hz]

해설

(1) e : 밴드의 나비

$$l_e = l - 0.6e = 1,500 - (0.6 \times 120) = 1,428\text{mm}, \quad \sigma_b = 150\text{N/mm}^2$$

$$\sigma_b = \frac{3 \cdot P \cdot l_e}{2nbh^2} \text{에서} \quad n = \frac{3Pl_e}{2bh^2\sigma_b} = \frac{3 \times 3,600 \times 1,428}{2 \times 120 \times 12^2 \times 150} = 2.98 \fallingdotseq 3\text{장}$$

(2) $$\delta = \frac{3P \cdot l_e^{\,3}}{8nbh^3 \cdot E} = \frac{3 \times 3,600 \times 1,428^3}{8 \times 3 \times 120 \times 12^3 \times 209 \times 10^3} = 30.24\text{mm}$$

(3) $$f = \frac{\omega_n}{2\pi} = \frac{1}{2\pi}\sqrt{\frac{g}{\delta}} = \frac{1}{2\pi} \times \sqrt{\frac{9.8}{30.24 \times 10^{-3}}} = 2.87\text{Hz}$$

≫ 문제 **02**

다음 나사의 종류는? [3점]

(1) 몸체를 침탄 담금질 처리를 하여 경화시킨 작은 나사로 드릴 구멍에 끼워 암나사를 내면서 죄는 나사는?

(2) 너트의 풀림을 방지하기 위한 너트로 2개의 너트를 끼워 아래에 위치한 너트이다.

(3) 담금질한 볼트로 리머 다듬질한 구멍에 넣어 체결하는 볼트이다.

해설

(1) 태핑나사
(2) 로크너트
(3) 리머볼트

≫ 문제 **03**

회전수 800rpm, 베어링 하중 $4,000\text{N}$을 받는 엔드저널 베어링이 있다. 허용 베어링 압력이 0.6MPa, 허용압력 속도계수 $p \cdot V = 0.98\text{N/mm}^2 \cdot \text{m/s}$일 때 다음을 구하시오. [4점]

(1) 베어링의 저널 길이 $l(\text{mm})$

(2) 베어링 압력을 고려한 저널 직경 $d(\text{mm})$

해설

(1) $p \cdot V = q \cdot V$

$q \cdot V = \dfrac{P}{dl} \times \dfrac{\pi d N}{60,000}$ 에서

$l = \dfrac{\pi \times P \times N}{60,000 \cdot q \cdot V} = \dfrac{\pi \times 4,000 \times 800}{60,000 \times 0.98} = 170.97\text{mm}$

(2) $q = \dfrac{P}{dl}$ 에서 $\therefore d = \dfrac{P}{q \cdot l} = \dfrac{4,000}{0.6 \times 170.97} = 38.99\text{mm}$

>> **문제 04**

바깥지름 20mm, 유효지름 18mm, 골지름 16mm, 피치 4mm인 사다리꼴 나사 잭이 있다. 축 하중이 5.5kN일 때 다음을 구하시오. [5점]

(단, 나사면 마찰계수는 0.18이고 칼라부 마찰계수 0.08, 평균지름 35mm이다.)

(1) 들어올리기 위한 토크 $T[\text{N·m}]$
(2) 레버길이가 420mm일 때 레버를 돌리는 힘 $F[\text{N}]$
(3) 허용접촉면 압력 $p_a = 6.7\text{MPa}$일 때 너트의 높이 $H[\text{mm}]$

해설

(1) 사다리꼴(TM) 나사이므로 나사산의 각도 $\beta = 30°$

$$\mu' = \frac{\mu}{\cos\dfrac{\beta}{2}} = \frac{0.18}{\cos\dfrac{30°}{2}} = 0.18635, \quad \rho' = \tan^{-1}\mu' = \tan^{-1}0.18635 = 10.56°$$

$$\tan\alpha = \frac{p}{\pi d_e} \text{에서} \quad \alpha = \tan^{-1}\left(\frac{p}{\pi d_e}\right) = \tan^{-1}\left(\frac{4}{\pi \times 18}\right) = 4.05°$$

$$T_1 = Q\tan(\rho' + \alpha) \cdot \frac{d_e}{2} = 5.5 \times 10^3 \tan(10.56° + 4.05°) \cdot \frac{18}{2}$$
$$= 12903.01\text{N·mm} = 12.9\text{N·m}$$

$$T_2 = \mu_m \cdot Q \cdot \frac{D_m}{2} = 0.08 \times 5.5 \times 10^3 \times \frac{35}{2} = 7,700\text{N·mm} = 7.7\text{N·m}$$

$$\therefore \ T = T_1 + T_2 = 20.6\text{N·m}$$

(2) 레버를 돌리는 토크 $T = T_1 + T_2 = F \cdot L$에서 $F = \dfrac{T}{L} = \dfrac{20.6}{0.42} = 49.05\text{N}$

(3) $p_a = q, \ q = 6.7\text{N/mm}^2, \ q = \dfrac{4Q}{\pi(d_2{}^2 - d_1{}^2) \cdot Z}$에서

$$\therefore \ Z = \frac{4Q}{\pi(d_2{}^2 - d_1{}^2) \cdot q} = \frac{4 \times 5.5 \times 10^3}{\pi(20^2 - 16^2) \times 6.7} = 7.26$$

$$\therefore \ H = Z \cdot p = 7.26 \times 4 = 29.04\text{mm}$$

19

≫ 문제 **05**

원동차의 회전수 200rpm, 종동차의 회전수 100rpm, 중심거리 300mm인 외접형 원통마찰차가 있다. 원동차와 종동차의 지름을 구하시오. [2점]

해설

$$i = \frac{N_2}{N_1} = \frac{D_1}{D_2} \text{에서 } i = \frac{100}{200} = \frac{1}{2}, \ D_1 = iD_2$$

$$C = \frac{D_1 + D_2}{2} = \frac{iD_2 + D_2}{2} \text{에서 } D_2 = \frac{2C}{i+1} = \frac{2 \times 300}{\frac{1}{2} + 1} = 400\text{mm}$$

$$D_1 = \frac{1}{2} \times 400\text{mm} = 200\text{mm}$$

≫ 문제 **06**

모듈 $m = 2$, 피니언 잇수 $Z_1 = 15$, 기어 잇수 $Z_2 = 24$인 전위기어에서 다음을 구하시오.

(단, 모든 정답은 소수점 5번째 자리까지 구하고 아래 표를 이용하시오.) [5점]

(1) 압력각 $\alpha = 14.5°$일 때 전위계수 x_1, x_2

(2) 두 기어에서 치면 높이(백래시)가 0이 되게 하는 물림 압력각 $\alpha_b[\text{deg}]$

(3) 전위기어의 중심거리 $C[\text{mm}]$

〈$B(\alpha_b)$와 $B_v(\alpha_b)$의 함수표(14.5[°])〉

α_b	0		2		4		6		8	
	B	B_v	B	B_v	B	B_v	B	B_v	B	B_v
15.0	.002 34	.002 30	.002 44	.002 39	.002 53	.002 49	.002 63	.002 58	.002 73	.002 68
1	.002 83	.002 77	.002 93	.002 87	.003 02	.002 96	.003 12	.003 05	.003 22	.003 15
2	.003 32	.003 24	.003 42	.003 34	.003 52	.003 44	.003 62	.003 53	.003 72	.003 63
3	.003 82	.003 72	.003 92	.003 82	.004 03	.003 91	.004 13	.004 01	.004 23	.004 11
4	.004 33	.004 20	.004 43	.004 30	.004 54	.004 40	.004 64	.004 49	.004 74	.004 59
5	.004 85	.004 69	.004 95	.004 79	.005 05	.004 88	.005 16	.004 98	.005 27	.005 08
6	.005 37	.005 18	.005 48	.005 27	.005 58	.005 37	.005 69	.005 47	.005 79	.005 57
7	.005 90	.005 67	.006 01	.005 77	.006 11	.005 86	.006 22	.005 96	.006 33	.006 06
8	.006 44	.006 13	.006 54	.006 26	.006 65	.006 36	.006 76	.006 46	.006 87	.006 56
9	.006 98	.006 66	.007 09	.006 76	.007 20	.006 86	.007 31	.006 96	.007 42	.007 06

16.0	.007 53	.007 16	.007 64	.007 26	.007 75	.007 37	.007 87	.007 47	.007 98	.007 57
1	.008 09	.007 67	.008 20	.007 77	.008 32	.007 87	.008 43	.007 87	.008 54	.008 08
2	.008 66	.008 18	.008 77	.008 28	.008 88	.008 38	.009 00	.008 49	.009 11	.008 59
3	.009 23	.008 69	.009 35	.008 79	.009 46	.008 90	.004 58	.009 00	.009 69	.009 10
4	.009 81	.009 21	.009 93	.009 21	.010 04	.009 42	.010 16	.009 52	.010 25	.009 62
5	.010 40	.009 73	.010 52	.009 83	.040 64	.009 94	.010 76	.010 04	.010 88	.010 15
6	.010 99	.010 25	.011 05	.010 30	.011 24	.010 46	.011 36	.010 57	.011 48	.010 67
7	.011 60	.010 78	.011 72	.010 89	.011 84	.010 99	.011 96	.011 09	.012 09	.011 20
8	.012 21	.011 31	.012 33	.011 42	.012 46	.011 52	.012 58	.011 63	.012 70	.011 74
9	.012 83	.011 85	.012 95	.011 95	.013 08	.012 06	.013 20	.012 17	.013 33	.012 28
17.0	.013 46	.012 38	.013 58	.012 49	.013 71	.012 60	.013 84	.012 71	.013 96	.012 82
1	.014 09	.012 93	.014 22	.013 03	.014 35	.013 14	.014 48	.013 25	.014 60	.013 36
2	.014 73	.013 47	.014 86	.013 58	.014 99	.013 69	.015 12	.013 80	.015 25	.013 91
3	.015 38	.014 02	.015 51	.014 13	.015 65	.014 24	.015 78	.014 35	.015 91	.014 46
4	.016 04	.014 57	.016 18	.014 69	.016 31	.014 80	.016 44	.014 91	.016 58	.015 02
5	.016 71	.015 13	.016 84	.015 24	.016 98	.015 35	.017 11	.015 47	.017 25	.015 58
6	.017 38	.015 69	.017 52	.015 80	.017 55	.015 92	.017 79	.016 03	.017 93	.016 14
7	.018 07	.016 26	.018 21	.016 37	.018 34	.016 48	.018 48	.016 60	.018 62	.016 71
8	.018 76	.016 82	.018 90	.016 94	.019 03	.017 05	.019 18	.017 17	.019 32	.017 28
9	.019 46	.017 40	.019 60	.017 51	.019 74	.017 62	.019 88	.017 74	.020 02	.017 85
18.0	.020 17	.017 97	.020 31	.018 09	.020 45	.018 20	.020 60	.018 32	.020 74	.018 43
1	.020 88	.018 55	.021 03	.018 67	.021 17	.018 78	.021 32	.018 90	.021 46	.019 02
2	.021 61	.019 13	.021 76	.019 25	.021 90	.019 37	.022 05	.019 48	.022 19	.019 60
3	.022 34	.019 72	.022 49	.019 84	.022 64	.019 96	.022 79	.020 70	.022 94	.020 19
4	.023 09	.020 31	.023 24	.020 43	.023 38	.020 55	.023 54	.020 67	.023 69	.020 79
5	.023 84	.020 90	.023 99	.021 02	.024 14	.021 14	.024 29	.021 26	.024 44	.021 38
6	.024 60	.021 50	.024 75	.021 62	.024 90	.021 74	.025 06	.021 86	.025 16	.021 98
7	.025 37	.022 10	.025 52	.022 23	.025 68	.022 35	.025 38	.022 47	.025 99	.022 59
8	.026 14	.022 71	.026 30	.022 83	.026 46	.022 95	.026 61	.023 08	.026 77	.023 20
9	.026 93	.023 32	.027 09	.023 44	.027 25	.023 56	.026 41	.023 69	.027 57	.023 81
19.0	.027 73	.023 93	.027 89	.024 06	.028 05	.024 18	.028 21	.024 30	.028 37	.024 43
1	.028 53	.024 55	.027 69	.024 67	.028 85	.024 80	.029 02	.024 92	.029 18	.025 05
2	.029 34	.025 17	.029 51	.025 29	.029 67	.025 42	.029 84	.025 55	.030 00	.025 67
3	.030 17	.025 80	.030 33	.025 92	.030 50	.026 05	.030 66	.026 17	.030 83	.026 30
4	.031 00	.026 43	.031 17	.026 55	.031 33	.026 68	.031 50	.026 80	.031 67	.026 93
5	.031 84	.027 06	.032 01	.027 19	.032 18	.027 31	.032 35	.027 44	.032 52	.027 57
6	.036 29	.027 69	.032 86	.027 82	.033 03	.027 95	.033 21	.028 08	.033 38	.028 21
7	.033 55	.028 34	.033 73	.028 46	.033 90	.028 59	.034 07	.028 72	.034 25	.028 85
8	.034 42	.028 98	.034 60	.029 11	.034 77	.029 24	.034 95	.029 37	.035 12	.029 50
9	.035 30	.029 63	.035 48	.029 76	.035 66	.029 89	.035 83	.030 01	.036 01	.030 15

19

20.0	.039 19	.030 28	.036 37	.030 41	.036 55	.030 54	.036 73	.030 67	.036 91	.030 81
1	.037 09	.030 94	.037 27	.031 07	.037 45	.031 20	.037 62	.031 33	.037 82	.031 47
2	.038 00	.031 60	.038 18	.031 73	.038 36	.031 86	.038 55	.032 00	.038 73	.032 13
3	.038 92	.032 26	.039 10	.032 40	.039 29	.032 53	.039 47	.032 66	.039 66	.032 80
4	.039 85	.032 93	.040 03	.033 07	.040 22	.033 20	.040 41	.033 33	.040 60	.033 47
5	.040 73	.033 60	.040 97	.033 74	.041 16	.033 87	.041 35	.034 01	.041 54	.034 14
6	.041 73	.034 28	.041 92	.034 42	.042 11	.034 55	.042 31	.034 69	.042 50	.034 82
7	.042 69	.034 96	.042 88	.035 09	.043 08	.035 26	.043 27	.035 37	.043 46	.035 51
8	.043 66	.035 65	.043 85	.035 78	.044 05	.035 92	.044 25	.036 06	.044 44	.036 20
9	.044 64	.036 33	.044 84	.036 47	.045 03	.036 61	.045 23	.036 75	.045 43	.036 89

해설

(1) 한계 잇수 $Z_g = \dfrac{2}{\sin^2 \alpha} = \dfrac{2}{\sin^2 14.5} = 31.90294$

$x = 1 - \dfrac{Z}{Z_g}$ 에서 $x_1 = 1 - \dfrac{Z_1}{Z_g} = 1 - \dfrac{15}{31.90294} = 0.52982$

$x_2 = 1 - \dfrac{Z_2}{Z_g} = 1 - \dfrac{24}{31.90294} = 0.24772$

(2) 인벌류트 함수 $B = \dfrac{2(x_1 + x_2)}{Z_1 + Z_2} = \dfrac{2(0.52982 + 0.24772)}{15 + 24} = 0.03987$

B값 0.03987을 표에서 찾으면 0.03985(0)와 0.04003(2) 사이이므로 물림압력각 $\alpha_b = 20.41°$(끝에 1이 "0"과 "2" 사이 값을 나타냄)

(3) 중심거리 증가계수 $y = \dfrac{Z_1 + Z_2}{2}\left(\dfrac{\cos \alpha}{\cos \alpha_b} - 1\right)$

$\qquad\qquad = \dfrac{15 + 24}{2}\left(\dfrac{\cos 14.5°}{\cos 20.41°} - 1\right) = 0.64346$

중심거리 $C = \dfrac{D_1 + D_2}{2} + my = \dfrac{m(Z_1 + Z_2)}{2} + my$

$\qquad\quad = 2\left(\dfrac{15 + 24}{2}\right) + 2 \times 0.64346 = 40.28692\text{mm}$

참고

$y = \left(\dfrac{Z_1 + Z_2}{2}\right) \times B_v = \left(\dfrac{15 + 24}{2}\right) \times 0.03293$(표에서 20.4°의 $B_v = 0.03293$(값)으로 계산하는 방법도 있다.)

≫ **문제 07**

두께가 4mm인 강판을 1줄 겹치기 리벳이음을 할 때 다음을 구하시오. (단, 강판의 인장응력과 압축응력 $\sigma_t = \sigma_c = 100\text{MPa}$, 리벳의 전단응력 $\tau_r = 70\text{MPa}$이다.) [6점]

(1) 리벳의 지름 $d[\text{mm}]$
(2) 피치 $p[\text{mm}]$
(3) 강판의 효율 $\eta_p[\%]$
(4) 리벳의 효율 $\eta_r[\%]$

해설

(1) $W_1 = \tau \cdot A_\tau = \tau \cdot \dfrac{\pi}{4} d^2 \cdot n$ $(n : 줄수)$

$W_2 = \sigma_t (p - d')t$ $(d' = d)$

$W_3 = \sigma_c \cdot A_c = \sigma_c \cdot d \cdot t \cdot n$

$W_1 = W_3$에서 지름 $d = \dfrac{4\sigma_c \cdot t}{\pi \tau} = \dfrac{4 \times 100 \times 4}{\pi \times 70} = 7.28\text{mm}$

(2) $W_1 = W_2$에서 $p = d + \dfrac{\tau \cdot \pi d^2 \cdot n}{4\sigma_t \cdot t} = 7.28 + \dfrac{70 \times \pi \times 7.28^2 \times 1}{4 \times 100 \times 4} = 14.56\text{mm}$

(3) $\eta_p = \eta_t = 1 - \dfrac{d'}{p} = 1 - \dfrac{d}{p} = 1 - \dfrac{7.28}{14.56} = 0.5 = 50\%$

(4) $\eta_r = \dfrac{\tau \cdot \dfrac{\pi}{4} d^2 \cdot n}{\sigma_t \cdot p \cdot t} = \dfrac{70 \times \dfrac{\pi}{4} \times 7.28^2 \times 1}{100 \times 14.56 \times 4} = 0.5003 = 50.03\%$

19

》 문제 08

그림과 같이 블록브레이크에서 브레이크 용량이 $0.52\text{N}/\text{mm}^2 \cdot \text{m}/\text{s}$ 이고 마찰계수가 0.3일 때 다음을 구하시오. [3점]

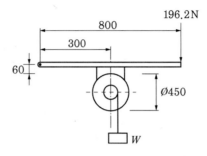

(1) 제동력 $Q[\text{N}]$

(2) 최대 회전수 $N(\text{rpm})$ (단, 브레이크의 허용면압력은 $0.196\text{N}/\text{mm}^2$이다.)

해설

(1) 〈자유물체도〉

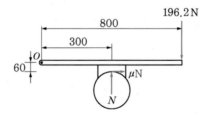

$\Sigma M_0 = 0 \ : \ 196.2 \times 800 - 300 \times N - 60 \times \mu N = 0$

$\qquad\qquad 196.2 \times 800 - N(300 + 60 \times 0.3) = 0$

$\therefore \ N = \dfrac{196.2 \times 800}{300 + 60 \times 0.3} = 493.58\text{N}$

브레이크 제동력 $Q = \mu N = 0.3 \times 493.58 = 148.07\text{N}$

(2) 브레이크 용량(단위면적당 제동 동력)

$0.52 = \dfrac{F_f \cdot V}{A} = \dfrac{\mu N V}{A} = \mu \cdot q \cdot V = \mu \cdot q \cdot \dfrac{\pi D N}{60,000}$ 에서

$N = \dfrac{60,000 \times 0.52}{\mu \cdot q \cdot \pi \cdot D} = \dfrac{60,000 \times 0.52}{0.3 \times 0.196 \times \pi \times 450} = 375.33\text{rpm}$

≫ 문제 **09**

접촉면의 안지름 120mm, 바깥지름 200mm의 단판클러치에서 접촉면압력 0.3MPa, 마찰계수를 0.2로 할 때 1,250rpm으로 몇 kW를 전달할 수 있는가? [3점]

해설

$$T = \mu \cdot N \cdot \frac{D_m}{2} = \mu P_t \cdot \frac{D_m}{2} = \mu \cdot q\pi D_m \cdot b \cdot \frac{D_m}{2}$$

$$= \mu \cdot q\pi \cdot b \cdot \frac{D_m{}^2}{2} \left(b = \frac{200-120}{2} = 40\text{mm}, \ D_m = \frac{120+200}{2} = 160\text{mm} \right)$$

$$= 0.2 \times 0.3 \times \pi \times 40 \times \frac{160^2}{2} = 96,509.73\text{N} \cdot \text{mm} = 96.51\text{N} \cdot \text{m}$$

$$H = T \cdot \omega = 96.51 \times \frac{2\pi \times 1,250}{60} = 12,633.13\text{W} = 12.63\text{kW}$$

≫ 문제 **10**

잇수 $Z = 6$, 호칭지름 82mm의 스플라인 축이 250rpm으로 회전하고 있다. 이 측면의 허용면압을 19.6MPa로 하고 보스 길이를 150mm로 할 때 다음을 구하시오. 단, 스플라인의 바깥지름은 88mm, 접촉효율은 75%이다. [3점]

(1) 축 토크 $T(\text{kJ})$
(2) 전달동력 $H(\text{kW})$

해설

(1) $T = q \cdot A_q \cdot Z\frac{D_m}{2} = q(h-2C)l \cdot Z \cdot \frac{D_m}{2} (C = 0)$

$$= \eta \cdot q \cdot h \cdot l \cdot Z \cdot \frac{D_m}{2}$$

$$= 0.75 \times 19.6 \times \left(\frac{88-82}{2} \right) \times 150 \times 6 \times \frac{1}{2} \times \left(\frac{88+82}{2} \right)$$

$$= 1,686,825\text{N} \cdot \text{mm}$$

$$= 1,686.83\text{N} \cdot \text{m}$$

$$= 1,686.83\text{J} = 1.67\text{kJ}$$

(2) $H = T \cdot \omega = 1,686.83 \times \frac{2\pi \times 250}{60}$

$$= 44,161.11\text{W} = 44.16\text{kW}$$

19

>> 문제 **11**

지름이 각각 450mm, 650mm인 두 $V-$벨트 풀리에 1가닥의 가죽벨트를 걸어 12kW의 동력을 전달하고자 한다. 축간 거리는 4m이고 작은 풀리의 회전수가 550rpm, 단위길이당 벨트의 무게 $w=1.5\text{N}/\text{m}$, 마찰계수 $\mu=0.3$, 홈 각 $2\alpha=40°$이다. 다음을 구하시오. [6점]

(1) 상당마찰계수 μ'
(2) 작은 풀리의 접촉각 $\theta(\deg)$
(3) 벨트에 작용하는 원심력을 고려한 긴장측 장력 $T_t(\text{N})$

해설

(1) $\alpha=20°$

$$\mu'=\frac{\mu}{\sin\alpha+\mu\cos\alpha}=\frac{0.3}{\sin20°+0.3\cos20°}=0.48$$

(2) $C\sin\phi=\dfrac{D_2-D_1}{2}$ 에서 $\phi=\sin^{-1}\left(\dfrac{D_2-D_1}{2C}\right)=\sin^{-1}\left(\dfrac{650-450}{2\times4,000}\right)=1.43254°$

$\theta=180°-2\phi=180°-2\times1.43254°=177.13°$

(3) 부가장력 $C=\dfrac{wV^2}{g}$

$$=\frac{1.5\times12.96^2}{9.8}=25.71\text{N}\left(V=\frac{\pi DN}{60,000}=\frac{\pi\times450\times550}{60,000}=12.96\text{m}/\text{s}\right)$$

$e^{\mu'\theta}=e^{\left(0.48\times177.13°\times\frac{\pi}{180°}\right)}=4.41$

$H=(T_t-C)\cdot\left(\dfrac{e^{\mu'\theta}-1}{e^{\mu'\theta}}\right)\cdot V$에서

$T_t=C+\left(\dfrac{e^{\mu'\theta}}{e^{\mu'\theta}-1}\right)\cdot\dfrac{H}{V}=25.71+\left(\dfrac{4.41}{4.41-1}\right)\times\dfrac{12\times10^3}{12.96}=1,223.17\text{N}$

>> 문제 **12**

홈붙이 마찰차에서 중심거리 500mm, 주동차와 종동차의 회전수가 각각 300rpm, 200rpm일 때 2.1kW를 전달하고자 한다. 다음을 구하시오. (단, 마찰계수 $\mu = 0.15$이고 홈각은 $40°$이다.) [5점]

(1) 상당마찰계수 μ'

(2) 전달력 $F[\mathrm{N}]$

(3) 밀어붙이는 힘 $W[\mathrm{N}]$

해설

(1) 홈의 반각 $\alpha = \dfrac{40°}{2} = 20°$

$$\mu' = \frac{\mu}{\sin\alpha + \mu\cos\alpha} = \frac{0.15}{\sin 20° + 0.15\cos 20°} = 0.31$$

(2) $i = \dfrac{N_2}{N_1} = \dfrac{D_1}{D_2}$, $i = \dfrac{200}{300} = \dfrac{2}{3}$, $D_1 = iD_2$

$$C = \frac{D_1 + D_2}{2} = \frac{iD_2 + D_2}{2} \text{에서} \quad D_2 = \frac{2C}{i+1} = \frac{2 \times 500}{\dfrac{2}{3}+1} = 600\mathrm{mm}$$

$$V = \frac{\pi D_2 N_2}{60,000} = \frac{\pi \times 600 \times 200}{60,000} = 6.28\mathrm{m/s}$$

$$H = F \cdot V \text{에서} \quad F = \frac{H}{V} = \frac{2.1 \times 10^3}{6.28} = 334.39\mathrm{N}$$

(3) $W = Q$

$$F = \mu' Q \text{에서} \quad Q = \frac{F}{\mu'} = \frac{334.39}{0.31} = 1,078.68\mathrm{N}$$

19

≫ 문제 01

회전수 180rpm, 12kW를 제동하고자 하는 단동식 밴드브레이크가 있다. 350mm 직경의 드럼과 밴드의 접촉각은 220°, 마찰계수는 0.25, 밴드의 허용인장응력은 50MPa이다. 다음을 구하시오. (단, 밴드 두께 $t = 3\text{mm}$ 이다.)

(1) 제동력 $Q[\text{N}]$

(2) 긴장측 장력 $T_t[\text{N}]$

(3) 밴드의 최소폭 $b[\text{mm}]$ (단, 밴드의 이음효율은 고려하지 않는다.)

해설

(1) $V = \dfrac{\pi D N}{60,000} = \dfrac{\pi \times 350 \times 180}{60,000} = 3.3\text{m/s}$

$H = F_f \cdot V = Q \cdot V$에서

$Q = \dfrac{H}{V} = \dfrac{12 \times 10^3}{3.3} = 3,636.36\text{N}$

(2) $e^{\mu\theta} = e^{\left(0.25 \times 220° \times \frac{\pi}{180°} \right)} = 2.61$

$T_t = Q \cdot \dfrac{e^{\mu\theta}}{e^{\mu\theta} - 1} = 3,636.36 \times \dfrac{2.61}{2.61 - 1} = 5,894.97\text{N}$

(3) $\sigma_a = 50 \times 10^6 \text{N/m}^2 = 50\text{N/mm}^2$

$\sigma_a = \dfrac{T_t}{b \cdot t}$에서 $b = \dfrac{T_t}{\sigma_a \cdot t} = \dfrac{5,894.97}{50 \times 3} = 39.3\text{mm}$

≫ 문제 02

유효지름 18mm, 피치 8mm인 한 줄 사각 나사의 연강제 나사봉을 갖는 나사 잭으로 90kN의 하중을 올리려고 한다. 다음을 구하시오.(단, 마찰계수는 0.19이다.)

(1) 하중을 들어 올리는 데 필요한 토크 $T[\mathrm{N \cdot m}]$
(2) 레버의 유효길이가 250mm일 때 레버 끝에 가하는 힘 $F[\mathrm{N}]$
(3) 나사산의 허용면압력이 8MPa일 때 너트의 높이 $H[\mathrm{mm}]$

해설

(1) $\alpha = \tan^{-1}\left(\dfrac{p}{\pi d_e}\right) = \tan^{-1}\left(\dfrac{8}{\pi \times 18}\right) = 8.05°$

$\rho = \tan^{-1}\mu = \tan^{-1}0.19 = 10.76°$

$T = Q\tan(\rho + \alpha) \times \dfrac{d_e}{2} = 90 \times 10^3 \times \tan(10.76° + 8.05°) \times \dfrac{18}{2}$

$= 275,904.26\mathrm{N \cdot mm} = 275.9\mathrm{N \cdot m}$

(2) $T = F \cdot L$에서 $F = \dfrac{T}{L} = \dfrac{275.9 \times 10^3}{250} = 1,103.6\mathrm{N}$

(3) 사각나사에서는 일반적으로 나사산의 높이 $h = \dfrac{p}{2}$로 취하므로

$h = \dfrac{p}{2} = \dfrac{8}{2} = 4\mathrm{mm}$, $q = \dfrac{Q}{\pi d_e \cdot h \cdot Z}$에서 $Z = \dfrac{Q}{q \cdot \pi \cdot d_e \cdot h} = \dfrac{90 \times 10^3}{8 \times \pi \times 18 \times 4} = 49.74$

너트높이 $H = Z \cdot p = 49.74 \times 8 = 397.92\mathrm{mm}$

20

≫ 문제 **03**

재료가 강인 그림과 같은 원통 코일스프링이 압축하중을 받고 있다. 하중 $P = 150\text{N}$, 처짐 $\delta = 8\text{mm}$, 소선의 지름 $d = 6\text{mm}$, 코일의 지름 $D = 48\text{mm}$이며, 전단탄성계수 $G = 8.2 \times 10^4 \text{MPa}$이다. 유효 감김 수 n 및 전단응력 τ을 구하시오. (단, 응력수정계수 $K = \dfrac{4C-1}{4C-4} + \dfrac{0.615}{C}$, $C = \dfrac{D}{d}$)

(1) 유효 감김 수 n
(2) 전단응력 $\tau(\text{MPa})$

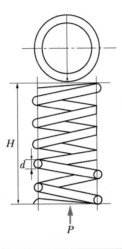

해설

(1) $\delta = \dfrac{8PD^3 n}{Gd^4}$ 에서 $n = \dfrac{G \cdot d^4 \cdot \delta}{8PD^3} = \dfrac{8.2 \times 10^4 \times 6^4 \times 8}{8 \times 150 \times 48^3} = 6.41 ≒ 7\text{회}$

(2) $C = \dfrac{D}{d} = \dfrac{48}{6} = 8$, $K = \dfrac{4C-1}{4C-4} + \dfrac{0.615}{C} = \dfrac{4 \times 8 - 1}{4 \times 8 - 4} + \dfrac{0.615}{8} = 1.18$

$T = \tau \cdot Z_P = \tau \cdot \dfrac{\pi}{16} d^3 = P \cdot \dfrac{D}{2}$ 에서

$\therefore \tau = K \cdot \dfrac{8P \cdot D}{\pi d^3} = 1.18 \times \dfrac{8 \times 150 \times 48}{\pi \times 6^3} = 100.16 \text{N/mm}^2$

$\qquad = 100.16 \times 10^6 \text{N/m}^2 = 100.16\text{MPa}$

≫ 문제 **04**

핀 이음에 5,000N이 작용할 때 다음을 구하시오. (단, 핀 재료의 허용전단응력은 48MPa이고, $b = 1.4d$이다. d는 핀의 지름이다.)

(1) 단순응력만 고려한 핀의 지름 $d\,[\mathrm{mm}]$

(2) 핀의 최대 굽힘응력 $\sigma_{bmax}\,[\mathrm{N/mm^2}]$

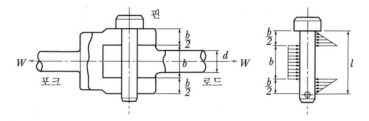

해설

(1) $\tau_a = \dfrac{W}{A_\tau} = \dfrac{W}{\dfrac{\pi d^2}{4} \times 2} = \dfrac{2W}{\pi d^2}$ 에서

$\therefore d = \sqrt{\dfrac{2W}{\pi \cdot \tau_a}} = \sqrt{\dfrac{2 \times 5,000}{\pi \times 48}} = 8.14\mathrm{mm}$

(2) $b = 1.4d = 1.4 \times 8.14 = 11.4$, $L = 2b$(그림에서 핀 전체 길이)

$M = \sigma_b \cdot Z$ 에서 $M_{max} = \dfrac{W \cdot L}{8} = \dfrac{W \times 2b}{8} = \dfrac{5,000 \times 2 \times 11.4}{8} = 14,250\mathrm{N \cdot mm}$

$\therefore \sigma_{bmax} = \dfrac{M_{max}}{Z} = \dfrac{M_{max}}{\dfrac{\pi d^3}{32}} = \dfrac{14,250}{\dfrac{\pi \times 8.14^3}{32}} = 269.12\mathrm{N/mm^2}$

20

≫ 문제 **05**

400rpm, 7.5kW를 전달하는 평벨트 전동장치가 있다. 접촉각 180°의 평행걸기이고 풀리의 직경은 450mm, 벨트의 나비 50mm, 두께 4mm, 장력비는 2.36이다. 다음을 구하시오.

(단, 벨트의 이음효율은 80%이고 벨트의 굽힘에 대한 보정계수 $K_1 = 0.9$이다.)

(1) 벨트의 긴장측 장력 $T_t[\text{kN}]$

(2) 벨트의 굽힘응력을 고려한 최대 인장응력 $\sigma_{\max}[\text{MPa}]$(단, 벨트의 종탄성계수 $E = 215\text{MPa}$이다.)

해설

(1) $V = \dfrac{\pi DN}{60,000} = \dfrac{\pi \times 450 \times 400}{60,000} = 9.42\text{m/s}, \ e^{\mu\theta} = 2.36$

$H = T_e \cdot V$ 에서 $T_e = \dfrac{H}{V} = \dfrac{7.5 \times 10^3}{9.42} = 796.18\text{N}$

$T_t = T_e \cdot \dfrac{e^{\mu\theta}}{e^{\mu\theta} - 1} = 796.18 \times \dfrac{2.36}{2.36 - 1} = 1,381.61\text{N} = 1.38\text{kN}$

(2) $\sigma_t = \dfrac{T_t}{A} = \dfrac{T_t}{b \cdot t \cdot \eta} = \dfrac{1.38 \times 10^3}{50 \times 4 \times 0.8} = 8.63\text{N/mm}^2 = 8.63\text{MPa}$

$\sigma_b = E \cdot \dfrac{y}{\rho} = E \cdot \dfrac{t}{D} \cdot K_1 = 215 \times \dfrac{4}{450} \times 0.9 = 1.72\text{MPa}$

$\sigma_{\max} = \sigma_t + \sigma_b = 8.63 + 1.72 = 10.35\text{MPa}$

>> 문제 **06**

20mm 두께의 강판이 그림과 같이 용접다리길이(h) 8mm로 필릿 용접되어 하중을 받고 있다. 용접부 허용전단응력이 140MPa이라면 허용하중 $F[\text{N}]$를 구하시오.(단, $b = d = 50\text{mm}$, $L = 150\text{mm}$이고 용접부 단면의 극단면 모멘트 $I_P = 0.707h\dfrac{d(3b^2 + d^2)}{6}$이다.)

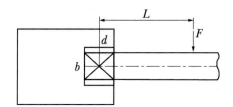

해설

(1) 하중 F에 의한 직접전단응력 τ_1

$$\tau_1 = \frac{F}{A} = \frac{F}{2td} = \frac{F}{2h\cos45° \times d} = \frac{1}{2 \times 8 \times \cos45° \times 50}F$$

$$= 0.001767767F \ \text{N/mm}^2 = 1{,}767.77F \ \text{N/m}^2$$

(2) 굽힘 모멘트에 의한 부가전단응력 τ_2

$$\tau_2 = \frac{T \cdot r_{\max}}{I_P} = \frac{FL \cdot r_{\max}}{I_P} = \frac{150 \times \sqrt{25^2 + 25^2}}{0.707 \times 8 \times \dfrac{50(3 \times 50^2 + 50^2)}{6}}F$$

$$= 0.011251699F \ \text{N/mm}^2 = 11{,}251.7F \ \text{N/m}^2$$

$$r_{\max} = \sqrt{25^2 + 25^2} = 35.36$$

$$\tau_{\max} = \tau_a = \sqrt{\tau_1^2 + \tau_2^2 + 2\tau_1\tau_2\cos\theta}$$

$$140 \times 10^6 = \sqrt{(1{,}767.77F)^2 + (11{,}251.7F)^2 + 2 \times 1{,}767.77 \times 11{,}251.7F^2 \times \frac{25}{35.36}}$$

$$= \sqrt{157{,}851{,}354.3}\,F$$

$$\therefore \ F = 11{,}143.04\text{N}$$

≫ 문제 **07**

단열 앵귤러 볼베어링 7310에 2kN의 레이디얼 하중과 1.2kN의 스러스트 하중이 작용하고 있다. 외륜은 고정하고 내륜 회전으로 사용하며 기본동정격하중 58kN, 레이디얼 계수 0.46, 스러스트 계수 1.41일 때 다음을 구하시오. (단, 회전수는 $N = 2,000\text{rpm}$이다.)

(1) 등가하중 $P_r [\text{kN}]$

(2) 수명시간 $L_h [\text{hr}]$

해설

(1) $P_r = XF_r + YF_t = 0.46 \times 2 + 1.41 \times 1.2 = 2.61\text{kN}$

(2) $r = 3$, $L_h = \left(\dfrac{C}{P_r}\right)^r \times \dfrac{10^6}{60\text{N}} = \left(\dfrac{58}{2.61}\right)^3 \times \dfrac{10^6}{60 \times 2,000} = 91,449.47\text{hr}$

≫ 문제 **08**

14.7kW, 300rpm을 전달하는 전동축이 있다. 묻힘 키의 $b \times h = 6 \times 6$이고 허용전단응력은 80MPa, 허용압축응력은 100MPa이다. 키 홈이 없을 때 축의 지름은 40mm이고 허용전단응력은 60MPa이다. 다음을 구하시오. (단, 키 홈 붙이 축과 키 홈이 없는 축의 탄성한도에 있어서 비틀림 강도의 비는 $\beta = 1 + 0.2\dfrac{b}{d_0} + 1.1 \times \dfrac{t}{d_0}$이고 키 홈을 고려한 축지름 $d_1 = \beta \cdot d_0$이다.)

(1) 축 토크 $T [\text{N} \cdot \text{m}]$

(2) 키의 길이 $l [\text{mm}]$를 다음 표에서 선택하시오.

〈길이 l의 표준〉

6	8	10	12	14	16	18	20	22	25	28
32	36	40	45	50	56	63	70	80	90	100
110	125	140	160	180	200					

(3) 키의 묻힘을 고려했을 때 축의 안전성을 평가하시오. (단, 묻힘 깊이 $t = \dfrac{h}{2}$이다.)

해설

(1) $H = T \cdot \omega$에서 $T = \dfrac{H}{\omega} = \dfrac{14.7 \times 10^3}{\dfrac{2\pi \times 300}{60}} = 467.92 \text{N} \cdot \text{m}$

(2) 키 전단 견지의 길이 l_1는 $T = \tau_k \cdot A_\tau \times \dfrac{d}{2} = \tau_k \times b \times l_1 \times \dfrac{d}{2}$에서

$l_1 = \dfrac{2T}{\tau_k \cdot b \cdot d} = \dfrac{2 \times 467.92 \times 10^3}{80 \times 6 \times 40} = 48.74 \text{mm}$

면압의 견지길이 l_2는 $T = \sigma_c \times A_\sigma \times \dfrac{d}{2} = \sigma_c \times \dfrac{h}{2} \times l_2 \times \dfrac{d}{2}$에서

$l_2 = \dfrac{4T}{\sigma_c \times h \times d} = \dfrac{4 \times 467.92 \times 10^3}{100 \times 6 \times 40} = 77.99 \text{mm}$

$l_2 > l_1$ 이므로 키의 길이 $l = 77.99 \text{mm}$ 인데 주어진 표에서
77.99mm보다 큰 표준값을 찾으면 $\therefore \ l = 80 \text{mm}$ 이다.

(3) $d_1 = \beta d_0 = \left(1 + 0.2\dfrac{b}{d_0} + 1.1 \times \dfrac{t}{d_0}\right) \times d_0$

$\quad = \left(1 + 0.2 \times \dfrac{6}{40} + 1.1 \times \dfrac{3}{40}\right) \times 40$

$\quad = 44.5 \text{mm}$

키 홈을 고려한 축 지름에 의한 전달토크 $T = \tau \cdot Z_P = \tau \cdot \dfrac{\pi d_1^{\ 3}}{16}$에서

$\tau = \dfrac{16T}{\pi d_1^{\ 3}} = \dfrac{16 \times 467.92 \times 10^3}{\pi \times (44.5)^3} = 27.04 \text{N/mm}^2 = 27.04 \text{MPa}$

$\tau\,(27.04\text{MPa}) < \tau_a\,(60\text{MPa})$이므로 축은 안전하다.

20

≫ 문제 **09**

표준 스퍼기어의 모듈 4, 잇수 60, 회전수 480rpm, 치폭 50mm일 때 다음을 구하시오. (단, 기어의 굽힘강도는 160MPa이고 치형 계수는 π를 포함하는 값으로 0.362이다.)

(1) 기어의 회전속도 $v[\mathrm{m/sec}]$
(2) 루이스 굽힘강도에 의한 전달하중 $F[\mathrm{N}]$

해설

(1) $V = \dfrac{\pi D N}{60,000} = \dfrac{\pi m Z N}{60,000} = \dfrac{\pi \times 4 \times 60 \times 480}{60,000} = 6.03\,\mathrm{m/s}$

(2) $f_v = \dfrac{3.05}{3.05 + v} = \dfrac{3.05}{3.05 + 6.03} = 0.33590, \quad \pi y = 0.362$

$\quad F = \sigma_b \cdot b \cdot p \cdot y = f_v \cdot f_w \cdot \sigma_b \cdot b \cdot \pi \cdot m y = f_v \cdot \sigma_b \cdot b \cdot m \cdot \pi y$
$\quad\quad = 0.33590 \times 160 \times 50 \times 4 \times 0.362$
$\quad\quad = 3,891.07\,\mathrm{N}$

≫ 문제 **10**

축 지름 40mm, 길이 900mm, 축에 매달린 디스크의 무게 30kg, 축을 지지하는 스프링의 스프링 상수 $K = 70 \times 10^6\,\mathrm{N/m}$이다. 다음을 구하시오. (단, 축의 세로탄성계수는 206GPa이다.)

(1) 축의 처짐 $\delta[\mu\mathrm{m}]$

디스크 처짐을 구하는 공식 $\delta = \dfrac{W a^2 b^2}{3 E I (a + b)}$

(2) 축의 자중을 무시할 때 구한 처짐에 의한 위험속도 $N_{cr}[\mathrm{rpm}]$

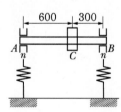

해설

(1)

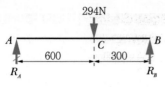

$P = 30\text{kg} = 30 \times 9.8 = 294\text{N}$

$\Sigma M_A = 0 : 294 \times 600 - R_B \times 900 = 0$

$\therefore \ R_B = \dfrac{294 \times 600}{900} = 196\text{N}$

$\Sigma F_y = 0 : R_A - 294 + 196 = 0$

$\therefore \ R_A = 98\text{N}$

$W = K \cdot \delta$에서 $\delta_A = \dfrac{R_A}{K} = \dfrac{98}{70 \times 10^6} = 1.4 \times 10^{-6}\text{m}$

$\delta_B = \dfrac{R_B}{K} = \dfrac{196}{70 \times 10^6} = 2.8 \times 10^{-6}\text{m}$

디스크 C부분 처짐량 δ_C는

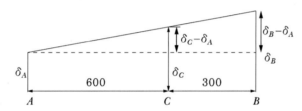

닮은비 그림에서 $600 : (\delta_C - \delta_A) = 900 : (\delta_B - \delta_A)$

$\delta_C - \delta_A = \dfrac{2}{3}(\delta_B - \delta_A)$

$\therefore \ \delta_C = \delta_A + \dfrac{2}{3}(\delta_B - \delta_A) = 1.4 \times 10^{-6} + \dfrac{2}{3}(2.8 - 1.4) \times 10^{-6}$

$\qquad = 2.33 \times 10^{-6}\text{m}$

디스크만 매달 때의 처짐량 $\delta_D = \dfrac{Wa^2b^2}{3EI(a+b)} = \dfrac{Wa^2b^2}{3E \cdot \dfrac{\pi d^4}{64}(a+b)}$

$\qquad\qquad = \dfrac{294 \times (0.6)^2(0.3)^2}{3 \times 206 \times 10^9 \times \dfrac{\pi \times (0.04)^4}{64} \times (0.6+0.3)} = 136.29 \times 10^{-6}\text{m}$

축의 처짐 $\delta = \delta_C + \delta_D = (2.33 + 136.29) \times 10^{-6}$

$\qquad\qquad = 138.62 \times 10^{-6}\text{m}$

$\qquad\qquad = 138.62\mu\text{m}$

(2) $N_{cr} = 300 \times \sqrt{\dfrac{1}{\delta(\text{cm})}} = 300 \times \sqrt{\dfrac{1}{138.62 \times 10^{-6} \times 10^2}} = 2{,}548.05\text{rpm}$

>> 문제 **11**

중심거리 500mm, 주동차 회전수 500rpm, 종동차 회전수 300rpm인 외접 원통마찰차가 있다. 밀어붙이는 힘이 2.1kN일 때 다음을 구하시오. (단, 마찰계수 $\mu = 0.3$이다.)

(1) 주동차와 종동차의 지름 D_1, D_2

(2) 전달동력 $H[\text{kW}]$

해설

(1) $i = \dfrac{N_2}{N_1} = \dfrac{D_1}{D_2}$ 에서 $i = \dfrac{300}{500} = 0.6$, $D_1 = iD_2$

$C = \dfrac{D_1 + D_2}{2} = \dfrac{iD_2 + D_2}{2} = \dfrac{(0.6+1)D_2}{2}$ 에서

$\therefore D_2 = \dfrac{2C}{(0.6+1)} = \dfrac{2 \times 500}{(0.6+1)} = 625\text{mm}$

$\therefore D_1 = 0.6 \times 625 = 375\text{mm}$

(2) $V = \dfrac{\pi D_1 N_1}{60,000} = \dfrac{\pi \times 375 \times 500}{60,000} = 9.82\text{m/s}$

$H = F_f \cdot V = \mu N V = 0.3 \times 2.1 \times 10^3 \times 9.82 = 6,186.6\text{N} \cdot \text{m/s} = 6,186.6\text{W} = 6.19\text{kW}$

일반기계기사

>> 문제 **01**

500rpm으로 30kW의 동력을 전달하는 스퍼기어가 있다. 피니언의 잇수가 30개, 종동기어의 잇수가 60개이고, 모듈은 5, 기어의 허용 굽힘 응력은 380MPa일 때 다음을 구하시오. (단, 속도계수 $f_v = \dfrac{3.05}{3.05+v}$, 하중계수 $f_w = 0.9$, π를 포함한 피니언과 기어의 치형계수 $Y_1 = 0.24$, $Y_2 = 0.38$이고, 축의 허용 전단응력은 60MPa이다.)

(1) 기어의 이 너비 $b\,[\mathrm{mm}]$

(2) 동력을 전달 할 수 있는 축 지름 $d\,[\mathrm{mm}]$

해설

(1) $D_1 = mZ_1 = 5 \times 30 = 150\mathrm{mm}$, $V = \dfrac{\pi D_1 N_1}{60,000} = \dfrac{\pi \times 150 \times 500}{60,000} = 3.93\mathrm{m/s}$

$f_v = \dfrac{3.05}{3.05+v} = \dfrac{3.05}{3.05+3.93} = 0.44$, $\pi y = Y$

$H = F \cdot V$에서 $F = \dfrac{H}{V} = \dfrac{30 \times 10^3}{3.93} = 7,633.59\mathrm{N}$

$F = \sigma_b \cdot b \cdot p \cdot y = f_v \cdot f_w \cdot \sigma_b \cdot b \cdot \pi \cdot m \cdot y = f_v \cdot f_w \cdot \sigma_b \cdot b \cdot m\pi y$에서

기어의 이너비 $b = \dfrac{F}{f_v \cdot f_w \cdot \sigma_b \cdot m \cdot Y_2} = \dfrac{7,633.59}{0.44 \times 0.9 \times 380 \times 5 \times 0.38} = 26.70\mathrm{mm}$

(2) $T = \dfrac{H}{\omega} = \dfrac{H}{\dfrac{2\pi N}{60}} = \dfrac{30 \times 10^3}{\dfrac{2\pi \times 500}{60}} = 572.96\mathrm{N \cdot m}$

$T = \tau \cdot Z_P = \tau_a \cdot \dfrac{\pi}{16} d^3$에서

$d = \sqrt[3]{\dfrac{16\,T}{\pi \cdot \tau_a}} = \sqrt[3]{\dfrac{16 \times 572.96 \times 10^3}{\pi \times 60}} = 36.5\mathrm{mm}$

>> 문제 **02**

지름 50mm의 전동축에 400rpm으로 7.35kW를 전달할 때 사용할 묻힘 키의 치수가 $b \times h \times l$ $= 12 \times 10 \times 70$이다. 다음을 구하시오.

(1) 키의 전달토크 $T \, [\mathrm{N \cdot m}]$
(2) 키의 전단응력 $\tau_k \, [\mathrm{N/mm^2}]$

해설

(1) $T = \dfrac{H}{\omega} = \dfrac{H}{\dfrac{2\pi N}{60}} = \dfrac{7.35 \times 10^3}{\dfrac{2\pi \times 400}{60}} = 175.47 \mathrm{N \cdot m}$

(2) $T = \tau_k \cdot A_\tau \cdot \dfrac{d}{2} = \tau_k \cdot b \cdot l \cdot \dfrac{d}{2}$ 에서

$\therefore \ \tau_k = \dfrac{2T}{b \cdot l \cdot d} = \dfrac{2 \times 175.47 \times 10^3}{12 \times 70 \times 50} = 8.36 \mathrm{N/mm^2}$

>> 문제 **03**

접촉면의 안지름 $100 \, [\mathrm{mm}]$, 바깥지름이 $220 \, [\mathrm{mm}]$ 의 단판클러치에서 접촉면 압력이 0.2MPa이고, 마찰계수는 0.15, 500rpm으로 회전할 때 다음을 구하시오.

(1) 회전토크 $[\mathrm{N \cdot m}]$
(2) 전달동력 $[\mathrm{kW}]$

해설

(1) $D_m = \dfrac{D_1 + D_2}{2} = 160 \mathrm{mm}, \ q = 0.2 \mathrm{N/mm^2}$

$T = \mu \cdot q \cdot A_q \cdot \dfrac{D_m}{2} = \mu \cdot q \cdot \dfrac{\pi}{4}\left(d_2{}^2 - d_1{}^2\right) \cdot \dfrac{D_m}{2}$

$= 0.15 \times 0.2 \times \dfrac{\pi}{4}\left(220^2 - 100^2\right) \times \dfrac{160}{2}$

$= 72,382.29 \mathrm{N \cdot mm} = 72.38 \mathrm{N \cdot m}$

(2) $H = T \cdot \omega = T \cdot \dfrac{2\pi N}{60} = 72.38 \times \dfrac{2\pi \times 500}{60} = 3,789.81 \mathrm{W} = 3.79 \mathrm{kW}$

≫ 문제 **04**

강판 두께 14mm, 리벳의 지름 20mm, 피치 50mm, 리벳 중심에서 판 끝까지의 길이 35mm의 1줄 겹치기 리벳이음이 있다. 1피치당 하중을 1.5kN이라 할 때 다음을 구하시오.

(1) 강판의 인장응력 [MPa]
(2) 리벳의 전단응력 [MPa]
(3) 강판의 효율 [%]

해설

(1) $W_1 = \sigma_t(p-d)t$

$$\sigma_t = \frac{W_1}{(p-d)t} = \frac{1.5 \times 10^3}{(50-20) \times 14} = 3.57\text{N/mm}^2 = 3.57\text{MPa}$$

(2) $\tau = \dfrac{W_1}{A_\tau} = \dfrac{W_1}{\dfrac{\pi}{4}d^2 \times n} = \dfrac{1.5 \times 10^3}{\dfrac{\pi}{4} \times 20^2 \times 1} = 4.77\text{N/mm}^2 = 4.77\text{MPa}$

(3) $\eta_t = \dfrac{1\text{피치 내의 구멍이 있는 강판의 인장력}}{1\text{피치 내의 구멍이 없는 강판의 인장력}} = \dfrac{\sigma_t(p-d)t}{\sigma_t \cdot p \cdot t} = 1 - \dfrac{d}{p}$

$\qquad = 1 - \dfrac{20}{50} = 0.6 = 60\%$

21

≫ 문제 **05**

중공축의 중앙에 600N의 하중을 가하는 전동풀리가 장착되어 있으며 이 축이 구름 베어링에 의해 양단지지되어 있다. 다음을 구하시오. (단, 구름베어링 사이의 간격은 2,000mm, 중공축 외경 120mm, 내경 80mm, 축의 종탄성계수는 180GPa이고, 축 자중은 무시한다.)

(1) 축의 처짐 $\delta[\text{mm}]$
(2) 축의 위험속도 $N_c[\text{rpm}]$

해설

(1)

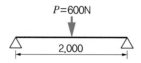

단순보에 집중하중 600N이 작용할 때

중공축 $I = \dfrac{\pi\left(d_2{}^4 - d_1{}^4\right)}{64} = \dfrac{\pi\left(120^4 - 80^4\right)}{64} = 8,168,140.9\,\text{mm}^4$

$E = 180 \times 10^3\,\text{MPa} = 180 \times 10^3\,\text{N/mm}^2$

$\delta = \dfrac{Pl^3}{48EI} = \dfrac{600 \times (2,000)^3}{48 \times 180 \times 10^3 \times 8,168,140.9} = 0.068\,\text{mm}$

(2) $\delta = 0.0068\,\text{cm}$

위험속도 $N_c = 300\sqrt{\dfrac{1}{\delta(\text{cm})}} = 300\sqrt{\dfrac{1}{0.0068}} = 3,638.03\,\text{rpm}$

>> 문제 **06**

스프링의 허용전단응력이 $510\text{N}/\text{mm}^2$이고, 스프링 지수 $C = 7.5$, 스프링의 전단 탄성계수 $G = 81.34 \times 10^3\,\text{N}/\text{mm}^2$인 압축코일스프링장치에서 스프링 하중이 $440\text{N} \sim 540\text{N}$으로 변동하였을 때 수축량이 13mm이다. 다음을 구하시오. (단, 와알의 응력수정계수 $K = \dfrac{4C-1}{4C-4} + \dfrac{0.615}{C}$이다.)

(1) 강선의 지름 $d\,[\text{mm}]$
(2) 코일의 유효 권수
(3) 초기하중에 의한 처짐 $\delta_1\,[\text{mm}]$

해설

(1) $C = \dfrac{D}{d} = 7.5$에서 $D = 7.5d$, $K = \dfrac{4C-1}{4C-4} + \dfrac{0.615}{C} = \dfrac{4 \times 7.5 - 1}{4 \times 7.5 - 4} + \dfrac{0.615}{7.5} = 1.2$

$T = \tau \cdot Z_P = \tau \cdot \dfrac{\pi}{16}d^3 = W \cdot \dfrac{D}{2}$에서

$\tau_a = K \cdot \dfrac{8WD}{\pi d^3} = K \cdot \dfrac{8W \cdot 7.5d}{\pi d^3} = K \cdot \dfrac{60W}{\pi d^2}$, $W_{\max} = 540\text{N} = W_2$에서

$d = \sqrt{K \cdot \dfrac{60 \cdot W_{\max}}{\pi \cdot \tau_a}} = \sqrt{1.2 \times \dfrac{60 \times 540}{\pi \times 510}} = 4.93\text{mm}$

(2) $D = 7.5d = 7.5 \times 4.93 = 36.98\text{mm}$, 하중이 W_1에서 W_2로 변하므로

$\delta = \dfrac{8(W_2 - W_1)D^3 \cdot n}{G \cdot d^4}$에서 $n = \dfrac{G \cdot d^4 \cdot \delta}{8(W_2 - W_1)D^3} = \dfrac{81.34 \times 10^3 \times 4.93^4 \times 13}{8 \times (540 - 440) \times 36.98^3} = 15.44 \fallingdotseq 16$

(3) $\delta_1 = \dfrac{8W_1 D^3 \cdot n}{Gd^4} = \dfrac{8 \times 440 \times 36.98^3 \times 16}{81.34 \times 10^3 \times 4.93^4} = 59.27\text{mm}$

21

≫ 문제 **07**

10kN의 하중을 들어 올리는 나사 잭이 있다. 30°사다리꼴 나사이며, 나사의 유효지름 36.5mm, 골지름이 33mm, 피치가 7mm이고, 나사부의 마찰계수가 0.1, 볼트의 항복전단강도가 50MPa일 때 다음을 구하시오.

(1) 나사의 회전토크 $T\,[\text{N}\cdot\text{m}]$
(2) 최대 전단응력설에 의한 볼트에 작용하는 최대 전단응력 $\tau_{\max}\,[\text{MPa}]$
(3) 최대전단응력설에 의한 안전계수

해설

(1) $\beta = 30°$

$$\alpha = \tan^{-1}\!\left(\frac{p}{\pi d_e}\right) = \tan^{-1}\!\left(\frac{7}{\pi \times 36.5}\right) = 3.49°$$

$$\rho' = \tan^{-1}\mu' = \tan^{-1}\!\left(\frac{\mu}{\cos\dfrac{\beta}{2}}\right) = \tan^{-1}\frac{0.1}{\cos 15°} = 5.91°$$

$$T = Q\tan(\rho' + \alpha)\cdot\frac{d_e}{2}$$
$$= 10 \times 10^3 \times \tan(5.91° + 3.49°) \times \frac{36.5}{2}$$
$$= 30{,}212.68\,\text{N}\cdot\text{mm} = 30.21\,\text{N}\cdot\text{m}$$

(2) $$\sigma = \frac{Q}{A_\sigma} = \frac{Q}{\dfrac{\pi}{4}d_1^{\,2}} = \frac{4Q}{\pi d_1^{\,2}} = \frac{4 \times 10 \times 10^3}{\pi \times 33^2}$$
$$= 11.69\,\text{N/mm}^2 = 11.69\,\text{MPa}$$

$$T = \tau\cdot Z_P = \tau\cdot\frac{\pi}{16}d^3 \text{에서}$$

$$\tau = \frac{16\,T}{\pi d_1^{\,3}} = \frac{16 \times 30.21 \times 10^3}{\pi \times 33^3} = 4.28\,\text{N/mm}^2 = 4.28\,\text{MPa}$$

최대전단응력설에 의해

$$\tau_{\max} = \frac{1}{2}\sqrt{\sigma^2 + 4\tau^2}$$
$$= \frac{1}{2}\sqrt{11.69^2 + 4 \times 4.28^2} = 7.24\,\text{MPa}$$

(3) 안전계수 $S = \dfrac{\tau_s}{\tau_{\max}} = \dfrac{50}{7.24} = 6.91$

≫ 문제 **08**

주어진 그림처럼 하중을 들어 올리는 윈치 장치를 밴드 브레이크로 제동하고자 한다. 제동토크가 $1\text{kN} \cdot \text{m}$일 때 밴드브레이크 드럼의 직경은 600mm이고 회전속도가 150rpm, 윈치 드럼의 직경이 300mm일 때 다음을 구하시오. (단, 접촉마찰계수 0.3, 밴드의 허용인장응력은 20MPa, 밴드의 두께 $t = 4\text{mm}$, 밴드의 접촉각은 $220°$, 레버길이 $l = 900\text{mm}$, $a = 80\text{mm}$이다.)

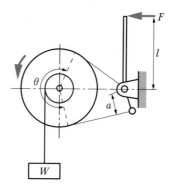

(1) 윈치로 감아올릴 수 있는 최대하중 $W[\text{N}]$
(2) 레버에 가해지는 조작력 $F[\text{N}]$
(3) 밴드브레이크의 폭 $b[\text{mm}]$

해설

(1) 제동토크 $T = W \cdot \dfrac{D_{(\text{윈치})}}{2}$에서

$$W = \frac{2T}{D} = \frac{2 \times 1 \times 10^3 \times 10^3}{300} = 6,666.67\text{N}$$

(2) $T = T_e \cdot \dfrac{D_{(\text{밴드})}}{2}$에서 $T_e = \dfrac{2T}{D} = \dfrac{2 \times 1 \times 10^3 \times 10^3}{600} = 3,333.33\text{N}$

$$e^{\mu\theta} = e^{\left(0.3 \times 220° \times \frac{\pi}{180°}\right)} = 3.16$$

$$T_s = T_e \cdot \frac{1}{e^{\mu\theta} - 1} = 3,333.33 \times \frac{1}{3.16 - 1} = 1,543.21\text{N}$$

〈자유물체도〉

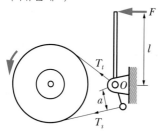

$$\Sigma M_0 = 0 : \ -Fl + T_s a = 0$$

$$\therefore \ F = \frac{T_s \cdot a}{l} = \frac{1,543.21 \times 80}{900} = 137.17\text{N}$$

(3) $T_t = T_s \cdot e^{\mu\theta} = 1,543.21 \times 3.16 = 4,876.54\text{N}$

$\sigma_t = \dfrac{T_t}{b \cdot t}$ 에서 $b = \dfrac{T_t}{\sigma_t \cdot t} = \dfrac{4,876.54}{20 \times 4} = 60.96\text{mm}$

》 문제 09

모듈 $m = 4$이고 압력각이 $14.5°$인 스퍼기어에서 피니언의 잇수 $Z_1 = 16$, 기어 잇수 $Z_2 = 23$일 때 다음을 구하시오. (단, 모든 정답은 소수점 아래 5번째 자리까지 구하고 아래 표를 이용하시오.)

(1) 피니언과 기어의 전위량 $[\text{mm}]$

(2) 두 기어에서 치면 높이(백래시)가 0이 되게 하는 물림 압력각 $\alpha_b [°]$

(3) 조립부의 간극을 0.18mm이라고 할 때 기어의 총 이 높이 $[\text{mm}]$

〈$B(\alpha_b)$와 $B_v(\alpha_b)$의 함수표($14.5[°]$)〉

α_b	0		2		4		6		8	
	B	B_v	B	B_v	B	B_v	B	B_v	B	B_v
15.0	.002 34	.002 30	.002 44	.002 39	.002 53	.002 49	.002 63	.002 58	.002 73	.002 68
1	.002 83	.002 77	.002 93	.002 87	.003 02	.002 96	.003 12	.003 05	.003 22	.003 15
2	.003 32	.003 24	.003 42	.003 34	.003 52	.003 44	.006 32	.003 53	.003 72	.003 63
3	.003 82	.003 72	.003 92	.003 82	.004 03	.003 91	.004 13	.004 01	.004 23	.004 11
4	.004 33	.004 20	.004 43	.004 30	.004 54	.004 40	.004 64	.004 49	.004 74	.004 59
5	.004 85	.004 69	.004 95	.004 79	.005 05	.004 88	.005 16	.004 98	.005 27	.005 08
6	.005 37	.005 18	.005 48	.005 27	.005 58	.005 37	.005 69	.005 47	.005 79	.005 57
7	.005 90	.005 67	.006 01	.005 77	.006 11	.005 86	.006 22	.005 96	.006 33	.006 06
8	.006 44	.006 13	.006 54	.006 26	.006 65	.006 36	.006 76	.006 46	.006 87	.006 56
9	.006 98	.006 66	.007 09	.006 76	.007 20	.006 86	.007 31	.006 96	.007 42	.007 06
16.0	.007 53	.007 16	.007 64	.007 26	.007 75	.007 37	.007 87	.007 47	.007 98	.007 57
1	.008 09	.007 67	.008 20	.007 77	.008 32	.007 87	.008 43	.007 87	.008 54	.008 08
2	.008 66	.008 18	.008 77	.008 28	.008 88	.008 38	.009 00	.008 49	.009 11	.008 59
3	.009 23	.008 69	.009 35	.008 79	.009 46	.008 90	.004 58	.009 00	.009 69	.009 10
4	.009 81	.009 21	.009 93	.009 21	.010 04	.009 42	.010 16	.009 52	.010 25	.009 62
5	.010 40	.009 73	.010 52	.009 83	.040 64	.009 94	.010 76	.010 04	.010 88	.010 15
6	.010 99	.010 25	.011 05	.010 30	.011 24	.010 46	.011 36	.010 57	.011 48	.010 67

7	.011 60	.010 78	.011 72	.010 89	.011 84	.010 99	.011 96	.011 09	.012 09	.011 20
8	.012 21	.011 31	.012 33	.011 42	.012 46	.011 52	.012 58	.011 63	.012 70	.011 74
9	.012 83	.011 85	.012 95	.011 95	.013 08	.012 06	.013 20	.012 17	.013 33	.012 28
17.0	.013 46	.012 38	.013 58	.012 49	.013 71	.012 60	.013 84	.012 71	.013 96	.012 82
1	.014 09	.012 93	.014 22	.013 03	.014 35	.013 14	.014 48	.013 25	.014 60	.013 36
2	.014 73	.013 47	.014 86	.013 58	.014 99	.013 69	.015 12	.013 80	.015 25	.013 91
3	.015 38	.014 02	.015 51	.014 13	.015 65	.014 24	.015 78	.014 35	.015 91	.014 46
4	.016 04	.014 57	.016 18	.014 69	.016 31	.014 80	.016 44	.014 91	.016 58	.015 02
5	.016 71	.015 13	.016 84	.015 24	.016 98	.015 35	.017 11	.015 47	.017 25	.015 58
6	.017 38	.015 69	.017 52	.015 80	.017 55	.015 92	.017 79	.016 03	.017 93	.016 14
7	.018 07	.016 26	.018 21	.016 37	.018 34	.016 48	.018 48	.016 60	.018 62	.016 71
8	.018 76	.016 82	.018 90	.016 94	.019 03	.017 05	.019 18	.017 17	.019 32	.017 28
9	.019 46	.017 40	.019 60	.017 51	.019 74	.017 62	.019 88	.017 74	.020 02	.017 85
18.0	.020 17	.017 97	.020 31	.018 09	.020 45	.018 20	.020 60	.018 32	.020 74	.018 43
1	.020 88	.018 55	.021 03	.018 67	.021 17	.018 78	.021 32	.018 90	.021 46	.019 02
2	.021 61	.019 13	.021 76	.019 25	.021 90	.019 37	.022 05	.019 48	.022 19	.019 60
3	.022 34	.019 72	.022 49	.019 84	.022 64	.019 96	.022 79	.020 70	.022 94	.020 19
4	.023 09	.020 31	.023 24	.020 43	.023 38	.020 55	.023 54	.020 67	.023 69	.020 79
5	.023 84	.020 90	.023 99	.021 02	.024 14	.021 14	.024 29	.021 26	.024 44	.021 38
6	.024 60	.021 50	.024 75	.021 62	.024 90	.021 74	.025 06	.021 86	.025 16	.021 98
7	.025 37	.022 10	.025 52	.022 23	.025 68	.022 35	.025 38	.022 47	.025 99	.022 59
8	.026 14	.022 71	.026 30	.022 83	.026 46	.022 95	.026 61	.023 08	.026 77	.023 20
9	.026 93	.023 32	.027 09	.023 44	.027 25	.023 56	.026 41	.023 69	.027 57	.023 81
19.0	.027 73	.023 93	.027 89	.024 06	.028 05	.024 18	.028 21	.024 30	.028 37	.024 43
1	.028 53	.024 55	.027 69	.024 67	.028 85	.024 80	.029 02	.024 92	.029 18	.025 05
2	.029 34	.025 17	.029 51	.025 29	.029 67	.025 42	.029 84	.025 55	.030 00	.025 67
3	.030 17	.025 80	.030 33	.025 92	.030 50	.026 05	.030 66	.026 17	.030 83	.026 30
4	.031 00	.026 43	.031 17	.026 55	.031 33	.026 68	.031 50	.026 80	.031 67	.026 93
5	.031 84	.027 06	.032 01	.027 19	.032 18	.027 31	.032 35	.027 44	.032 52	.027 57
6	.036 29	.027 69	.032 86	.027 82	.033 03	.027 95	.033 21	.028 08	.033 38	.028 21
7	.033 55	.028 34	.033 73	.028 46	.033 90	.028 59	.034 07	.028 72	.034 25	.028 85
8	.034 42	.028 98	.034 60	.029 11	.034 77	.029 24	.034 95	.029 37	.035 12	.029 50
9	.035 30	.029 63	.035 48	.029 76	.035 66	.029 89	.035 83	.030 01	.036 01	.030 15
20.0	.039 19	.030 28	.036 37	.030 41	.036 55	.030 54	.036 73	.030 67	.036 91	.030 81
1	.037 09	.030 94	.037 27	.031 07	.037 45	.031 20	.037 62	.031 33	.037 82	.031 47
2	.038 00	.031 60	.038 18	.031 73	.038 36	.031 86	.038 55	.032 00	.038 73	.032 13
3	.038 92	.032 26	.039 10	.032 40	.039 29	.032 53	.039 47	.032 66	.039 66	.032 80
4	.039 85	.032 93	.040 03	.033 07	.040 22	.033 20	.040 41	.033 33	.040 60	.033 47
5	.040 73	.033 60	.040 97	.033 74	.041 16	.033 87	.041 35	.034 01	.041 54	.034 14

21

6	.041 73	.034 28	.041 92	.034 42	.042 11	.034 55	.042 31	.034 69	.042 50	.034 82
7	.042 69	.034 96	.042 88	.035 09	.043 08	.035 26	.043 27	.035 37	.043 46	.035 51
8	.043 66	.035 65	.043 85	.035 78	.044 05	.035 92	.044 25	.036 06	.044 44	.036 20
9	.044 64	.036 33	.044 84	.036 47	.045 03	.036 61	.045 23	.036 75	.045 43	.036 89

해설

1) 한계잇수 $Z_g = \dfrac{2}{\sin^2\alpha} = \dfrac{2}{\sin^2 14.5} = 31.90294$

   피니언 전위계수 $x_1 = 1 - \dfrac{Z_1}{Z_g} = 1 - \dfrac{16}{31.90294} = 0.49848$

   피니언의 전위량 $= x_1 \cdot m = 0.49848 \times 4 = 1.99392\text{mm}$

   기어의 전위계수 $x_2 = 1 - \dfrac{Z_2}{Z_g} = 1 - \dfrac{23}{31.90294} = 0.27906$

   기어의 전위량 $= x_2 \cdot m = 0.27906 \times 4 = 1.11624\text{mm}$

(2) 인벌류트 함수 $B = \dfrac{2(x_1 + x_2)}{Z_1 + Z_2} = \dfrac{2(0.49848 + 0.27906)}{16 + 23} = 0.03987$

   B값 0.03987을 표에서 찾으면 0.03985(0)와 0.04003(2) 사이이므로 물림압력각 $\alpha_b = 20.41°$

α_b	0	2	4	6	8 ← 소수점 둘째자리 값
20.0	.	.	.	.	.
1	.	.	.	.	.
4	.03985	.04003	.04022	.04041	.04060 ← B값

(3) 이 높이 $h = (2m + c) - (x_1 + x_2 - y)m$ $(c = km \, (k : 틈새계수))$

   여기서, $c = 0.18\text{mm}$, $x_1 = 0.49848$, $x_2 = 0.27906$

   중심거리 증가계수 $y = \dfrac{Z_1 + Z_2}{2}\left(\dfrac{\cos\alpha}{\cos\alpha_b} - 1\right) = \dfrac{16 + 23}{2}\left(\dfrac{\cos 14.5°}{\cos 20.41°} - 1\right) = 0.64346$

   $\therefore h = (2 \times 4 + 0.18) - (0.49848 + 0.27906 - 0.64346) \times 4$

   $= 7.64368\text{mm}$

≫ 문제 **10**

50번 롤러체인의 피치 15.88mm, 파단하중 22.1kN이며 스프로킷의 회전수 $N_1 = 900$rpm, $N_2 = 300$rpm, 잇수 $Z_1 = 25$, 안전율은 15이다. 다음을 구하시오.

(1) 체인의 평균 속도 $V[\mathrm{m/s}]$
(2) 전달동력 $H[\mathrm{kW}]$
(2) 원동 스프로킷과 종동 스프로킷의 피치원 지름 $D_1,\ D_2[\mathrm{mm}]$
(3) 원동 스프로킷의 속도변동률 [%]

해설

(1) $V = \dfrac{\pi D_1 N_1}{60,000} = \dfrac{p \cdot Z_1 \cdot N_1}{60,000} = \dfrac{15.88 \times 25 \times 900}{60,000} = 5.96\mathrm{m/s}$

(2) $H = F_a \cdot V = \dfrac{F_f}{S} \cdot V = \dfrac{22.1 \times 10^3}{15} \times 5.96 = 8781.07\mathrm{W} = 8.78\mathrm{kW}$

(3) 원동 스프로킷 피치원 지름

$\quad D_1 = \dfrac{p}{\sin\left(\dfrac{180°}{Z_1}\right)} = \dfrac{15.88}{\sin\left(\dfrac{180°}{25}\right)} = 126.7\mathrm{mm}$

$\quad$속비 $i = \dfrac{N_2}{N_1} = \dfrac{Z_1}{Z_2} = \dfrac{300}{900} = \dfrac{1}{3}$에서 $Z_2 = 3Z_1 = 3 \times 25 = 75$개

$\quad$종동 스프로킷 피치원 지름

$\quad D_2 = \dfrac{p}{\sin\left(\dfrac{180°}{Z_2}\right)} = \dfrac{15.88}{\sin\left(\dfrac{180°}{75}\right)} = 379.22\mathrm{mm}$

(4) $\omega = \dfrac{2\pi N_1}{60} = \dfrac{2\pi \times 900}{60} = 94.25\mathrm{rad/s}$

스프로킷 키트에 걸려있는 링크 플레이트는 정다각형 형식으로 되어 있으므로 스프로킷 키트에서 송출되는 체인은 빨라지기도 하고 늦어지기도 한다.

원동 스프로킷 최대속도 $V_{\max} = r_{\max} \cdot \omega = \dfrac{D_1}{2} \cdot \omega = \dfrac{126.7 \times 10^{-3}}{2} \times 94.25 = 5.97074\mathrm{m/s}$

원동 스프로킷 최저속도 $V_{\min} = r_{\min} \cdot \omega = \left(\dfrac{D_1}{2} \cos\dfrac{\pi}{Z_1}\right) \cdot \omega$

$\qquad\qquad\qquad\qquad\qquad = \left(\dfrac{126.7 \times 10^{-3}}{2} \times \cos\dfrac{\pi}{25}\right) \times 94.25 = 5.97072\mathrm{m/s}$

속도변동률 $= \dfrac{V_{\max} - V_{\min}}{V_{\max}} = \left(1 - \dfrac{V_{\min}}{V_{\max}}\right) \times 100\% = \left(1 - \cos\dfrac{\pi}{25}\right) \times 100\%$

$\qquad\qquad = 0.00024\%$

21

>> 문제 **11**

회전속도 350rpm, 원동축 풀리의 지름 $D_1 = 450\text{mm}$인 원동축과 종동축의 중심거리 4m, 종동축 풀리의 지름 $D_2 = 650\text{mm}$에 평행걸기 평벨트로 3kW를 전달하고자 한다. 다음을 구하시오. (단, 마찰계수 $\mu = 0.2$, 벨트의 허용응력 2MPa, 이음효율 80%이다.)

(1) 유효장력 $T_e[\text{N}]$

(2) 긴장측장력 $T_t[\text{N}]$

(3) 벨트의 단면적 $A[\text{mm}^2]$

해설

(1) $V = \dfrac{\pi D_1 N_1}{60{,}000} = \dfrac{\pi \times 450 \times 350}{60{,}000} = 8.25\text{m/s}$

$H = T_e \cdot V$에서 $T_e = \dfrac{H}{V} = \dfrac{3 \times 10^3}{8.25} = 363.64\text{N}$

(2) $\theta = 180° - 2 \cdot \sin^{-1}\left(\dfrac{D_2 - D_1}{2C}\right)$

$\quad = 180° - 2 \cdot \sin^{-1}\left(\dfrac{650 - 450}{2 \times 4000}\right)$

$\quad = 177.13°$

$e^{\mu\theta} = e^{\left(0.2 \times 177.13° \times \frac{\pi}{180°}\right)} = 1.86$

$T_e = T_t - T_s, \ e^{\mu\theta} = \dfrac{T_t}{T_s}$에서 $T_s = \dfrac{T_t}{e^{\mu\theta}}$

$T_e = T_t - \dfrac{T_t}{e^{\mu\theta}} = T_t\left(1 - \dfrac{1}{e^{\mu\theta}}\right) = T_t\left(\dfrac{e^{\mu\theta} - 1}{e^{\mu\theta}}\right)$

$\therefore \ T_t = T_e \cdot \left(\dfrac{e^{\mu\theta}}{e^{\mu\theta} - 1}\right)$

$\quad = 363.64 \times \left(\dfrac{1.86}{1.86 - 1}\right) = 786.48\text{N}$

(3) $\sigma_t = \dfrac{T_t}{A} = \dfrac{T_t}{b \cdot t} = \dfrac{T_t}{b \cdot t \cdot \eta}$에서 $(\sigma_t = \sigma_a)$

$A = \dfrac{T_t}{\sigma_t \cdot \eta} = \dfrac{786.48}{2 \times 0.8} = 491.55\text{mm}^2$

>> 문제 01

회전수 800rpm으로 베어링 하중 900N을 받는 엔드저널 베어링에서 다음을 구하시오. (단, 허용굽힘응력 28MPa, 허용압력속도계수 $P_a \cdot V = 0.2\text{N/mm}^2 \cdot \text{m/s}$)

(1) 저널이 길이는 몇 [mm]인가?
(2) 저널의 지름은 몇 [mm]인가?

해설

(1) 저널길이

주어진 $P_a \cdot V = q \cdot V = \dfrac{P}{dl} \times \dfrac{\pi dN}{60,000}$ 에서

$$l = \frac{P \cdot \pi \cdot N}{60,000 \cdot q \cdot V} = \frac{900 \times \pi \times 800}{60,000 \times 0.2} = 188.5\text{mm}$$

(2)

$$M_{\max} = P \times \frac{l}{2} = 900 \times \frac{188.5}{2} = 84,825\text{N} \cdot \text{mm}$$

$$M_{\max} = \sigma_b \cdot Z = \sigma_b \times \frac{\pi d^3}{32} \text{에서}$$

$$d = \sqrt[3]{\frac{32 M_{\max}}{\pi \sigma_b}} = \sqrt[3]{\frac{32 \times 84,825}{\pi \times 28}} = 31.37\text{mm}$$

>> 문제 **02**

그림과 같은 단식 블록브레이크를 사용하여 600rpm으로 반시계 방향으로 회전하는 브레이크륜을 제동하려고 한다. (단, $F = 200\text{N}$, $a = 800\text{mm}$, $b = 200\text{mm}$, $c = 50\text{mm}$, $d = 800\text{mm}$, 마찰계수 $\mu = 0.3$이다.)

(1) 최대제동동력 $H[\text{kW}]$
(2) 브레이크 용량을 $0.5[\text{MPa·m/s}]$ 이하로 하려고 할 때 필요한 마찰면의 면적 $[\text{mm}^2]$

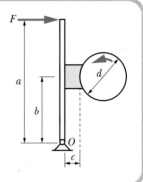

해설

자유물체도

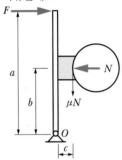

자유물체도에서

(1) $\sum M_O = 0$

$Fa - Nb + \mu Nc = 0$

$\therefore N = \dfrac{Fa}{b - \mu c} = \dfrac{200 \times 800}{200 - 0.3 \times 50} = 864.86\text{N}$

제동토크

$T = F_f \times \dfrac{d}{2} = \mu N \times \dfrac{d}{2} = 0.3 \times 864.86 \times \dfrac{800}{2} = 103{,}783.2\text{N·mm} = 103.78\text{N·m}$

$H = T \cdot \omega = 103.78 \times \dfrac{2\pi \times 600}{60} = 6{,}520.69\text{W} = 6.52\text{kW}$

(2) $\mu \cdot qV = 0.5\text{MPa·m/s} = 0.5\text{N/mm}^2\text{·m/s}$

$0.5 = \mu \cdot \dfrac{N}{A} \cdot V \left(V = \dfrac{\pi d N}{60{,}000} = \dfrac{\pi \times 800 \times 600}{60{,}000} = 25.13\text{m/s} \right)$

$A = \dfrac{\mu \cdot NV}{0.5} = \dfrac{0.3 \times 864.86 \times 25.13}{0.5} = 13{,}040.36\text{mm}^2$

≫ 문제 **03**

400rpm으로 20kW를 전달시키는 전동축이 300N·m의 굽힘 모멘트를 동시에 받는다. 축의 허용 전단응력 10MPa, 축의 허용굽힘응력 14MPa일 때 다음을 구하시오.

(1) 상당 비틀림 모멘트 $T_e[\mathrm{N \cdot m}]$

(2) 상당 굽힘 모멘트 $M_e[\mathrm{N \cdot m}]$

(3) 중공축에서 축의 외경이 120mm일 때 비틀림과 굽힘을 고려한 축의 내경(mm)을 구하시오.

해설

(1) $T = \dfrac{H}{\omega} = \dfrac{20 \times 10^3}{\dfrac{2\pi \times 400}{60}} = 477.46\mathrm{N \cdot m}$, $M = 300\mathrm{N \cdot m}$

상당 비틀림 모멘트 $T_e = \sqrt{M^2 + T^2} = \sqrt{300^2 + 477.46^2} = 563.89\mathrm{N \cdot m}$

(2) 상당 굽힘 모멘트 $M_e = \dfrac{1}{2}(M + T_e) = \dfrac{1}{2}(300 + 563.89) = 431.95\mathrm{N \cdot m}$

(3) ① 비틀림 견지의 내경 설계 $x = \dfrac{d_1}{d_2}$

$T_e = \tau_a \cdot Z_P = \tau_a \cdot \dfrac{\pi d_2{}^3}{16}(1 - x^4)$ 에서

$1 - x^4 = \dfrac{16\,T_e}{\pi \cdot \tau_a \cdot d_2{}^3}$

$x^4 = 1 - \dfrac{16\,T_e}{\pi \cdot \tau_a \cdot d_2{}^3}$

$\therefore\ x = \sqrt[4]{1 - \dfrac{16\,T_e}{\pi \cdot \tau_a \cdot d_2{}^3}} = \sqrt[4]{1 - \dfrac{16 \times 563.89 \times 10^3}{\pi \times 10 \times 120^3}} = 0.96$

$\therefore\ d_1 = x d_2 = 0.96 \times 120 = 115.2\mathrm{mm}$

② 굽힘 견지에서의 내경설계

$M_e = \sigma_b \cdot Z = \sigma_b \cdot \dfrac{\pi d_2{}^3(1 - x^4)}{32}$ 에서

$x = \sqrt[4]{1 - \dfrac{32 M_e}{\sigma_b \cdot \pi \cdot d_2{}^3}} = \sqrt[4]{1 - \dfrac{32 \times 431.95 \times 10^3}{14 \times \pi \times 120^3}} = 0.95$

$\therefore\ d_1 = x d_2 = 0.95 \times 120 = 114\mathrm{mm}$

①, ②에서 구한 내경 중 작은 값인 114mm로 설계해야 중공축이 더 커져 안전하다.

참고

내경이 정해진 상태에서는 외경 값이 클수록 안전하다. (중공축 커짐)

22

≫ 문제 **04**

유량이 $3\mathrm{m}^3/\mathrm{s}$, 수압이 $1.96\mathrm{MPa}$인 유체가 파이프 내를 흐르고 있을 때 다음을 구하시오. (단, 평균속도 $V = 3\mathrm{m/s}$, 효율 $\eta = 0.8$, 허용응력 $78.4\mathrm{MPa}$, 부식여유 $C = 1\mathrm{mm}$이다.)

(1) 파이프의 내경 $d\,[\mathrm{mm}]$
(2) 파이프의 두께 $t\,[\mathrm{mm}]$

해설

(1) $Q = A \cdot V = \dfrac{\pi}{4}d^2 \cdot V$에서

$$d = \sqrt{\frac{4Q}{\pi \cdot V}} = \sqrt{\frac{4 \times 3}{\pi \times 3}} = 1.13\mathrm{m} = 1{,}130\mathrm{mm}$$

(2) $\sigma_a = \dfrac{P \cdot d}{2t}$에서 $t = \dfrac{P \cdot d}{2\sigma_a \cdot \eta} + C = \dfrac{1.96 \times 1{,}130}{2 \times 78.4 \times 0.8} + 1 = 18.66\mathrm{mm}$

≫ 문제 **05**

원동 풀리의 지름 $450\mathrm{mm}$, 회전수 $350\mathrm{rpm}$으로 $4.1\mathrm{kW}$를 전달하는 평벨트 전동 장치가 있다. 벨트의 이음효율이 75%일 때 다음을 구하시오. (단, 접촉마찰계수 0.25, 접촉각 $170°$이며 벨트의 허용인장응력은 $2\mathrm{MPa}$, 벨트의 두께 $5\mathrm{mm}$)

(1) 긴장측장력 $T_t\,[\mathrm{N}]$
(2) 벨트 폭 $b\,[\mathrm{mm}]$

해설

(1) $V = \dfrac{\pi DN}{60{,}000} = \dfrac{\pi \times 450 \times 350}{60{,}000} = 8.25\mathrm{m/s}$

$H = T_e \cdot V$에서 $T_e = \dfrac{H}{V} = \dfrac{4.1 \times 10^3}{8.25} = 496.97\mathrm{N}$

장력비 $e^{\mu\theta} = e^{\left(0.25 \times 170° \times \frac{\pi}{180°}\right)} = 2.1$

긴장측 장력 $T_t = T_e \cdot \dfrac{e^{\mu\theta}}{e^{\mu\theta} - 1} = 496.97 \times \dfrac{2.1}{2.1 - 1} = 948.76\mathrm{N}$

(2) $\sigma_t = \dfrac{T_t}{b \cdot t} = \dfrac{T_t}{b \cdot t \cdot \eta}$에서 $b = \dfrac{T_t}{\sigma_t \cdot t \cdot \eta} = \dfrac{948.76}{2 \times 5 \times 0.75} = 126.5\mathrm{mm}$

>> 문제 **06**

축하중 39.2kN이 작용하며 나사산의 각도가 30°인 사다리꼴나사로 구성된 나사잭이 있다. 다음을 구하시오.
(단, TM50(외경 50mm, 유효지름 46mm, 골지름 42mm, 피치 8mm), 나사부 마찰계수 0.15)

(1) 회전토크 $T[\text{N·m}]$
(2) 나사에 작용하는 최대전단응력 $\tau_{\max}[\text{MPa}]$

해설

(1) 나사산의 각도 $\beta = 30°$, $\mu' = \dfrac{\mu}{\cos\dfrac{\beta}{2}}$ 와 $\tan\rho' = \mu'$ 에서

$$\rho' = \tan^{-1}\left(\dfrac{\mu}{\cos\dfrac{\beta}{2}}\right) = \tan^{-1}\left(\dfrac{0.15}{\cos\dfrac{30°}{2}}\right) = 8.83°$$

$\tan\alpha = \dfrac{p}{\pi d_e}$ 에서 $\alpha = \tan^{-1}\left(\dfrac{p}{\pi d_e}\right) = \tan^{-1}\left(\dfrac{8}{\pi \times 46}\right) = 3.17°$

$$T = Q\tan(\rho' + \alpha) \cdot \dfrac{d_e}{2}$$

$$= 39.2 \times 10^3 \tan(8.83° + 3.17°) \times \dfrac{46}{2}$$

$$= 191,641\,\text{N·mm} = 191.64\,\text{N·m}$$

(2) 나사에 작용하는 압축응력
$$\sigma = \dfrac{Q}{\dfrac{\pi}{4}d_1^{\,2}} = \dfrac{39.2 \times 10^3}{\dfrac{\pi}{4} \times 42^2} = 28.29\,\text{N/mm}^2 = 28.29\,\text{MPa}$$

나사에 작용하는 전단응력
$T = \tau \cdot Z_P$ 에서
$$\tau = \dfrac{T}{Z_P} = \dfrac{T}{\dfrac{\pi d_1^{\,3}}{16}} = \dfrac{191.64 \times 10^3}{\dfrac{\pi}{16} \times 42^3} = 13.17\,\text{N/mm}^2 = 13.17\,\text{MPa}$$

최대전단응력설에 의해
$$\tau_{\max} = \dfrac{1}{2}\sqrt{\sigma^2 + 4\tau^2} = \dfrac{1}{2}\sqrt{28.29^2 + 4 \times 13.17^2} = 19.33\,\text{MPa}$$

22

>> 문제 07

내연기관의 밸브에 사용하고 있는 코일 스프링의 평균지름이 50mm이고, 392N의 초기하중이 작용하고 있다. 스프링에 작용하는 최대하중이 539N이고, 밸브의 최대양정은 16mm, 스프링의 허용전단응력 $\tau = 588$ N/mm², 횡탄성계수 $G = 8.04 \times 10^4 \text{MPa}$, 와알의 응력 수정계수 $K = 1.17$일 때 다음을 구하시오.

1) 소선의 지름 $d[\text{mm}]$
2) 유효 감김수 n
3) 초기 하중에 의한 처짐량 $\delta_0[\text{mm}]$

해설

(1) $T = \tau \cdot Z_P = \tau \cdot \dfrac{\pi d^3}{16} = W \cdot \dfrac{D}{2}$ 에서

$\tau = K \cdot \dfrac{8WD}{\pi d^3}$ 에서 $d = \sqrt[3]{\dfrac{K \cdot 8 \cdot WD}{\pi \tau}} = \sqrt[3]{\dfrac{1.17 \times 8 \times 539 \times 50}{\pi \times 588}}$

$d = 5.15\text{mm}$

(2) $\delta = \dfrac{8(W_2 - W_1)D^3 \cdot n}{Gd^4}$ 에서

$n = \dfrac{G \cdot d^4 \cdot \delta}{8(W_2 - W_1)D^3} = \dfrac{8.04 \times 10^4 \times (5.15)^4 \times 16}{8 \times (539 - 392) \times 50^3} = 6.16 \fallingdotseq 7$

(3) $\delta_0 = \dfrac{8W_1 D^3 \cdot n}{G \cdot d^4} = \dfrac{8 \times 392 \times 50^3 \times 7}{8.04 \times 10^4 \times (5.15)^4} = 48.52\text{mm}$

모듈 $m = 3$이고 압력각이 $14.5°$인 스퍼기어에서 피니언의 잇수 $Z_1 = 18$, 기어 잇수 $Z_2 = 28$일 때 다음을 구하시오. (단, 모든 정답은 소수점 아래 다섯 번째 자리까지 구하고 아래 표를 이용하시오.)

(1) 피니언과 기어의 전위량 $[\mathrm{mm}]$

(2) 두 기어에서 치면 높이(백래시)가 0이 되게 하는 물림 압력각 $\alpha_b[°]$

(3) 전위기어의 중심거리 $C[\mathrm{mm}]$

〈$B(\alpha_b)$와 $B_v(\alpha_b)$의 함수표($14.5[°]$)〉

α_b	0		2		4		6		8	
	B	B_v	B	B_v	B	B_v	B	B_v	B	B_v
15.0	.002 34	.002 30	.002 44	.002 39	.002 53	.002 49	.002 63	.002 58	.002 73	.002 68
1	.002 83	.002 77	.002 93	.002 87	.003 02	.002 96	.003 12	.003 05	.003 22	.003 15
2	.003 32	.003 24	.003 42	.003 34	.003 52	.003 44	.006 32	.003 53	.003 72	.003 63
3	.003 82	.003 72	.003 92	.003 82	.004 03	.003 91	.004 13	.004 01	.004 23	.004 11
4	.004 33	.004 20	.004 43	.004 30	.004 54	.004 40	.004 64	.004 49	.004 74	.004 59
5	.004 85	.004 69	.004 95	.004 79	.005 05	.004 88	.005 16	.004 98	.005 27	.005 08
6	.005 37	.005 18	.005 48	.005 27	.005 58	.005 37	.005 69	.005 47	.005 79	.005 57
7	.005 90	.005 67	.006 01	.005 77	.006 11	.005 86	.006 22	.005 96	.006 33	.006 06
8	.006 44	.006 13	.006 54	.006 26	.006 65	.006 36	.006 76	.006 46	.006 87	.006 56
9	.006 98	.006 66	.007 09	.006 76	.007 20	.006 86	.007 31	.006 96	.007 42	.007 06
16.0	.007 53	.007 16	.007 64	.007 26	.007 75	.007 37	.007 87	.007 47	.007 98	.007 57
1	.008 09	.007 67	.008 20	.007 77	.008 32	.007 87	.008 43	.007 87	.008 54	.008 08
2	.008 66	.008 18	.008 77	.008 28	.008 88	.008 38	.009 00	.008 49	.009 11	.008 59
3	.009 23	.008 69	.009 35	.008 79	.009 46	.008 90	.004 58	.009 00	.009 69	.009 10
4	.009 81	.009 21	.009 93	.009 21	.010 04	.009 42	.010 16	.009 52	.010 25	.009 62
5	.010 40	.009 73	.010 52	.009 83	.040 64	.009 94	.010 76	.010 04	.010 88	.010 15
6	.010 99	.010 25	.011 05	.010 30	.011 24	.010 46	.011 36	.010 57	.011 48	.010 67
7	.011 60	.010 78	.011 72	.010 89	.011 84	.010 99	.011 96	.011 09	.012 09	.011 20
8	.012 21	.011 31	.012 33	.011 42	.012 46	.011 52	.012 58	.011 63	.012 70	.011 74
9	.012 83	.011 85	.012 95	.011 95	.013 08	.012 06	.013 20	.012 17	.013 33	.012 28
17.0	.013 46	.012 38	.013 58	.012 49	.013 71	.012 60	.013 84	.012 71	.013 96	.012 82
1	.014 09	.012 93	.014 22	.013 03	.014 35	.013 14	.014 48	.013 25	.014 60	.013 36
2	.014 73	.013 47	.014 86	.013 58	.014 99	.013 69	.015 12	.013 80	.015 25	.013 91
3	.015 38	.014 02	.015 51	.014 13	.015 65	.014 24	.015 78	.014 35	.015 91	.014 46
4	.016 04	.014 57	.016 18	.014 69	.016 31	.014 80	.016 44	.014 91	.016 58	.015 02

5	.016 71	.015 13	.016 84	.015 24	.016 98	.015 35	.017 11	.015 47	.017 25	.015 58
6	.017 38	.015 69	.017 52	.015 80	.017 55	.015 92	.017 79	.016 03	.017 93	.016 14
7	.018 07	.016 26	.018 21	.016 37	.018 34	.016 48	.018 48	.016 60	.018 62	.016 71
8	.018 76	.016 82	.018 90	.016 94	.019 03	.017 05	.019 18	.017 17	.019 32	.017 28
9	.019 46	.017 40	.019 60	.017 51	.019 74	.017 62	.019 88	.017 74	.020 02	.017 85
18.0	.020 17	.017 97	.020 31	.018 09	.020 45	.018 20	.020 60	.018 32	.020 74	.018 43
1	.020 88	.018 55	.021 03	.018 67	.021 17	.018 78	.021 32	.018 90	.021 46	.019 02
2	.021 61	.019 13	.021 76	.019 25	.021 90	.019 37	.022 05	.019 48	.022 19	.019 60
3	.022 34	.019 72	.022 49	.019 84	.022 64	.019 96	.022 79	.020 70	.022 94	.020 19
4	.023 09	.020 31	.023 24	.020 43	.023 38	.020 55	.023 54	.020 67	.023 69	.020 79
5	.023 84	.020 90	.023 99	.021 02	.024 14	.021 14	.024 29	.021 26	.024 44	.021 38
6	.024 60	.021 50	.024 75	.021 62	.024 90	.021 74	.025 06	.021 86	.025 16	.021 98
7	.025 37	.022 10	.025 52	.022 23	.025 68	.022 35	.025 38	.022 47	.025 99	.022 59
8	.026 14	.022 71	.026 30	.022 83	.026 46	.022 95	.026 61	.023 08	.026 77	.023 20
9	.026 93	.023 32	.027 09	.023 44	.027 25	.023 56	.026 41	.023 69	.027 57	.023 81
19.0	.027 73	.023 93	.027 89	.024 06	.028 05	.024 18	.028 21	.024 30	.028 37	.024 43
1	.028 53	.024 55	.027 69	.024 67	.028 85	.024 80	.029 02	.024 92	.029 18	.025 05
2	.029 34	.025 17	.029 51	.025 29	.029 67	.025 42	.029 84	.025 55	.030 00	.025 67
3	.030 17	.025 80	.030 33	.025 92	.030 50	.026 05	.030 66	.026 17	.030 83	.026 30
4	.031 00	.026 43	.031 17	.026 55	.031 33	.026 68	.031 50	.026 80	.031 67	.026 93
5	.031 84	.027 06	.032 01	.027 19	.032 18	.027 31	.032 35	.027 44	.032 52	.027 57
6	.036 29	.027 69	.032 86	.027 82	.033 03	.027 95	.033 21	.028 08	.033 38	.028 21
7	.033 55	.028 34	.033 73	.028 46	.033 90	.028 59	.034 07	.028 72	.034 25	.028 85
8	.034 42	.028 98	.034 60	.029 11	.034 77	.029 24	.034 95	.029 37	.035 12	.029 50
9	.035 30	.029 63	.035 48	.029 76	.035 66	.029 89	.035 83	.030 01	.036 01	.030 15
20.0	.039 19	.030 28	.036 37	.030 41	.036 55	.030 54	.036 73	.030 67	.036 91	.030 81
1	.037 09	.030 94	.037 27	.031 07	.037 45	.031 20	.037 62	.031 33	.037 82	.031 47
2	.038 00	.031 60	.038 18	.031 73	.038 36	.031 86	.038 55	.032 00	.038 73	.032 13
3	.038 92	.032 26	.039 10	.032 40	.039 29	.032 53	.039 47	.032 66	.039 66	.032 80
4	.039 85	.032 93	.040 03	.033 07	.040 22	.033 20	.040 41	.033 33	.040 60	.033 47
5	.040 73	.033 60	.040 97	.033 74	.041 16	.033 87	.041 35	.034 01	.041 54	.034 14
6	.041 73	.034 28	.041 92	.034 42	.042 11	.034 55	.042 31	.034 69	.042 50	.034 82
7	.042 69	.034 96	.042 88	.035 09	.043 08	.035 26	.043 27	.035 37	.043 46	.035 51
8	.043 66	.035 65	.043 85	.035 78	.044 05	.035 92	.044 25	.036 06	.044 44	.036 20
9	.044 64	.036 33	.044 84	.036 47	.045 03	.036 61	.045 23	.036 75	.045 43	.036 89

해설

1) 한계잇수 $Z_g = \dfrac{2}{\sin^2\alpha} = \dfrac{2}{\sin^2 14.5} = 31.90294$

   피니언 전위계수 $x_1 = 1 - \dfrac{Z_1}{Z_g} = 1 - \dfrac{18}{31.90294} = 0.43579$

   피니언의 전위량 $x_1 \cdot m = 0.43579 \times 3 = 1.30737 \mathrm{mm}$

   기어의 전위계수 $x_2 = 1 - \dfrac{Z_2}{Z_g} = 1 - \dfrac{28}{31.90294} = 0.12234$

   기어의 전위량 $x_2 \cdot m = 0.12234 \times 3 = 0.36702 \mathrm{mm}$

(2) 인벌류트 함수 $B = \dfrac{2(x_1 + x_2)}{Z_1 + Z_2} = \dfrac{2(0.43579 + 0.12234)}{18 + 28} = 0.02427$

   B값 0.02427을 표에서 찾으면 0.02414(4)와 0.02429(6) 사이이므로 물림압력각 $\alpha_b = 18.55°$

α_b	0	2	4	6	8 ← 소수점 둘째자리 값
18.0 4	. .	. .	. .	. .	. .
5	.02384	.02399	.02414	.02429	.02444 ← B값

(3) 중심거리 증가계수 $y = \dfrac{Z_1 + Z_2}{2}\left(\dfrac{\cos\alpha}{\cos\alpha_b} - 1\right)$

   $ = \dfrac{18 + 28}{2}\left(\dfrac{\cos 14.5°}{\cos 18.55°} - 1\right) = 0.48766$

   중심거리 $C = \dfrac{D_1 + D_2}{2} + my = \dfrac{m(Z_1 + Z_2)}{2} + my$

   $ = \dfrac{3(18 + 28)}{2} + 3 \times 0.48766 = 70.46298 \mathrm{mm}$

22

≫ 문제 **09**

1,760rpm, 30kW를 전달하는 지름 45mm의 축에 $b \times h \times l = 12 \times 8 \times 25$mm의 묻힘키를 사용하고자 한다. 키의 허용전단응력이 44MPa이고, 키의 허용압축응력이 70MPa일 때 다음을 구하시오.

(1) 키의 전단응력을 구하고 안전성을 검토하시오.
(2) 키의 압축응력을 구하고 안전성을 검토하시오.

해설

(1) $T = \dfrac{H}{\omega} = \dfrac{30 \times 10^3}{\dfrac{2\pi \times 1,760}{60}} = 162.77 \text{N} \cdot \text{m}$

$T = F \times \dfrac{d}{2} = \tau \cdot A_\tau \times \dfrac{d}{2} = \tau \cdot b \cdot l \cdot \dfrac{d}{2}$ 에서

$\tau = \dfrac{2T}{b \cdot l \cdot d} = \dfrac{2 \times 162.77 \times 10^3}{12 \times 25 \times 45} = 24.11 \text{N/mm}^2 = 24.11 \text{MPa}$

$\therefore \ \tau(24.11\text{MPa}) < \tau_a(44\text{MPa})$ 이므로 안전하다.

(2) $T = \sigma_c \times A_c \times \dfrac{d}{2} = \sigma_c \times \dfrac{h}{2} \times l \times \dfrac{d}{2}$ 에서

$\sigma_c = \dfrac{4T}{h \times l \times d} = \dfrac{4 \times 162.77 \times 10^3}{8 \times 25 \times 45} = 72.34 \text{N/mm}^2 = 72.34 \text{MPa}$

$\therefore \ \sigma_c(72.34\text{MPa}) > \sigma_a(70\text{MPa})$ 이므로 불안전하다.

》문제 **10**

400rpm으로 12kW를 전달하는 스플라인 축이 있다. 이 측면의 허용면압을 30MPa로 하고 잇수는 6개, 이 높이는 2mm, 모따기는 0.15mm이다. (단, 전달효율은 83%, 보스의 길이는 60mm이다.)

(1) 전달 토크 $T[\text{N}\cdot\text{m}]$
(2) 스플라인의 규격을 아래 표에서 선정하시오.

〈스플라인의 규격〉

(단위 : mm)

형식 잇수 호칭지름 d	1형						2형					
	6		8		10		6		8		10	
	큰지름 d_2	나비 b	큰지름 d_2	나비 b	큰지름 d_2	나비 b	큰지름 d_2	나비 b	큰지름 d_2	나비 b	큰지름 d_2	나비 b
11	–	–	–	–	–	–	14	3	–	–	–	–
13	–	–	–	–	–	–	16	3.5	–	–	–	–
16	–	–	–	–	–	–	20	4	–	–	–	–
18	–	–	–	–	–	–	22	5	–	–	–	–
21	–	–	–	–	–	–	25	5	–	–	–	–
23	26	6	–	–	–	–	28	6	–	–	–	–
26	30	6	–	–	–	–	32	6	–	–	–	–
28	32	7	–	–	–	–	34	7	–	–	–	–
32	36	8	36	6	–	–	38	8	38	6	–	–
36	40	8	40	7	–	–	42	8	42	7	–	–
42	46	10	46	8	–	–	48	10	48	8	–	–
46	50	12	50	9	–	–	54	12	54	9	–	–
52	58	14	58	10	–	–	60	14	60	10	–	–
56	62	14	62	10	–	–	65	14	65	10	–	–
62	68	16	68	12	–	–	72	16	72	12	–	–
72	78	18	–	–	78	12	82	18	–	–	82	12
82	88	20	–	–	88	12	92	20	–	–	92	12
92	98	22	–	–	98	14	102	22	–	–	102	14
102	–	–	–	–	108	16	–	–	–	–	112	16
112	–	–	–	–	120	18	–	–	–	–	125	18

22

해설

(1) $T = \dfrac{H}{\omega} = \dfrac{12 \times 10^3}{\left(\dfrac{2\pi \times 400}{60}\right)} = 286.48\text{N}\cdot\text{m}$

(2) $T = q \times A_q \times Z \times \dfrac{D_m}{2} = q \times (h - 2c) \times l \times Z \times \dfrac{D_m}{2}$

$\qquad = \eta \cdot q(h - 2c) \times l \times Z \times \dfrac{D_m}{2}$ 에서

$\quad D_m = \dfrac{2T}{\eta \cdot q(h - 2c) \times l \times Z} = \dfrac{2 \times 286.48 \times 10^3}{0.83 \times 30 \times (2 - 2 \times 0.15) \times 60 \times 6} = 37.6\text{mm}$

$\quad D_m = \dfrac{d_2 + d_1}{2}$ 에서 $d_2 + d_1 = 2D_m = 2 \times 37.6 = 75.2\text{mm} \;-\; ㉠$

$\quad h = \dfrac{d_2 - d_1}{2}$ 에서 $d_2 - d_1 = 2h = 2 \times 2 = 4\text{mm} \;-\; ㉡$

$\quad ㉠ - ㉡$ 을 하면 $\quad 2d_1 = 75.2 - 4$

$\qquad\qquad\qquad\qquad 2d_1 = 71.2$

$\qquad\qquad\qquad\qquad \therefore\; d_1 = 35.6\text{mm}$

표에서 d 값이 35.6mm 보다 큰 호칭지름을 선택하면 $d = 36\text{mm}$ 이다. (주어진 스플라인 규격표에서 호칭지름 d 는 스플라인 내경 d_1 이다.)

>> 문제 **11**

축각 75°인 원추 마찰차에서 원동마찰차가 평균지름 500mm, 회전수 350rpm으로 8.8kW를 전달할 때 다음을 구하시오. (단, 속비는 $\dfrac{3}{5}$, 마찰계수는 0.2이다.)

(1) 원주 속도 $V[\mathrm{m/s}]$
(2) 밀어붙이는 힘 $N[\mathrm{N}]$
(2) 접촉 선압이 $f = 30\mathrm{N/mm}$일 때 접촉폭 $b[\mathrm{mm}]$
(3) 종동 마찰차의 트러스트 하중 $Q_2[\mathrm{N}]$

해설

(1) $V = \dfrac{\pi DN}{60,000} = \dfrac{\pi \times 500 \times 350}{60,000} = 9.16\mathrm{m/s}$

(2) $H = F_f \cdot V = \mu \cdot N \cdot V$에서 $N = \dfrac{H}{\mu V} = \dfrac{8.8 \times 10^3}{0.2 \times 9.16} = 4,803.49\mathrm{N}$

(3) 선압 $f = \dfrac{N}{b}$에서 $b = \dfrac{N}{f} = \dfrac{4,803.49}{30} = 160.12\mathrm{mm}$

(4) 종동차의 원추 반각 $\tan\beta = \dfrac{\sin\theta}{\cos\theta + i}$에서

$\beta = \tan^{-1}\left(\dfrac{\sin 75°}{\cos 75° + \dfrac{3}{5}}\right) = 48.36°$

∴ $Q_2 = N\sin\beta = 4,803.49 \times \sin 48.36° = 3,589.81\mathrm{N}$

≫ 문제 **01**

회전수 $2,000$rpm, 8kW의 동력을 전달하는 중공축이 그림과 같이 양단은 베어링으로 지지되어 있으며, 축의 중앙에 400N의 하중을 가하는 풀리가 장착되어 있을 때 다음을 구하시오. (단, 중공축의 외경 80mm, 굽힘 모멘트 및 비틀림 모멘트의 동적효과계수 $K_M = 2.4$, $K_T = 1.2$이고, 축의 허용전단응력 $\tau_a = 2\text{N}/\text{mm}^2$이다.)

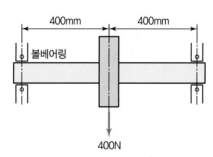

(1) 상당 비틀림 모멘트 $T_e[\text{N} \cdot \text{mm}]$

(2) 상당 굽힘 모멘트 $M_e[\text{N} \cdot \text{mm}]$

(3) 중공축의 내경 $d_1[\text{mm}]$

해설

(1) $T = \dfrac{H}{\omega} = \dfrac{H}{\dfrac{2\pi N}{60}} = \dfrac{8 \times 10^3}{\dfrac{2\pi \times 2,000}{60}} = 38.19719\text{N} \cdot \text{m} = 38,197.19\text{N} \cdot \text{mm}$

$M_{\max}$ 는 축의 중앙에서 발생하므로

$M_{\max} = 200 \times 400 = 80,000\text{N} \cdot \text{mm}$

동적효과계수 K_M, K_T가 주어졌으므로

$T_e = \sqrt{(K_M M)^2 + (K_T T)^2} = \sqrt{(2.4 \times 80,000)^2 + (1.2 \times 38,197.19)^2} = 197,395.53\text{N} \cdot \text{mm}$

(2) $M_e = \dfrac{1}{2}(K_M M + T_e) = \dfrac{1}{2}(2.4 \times 80{,}000 + 197{,}395.53) = 194{,}697.77\text{N} \cdot \text{mm}$

(3) 중공축의 허용전단응력이 주어졌으므로 최대전단응력설에 의한 축지름은

$T_e = \tau_a \cdot Z_P$ 에서

$Z_p = \dfrac{I_p}{e} = \dfrac{\dfrac{\pi}{32}(d_2^{\,4} - d_1^{\,4})}{\dfrac{d_2}{2}}$ 이므로

내경 $d_1 = \sqrt[4]{d_2^{\,4} - \dfrac{16 d_2\, T_e}{\pi \tau_a}} = \sqrt[4]{80^4 - \dfrac{16 \times 80 \times 197{,}395.53}{\pi \times 2}} = 29.4\text{mm}$

>> 문제 **02**

회전수 200rpm, 베어링하중 5ton을 받는 끝저널(End Journal)에서 저널의 지름 $d\,[\text{mm}]$와 길이 $l\,[\text{mm}]$을 구하시오. (단, 베어링 압력속도계수 $p \cdot V = 4\text{N}/\text{mm}^2 \cdot \text{m/s}$ 이고 저널의 허용굽힘응력 $\sigma_b = 60\text{N}/\text{mm}^2$ 이다.)

해설

(1) 압력 $p = q$

$p \cdot V \rightarrow q \cdot V = \dfrac{P}{dl} \times \dfrac{\pi d N}{60{,}000}$ 에서

$\therefore l = \dfrac{P \pi N}{60{,}000\, q V} = \dfrac{5{,}000 \times 9.8 \times \pi \times 200}{60{,}000 \times 4} = 128.28\,\text{mm}$

(2) 엔드 저널 $M_{\max} = \dfrac{P \cdot l}{2} = \sigma_b \cdot \dfrac{\pi d^3}{32}$

$\therefore d = \sqrt[3]{\dfrac{16\, P \cdot l}{\pi \sigma_b}} = \sqrt[3]{\dfrac{16 \times 5{,}000 \times 9.8 \times 128.28}{\pi \times 60}} = 81.11\text{mm}$

≫ 문제 **03**

1.5kW, 회전수 1,500rpm의 모터로 V 벨트를 연결하여 어느 기계의 주축에 300rpm의 회전을 전달하고자 한다. 두 풀리의 중심거리는 500mm, 모터축 풀리의 지름은 120mm, 마찰계수는 0.25, 홈각도는 36°일 때 다음을 구하시오.

(1) 벨트의 길이 $L[\mathrm{mm}]$
(2) 원동풀리의 접촉각 $\theta[°]$
(3) 벨트의 최대장력 $T_t[\mathrm{N}]$

해설

(1) 속비에서 $\dfrac{N_2}{N_1} = \dfrac{D_1}{D_2} \rightarrow \dfrac{300}{1,500} = \dfrac{120}{D_2}$ $\qquad \therefore D_2 = 600\mathrm{mm}$

$$\therefore L = 2C + \frac{\pi(D_2 + D_1)}{2} + \frac{(D_2 - D_1)^2}{4C}$$
$$= 2 \times 500 + \frac{\pi(600 + 120)}{2} + \frac{(600 - 120)^2}{4 \times 500} = 2,246.17\mathrm{mm}$$

(2) $\theta = 180° - 2\phi,\ \sin\phi = \dfrac{D_2 - D_1}{2C} \rightarrow \phi = \sin^{-1}\left(\dfrac{600 - 120}{2 \times 500}\right) = 28.69°$
$\therefore \theta = 180° - 2 \times 28.69° = 122.62°$

(3) $\mu = 0.25,\ \alpha = \dfrac{36°}{2} = 18°$

상당마찰계수 $\mu' = \dfrac{\mu}{\sin\alpha + \mu\cos\alpha} = \dfrac{0.25}{\sin 18° + 0.25\cos 18°} = 0.457$

$\theta = 122.62° \times \dfrac{\pi}{180°} = 2.14\mathrm{rad}$

$\therefore e^{\mu'\theta} = e^{0.457 \times 2.14} = 2.66$

$V = \dfrac{\pi D_1 N_1}{60,000} = \dfrac{\pi \times 120 \times 1,500}{60,000} = 9.42\mathrm{m/s}$

$H = T_e \cdot V = (T_t - C) \cdot V \cdot \left(\dfrac{e^{\mu'\theta} - 1}{e^{\mu'\theta}}\right)$에서 (여기서, 원심력에 의한 부가장력 C 무시 – 10m/s 이하)

$\therefore$ 최대장력 $T_t = \dfrac{H}{V} \cdot \left(\dfrac{e^{\mu'\theta}}{e^{\mu'\theta} - 1}\right) = \dfrac{1.5 \times 10^3}{9.42} \times \left(\dfrac{2.66}{2.66 - 1}\right) = 255.16\mathrm{N}$

≫ 문제 **04**

6kW의 동력을 전달하는 홈마찰차에서 홈의 각도가 40°, 홈에 작용하는 허용접촉선압이 20N/mm이고 축간거리는 450mm, 원동차와 종동차의 회전수는 200rpm, 100rpm일 때 다음을 구하시오. (단, 마찰계수 $\mu = 0.15$, 홈의 깊이 $h = 0.28\sqrt{\mu' Q}$ (마찰차를 축에 수직으로 밀어붙이는 힘 Q 는 N 단위임)로 계산하여 정수로 올림하시오.)

(1) 전달토크 $T[\text{N} \cdot \text{m}]$
(2) 축에 수직 힘 $Q[\text{N}]$
(3) 홈의 수 $Z[개]$

해설

(1) $T = \dfrac{H}{\omega} = \dfrac{6 \times 10^3}{\dfrac{2\pi \times 200}{60}} = 286.48 \text{N} \cdot \text{m}$

(2) $C = \dfrac{D_1 + D_2}{2} \rightarrow D_1 + D_2 = 2C = 2 \times 450 = 900 \text{mm}$

$i = \dfrac{N_2}{N_1} = \dfrac{D_1}{D_2} \rightarrow \dfrac{100}{200} = \dfrac{D_1}{D_2} \rightarrow D_2 = 2D_1$

$\therefore D_1 = 300 \text{mm}, \ D_2 = 600 \text{mm}$

$V = \dfrac{\pi D_1 N_1}{60,000} = \dfrac{\pi \times 300 \times 200}{60,000} = 3.14 \text{m/s}$

$H = \mu N \cdot V = \mu' \cdot Q \cdot V$ 에서

축에 수직 힘 $Q = \dfrac{H}{\mu' \cdot V} = \dfrac{6 \times 10^3}{0.31 \times 3.14} = 6,163.96 \text{N}$

여기서, $\alpha = \dfrac{홈의 \ 각도}{2} = \dfrac{40°}{2} = 20°$

상당마찰계수 $\mu' = \dfrac{\mu}{\sin\alpha + \mu\cos\alpha} = \dfrac{0.15}{\sin 20° + 0.15 \times \cos 20°} = 0.31$

(3) 홈의 깊이 $h = 0.28\sqrt{\mu' Q}$

$= 0.28\sqrt{0.31 \times 6,163.96} = 12.24 ≒ 13 \text{mm}$

$\mu N = \mu' Q$ 에서 수직력 $N = \dfrac{\mu' Q}{\mu} = \dfrac{0.31 \times 6,163.96}{0.15} = 12,738.85 \text{N}$

접촉선압 $f = \dfrac{N}{l} ≒ \dfrac{N}{2h \cdot Z}$

$\therefore$ 홈의 수 $Z = \dfrac{N}{2 \cdot h \cdot f} = \dfrac{12,738.85}{2 \times 13 \times 20} = 24.5 ≒ 25 개$

≫ 문제 **05**

그림과 같은 너클핀에서 $L = 50\text{mm}$, 하중 $W = 49\text{kN}$ 이 작용할 때 다음을 구하시오. (단, 핀 재료의 허용전단응력 $\tau_a = 78.4\text{N/mm}^2$, 허용굽힘응력 $\sigma_b = 98\text{N/mm}^2$ 이고, $a = 30\text{mm}$, $b = 10\text{mm}$ 이다.)

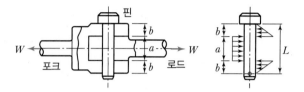

(1) 핀의 허용전단응력을 고려한 핀의 지름 $d\,[\text{mm}]$
(2) 핀의 허용굽힘응력을 고려한 핀의 지름 $d\,[\text{mm}]$

해설

(1) $\tau_a = \dfrac{W}{A_\tau} = \dfrac{W}{\dfrac{\pi d^2}{4} \times 2} = \dfrac{2W}{\pi d^2}$ 에서

$\therefore d = \sqrt{\dfrac{2W}{\pi \cdot \tau_a}} = \sqrt{\dfrac{2 \times 49 \times 10^3}{\pi \times 78.4}} = 19.95\text{mm}$

(2) $M = \sigma_b \cdot Z$ 에서 $M_{\max} = \dfrac{W \cdot L}{8} = \dfrac{49 \times 10^3 \times 50}{8} = 306,250\text{N} \cdot \text{mm}$

$M_{\max} = \sigma_b \cdot \dfrac{\pi d^3}{32}$

$\therefore d = \sqrt[3]{\dfrac{32 M_{\max}}{\pi \cdot \sigma_b}} = \sqrt[3]{\dfrac{32 \times 306,250}{\pi \times 98}} = 31.69\text{mm}$

참고

(1), (2) 중에 큰 값인 31.69mm로 핀 지름을 설계해야 한다.

≫ 문제 **06**

지름 60mm인 축이 500rpm으로 회전하면서 4kW의 동력을 다른 축에 전달시키기 위해 두 축을 클램프 커플링으로 이음하여 볼트 8개로 체결하였다. 마찰계수 $\mu = 0.2$이며 마찰력으로만 동력을 전달한다고 할 때 다음을 구하시오. (단, 볼트의 허용인장응력 $\sigma_t = 10\mathrm{MPa}$이다.)

(1) 축을 죄는 힘 $W[\mathrm{N}]$
(2) 볼트의 골지름 $\delta[\mathrm{mm}]$

해설

(1) $T = \dfrac{H}{\omega} = \dfrac{4 \times 10^3}{\dfrac{2\pi \times 500}{60}} = 76.39437\mathrm{N} \cdot \mathrm{m} = 76{,}394.37\mathrm{N} \cdot \mathrm{mm}$

$T = \mu \pi W \dfrac{d}{2}$ 에서

$\therefore$ 축을 죄는 힘 $W = \dfrac{2T}{\mu \pi d} = \dfrac{2 \times 76{,}394.37}{0.2 \times \pi \times 60} = 4{,}052.85\mathrm{N}$

(2) $W = z'Q \leftarrow Q = \dfrac{\pi}{4}\delta^2 \cdot \sigma_t, \ z' = \dfrac{8}{2} = 4$

$= 4 \times \dfrac{\pi}{4}\delta^2 \times \sigma_t$

$\therefore$ 볼트의 골지름 $\delta = \sqrt{\dfrac{W}{\pi \times \sigma_t}} = \sqrt{\dfrac{4{,}052.85}{\pi \times 10}} = 11.36\mathrm{mm}$

≫ 문제 **07**

주철 재료의 웜과 인청동으로 만든 웜휠로 구성된 웜 기어장치에서 웜이 한 방향으로 회전하고 있다. 웜에 대한 웜휠의 회전속도비가 $\frac{1}{5}$, 웜축의 회전 각속도가 800rpm, 웜휠의 축직각 모듈이 3mm, 치직각 압력각이 20°, 웜의 줄수는 4, 웜의 피치원지름은 80mm, 그리고 웜휠의 이너비는 55mm일 때 다음을 구하시오. (단, 유효 이너비는 48mm이고, 웜휠의 허용굽힘응력 $\sigma_b = 167\text{N}/\text{mm}^2$, 치형계수 $y = 0.125$, 내마모계수 $K = 637 \times 10^{-3}\text{N}/\text{mm}^2$, 리드각($\alpha$)에 따른 보정계수 ϕ는 아래 표와 같으며, 웜은 충분히 강도가 있다고 가정하여 웜의 전달동력은 계산하지 않는다.)

(1) 웜의 리드각 $\alpha\,[°]$
(2) 굽힘을 고려한 웜휠의 회전력 $F_1[\text{N}]$
(3) 면압을 고려한 웜휠의 회전력 $F_2[\text{N}]$
(4) 웜기어의 최대 전달동력 $H[\text{kW}]$

〈리드각 α를 고려한 보정계수 ϕ〉

리드각의 범위	보정계수 ϕ
$\alpha < 10°$	1.00
$10° \leq \alpha \leq 25°$	1.25
$\alpha > 25°$	1.50

해설

(1) $\tan\alpha = \dfrac{l}{\pi D_w}$

$\alpha = \tan^{-1}\left(\dfrac{l}{\pi D_w}\right) = \tan^{-1}\left(\dfrac{np_s}{\pi D_w}\right) = \tan^{-1}\left(\dfrac{n\pi m_s}{\pi D_w}\right) = \tan^{-1}\left(\dfrac{4 \times 3}{80}\right) = 8.53°$

(2) 굽힘견지의 회전력

$F_1 = f_v \cdot \sigma_b \cdot b \cdot p_n \cdot y$이므로

$V_g = \dfrac{\pi D_g \cdot N_g}{60,000} = \dfrac{\pi \times 60 \times 160}{60,000} = 0.5\text{m/s}$

여기서, $i = \dfrac{N_g}{N_w} \rightarrow N_g = i \cdot N_w = \dfrac{1}{5} \times 800 = 160\text{rpm}$

$Z_g = \dfrac{n}{i} = \dfrac{4}{\dfrac{1}{5}} = 20$개, $D_g = m_s \times Z_g = 3 \times 20 = 60\text{mm}$

$f_v = \dfrac{6}{6 + V} = \dfrac{6}{6 + 0.5} = 0.92$

$p_n = p_s\cos\alpha = \pi m_s\cos\alpha = \pi \times 3 \times \cos 8.53° = 9.32\text{mm}$

$\therefore\ F_1 = 0.92 \times 167 \times 55 \times 9.32 \times 0.125 = 9,844.48\text{N}$

(3) 면압견지의 회전력

$F_2 = f_v \phi D_g b_e \cdot K$이므로

리드각에 의한 보정계수 표에서 $\phi = 1$ 적용

$\therefore F_2 = 0.92 \times 1 \times 60 \times 48 \times 637 \times 10^{-3} = 1,687.8\text{N}$

(4) 전달동력 $H = F_2 \cdot V = 1,687.8 \times 0.5 = 843.9\text{W} = 0.844\text{kW}$

(안전을 고려하여 F_1과 F_2 중 작은 값을 선택)

≫ 문제 **08**

두께 10mm인 두 개의 강판을 1줄 겹치기 리벳 이음할 때 리벳구멍 지름이 18mm이고 리벳 2개로 연결하고자 한다. 다음을 구하시오. (단, 리벳구멍의 지름과 리벳의 지름은 동일하며, 리벳의 허용전단응력 $\tau_a = 68.6\text{N}/\text{mm}^2$, 강판의 허용인장응력 $\sigma_t = 78.4\text{N}/\text{mm}^2$이다.)

(1) 리벳의 허용전단응력을 고려한 최대하중 $W[\text{N}]$
(2) 하중을 고려한 강판의 너비 $b[\text{mm}]$

해설

(1) 최대 인장하중

$$W = \tau_a \cdot A_\tau = \tau_a \cdot \frac{\pi}{4}d^2 \times 2$$

$$= 68.6 \times \frac{\pi \times 18^2}{4} \times 2 = 34,913.15\text{N}$$

(2) 아래 그림에서 보면 $W = \sigma_t \cdot A_\sigma = \sigma_t(b-2d)t$에서

$$\therefore b = 2d + \frac{W}{\sigma_t \cdot t} = 2 \times 18 + \frac{34,913.15}{78.4 \times 10} = 80.53\text{mm}$$

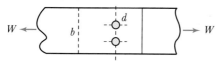

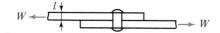

≫ 문제 **09**

보일러 동체의 지름이 400mm이고, 게이지압력이 2.02MPa인 보일러를 세로이음했을 때 판의 최소두께 $t\,[\mathrm{mm}]$를 구하시오. (단, 강판의 인장강도는 $240\mathrm{N/mm^2}$, 효율은 60%, 부식 여유는 1.2mm, 안전계수는 4.75 이상으로 한다.)

해설

압력 $p=2.02\times10^6\mathrm{Pa}=2.02\mathrm{N/mm^2}$

$\sigma_a=\dfrac{\sigma_s}{S}=\dfrac{240}{4.75}=50.53\,\mathrm{N/mm^2}$

$\sigma_a=\dfrac{p\cdot d}{2t}$ 에서 $t=\dfrac{p\cdot d}{2\sigma_a\eta}+C\,(\text{부식 여유})=\dfrac{2.02\times400}{2\times50.53\times0.6}+1.2=14.53\mathrm{mm}$

≫ 문제 **10**

인장을 받고 있는 원통코일스프링의 평균지름 $D=48\mathrm{mm}$, 코일 소선지름 $d=6\mathrm{mm}$, 코일의 가로탄성계수 $G=8{,}000\mathrm{N/mm^2}$이다. 비틀림 모멘트에 의해 코일 단면에 생기는 전단응력의 최댓값이 $20\mathrm{N/mm^2}$일 때 다음을 구하시오. (단, 왈의 응력수정계수 $K=\dfrac{4C-1}{4C-4}+\dfrac{0.615}{C}$이며 유효감김수 $n=6$이다.)

(1) 스프링의 최대하중 $W\,[\mathrm{N}]$
(2) 최대하중이 작용할 때 처짐 $\delta\,[\mathrm{mm}]$

해설

(1) $T=W\cdot\dfrac{D}{2}=\tau\cdot Z_P=\tau\cdot\dfrac{\pi d^3}{16}$ 에서

$\tau=\dfrac{8WD}{\pi d^3}\rightarrow$ 왈의 응력수정계수를 고려하면 $\tau=K\cdot\dfrac{8WD}{\pi d^3}$

$\therefore W=\dfrac{\tau\pi d^3}{8KD}=\dfrac{20\times\pi\times6^3}{8\times1.18\times48}=29.95\mathrm{N}$

여기서, $C=\dfrac{D}{d}=\dfrac{48}{6}=8$

$K=\dfrac{4C-1}{4C-4}+\dfrac{0.615}{C}=\dfrac{4\times8-1}{4\times8-4}+\dfrac{0.615}{8}=1.18$

(2) $\delta=\dfrac{8WD^3n}{Gd^4}=\dfrac{8\times29.95\times48^3\times6}{8{,}000\times6^4}=15.33\mathrm{mm}$

≫ 문제 11

다음 그림과 같이 사각나사로 된 육각볼트를 체결하기 위해 스패너를 40N의 힘으로 회전시킬 때 나사의 축방향 힘 $Q[\text{N}]$를 구하시오. (단, 나사의 유효지름은 46mm이며 피치 4mm, 나사산의 마찰계수는 0.2, 스패너의 유효길이 $L = 240\text{mm}$이다.)

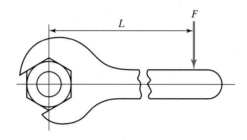

해설

$$T = F \cdot L = Q\tan(\rho + \alpha) \times \frac{d_e}{2} \text{에서}$$

여기서, $\rho = \tan^{-1}\mu = \tan^{-1}0.2 = 11.31°$

$$\alpha = \tan^{-1}\frac{p}{\pi d_e} = \tan^{-1}\left(\frac{4}{\pi \times 46}\right) = 1.59°$$

$$\therefore Q = \frac{2FL}{\tan(\rho + \alpha) \cdot d_e} = \frac{2 \times 40 \times 240}{\tan(11.31° + 1.59°) \times 46} = 1,822.43\text{N}$$

≫ 문제 **01**

그림과 같이 레버의 끝에 조작력 F를 주어 성크 키(Sunk Key)로 축에 토크를 전달하고자 한다. 키의 허용전단응력이 80MPa, 허용압축응력이 25MPa, 키의 호칭치수는 $b \times h \times l = 15 \times 10 \times 75\text{mm}$ 이고, 축지름은 50mm일 때 다음을 구하시오.

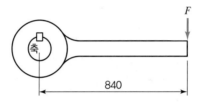

(1) 키의 허용전단응력에 의한 최대전달토크(T_1)값은 몇 [N·m]인가?

(2) 키의 압축응력에 의한 최대전달토크(T_2)값은 몇 [N·m]인가?

(3) 레버의 길이가 840[mm]일 때 레버 끝에 가할 수 있는 조작력 F값은 몇 [N]인가?

해설

(1) $T_1 = \tau_k \times A_\tau \times \dfrac{d}{2} = \tau_k \cdot b \cdot l \dfrac{d}{2} \ (\tau_k = \tau_a = 80 \, \text{N/mm}^2)$

$\qquad\qquad = 80 \times 15 \times 75 \times \dfrac{50}{2} = 2{,}250 \text{N} \cdot \text{m}$

(2) $T_2 = \sigma_c \cdot A_c \dfrac{d}{2} = \sigma_c \times l \times \dfrac{h}{2} \times \dfrac{d}{2}$

$\qquad\qquad = 25 \times 75 \times \dfrac{10}{2} \times \dfrac{50}{2} = 234.38 \text{N} \cdot \text{m}$

(3) 일의 원리를 적용하면

$\qquad T_2 = F \times l$에서 조작력 $F = \dfrac{T_2}{l} = \dfrac{234.38 \times 10^3}{840} = 279.02\text{N}$

≫ 문제 02

두 축의 중심거리 2,000mm, 원동축 풀리 지름 400mm, 종동축 풀리 지름 600mm인 평벨트 전동장치가 있다. 원동축 $N_1 = 920\text{rpm}$으로 80kW 동력전달 시 다음을 구하시오. (단, 벨트와 풀리의 마찰계수 0.25, 원동풀리와 벨트의 접촉각 $\theta = 165°$, 벨트 재료의 단위길이당 질량은 0.38kg/m이다.)

(1) 벨트길이는 몇 [mm]인가?
(2) 유효장력 T_e는 몇 [N]인가?
(3) 긴장측장력 T_t는 몇 [N]인가?

해설

(1) 벨트의 길이 $L = 2C + \dfrac{\pi(D_2 + D_1)}{2} + \dfrac{(D_2 - D_1)^2}{4C}$

$$= 2 \times 2,000 + \frac{\pi(600 + 400)}{2} + \frac{(600 - 400)^2}{4 \times 2,000} = 5,575.8\text{mm}$$

(2) $H = T_e \cdot V$에서

$$T_e = \frac{H}{V} = \frac{80 \times 10^3}{19.27} = 4,151.53\text{N}$$

여기서, $V = \dfrac{\pi D_1 N_1}{60,000} = \dfrac{\pi \times 400 \times 920}{60,000} = 19.27\text{m/s}$

(3) V가 10m/s 이상이므로 원심력에 의한 부가장력 C를 고려해야 한다.

$C = m \cdot \dfrac{V^2}{r} = \dfrac{m}{r} \cdot V^2 = m'V^2 (m' = \text{길이당 질량} : \text{kg/m})$

$= 0.38 \times 19.27^2 = 141.11\text{N}$

$\theta = 165° \rightarrow 165° \times \dfrac{\pi}{180°} = 2.88\text{rad}$, 장력비 $e^{\mu\theta} = e^{0.25 \times 2.88} = 2.05$

$T_e = (T_t - C)\dfrac{e^{\mu\theta} - 1}{e^{\mu\theta}}$ 에서

$\therefore$ 긴장측장력 $T_t = \dfrac{T_e \cdot e^{\mu\theta}}{e^{\mu\theta} - 1} + C$

$$= \frac{4,151.53 \times 2.05}{2.05 - 1} + 141.11 = 8,246.48\text{N}$$

≫ 문제 **03**

300rpm으로 35kW의 동력을 전달하는 중실축의 비틀림각을 1m당 $\left(\dfrac{1}{4}\right)^{\circ}$ 이내로 제한하고자 한다. 전동축의 길이가 2m일 때 축의 지름[mm]을 설계하시오. (단, $G = 250\text{MPa}$이다.)

해설

전달토크 $T = \dfrac{H}{\omega} = \dfrac{H}{\dfrac{2\pi N}{60}} = \dfrac{35 \times 10^3}{\dfrac{2\pi \times 300}{60}} = 1{,}114.08\text{N} \cdot \text{m}$

축의 강성설계에서

$\theta = \dfrac{T \cdot l}{G \cdot I_p}$ (θ는 라디안이므로 $\dfrac{\theta}{l} = \left(\dfrac{1}{4}\right)^{\circ} \times \dfrac{\pi}{180^{\circ}}$, $I_P = \dfrac{\pi d^4}{32}$)

$\therefore d = \sqrt[4]{\dfrac{32\,Tl}{\pi\,G\theta}} = \sqrt[4]{\dfrac{32 \times 1{,}114.08 \times 10^3 \times 4 \times 180}{\pi \times 250 \times \pi}} = 56.79\text{mm}$

≫ 문제 **04**

500rpm으로 400N의 하중을 받는 엔드저널(End Journal)에서 다음을 구하여라. (단, 저널의 지름 $d = 25\text{mm}$, 저널 길이 $l = 25\text{mm}$, 허용압력속도계수 $p \cdot V = 2\text{MPa} \cdot \text{m/s}$이다.)

(1) 엔드저널에 걸리는 압력은 몇 [MPa]인가?
(2) 허용압력속도계수와 비교해 엔드저널의 사용 여부를 동그라미 치시오.
    (사용 가능, 사용 불가능)

해설

(1) 압력 $q = \dfrac{P}{dl} = \dfrac{400}{25 \times 25} = 0.64\,\text{N/mm}^2 = 0.64\text{MPa}$

(2) $V = \dfrac{\pi d N}{60{,}000} = \dfrac{\pi \times 25 \times 500}{60{,}000} = 0.654\text{m/s}$에서

$q \cdot V = 0.64 \times 0.654 = 0.419\text{MPa} \cdot \text{m/s}$

$\therefore q \cdot V(0.419) \le p \cdot V(2)$이므로

(⊙사용 가능⊙, 사용 불가능)

>> 문제 **05**

단순보 형태로 중앙에 2,500N의 하중이 작용하는 양단지지형 겹판 스프링에서 스팬이 1,600mm, 스프링의 나비 100mm, 판 두께 10mm, 밴드의 나비가 120mm일 경우 다음을 구하시오. (단, 스프링 판의 허용굽힘응력 $\sigma_b = 160\text{MPa}$, 스팬의 유효길이 $l_e = l - 0.6e$, 스프링의 종탄성 계수 $E = 200\text{GPa}$이다.)

(1) 굽힘응력을 고려한 겹판스프링의 판의 수 n은 몇 개인가?
(2) 처짐 δ는 몇 [mm]인가?
(3) 고유진동수 f는 몇 [Hz]인가?

해설

(1) $\sigma_b = \dfrac{3Wl_e}{2nbh^2}$ 에서

판의 수 $n = \dfrac{3Wl_e}{2\sigma_b bh^2} = \dfrac{3 \times 2,500 \times (1,600 - 0.6 \times 120)}{2 \times 160 \times 100 \times 10^2} = 3.58 = 4$개

(2) $\delta = \dfrac{3Wl_e^3}{8Enbh^3} = \dfrac{3 \times 2,500 \times (1,600 - 0.6 \times 120)^3}{8 \times 200 \times 10^3 \times 4 \times 100 \times 10^3} = 41.81\text{mm}$

(3) 스프링 질량계의 진동수

$f = \dfrac{\omega_n}{2\pi} = \dfrac{1}{2\pi}\sqrt{\dfrac{k}{m}} = \dfrac{1}{2\pi}\sqrt{\dfrac{W}{m\delta}} = \dfrac{1}{2\pi}\sqrt{\dfrac{mg}{m\delta}} = \dfrac{1}{2\pi}\sqrt{\dfrac{g}{\delta}}$

$\qquad = \dfrac{1}{2\pi}\sqrt{\dfrac{9.8 \times 1,000}{41.81}} = 2.44\text{Hz}$

≫ 문제 06

축하중 6,500N이 작용하는 미터사다리꼴(Tr)나사로 구성된 나사잭이 있다. 나사잭의 줄 수 1, 바깥지름 60mm, 유효지름 55.5mm, 골지름 51mm, 피치 9mm, 너트부 마찰계수는 0.15이고, 자리면 마찰계수는 0.02, 자리면 평균지름은 65mm, 나사산의 허용면압은 2MPa일 때 다음을 구하여라.

(1) 회전토크 T는 몇 [N · m]인가?
(2) 나사잭의 효율은 몇 [%]인가?
(3) 너트부의 높이는 몇 [mm]인가?
(4) 축하중을 들어올리는 속도가 0.5[m/min]일 때 소요동력은 몇 [kW]인가?

해설

(1) Tr : 미터 사다리꼴 나사, 나사산의 각도 $\beta = 30°$

상당마찰계수 $\mu' = \dfrac{\mu}{\cos\dfrac{\beta}{2}} = \dfrac{0.15}{\cos\dfrac{30}{2}} = 0.1553$

$\tan\rho' = \mu'$

$\therefore \rho' = \tan^{-1}\mu' = \tan^{-1}(0.1553) = 8.8275°$

$\tan\alpha = \dfrac{n \cdot p}{\pi d_e}$ 에서 $\alpha = \tan^{-1}\left(\dfrac{1 \times 9}{\pi \times 55.5}\right) = 2.9549°$

$T = Q\tan(\rho' + \alpha) \cdot \dfrac{d_e}{2} + \mu_m Q\dfrac{D_m}{2}$

$\quad = 6{,}500\tan(8.8275 + 2.9549) \times \dfrac{55.5}{2} + 0.02 \times 6{,}500 \times \dfrac{65}{2}$

$\quad = 41{,}849.48\text{N} \cdot \text{mm}$

$\quad = 41.85\text{N} \cdot \text{m}$

(2) $\eta = \dfrac{Q \cdot p}{2\pi T} = \dfrac{6{,}500 \times 9}{2\pi \times 41.85 \times 10^3}$

$\quad = 0.2225 = 22.25\%$

(3) $q = 2\text{MPa} = 2\text{N/mm}^2$

$q = \dfrac{4Q}{\pi(d_2{}^2 - d_1{}^2)z}$

$\therefore z = \dfrac{4Q}{q\pi(d_2{}^2 - d_1{}^2)} = \dfrac{4 \times 6{,}500}{2 \times \pi \times (60^2 - 51^2)} = 4.1422$

$H = z \cdot p = 4.1422 \times 9 = 37.28\text{mm}$

(4) $V = 0.5\text{m/min} = 0.5 \times \dfrac{1}{60}\text{m/s} = 0.0083\text{m/s}$

실제소요동력 $H = Q \cdot \dfrac{V}{\eta} = \dfrac{6{,}500 \times 0.0083}{0.2225} = 242.47\text{W} = 0.24\text{kW}$

>> 문제 **07**

2kW, 1,600rpm인 동력을 웜기어 장치에 의해서 $\dfrac{1}{20}$로 감속하려고 한다. 웜의 피치가 4mm, 3줄 나사이며, 웜의 피치원 지름이 50mm, 웜효율 80%, 웜 휠의 피치원 지름 280mm, 치직각 압력각 $\alpha_n = 20°$, 치면의 마찰계수가 0.1일 때 다음을 구하시오.

(1) 웜의 리드각 β는 몇 도인가?
(2) 웜 휠의 회전력(F)은 몇 [N]인가?
(3) 웜 휠에 작용하는 접선력(F_a)은 몇 [N]인가?

해설

(1) $\beta = \alpha$, n줄 수

$\tan\alpha = \dfrac{l}{\pi D_w} = \dfrac{np}{\pi D_w}$ 에서

$\alpha = \tan^{-1}\left(\dfrac{np}{\pi D_w}\right) = \tan^{-1}\left(\dfrac{3 \times 4}{\pi \times 50}\right) = 4.37°$

(2) 속비에서 $N_g = i N_w = \dfrac{1}{20} \times 1,600 = 80$rpm

$V_g = \dfrac{\pi D_g N_g}{60,000} = \dfrac{\pi \times 280 \times 80}{60,000} = 1.17$m/s

웜 휠(기어)에 전달되는 동력 $H' = \eta \cdot H = 0.8 \times 2 = 1.6$kW

$H' = F \cdot V$에서 웜 휠(기어)의 회전력(웜 나사의 축방향 추력)

$F = \dfrac{H'}{V} = \dfrac{1.6 \times 10^3}{1.17} = 1,367.52$N

(3) 웜기어의 접선력 F_a는

$F_a = F_n \cos\alpha - \mu F \sin\alpha$

여기서, F_n : 피치원상에서의 저항력(웜의 잇면에 작용하는 힘)

$\qquad F_n = F \cos\alpha_n = 1367.52 \times \cos 20° = 1,285.05$N

따라서

$F_a = 1,285.05 \times \cos 4.37° - 0.1 \times 1,367.52 \times \sin 4.37° = 1,270.89$N

>> 문제 08

600rpm으로 75kW의 동력을 전달하는 중실축이 있다. 중실축의 지름이 80mm, 축의 허용전단응력이 20MPa, 중공축은 중실축 강도와 길이가 같고, 동일한 동력을 전달할 때 내·외경비 $x = d_1/d_2 = 0.8$일 때 다음을 구하여라.

(1) 중공축의 내경(d_1)과 외경(d_2)은 몇 [mm]인가?

(2) 중실축의 중량을 100으로 했을 때, 중공축의 중량비를 구하라.

해설

(1) $T = \dfrac{H}{\omega} = \dfrac{75 \times 1,000(\mathrm{N \cdot m/s})}{\dfrac{2\pi \times 600}{60}(\mathrm{rad/s})} = 1,193.66\mathrm{N \cdot m}$

중공축의 외경 d_2, $x = 0.8$

$T = \tau \cdot Z_P = \tau \cdot \dfrac{\pi d_2^3}{16}(1-x^4)$

$\therefore d_2 = \sqrt[3]{\dfrac{16\,T}{\pi\tau(1-x^4)}} = \sqrt[3]{\dfrac{16 \times 1,193.66 \times 10^3}{\pi \times 20 \times (1-0.8^4)}} = 80.15\mathrm{mm}$

$\therefore$ 중공축의 내경 $d_1 = 0.8\,d_2 = 0.8 \times 80.15 = 64.12\mathrm{mm}$

(2) 중량 $W = \gamma \cdot V = \gamma A l$, $x = 0.8$에서(동일한 재질과 길이 적용)

$\dfrac{W_{중공축}}{W_{중실축}} = \dfrac{\gamma A_{중} l}{\gamma A_{실} l} \;\Rightarrow\; \dfrac{A_{중}}{A_{실}} = \dfrac{\dfrac{\pi}{4}(d_2{}^2 - d_1{}^2)}{\dfrac{\pi}{4}d^2}$

$\Rightarrow \dfrac{d_2{}^2(1-x^2)}{d^2} = \dfrac{80.15^2(1-0.8^2)}{80^2}$

$= 0.3614$

$\therefore$ 중공축 중량은 36.14이다.

>> 문제 09

500rpm으로 8kW를 전달하는 외접 평마찰차의 원동차 지름이 400mm일 때 다음을 구하시오. (단, 단위길이당 허용선압 $f = 12\mathrm{N/mm}$, 마찰계수 $\mu = 0.3$이다.)

(1) 두 축을 밀어붙이는 힘은 몇 [N]인가?

(2) 폭 b는 몇 [mm]로 하여야 하는가?

해설

(1) $T = \dfrac{H}{\omega} = \dfrac{8 \times 1,000}{\dfrac{2\pi \times 500}{60}} = 152.79 \text{N} \cdot \text{m} = 152,790 \text{N} \cdot \text{mm}$

$T = F_f \cdot \dfrac{d}{2} = \mu N \cdot \dfrac{d}{2}$ (N : 수직력 : 밀어붙이는 힘)에서

$\therefore N = \dfrac{2\,T}{\mu d} = \dfrac{2 \times 152,790}{0.3 \times 400} = 2,546.5 \text{N}$

(2) 선압 $f = \dfrac{N}{b}$에서

$\therefore b = \dfrac{N}{f} = \dfrac{2,546.5}{12} = 212.21 \text{mm}$

》 문제 **10**

다음 그림과 같은 래칫 휠 브레이크에서 F가 한쪽을 누르고 있으며, 래칫 휠의 잇수는 12개, $h = 0.35p$, $e = 0.25p$, 바깥지름 120mm, 안전율 2, 허용굽힘응력 40MPa일 때, 다음을 구하시오.

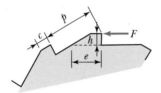

(1) 피치 값은 몇 [mm]인가?
(2) 안전율을 고려하여 폭 $b[\text{mm}]$를 유도하시오.

해설

(1) $\pi D = pz$에서

$\therefore p = \dfrac{\pi D}{z} = \dfrac{\pi \times 120}{12} = 31.42 \text{mm}$

(2) $M = F \cdot h = \sigma_b \cdot Z = \sigma_b \cdot \dfrac{be^2}{6}$에서

$\therefore b = \dfrac{6F \cdot h}{\dfrac{\sigma_b}{s} \cdot e^2} = \dfrac{6F \times 0.35p}{\dfrac{\sigma_b}{s} \times (0.25p)^2} = \dfrac{6F \times 0.35p}{\dfrac{40}{2} \times (0.25p)^2} = \dfrac{1.68F}{p}$

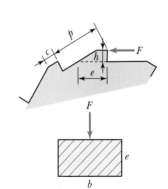

>> 문제 **11**

두께가 5mm인 강판을 1줄 겹치기 리벳이음을 할 때 다음을 구하시오. (단, 강판의 인장응력과 압축응력 $\sigma_t = \sigma_c = 100\text{MPa}$, 리벳의 전단응력 $\tau_r = 70\text{MPa}$이다.)

(1) 리벳의 지름 $d[\text{mm}]$
(2) 피치 $p[\text{mm}]$
(3) 강판의 효율 $\eta_p[\%]$
(4) 리벳의 효율 $\eta_r[\%]$

해설

(1) 1피치 내에 걸리는 리벳 전단하중 $W_1 = \tau \cdot A_\tau = \tau \cdot \dfrac{\pi}{4}d^2 \cdot n$ (n : 줄수)

1피치 내에 걸리는 리벳구멍의 압축하중 $W_3 = \sigma_c \cdot A_c = \sigma_c \cdot d \cdot t \cdot n$

$W_1 = W_3$에서 리벳 지름 $d = \dfrac{4\sigma_c \cdot t}{\pi\tau} = \dfrac{4 \times 100 \times 5}{\pi \times 70} = 9.09\text{mm}$

(2) $W_1 = \tau \cdot A_\tau = \tau \cdot \dfrac{\pi}{4}d^2 \cdot n$ (n : 줄수)

1피치 내에 걸리는 강판의 인장하중 $W_2 = \sigma_t(p-d')t$ (리벳구멍지름 $d' = d$로 본다.)

$W_1 = W_2$에서 $p = d + \dfrac{\tau \cdot \pi d^2 \cdot n}{4\sigma_t \cdot t} = 9.09 + \dfrac{70 \times \pi \times 9.09^2 \times 1}{4 \times 100 \times 5} = 18.18\text{mm}$

(3) $\eta_p = \eta_t = 1 - \dfrac{d'}{p} = 1 - \dfrac{d}{p} = 1 - \dfrac{9.09}{18.18} = 0.5 = 50\%$

(4) $\eta_r = \dfrac{\tau \cdot \dfrac{\pi}{4}d^2 \cdot n}{\sigma_t \cdot p \cdot t} = \dfrac{70 \times \dfrac{\pi}{4} \times 9.09^2 \times 1}{100 \times 18.18 \times 5} = 0.4997 = 49.97\%$

일반기계 · 건설기계설비
기사 실기 기계설계 필답형

발행일 | 2019. 3. 20 초판발행
2022. 1. 10 개정1판1쇄

저 자 | 박성일
발행인 | 정용수
발행처 | 예문사

주 소 | 경기도 파주시 직지길 460(출판도시) 도서출판 예문사
T E L | 031) 955 – 0550
F A X | 031) 955 – 0660
등록번호 | 11 – 76호

정가 : 30,000원

ISBN 978-89-274-4268-4 13550